Philosophie der Führung

Dieter Frey
Lisa Schmalzried

Philosophie der Führung

Gute Führung lernen von Kant, Aristoteles, Popper & Co.

Mit 59 Abbildungen

 Springer

Dieter Frey
Department Psychologie
Ludwig-Maximilians-Universität München
Deutschland

Lisa Schmalzried
Philosophisches Seminar
Universität Luzern
Schweiz

ISBN 978-3-642-34438-1 ISBN 978-3-642-34439-8 (eBook)
DOI 10.1007/978-3-642-34439-8

Die Deutsche Nationalbibliothek verzeichnet diese Publikation in der Deutschen Nationalbibliografie;
detaillierte bibliografische Daten sind im Internet über http://dnb.d-nb.de abrufbar.

SpringerMedizin
© Springer-Verlag Berlin Heidelberg 2013

Planung: Joachim Coch, Heidelberg
Projektmanagement: Katrin Meissner, Judith Danziger, Heidelberg
Lektorat: Marion Sonnenmoser, Stuttgart
Projektkoordination: Cécile Schütze-Gaukel, Heidelberg
Umschlaggestaltung: deblik Berlin
Fotonachweis Umschlag: © INTERFOTO / Mary Evans; INTERFOTO / Friedrich; picture alliance / Everett Collec-
tion; picture-alliance / akg-images; Imago / United Archives; Picture-Alliance / Photoshot; Imago / Image-
broker; picture-alliance / United Archives/TopFoto; picture-alliance / maxppp; Imago / United Archives; Jane
Reed, Harvard Staff Photographer; picture-alliance / maxppp; INTERFOTO / Writer Pictures Ltd; picture-allian-
ce / dpa; Imago / Imagebroker
Herstellung: Crest Premedia Solutions (P) Ltd., Pune, India

Gedruckt auf säurefreiem und chlorfrei gebleichtem Papier

Springer Medizin ist Teil der Fachverlagsgruppe Springer Science+Business Media
www.springer.com

Widmung
Für unsere Familien,
Lena, Johanna und Josef Frey, sowie Rolf Gaska,
und
Gabriele, Michael und Hannah Schmalzried

Schmuckzitate

» Führung heißt, andere groß zu machen, nicht andere klein zu machen (Hermann Simon). «

» Ein Beispiel zu geben ist nicht die wichtigste Art, wie man andere beeinflusst. Es ist die einzige (Albert Schweizer). «

» Werte kann man nicht lehren, sondern nur vorleben (Viktor Franke). «

» Selig, wer sich vor seinen Untergebenen so respektvoll benimmt, wie wenn er vor seinem Vorgesetzten stünde (Franz von Assisi). «

Vorwort und Danksagung

Führungsaufgaben stellen sich in den unterschiedlichsten Bereichen des menschlichen Lebens. Es beginnt bei der Erziehung der eigenen Kinder, setzt sich in der Schule, der Ausbildung und an den Universitäten fort, und nicht zuletzt ist auch im beruflichen Alltag Führung gefragt. Mit diesem Buch wollen wir eine Antwort auf die Frage geben, was gute Führung ausmacht und woran sie sich orientiert, gerade im Bildungssektor und im Bereich der Wirtschaft.

Diese Frage ist unseres Erachtens von zentraler Bedeutung, denn schlechte Führung hat schwerwiegende Auswirkungen: Es können nicht nur die Arbeitsergebnisse darunter leiden, sondern Schüler, Studenten und Arbeitnehmer, die schlecht oder gar nicht geführt werden, werden demotiviert, ihnen fehlt der Sinn in ihrer Arbeit, die Begeisterung für ihre Tätigkeit nimmt ab, und im schlimmsten Fall rutschen sie in ein Burn-Out oder eine Depression. Im Gegensatz dazu kann gute Führung Kreativitätspotenziale und Begeisterung bei Schülern, Studenten und Mitarbeitern wecken, Innovationen anstoßen, die Problemlösefähigkeiten stärken, Motivation steigern und Sinn vermitteln, wodurch auch die Arbeitsergebnisse besser werden.

Unseres Erachtens, und dies bildet den Kern des in diesem Buch vertretenen Modells der ethikorientierten Führung, spielen Werte eine zentrale Rolle bei der Frage, was gute Führung auszeichnet. Eine gute Führungskraft verfügt über ein festes Wertegerüst, an dem sie ihr Handeln ausrichtet. Teil dieses Wertegerüsts ist es, dass sie ihre Schüler, Studenten und Mitarbeiter achtet und respekt- und würdevoll behandelt, dass sie Wert auf mündige und selbstbestimmte Schüler, Studenten und Mitarbeiter legt, dass sie sie fair und gerecht behandelt und dass sie Toleranz fordert und vorlebt. Wir sind davon überzeugt, dass wenn sich eine Führungskraft so verhält, dass sie nicht nur moralischen Forderungen gerecht wird, sondern gerade langfristig gedacht bessere Qualität, Leistung, Kreativität und Gewinne erzielen kann. Sich im Bereich der Führung moralisch korrekt zu verhalten kann sich auch in anderer Hinsicht als nur in moralischer auszahlen!

Um zu klären, an welchen Werten eine Führungskraft ihr Handeln ausrichten soll, werden wir den Leser auf eine Exkursion zu einflussreichen philosophischen Gedankenwelten mitnehmen. Wir werden uns fragen, was wir von großen philosophischen Denkern lernen können im Hinblick auf die Frage, was gute Führung auszeichnet. Dies ist so wichtig, da wir davon überzeugt sind, dass, um das eigene Handeln an Werten ausrichten zu können, man ein tiefgreifendes Verständnis benötigt, warum es gerade diese Werte sind, die eine Rolle für unser Handeln spielen sollen. Hat eine Führungskraft diese Werte reflektiert und verinnerlicht, kann sie diese Werte vorbildhaft vorleben.

Zu Beginn wollen wir einigen Personen unseren ganz besonderen Dank aussprechen. Dieses Buch hätte nicht in der vorliegenden Form entstehen können, ohne diejenigen, die uns immer wieder kritisches, konstruktives, anregendes und detailliertes Feedback gegeben haben. Ein ganz großer Dank hierfür gilt Gina Dirmeier und Friedericke Bornträger, die uns Feedback zu unserem gesamten Buch gegeben haben. Auch wollen wir uns bei Alexandra Hauser, Janine Netzel, Katharina Hörner, Charlotte Haeusser, Daniela Brand, Laura Quinten und Tanja Kornberger bedanken, die einzelne Kapitel gelesen und kommentiert haben.

Unser Dank gilt auch Albrecht Schnabel, der uns hilfreiche Anmerkungen gegeben und darüber hinaus auch unseren E-Mail-Verkehr koordiniert hat. Hierfür wollen wir uns auch bei Michaela Bölt bedanken.

Unser Dank gilt auch Joachim Coch, der sich für unser Manuskript begeistern hat lassen und uns die Möglichkeit eröffnet hat, dass unserer Buch beim Springer-Wissenschaftsverlag in vorliegender Form erscheint. In diesem Zusammenhang möchten wir uns auch bei unserer Lektorin Dr. Marion Sonnenmoser bedanken, die uns geholfen hat, unser Manuskript abzurunden.

Abschließend möchten wir uns bei unseren Familien bedanken, denen wir auch dieses Buch widmen möchten. Mit ihnen konnten wir während der Entstehungszeit immer wieder Ideen diskutieren, sie hatten ein offenes Ohr, wenn das Schreiben ins Stocken geraten ist, und sie haben uns viel Unterstützung gegeben. Danke!

Dieter Frey
Lisa Schmalzried

Autorenbiografie Frey

- **Kurzdarstellung**

Dieter Frey ist Professor für Sozialpsychologie an der Ludwig-Maximilians-Universität München. Seine Forschungsinteressen liegen sowohl im Bereich der Grundalgenforschung (beispielsweise Dissonanztheorie, Kontrolltheorie oder die Theorie der gelernten Sorglosigkeit) als auch im Bereich der angewandten Forschung (beispielsweise Entstehung und Veränderung von Werten, Entstehung von Innovationen, Grundlagen und Faktoren professioneller Führung, Zivilcourage). Auch interessiert ihn die konkrete Umsetzung von Forschungsergebnissen in die Praxis.

- **Ausführlicher Biografietext**

Dieter Frey, Jahrgang 1946, studierte Sozialwissenschaften an der Universität Mannheim und der Universität Hamburg. Nach seiner Promotion und Habilitation, die unter anderem durch ein VW-Stipendium und ein DFG-Stipendium gefördert wurden, war er von 1978 bis 1993 Professor für Sozial- und Organisationspsychologie an der Universität Kiel. Dazwischen war er von 1988 bis 1990 Theodor-Heuss-Professor an der Graduate Faculty der New School for Social Research in New York. Seit 1993 ist Dieter Frey Professor für Sozialpsychologie an der Ludwig-Maximilians-Universität München. Zuvor hat er Rufe nach Zürich, Hamburg und Heidelberg erhalten.

Er ist Leiter des LMU Centers for Leadership and People Management und Mitglied in der Bayerischen Akademie der Wissenschaften. Bis 2012 war er akademischer Leiter der Bayerischen EliteAkademie. 1998 wurde er zum Deutschen Psychologie Preisträger (»Psychologe des Jahres«) ernannt.

Seine Forschungsgebiete liegen sowohl in der Grundlagenforschung (z.B. psychologische Theorien wie Dissonanztheorie, Kontrolltheorie, Theorie der gelernten Sorglosigkeit) als auch in der angewandten Forschung (z.B. Entstehung und Veränderung von Werten, Entstehung von Innovationen, Grundlagen und Faktoren professioneller Führung, Zivilcourage). Schließlich beschäftigt er sich auch mit der Anwendung von Forschung auf soziale und kommerzielle Organisationen.

Autorenbiografie Schmalzried

■ **Kurzdarstellung**

Lisa Schmalzried ist Oberassistentin am Philosophischen Seminar der Universität Luzern. Ihre Arbeitsschwerpunkte liegen im Bereich der Ästhetik und Moralphilosophie.

■ **Ausführlicher Biografietext**

Lisa Schmalzried, Jahrgang 1984, hat an der Ludwig-Maximilians-Universität München und an der University of St. Andrews Philosophie, Logik und Wissenschaftstheorie studiert. 2004 schloss sie ihr Studium mit einem Magister philosophiae M.phil. ab. Anfang 2012 promovierte sie an der LMU München zu dem Thema »Kunst, Fiktion und Moral«.

Während ihres Studiums und ihrer Promotion wurde sie durch die Studienstiftung des deutschen Volkes gefördert. Sie war außerdem Stipendiatin der Bayerischen EliteAkademie und hat eine damit verknüpfte studienbegleitende Ausbildung erhalten.

Von 2008 bis 2012 hat sie als wissenschaftliche Mitarbeiterin am Institut für Sozialpsychologie der LMU München gearbeitet. Seit 2011 ist sie (Ober-)Assistentin am Philosophischen Seminar der Universität Luzern und arbeitet an ihrer Habilitation. Ihre Forschungsschwerpunkte liegen im Bereich der Ästhetik (beispielsweise Schönheit, Werttheorien für Kunstwerke, Kunst und Moral, Kunst und Emotionen) und Moralphilosophie (beispielsweise Ethik der Führung, Medizinethik).

Inhaltsverzeichnis

II   Moraltheorien

IV   Offene Kultur

Anhang

Das Modell der ethikorientierten Führung

Einleitung

1

Den Kern dieses Buches bildet das Modell der ethikorientierten Führung. Mit diesem Modell wird eine Antwort auf die Frage gegeben, was gute Führung auszeichnet. Die Entscheidungen und Handlungen einer ethikorientierten Führungskraft sind von genuin und nicht-genuin moralischen Werten geprägt, wobei genuin moralische Wertforderungen im Konfliktfall mit nicht-genuin moralischen schwerer ins Gewicht fallen. Beispiele für genuin moralische Werte sind die Achtung der Menschenwürde, die Ermöglichung von Mündigkeit, der Schutz der Gleichheit, die Sorge um Gerechtigkeit, das Streben nach Nachhaltigkeit und gelebte Toleranz. Bei nicht-genuin moralischen Werten kann man an Leistung- und Innovationsstreben oder an Gewinn- oder Kundenorientierung denken. Wir bringen das Modell der ethikorientierten Führungen zum einen in einen Zusammenhang mit Erkenntnissen der psychologischen Führungsforschung, zum anderen fragen wir nach den philosophischen Wurzeln dieses Modells. Hierbei leitet uns die Frage, welche genuin moralischen Werte aus Sicht unterschiedlichster philosophischer Theorien in das Modell der ethikorientierten Führung aufgenommen werden sollten. Unser Buch bietet somit eine Einführung in einige einflussreiche philosophische Theorien und lädt zugleich zur Reflexion über diese im Bezug auf Führungsfragen ein.

1.1   Führen – eine Herausforderung!

Führen heißt: Orientierung geben

Denkt man ganz allgemein an Führungskräfte, mögen einem zunächst Staatsoberhäupter oder Manager in den Sinn kommen. Die Gruppe von Führungskräften ist aber viel weiter gefasst, legt man das folgende Verständnis von Führung zugrunde: **Führung bedeutet, dass man andere Menschen beim Definieren von Aufgaben und Erreichen von Zielen anleitet.** Anders formuliert heißt Führen: **Orientierung geben.**

Führungsaufgaben in unterschiedlichsten Lebensbereichen

Diese Aufgabe stellt sich in den unterschiedlichsten Lebensbereichen: in der Kindererziehung, in der Ausbildung an Schulen, in Betrieben und an der Universität, in der Arbeitswelt, usw. Mit unserem Buch richten wir uns primär an all diejenigen Menschen, die mit Aufgaben der Menschenführung betraut sind. Durch die Auswahl der Beispiele und durch die speziell diskutierten Fragestellungen konzentrieren wir uns auf Führungsfragen in sozialen und kommerziellen Organisationen (also Firmen, Betrieben, Krankenhäusern, Behörden usw.) und im Bildungsbereich (also Kindergärten, Schulen, Universitäten usw.).

Erste Frage der Führung: Was soll ich tun?

Die Ausführungen sind aber auch auf andere Bereiche übertragbar, weil Problemstellungen sich zwar im inhaltlichen Detail unterscheiden mögen, sich aber auf struktureller Ebene ähneln. Führungskräfte befinden sich immer wieder in konkreten Entscheidungssituationen und stellen sich die Fragen: Was soll ich tun und wie soll ich meine Entscheidung umsetzen?

Diese Fragen zu beantworten, kann für eine Führungskraft eine Herausforderung sein, da sie sich häufig in einem Spannungsfeld zwischen ganz unterschiedlichen Anforderungen befindet, denen sie nicht allen gleichermaßen gerecht werden kann. Dies erschwert die Entscheidung darüber, was die richtige Handlungsweise ist.

Spannungsfeld von
Anforderungen

Beispiel: Spannungsfeld von Anforderungen im Führungsbereich

Eine Führungskraft in der Wirtschaft wird beispielsweise mit den Wünschen und Interessen ihrer Mitarbeiter, den Forderungen ihrer eigenen Vorgesetzten, den allgemeinen Vorgaben der jeweiligen Firma, den Erwartungen ihrer Kunden und zu alledem mit ihren eigenen Wünschen konfrontiert. Versucht sie, den Produktivitätsansprüchen ihrer Vorgesetzten gerecht zu werden, mag die Unzufriedenheit bei ihren Mitarbeitern wachsen, da sie arbeitstechnisch überfordert werden. Wenn sie deren Ansprüchen nachkommt, dann mögen unter Umständen die Ergebnisse darunter leiden, was sie in Ungnade bei ihren Chefs fallen lässt und demnach ihre Aufstiegschancen mindert. Wie soll es ihr nun also gelingen, all diese Ansprüchen irgendwie unter einen Hut zu bringen, ohne sich dabei selbst zu zerreiben?

Auch eine Lehrkraft ist häufig im Netz solcher widersprüchlichen Anforderungen gefangen. Auf der einen Seite steht sie unter dem Druck, den Lehrplan durchzubekommen, zugleich sollte sie darauf achten, dass ihre Schüler den Stoff tatsächlich auch begriffen haben. Hier muss sie die Interessen der guten mit denen der schlechteren Schüler vereinbaren, so dass niemand unterfordert oder überfordert wird. Zugleich hat sie vielleicht mit der Unlust ihrer Schützlinge und den Erwartungen von deren Eltern zu kämpfen. Dies alles geschieht vor dem Hintergrund überfüllter Klassen und begrenzter Zeitkapazitäten.

Neben der Frage »*Was* soll ich tun?« stellt sich einer Führungskraft eine zweite, entscheidende Frage: »*Wie* soll ich es tun?«. Greifen wir zur Veranschaulichung auf ein Beispiel aus der Wirtschaft zurück: Mit einem Mitarbeiter wurden Zielvereinbarungen getroffen, welche Aufgaben er wie erfüllen soll. Diese Ziele hat er nicht annähernd eingehalten, darüber hinaus verhält er sich gegenüber seinen Kollegen sozial äußerst problematisch. Er versucht, seine Kollegen gegeneinander auszuspielen und verbreitet Gerüchte. Da sich an diesem Verhalten auch nach mehrmaligen Gesprächen und Ermahnungen nichts ändert, kommt sein Vorgesetzter zu dem Entschluss, es sei das Beste, ihm zu kündigen. Die Führungskraft hat somit eine Entscheidung getroffen, *was* zu tun ist. Nun muss sie entscheiden, *wie* sie dem Mitarbeiter kündigt. Erneut ergeben sich unterschiedliche Möglichkeiten, die die Umsetzung der Entscheidung betreffen. So kann sie ihm kündigen, indem sie a) ihm die Kündigung per Post zukommen lässt, b) jemand anderen mit ihm reden lässt oder c) mit ihm persönlich spricht, ihm hilft, Alternativen zu finden, auch die Diskrepanzen erklärt und eine Ursachenanalyse anbietet. Weitere Optionen stehen

Zweite Frage der Führung: Wie
soll ich es tun?

Fragen der richtigen Menschenführung	
a	Was soll ich tun?
b	Wie soll ich es tun?

Abb. 1.1 Fragen der richtigen Menschenführung

sicher zur Debatte. Was dieses Beispiel zeigt, ist, dass sich eine gute Führungskraft nicht nur dadurch auszeichnet, dass sie die richtigen Entscheidungen fällt, sondern auch darin, wie sie diese vermittelt.

Frage nach dem richtigen Zeitpunkt

Fragt man sich, wie man eine Entscheidung umsetzen soll, ist daran auch immer die Frage gekoppelt, *wann* man etwas tun soll, d.h. es ergibt sich zugleich auch immer die Frage nach dem richtigen Zeitpunkt. Entscheidet man sich beispielsweise, die Kündigung in einem persönlichen Gespräch mitzuteilen, dann sollte man sich fragen, wann man dieses ansetzt.

Führungskräfte stehen also zum einen vor der Herausforderung die richtigen Entscheidungen zu treffen und zum anderen, diese auf die richtige Art und Weise zu vermitteln (**Abb. 1.1**).

Diese Fragen immer richtig zu beantworten, ist keine leichte Aufgabe. Eine Führungskraft mag sich eine Art Kompass wünschen, an dem sie ihr Handeln ausrichten kann. Das Modell der ethikorientierten Führung will eine solche Hilfestellung sein.

1.2   Das Modell der ethikorientierten Führung

Der Grundgedanke des Modells der ethikorientierten Führung ist folgender:

Definition: ethikorientierte Führung

> **Definition**
>
> Eine **ethikorientierte Führungspersönlichkeit** ist in Bezug auf Entscheidungen und Handlungen, die an ihren Status als Führungskraft gekoppelt sind, eine moralisch integere Person, d.h. sie verhält sich moralisch korrekt. Dies bedeutet, dass sie in all ihren Entscheidungen und deren Umsetzung neben nicht-genuin moralischen Werten vor allem auch genuin moralische Werte beachtet und positiv verstärkt. Moralische Werte sind der Kompass ihres Handelns.

Baummetapher der Führung

Das Modell kann man mit einer Metapher veranschaulichen. Führungskräfte sind mit Bäumen vergleichbar: Die Blätterkrone des Baumes steht sinnbildlich für die verschiedenen Entscheidungssituationen einer Führungskraft. Sie muss immer im Bezug auf die konkrete Situation entscheiden, damit sie deren Besonderheiten nicht übersieht.

Hier entsteht die Gefahr, dass ihre Entscheidungen willkürlich werden und zu flexibel sind. Eine Führungskraft benötigt etwas, woran sie ihre Entscheidungen ausrichtet. Sie braucht, anders formuliert, einen Stamm, dem ihre Blätterkrone entspringt. Symbolhaft steht der Stamm des Baumes für das, was die Führungskraft verkörpert. Ein Baum ohne Wurzeln wäre nicht überlebensfähig. Über die Wurzeln bezieht der Baum seine Nährstoffe, sie geben ihm Standfestigkeit und verankern ihn in der Erde. Auch eine Führungskraft benötigt Wurzeln. Ihre Wurzeln ziehen ihre Nährstoffe aus Werten. An diesen Werten richtet eine Führungskraft ihr Handeln aus.

Im Bezug auf das Modell der ethikorientierten Führung kann man nun fragen, aus welchen Werten ihre Wurzeln ihre Nährstoffe beziehen. Die zentrale Forderung des Modells besagt: Eine Führungskraft soll sich moralisch richtig verhalten. Somit kann man im Bezug auf die Baummetapher sagen: In den Wurzeln des Wertebaumes einer ethikorientierten Führungskraft liegen moralische Werte.

Eine ethikorientierte Führungskraft richtet ihr Handeln an moralischen Werten aus.

Was ist ein moralischer Wert? Wir verstehen unter moralischen Werten Konkretisierungen bzw. Veranschaulichungen der grundlegenden Forderung, dass man moralisch richtig handeln soll. Ein moralischer Wert leitet sich aus der grundlegenden Forderung ab, macht diese greifbarer. Die Aufforderungen, die Menschenwürde zu achten, ehrlich zu sein oder sich tolerant zu verhalten, sind intuitiv gewählte Beispiele moralischer Werte.

moralische Werte

Auch wenn sich Menschen häufig nicht moralisch korrekt verhalten, wissen doch die meisten, was es bedeuten soll, sich moralisch richtig oder falsch zu verhalten. Seit ihrer Kindheit wurde ihnen das beigebracht. Nichtsdestotrotz kann man fragen, was Moral wirklich ist. Moral kann man als ein System von Forderungen charakterisieren. Diese Forderungen stellen sich an alle menschliche Handlungen (und teilweise auf Überzeugungen und Emotionen). Sie legen fest, wie es richtig wäre zu handeln. Entscheidend hierbei ist, dass die Richtigkeit sich nicht daran orientiert, was für mich persönlich das Richtige wäre oder was richtig wäre, wollte man ein bestimmtes Ziel erreichen.

Moral

Möchte man diese erste und inhaltlich noch recht ungenaue Beschreibung von Moral konkretisieren, muss man sich zugleich auf eine ausgearbeitete Moraltheorie festlegen. Unter einer Moraltheorie versteht man ein systematisch ausgearbeitetes, begründetes Moralsystem (s. hierzu vertiefend ► Kap. 4 »Die philosophische Ethik«). In der praktischen Philosophie werden verschiedene Moraltheorien diskutiert. Einige dieser Moraltheorien werden uns im Laufe dieses Buches begegnen. Sobald diese Theorien vorgestellt werden, kann man die Charakterisierung von Moral inhaltlich konkretisieren.

Moraltheorien

Das Modell der ethikorientierten Führung baut nicht zwingend auf *einer* Moraltheorie auf. Ob es eine einzig richtige Moraltheorie gibt und welche dies sein soll, ist gerade in der philosophischen Debatte (► Kap. 15 »Relativismus und Toleranzgebot«) sehr umstritten. Verschiedene Moraltheorien, wie Kants Ethik der Pflichten (► Kap. 5 »Der Kategorische Imperativ«) oder der Utilitarismus (► Kap. 6

Vielfalt von Moraltheorien

1

»Das Nützlichkeitsprinzip«), wie ihn Mill vertritt, sind ähnlich gut begründet und stehen in Konkurrenz zueinander. Man sollte diese Konkurrenz jedoch nicht überbewerten: Es gibt Situationen, in denen man auf Basis verschiedener Moraltheorien zu unterschiedlichen Bewertungen darüber kommt, wie man handeln soll. Solche Konflikte treten aber nicht allzu häufig auf. Im Großteil der Fälle kommt man zu sehr ähnlichen, wenn nicht gar zu gleichen Beurteilungen. Würden unterschiedliche Moraltheorien systematisch zu einander widersprechenden Beurteilungen führen, ist anzunehmen, dass Vertreter der einzelnen Theorien die konkurrierende Theorie gar nicht mehr als Moraltheorie gelten lassen würden. Auch folgt aus der Behauptung, es sei nicht möglich, zweifelsfrei zu entscheiden, welche Moraltheorie richtig ist, nicht, dass man persönlich nicht eine Theorie für die richtige halten kann.

Das Modell der ethikorientierten Führung legt sich nicht auf eine Moraltheorie fest.

Um das Modell der ethikorientierten Führung dennoch inhaltlich zu konkretisieren, gehen wir eklektisch vor: Wir holen uns Inspiration von unterschiedlichen Moraltheorien und skizzieren dann einen Vorschlag, wie ethikorientierte Führung aussehen könnte, d.h. welche genuin moralischen Werte in den Wurzeln des Wertebaumes liegen. Im Schlusskapitel dieses Buches werden wir unseren Vorschlag, woran sich eine ethikorientierte Führungskraft orientieren soll, vorstellen (► Kap. 16 »Von Philosophen lernen«). An dieser Stelle der Ausführungen können wir festhalten, dass moralische Werte in den Wurzeln einer Führungskraft liegen.

Für eine ethikorientierte Führungskraft zählen auch nicht-genuin moralische Werte.

Es sind aber nicht nur genuin moralische Werte, die in den Wurzeln des Wertebaumes einer ethikorientierten Führungskraft liegen. Eine gute Führungskraft in der Wirtschaft zeichnet sich sicher auch dadurch aus, dass sie versucht, den Gewinn ihres Unternehmens zu maximieren, Innovationen voranzutreiben, kundenorientiert zu handeln oder Leistungen einzufordern. Eine gute Führungskraft im Bildungssektor ist darum bemüht, dem Lehrplan gerecht zu werden, Leistung zu fordern oder kreatives Denken zu fördern. Dies sind Beispiele für nicht-genuin moralische Werte.

nicht-genuin moralische Werte

Was versteht man unter nicht-genuinen moralischen Werten? Zunächst kann man sie in Abgrenzung zu genuin moralischen Werten charakterisieren. Sich entsprechend nicht-genuin moralischer Werte zu verhalten, ist aus moralischer Sicht zunächst weder gut noch schlecht zu beurteilen. Nicht-genuin moralische Werte sind, so betrachtet, moralisch neutral.

Spannung und Harmonie zwischen genuin moralischen und nicht-genuin moralischen Werten

Es kann aber Situationen geben, in denen es moralisch akzeptabel oder wünschenswert ist, sich entsprechend eines nicht-genuin moralischen Wertes zu verhalten. Gewinne erwirtschaften zu wollen, kann man aus moralischer Sicht rechtfertigen, wenn dadurch nicht die Mitarbeiter geschädigt oder natürliche Ressourcen verschwendet werden. Innovationen voranzutreiben kann moralisch begrüßenswert sein, da Innovationen zu nachhaltigen Produktionsmethoden führen können. Auf der anderen Seite ist es auch denkbar, dass eine Handlung, die einem nicht-genuinen Wert entspricht, unmoralisch wäre. Extreme Fälle von Gewinnmaximierung, die verbunden sind mit der Aus-

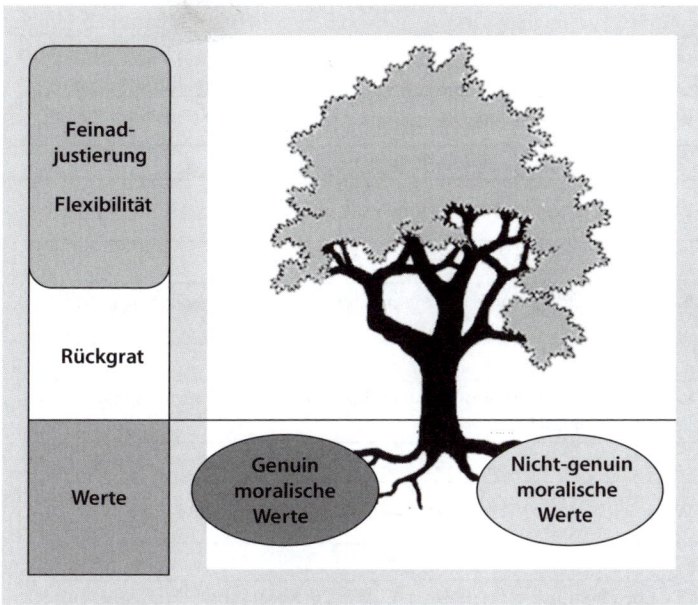

Feinad-
justierung

Flexibilität

Rückgrat

Werte

Genuin
moralische
Werte

Nicht-genuin
moralische
Werte

◘ Abb. 1.2 Der Wertebaum (aus: Frey & Schmalzried 2012, mit freundlicher Genehmigung des Verlags Steinbeis-Edition)

beutung von Arbeitskräften, sind solche Beispiele. Gewinnstreben ist nicht an sich moralisch richtig. Nicht-genuin moralische Werte sind also an sich moralisch neutral. Im Hinblick auf konkrete Situationen muss man entscheiden, ob eine Handlung, die einem nicht-genuin moralischen Wert entspricht, moralisch zu rechtfertigen ist. Hier sei bereits erwähnt, dass eine Handlung, die einem genuin moralischen Wert entspricht, zugleich einen nicht-genuin moralischen Wert unterstützen kann. Behandelt man beispielsweise seine Mitarbeiter fair und respektvoll, räumt man ihnen Mitbestimmungsmöglichkeiten an und beachtet ihre Vorschläge und Ideen, kann dadurch zugleich ihre Leistungsbereitschaft und Motivation gesteigert werden. Genuin moralische und nicht-genuin moralische Werte können sich also ergänzen.

Fasst man diese Überlegungen zusammen, kann man den Wertebaum einer ethikorientierten Führungskraft wie in ◘ Abbildung 1.2 zeichnen (◘ Abb. 1.2).

Den Gedanken einer ethikorientierten Führungskraft kann man weiter veranschaulichen. Wie sieht (schematisch dargestellt) der Entscheidungsprozess einer ethikorientierten Führungskraft aus?

In ganz unterschiedlichen Situationen muss eine Führungskraft Entscheidungen treffen. Zunächst muss sie sich fragen, welche Handlungsoptionen ihr prinzipiell offen stehen. Um dies zu klären, muss sie fachliche, teilweise auch rechtliche oder betriebswirtschaftliche Überlegungen anstellen: Was lässt sich technisch umsetzen? Was ist rechtlich erlaubt? Was ist prinzipiell finanzierbar? Was lässt sich mit schulischen oder universitären Regularien vereinbaren? usw. Es ist

1

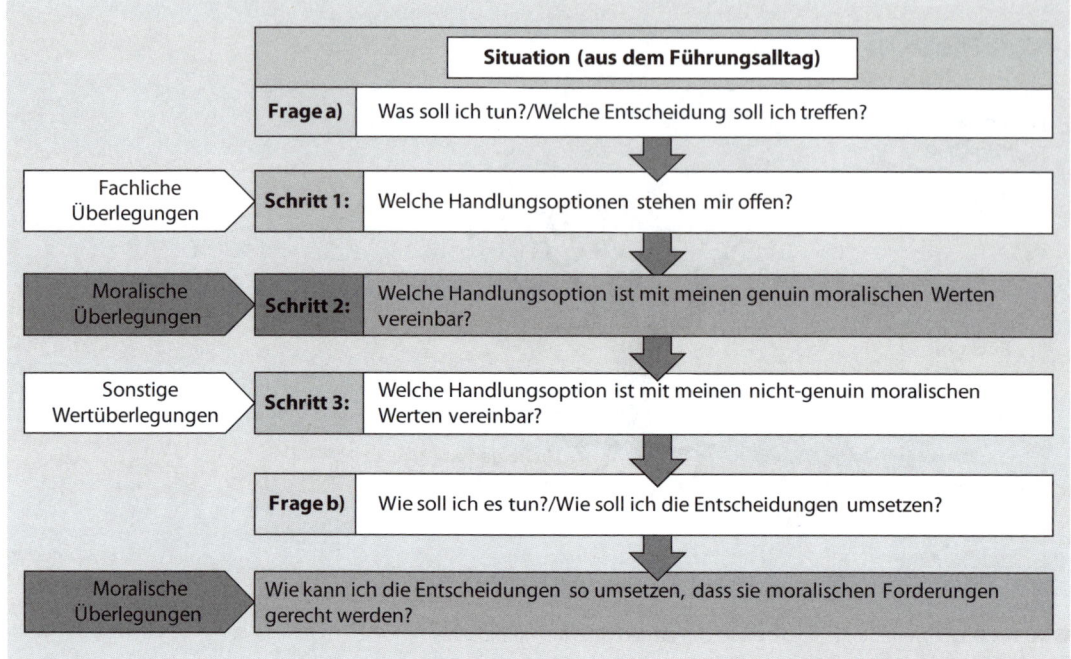

Situation (aus dem Führungsalltag)

Frage a)   Was soll ich tun?/Welche Entscheidung soll ich treffen?

Fachliche Überlegungen   **Schritt 1:**   Welche Handlungsoptionen stehen mir offen?

Moralische Überlegungen   **Schritt 2:**   Welche Handlungsoption ist mit meinen genuin moralischen Werten vereinbar?

Sonstige Wertüberlegungen   **Schritt 3:**   Welche Handlungsoption ist mit meinen nicht-genuin moralischen Werten vereinbar?

Frage b)   Wie soll ich es tun?/Wie soll ich die Entscheidungen umsetzen?

Moralische Überlegungen   Wie kann ich die Entscheidungen so umsetzen, dass sie moralischen Forderungen gerecht werden?

◻ Abb. 1.3 Ethikorientierte Führung (aus: Frey & Schmalzried 2012, mit freundlicher Genehmigung des Verlags Steinbeis-Edition)

zu erwarten, dass durch diese Betrachtungen unterschiedliche Handlungsoptionen sich anbieten.

Hieran schließt sich ein zweiter Überlegungsschritt an, der für eine ethikorientierte Führungskraft entscheidend ist. Sie überprüft, welche der Handlungen mit ihren genuin moralischen Werten harmoniert, welche Handlung moralisch akzeptabel ist. Antworten auf die Frage, welche Handlungen moralisch richtig sind, liefern die nachfolgenden Kapitel, ebenso wie sie konkreter auf unterschiedliche moralische Werte eingehen. Ist eine Handlung aus moralischer Sicht nicht vertretbar, wird eine ethikorientierte Führungskraft diese aus ihrem Handlungsspielraum ausschließen.

Wenn nach den moralischen Überlegungen immer noch mehrere Handlungsoptionen zur Auswahl stehen, stellt eine ethikorientierte Führungskraft nicht-genuin moralische Wertüberlegungen an: Welche Handlungsoption maximiert den Gewinn? Welche entspricht am meisten dem Kundeninteresse? Welche Handlung fordert die meiste Leistung? Welche fördert die Kreativität?

Hat eine Führungskraft auf diesem Wege entschieden, wie sie handeln wird, überlegt sie sich abschließend, wie sie diese Entscheidung umsetzt. Als ethikorientierte Führungskraft achtet sie besonders darauf, wie sie die von der Entscheidung tangierten Personen behandelt. Sie achtet bei der Umsetzung einer Entscheidung wieder auf moralische Werte (◻ Abb. 1.3).

Diese Darstellung ist sicher eine sehr schematische Beschreibung eines Entscheidungsprozesses. In der Realität mag sich eine ethikorientierte Führungsperson den unterschiedlichen Schritten im Einzelnen nicht immer bewusst sein, da vieles intuitiv entschieden wird. Gerade aber in Konfliktsituationen bzw. in schwierigen Entscheidungssituationen kann dieses Schema dabei helfen, zu einer richtigen Entscheidung zu kommen.

schematischer Entscheidungsprozess

1.3 Übersicht über die Kapitel

Im Folgenden geben wir einen kurzen Überblick über den Aufbau und die Kernthesen unseres Buches:

- **Teil I – Psychologie der Führung**

Kapitel 2 – Einführung in die Psychologie Führung und wie Führung gelebt werden sollte, wird in der Wissenschaft meistens im Bereich der Psychologie behandelt, weshalb der erste Teil unseres Buches den psychologischen Grundlagen zum Thema Führung gewidmet ist. Das erste Kapitel bietet einen kurzen Überblick über die Disziplin der Psychologie und ihre Kernfragen.

Kapitel 2: Kurzeinführung in die Psychologie

Kapitel 3 – die Psychologie der Führung Das zweite Kapitel »Die Psychologie der Führung« wendet sich spezifischen psychologischen Fragen zum Thema Führung zu und zeigt den Zusammenhang der psychologischen Erkenntnisse zum Modell der ethikorientierten Führung auf. Zunächst werden Aufgaben, Wirkungsfelder und Zielgruppen von Führung angesprochen. Hieran schließt sich eine Auseinandersetzung mit unterschiedlichen, in der Psychologie etablierten Führungsstilen, wie dem partnerschaftlichen und dem autoritativen Führungsstil an. Unsere These ist, dass die ethikorientierte Führung nicht einfach ein weiterer Führungsstil ist, sondern eine ethikorientierte Führungskraft (fast) das gesamte Repertoire von Führungsstilen beherrschen sollte. Als dritter Aspekt wird das Prinzipienmodell der Führung dargestellt, d.h. es werden Techniken des Führens, Motivierens und Beeinflussens skizziert. Hier geht es beispielsweise um Prinzipien der Sinn- und Visionsvermittlung, der Transparenz, der Handlungsspielräume, der Wertschätzung und der Zielvereinbarung.

Kapitel 3: Psychologische Erkenntnisse zum Thema »Führung«

- **Teil II – Moraltheorien**

Kapitel 4 – die philosophische Ethik Mit dem zweiten Teil »Moraltheorien« wechseln wir zu philosophischen Betrachtungen. Das Kapitel »Die philosophische Ethik« führt in das Themengebiet der philosophischen Ethik ein. Dabei wird erarbeitet, was Ziel und Aufgabe einer philosophisch ausgearbeiteten Moraltheorie ist: Sie soll eine Antwort auf die Frage geben, was für Verhalten moralisch richtig ist und weshalb dem so ist. Damit strukturiert, begründet und modifiziert sie gegebenenfalls unsere vortheoretischen moralischen Über-

Kapitel 4: Kurzeinführung in die philosophische Ethik

zeugungen. Die nachfolgenden Kapitel stellen exemplarisch solche Moraltheorien dar und übertragen deren Erkenntnisse jeweils auf den Bereich der Führung.

Kapitel 5: Immanuel Kants Deontologie

Kapitel 5 – der Kategorische Imperativ Im Kapitel »Der Kategorische Imperativ« wird Immanuel Kants Ethik der Pflichten, auch Deontologie genannt, vorgestellt. Ihren Kern bildet der kategorische Imperativ. Dieser besagt, dass sich moralisch richtiges Verhalten dadurch auszeichnet, dass man (rational) wollen kann, dass jede andere Person sich in einer vergleichbaren Situation ebenso verhalten würde. Mit seiner Theorie betont Kant den zentralen Stellenwert von Mündigkeit, d.h. Selbstbestimmung eines jeden Menschen und dessen freien Willen, und fordert dazu auf, dass man die Menschenwürde jeder Person erkennt und schützt.

Eine Führungskraft, die sich an Kant orientiert, versucht mündig, d.h. selbstbestimmt zu handeln, und versteckt sich nicht hinter Entscheidungen anderer. Sie ist auch darum bemüht, Mündigkeit bei ihren Mitarbeitern bzw. Schülern zu fördern, indem sie ihnen Handlungsspielräume und Freiheiten einräumt. Auch achtet eine solche Führungskraft die Würde der Personen, die sie mit ihrem Handeln tangiert. Im Bereich der Wirtschaft bedeutet dies beispielsweise, dass die Führungskraft sich um menschenwürdige Arbeitsbedingungen bemüht, d.h. um ausreichende Bezahlung, eine Gesundheits- und Altersvorsorge oder Urlaubsansprüche.

Kapitel 6: John Stuart Mills Utilitarismus

Kapitel 6 – das Nützlichkeitsprinzip Als Gegenentwurf zu Kants Moraltheorie kann man den Utilitarismus, auch Nützlichkeitsethik genannt, verstehen. Im Kapitel »Das Nützlichkeitsprinzip« stellen wir dar, wie John Stuart Mill den Utilitarismus beschreibt. Hiernach zeichnet sich eine moralisch richtige Handlung dadurch aus, dass sie das Glück der größten Anzahl von Menschen maximiert. Ob eine Handlung also moralisch richtig oder falsch ist, bemisst sich an ihren Folgen. Für Mill stellen Glück und Zufriedenheit die zentralen Werte dar.

Eine Führungskraft, die diese Gedanken ernst nimmt, legt großen Wert auf die möglichen Folgen ihrer Handlungen und fragt sich, welche Auswirkungen sie auf das Glück aller haben. Hierzu muss sie sich Gedanken machen, was beispielsweise ihre Mitarbeiter glücklich bzw. zufrieden macht. Sie muss ihre Wünsche und Sehnsüchte kennen.

Das Kapitel endet mit einem kurzen Exkurs, in welchem die Gemeinsamkeiten und Unterschiede der Deontologie und des Utilitarismus nochmals herausgestellt werden. Anhand von Beispielen wird dieser Vergleich weiter ausgeführt.

Kapitel 7: Aristoteles' Tugendethik

Kapitel 7 – die Tugendethik Im Kapitel »Die Tugendethik« wenden wir uns Aristoteles' tugendethischem Ansatz zu, mit dem er die Frage beantworten will, wie man ein glückliches Leben erreichen kann.

Um glücklich zu werden, so Aristoteles, sollte man ein tugendhaftes Leben führen. Er unterscheidet zwischen sittlichen Tugenden und Verstandestugenden. Als sittliche Tugenden erwähnt er beispielsweise Mut, Mäßigkeit oder Großzügigkeit. Verstandestugenden sind u.a. Weisheit, Kunstfertigkeit oder Klugheit.

Eine aristotelisch geprägte ethikorientierte Führungskraft wird versuchen, die Tugenden, vor allem die sittlichen Tugenden, zu verinnerlichen und sich ihnen entsprechend zu verhalten. Zwei weitere Aspekte kann sie von Aristoteles lernen: Zum einen betont Aristoteles die Wichtigkeit eines Vorbilds für tugendhaftes Verhalten, den wahrhaft Tugendhaften. Eine gute Führungskraft sollte sich immer ihrer Vorbildfunktion bewusst sein und die Werte, die sie fordert, selbst vorleben. Zum anderen zeigt sich Aristoteles kritisch gegenüber der Möglichkeit, tugendhaftes Handeln nur durch theoretische Überlegungen zu erlernen. Tugendhaft kann man, so Aristoteles, nur werden, indem man immer wieder tugendhaft handelt, d.h. sich überlegt, wie ein wahrhaft tugendhafter Mensch sich verhalten würde, um sich dann entsprechend zu verhalten. Indem man immer wieder tugendhaftes Handeln »imitiert«, verinnerlicht man schrittweise die Tugenden und wird letztendlich tugendhaft. Auch dieser Gedanke ist wichtig für den Führungsalltag.

Kapitel 8 – die Ethik der Verantwortung Hans Jonas' Moraltheorie, die im Kapitel »Die Ethik der Verantwortung« besprochen wird, fordert, langfristige Folgen von Handlungen zu berücksichtigen und auch die nicht-menschliche Natur zu beschützen. Eine Handlung, die die Existenz der Menschheit gefährden könnte, muss unterlassen werden, so Jonas. Somit macht er sich für den Wert der Nachhaltigkeit stark. Auch betont er die zentrale Bedeutung des Verantwortungsgefühls.

Kapitel 8: Hans Jonas' Ethik der Verantwortung

Eine Führungskraft, die von Jonas überzeugt wurde, ist sich ihrer Verantwortung gegenüber ihren Schülern, Studenten oder Mitarbeitern bewusst und nimmt sie ernst. Sie fühlt sich darüber hinaus aber auch für die Umwelt und deren Schutz verantwortlich. Nachhaltiges Handeln ist für sie von zentraler Bedeutung.

■ **Teil III – Vertragstheoretiker**

Kapitel 9 – die Vertragstheoretiker Der dritte Teil »Vertragstheoretiker« stellt eine Gruppe von Theorien dar, die an der Schnittstellt zwischen der Moraltheorie und der politischen Philosophie beheimatet sind. Das Kapitel »Die Vertragstheoretiker« liefert eine kurze Zusammenfassung der grundsätzlichen Vorgehensweise dieser Theorien. Die Ausgangsfrage für diese Theorien ist, wie man staatliche Autorität bzw. Regeln legitimieren könnte. Die Lösungsidee ist, dass staatliche Autorität bzw. Regeln genau dann legitim sind, wenn alle Menschen ihnen zustimmen würden bzw. könnten.

Kapitel 9: Kurzeinführung in die Vertragstheorie

1

**Kapitel 10: Thomas Hobbes'
Vertragstheorie**

Kapitel 10 – die Vertragstheorie Im neunten Kapitel »Die Vertragstheorie« wird Thomas Hobbes' vertragstheoretischer Ansatz vorgestellt: Ohne Gesetze und einen Staat würden die Menschen nach
Hobbes in einem Naturzustand leben, in welchem sie sich dauerhaft
bekriegen würden. Da dies kein wünschenswerter Zustand ist, erkennen die Menschen die Wichtigkeit von klaren Regeln und einer
Instanz, die auf deren Einhaltung achtet. In einem Gesellschaftsvertrag einigen sie sich auf solche Regeln, die natürlichen Gesetze und
einen Souverän. Da jeder Mensch diesem Vertrag zustimmt (oder
zustimmen könnte), erhalten sie ihre bindende Kraft.

Hobbes betont also den Wert von Regeln und die Notwendigkeit
einer Instanz, die über die Einhaltung dieser Regeln wacht. Diese Gedanken können auch für Führungskräfte wichtig sein. Eine Führungskraft sollte (manches Mal) klare Grenzen setzen und auch darauf achten, dass diese eingehalten werden.

**Kapitel 11: Jean-Jacques
Rousseaus Gesellschaftsvertrag**

Kapitel 11 – der Gesellschaftsvertrag Eine alternative vertragstheoretische Position wird von Jean-Jacques Rousseau erarbeitet, die wir
im Kapitel »Der Gesellschaftsvertrag« darstellen. Rousseau geht davon aus, dass alle Menschen von Natur aus gleich und frei sind. Entwickeln sich gesellschaftliche und staatliche Strukturen, verliert sich
diese Gleichheit und Freiheit häufig, so Rousseau. Es kommt zu Ungerechtigkeiten und Unterdrückung. Er sucht nach einem Weg, wie
der Mensch frei und gleichberechtigt bleiben kann. Seine Antwort
stellt der Gesellschaftsvertrag dar: Hierin einigen sich die Menschen
darauf, dass der Gemeinwille, d.h. das allgemeine Wohl, die Richtschnur für politisches Handeln sein soll und die Aufgabe des Staates
darin bestehen soll, dieses Gemeinwohl umzusetzen.

Eine Führungskraft kann von Rousseau lernen, wie wichtig Mitbestimmung ist. Dementsprechend kann sie sich darum bemühen,
dass ihre Schüler und Studenten bzw. Mitarbeiter in Entscheidungsprozesse eingebunden werden und auch eine Stimme haben. Dies
wirkt sich auch auf das Selbstverständnis der Führungskraft aus: Sie
fühlt sich als Teil der Gruppe und als Umsetzer dessen, was die Gruppe entscheidet.

**Kapitel 12: John Rawls'
Gerechtigkeitstheorie**

Kapitel 12 – Gerechtigkeit als Fairness Eine moderne Variante einer
Vertragstheorie ist John Rawls' Theorie der Gerechtigkeit, die im
Kapitel »Gerechtigkeit als Fairness« skizziert wird. Rawls überlegt,
auf welche Gerechtigkeitsgrundsätze sich die Menschen einigen würden, befänden sie sich hinter einem Schleier des Nichtwissens, d.h.
wüssten sie nicht, welche gesellschaftliche Position sie haben, über
welche natürlichen Fähigkeiten sie verfügen, welchem Geschlecht sie
angehören, usw. Man würde sich, nach Rawls, auf zwei Grundsätze
einigen: Zum einen müssten Grundfreiheiten gleich verteilt sein und
zum andern müsste Chancengleichheit bestehen. Ungleichheiten wären nur dann gerechtfertigt, wenn sie die am schlechtesten gestellte
Gesellschaftsgruppe besser stellten.

Rawls macht sich für den Wert der Gerechtigkeit bzw. Fairness und den Schutz der Schwachen stark. Fragen nach der gerechten Verteilung bzw. der gerechten Behandlung stellen sich für Führungskräfte immer wieder, und so bietet Rawls' Theorie eine gute Möglichkeit, unterschiedliche Formen von Gerechtigkeit zu diskutieren.

■ **Teil IV – die offene Kultur**

Kapitel 13 – die offene Kultur Der vierte und letzte Teil des Buches »Die offene Kultur« greift zwei nicht-moraltheoretische Überlegungen auf: Poppers Kritischen Rationalismus und Lessings Ringparabel. Im Kapitel »Die offene Kultur« erläutern wir die Gemeinsamkeiten dieser Überlegungen und die Grundzüge einer offenen Kultur. Beide Gedankengebäude eint die Überzeugung, dass man weder in der Wissenschaft noch in der Religion Wahrheit unzweifelhaft beweisen kann.

Kapitel 13: Kurzeinführung die in Idee einer offenen Kultur

Kapitel 14 – der Kritische Rationalismus Das Kapitel »Der Kritische Rationalismus« stellt Karl Poppers gleichnamige Theorie dar, die in der Wissenschaftstheorie beheimatet ist. Popper fordert die (empirischen) Wissenschaften dazu auf, zu versuchen, ihre Theorien zu widerlegen. Nur so ist, laut Popper, wissenschaftlicher Fortschritt möglich. Außerdem ist es unmöglich, eine Theorie zweifelsfrei zu beweisen.

Kapitel 14: Karl Poppers Kritischer Rationalismus

Aus diesem Grundgedanken lassen sich Forderungen an einen guten Wissenschaftler ableiten, die auch auf andere Lebensbereiche übertragbar sind: Popper fordert mündiges und kritisches Denken und eine offene und kritische Gesprächskultur, in der das beste Argument gehört wird. Eine Führungskraft sollte solches kritische Denken explizit fördern und erlauben und auch ihre eigenen Gedanken und Argumente kritisch hinterfragen lassen. Sie sollte sich um eine hierarchiefreie Kommunikation bemühen.

Kapitel 15 – Relativismus und Toleranzgebot Im Kapitel »Relativismus und Toleranzgebot« fragen wir uns, welche Lehren man aus der Ringparabel ziehen kann, die Gotthold Ephraim Lessing in *Nathan der Weise* niederschreibt. Die relativistische Lehre ist, dass man (mit rationalen Mitteln) nicht erkennen kann, welches die einzig wahre Religion ist, eine Erkenntnis, die man auf die Frage übertragen kann, ob es eine einzig richtige Moraltheorie gibt. Wenn es aber mehrere, gleichermaßen gerechtfertigte Moraltheorien gibt, kann es zu einem Konflikt zwischen diesen kommen. Wir untersuchen, wie man mit solch einem Konflikt umgehen kann, was auch für eine Führungskraft äußerst wertvoll zu wissen ist.

Kapitel 15: Gotthold Ephraim Lessings Ringparabel

Die normative Lehre aus der Ringparabel stellt das Toleranzgebot dar, wonach man sich offen und aufgeschlossen gegenüber anderen Religionen und Welteinstellungen zeigen sollte. Eine gute Führungskraft sollte sich um gelebte Toleranz in ihrem Unternehmen, ihrer Schule und Universität bemühen und Vielfalt als Chance begreifen.

1

Gerade in einer immer heterogener werdenden und globalisierten Welt ist das von zentraler Bedeutung.

Kapitel 16: Modell der ethikorientierten Führung – ein Fazit

Kapitel 16 – von Philosophen führen lernen Im Schlusskapitel »Von Philosophen lernen« führen wir die Erkenntnisse des Buches zusammen und heben drei Aspekte hervor: Zum ersten liefern wir eine grundsätzliche Begründung für das Modell der ethikorientierten Führung. Will man nicht die grundsätzliche Relevanz von Moral bestreiten, sollte man sich für das Modell der ethikorientierten Führung aussprechen. Es leitet sich aus der grundlegenden Forderung ab, Menschen sollten, wann immer sie handeln, moralisch korrekt handeln. Zum zweiten wird das Modell der ethikorientierten Führung abschließend dargestellt. Die Ausgangsfrage des Buches ist, welche genuin moralischen Werte das Handeln einer ethikorientierten Führungskraft prägen sollten. Wir schlagen vor, sechs Werte als zentral anzusehen: die Achtung der Menschenwürde, die Ermöglichung von Mündigkeit, den Schutz der Gleichheit, die Sorge um Gerechtigkeit, das Streben nach Nachhaltigkeit und gelebte Toleranz. Abschließend thematisieren wir die Frage, ob und wie ethikorientierte Führung vermittelt und gelehrt werden kann.

Psychologie der Führung

Psychologie

Einführung

2

2.1   Einführung in die Psychologie

Das Hauptaugenmerk dieses Buches wird auf die Darstellung und Diskussion der philosophischen Grundlagen einer ethikorientierten Führungskraft gelegt. In der Wissenschaft werden Fragen nach guter bzw. schlechter Führung jedoch hauptsächlich in der Psychologie untersucht. Daher ist der erste Teil dieses Buches der Psychologie gewidmet. Das vorliegende Kapitel soll einen kurzen Überblick über die Psychologie im Allgemeinen geben, ehe sich das nächste Kapitel der Psychologie der Führung zuwendet.

2.1.1   Die Subdisziplinen der Psychologie

Wissenschaft der Psychologie

Die wissenschaftliche Disziplin der Psychologie hat das Ziel, menschliches Erleben und Verhalten zu erklären, vorherzusagen und damit auch Veränderungspotenzial und -möglichkeiten aufzuzeigen. Da der Mensch ein sehr komplexes Wesen ist, gibt es eben auch eine Vielzahl von Unterdisziplinen der Psychologie, wie die folgenden:

Teilbereiche der Psychologie

Allgemeine Psychologie Die Allgemeine Psychologie beschäftigt sich mit allen den Menschen eigenen Vorgängen des Erlebens und Verhaltens, also beispielsweise mit Wahrnehmungs-, Gedächtnis- und Denkprozessen, Prozessen des Lernens und des Problemlösens, aber auch mit Emotion und Motivation. Diese Prozesse sind letztlich mehr oder weniger allen Menschen gemein (deshalb »Allgemeine Psychologie«).

Biologische, Physiologische bzw. Neuropsychologie Die Biologische bzw. Physiologische Psychologie versucht, die physiologischen, biologischen und neurologischen (neuronalen) Grundlagen aller wichtigen psychologischen Prozesse zu entdecken. Die Neuropsychologen fragen sich zum Beispiel: Was passiert physiologisch, biologisch und neurologisch beim Wahrnehmen von Objekten, beim Denken, beim Problemlösen, beim Lernen, bei bestimmten Emotionen, je nach Motivationslage?

Entwicklungspsychologie Die Entwicklungspsychologie wiederum untersucht die Entwicklung all dieser Prozesse, ausgehend von der Geburt (teilweise auch vor der Geburt) über die Kindheit und Jugendzeit bis ins hohe Alter. Sie gibt auch Aussagen über Lern- und Entwicklungsphasen des Menschen sowie über altersgemäße Prozesse.

Sozialpsychologie Die Sozialpsychologie analysiert, inwieweit etwa Wahrnehmen, Denken oder Lernen abhängig sind von anderen Menschen oder auch von der sozialen, technischen und kulturellen Umgebung und inwieweit Gruppenprozesse diese psychologischen Zustände beeinflussen. »Sozial« sollte dabei nicht im Sinne von »Sozialfürsorge« oder gar »Sozialarbeit« verstanden werden, sondern im Sinne von »interaktiv«. Es geht um zwischenmenschliche Beziehungen, um »Wahrnehmen«, »Denken«, »Entscheiden« usw.

Persönlichkeitspsychologie Die Persönlichkeitspsychologie ist bemüht, individuelle Unterschiede zwischen Menschen herauszuarbeiten, zum Beispiel Unterschiede in der Intelligenz, in der Kreativität, dem Selbstwertgefühl, der Ängstlichkeit, der Depressivität, der Introversion oder Extraversion (also inwieweit man sich nach innen oder nach außen orientiert), der Belastbarkeit oder der emotionalen Stabilität. Hier unterscheiden sich Menschen. Der Persönlichkeitspsychologe geht fast umgekehrt vor wie der Allgemeine Psychologe: Ersterer sucht die Persönlichkeitsunterschiede, letzterer die Gemeinsamkeiten aller Menschen.

Pädagogische Psychologie Die Pädagogische Psychologie befasst sich mit Lehr- und Lernprozessen: Wie muss ein Stoff pädagogisch, didaktisch, methodisch aufgearbeitet sein, damit der Lernende optimale Lernfortschritte erzielt?

Klinische Psychologie Die Klinische Psychologie betrachtet Störungen von Menschen, wie zum Beispiel Depressionen oder Ängste bis hin zu Schizophrenie, und untersucht, inwieweit man diese durch Psychoanalyse, Psychotherapie, Gesprächs-, oder Verhaltenstherapie oder auch medikamentös behandeln, also therapieren kann.

Diagnostische Psychologie Die Diagnostische Psychologie ist eine Subdisziplin, die Messinstrumente entwickelt, um zum Beispiel Persönlichkeitsausprägungen von Ängstlichkeit, Depression und Selbstwertgefühl zu messen.

Arbeits-, Organisations-, und Wirtschaftspsychologie Die Arbeits- und Organisationspsychologie beschäftigt sich mit menschlichen Phänomenen in sozialen und kommerziellen Organisationen: Arbeitsmotivation, Führung, Konflikte in Organisationen, Betriebsklimauntersuchungen. Die Wirtschaftspsychologie beschäftigt sich dabei mit makroökonomischen Phänomenen wie »Sparverhalten«, »Konsumverhalten«, »unternehmerischem Handeln«, »Innovationskraft«, »Psychologie der Aktienkurse« usw.

»Bindestrich-Psychologien« Es gibt eine Vielzahl von weiteren, sog. Bindestrich-Psychologien, als Subdisziplinen der Psychologie, die Detailbereiche erforschen, wie zum Beispiel die Polizei-Psychologie, die Gefängnis-Psychologie, die Gesundheits-Psychologie, die Architektur-Psychologie, die Sport-Psychologie und die Werbe-Psychologie. Hier werden jeweils die Phänomene des Erlebens und Verhaltens in einem bestimmten Bereich erforscht.

2

2.1.2 Psychologie als naturwissenschaftliches Fach: empirische Forschung

Psychologie als Naturwissenschaft

Die Psychologie ist insgesamt naturwissenschaftlich orientiert, d.h. sie versucht, ähnlich wie in den Naturwissenschaften (z.B. in der Physik) Zustände exakt zu messen, zu analysieren und mit Experimenten zu überprüfen, welche Wirkungsweise bestimmte Variablen haben. So möchte man beispielsweise erklären, ob hohe Ängstlichkeit die Wahrnehmung beeinflusst oder welche Auswirkungen Vorurteile auf die Aufnahme neuer Informationen haben oder unter welchen Bedingungen Menschen Entscheidungen bereuen.

empirische Forschungsmethoden der Psychologie

Um solche Sachverhalte zu erforschen, werden Experimente im Labor durchgeführt, ebenso wie Felduntersuchungen im Sinne von Fragebogenuntersuchungen und tiefenpsychologischen Interviews, d.h. man versucht durch gezieltes Nachfragen Vorbewusstes und Unterbewusstes zu eruieren. Will man beispielsweise überprüfen, ob Personen, die Ereignisse erklären, vorsagen und beeinflussen können – wie das die Kontrolltheorie postuliert –, sich mehr engagieren, sich mit einem bestimmten Zustand eher identifizieren und stärker motiviert sind als Personen, die in einem Arbeitsprozess die Sachverhalte weder erklären noch vorsehen oder beeinflussen können, so würde man eine Gruppe in eine Situation versetzen, wo sie Dinge erklären, vorsagen und beeinflussen kann, wohingegen eine andere Gruppe dies nicht kann. Dann kann man z.B. untersuchen, ob Identifikation, Motivation und Begeisterung in der ersten Gruppe höher sind.

quantitative und qualitative Methoden

In der Psychologie gibt es sowohl qualitative als auch quantitative Methoden. Quantitative Forschung bezieht sich beispielsweise auf das Zählen von Häufigkeiten und auf die Messung von Reaktionszeiten. Aber auch bei Skalierungen versucht man mithilfe von Zahlen, das quantitative Ausmaß zu erforschen, wie z.B. 10-Punkte-Skalen bei der Forschung über Lebenszufriedenheit. Aber auch qualitative Daten können erfasst werden, beispielsweise im Sinne von tiefenpsychologischen Interviews.

psychologische Theorien: allgemeingültige Theorien über menschliches Verhalten

Da die Psychologie überwiegend den Anspruch hat, eine naturwissenschaftliche Disziplin zu sein, versucht sie ähnlich wie die Physik, allgemeingültige Theorien über menschliches Verhalten zu formulieren. In der Medizin kann man zum Beispiel postulieren, dass Leute mit niedrigem Blutdruck seltener einen Herzinfarkt bekommen als solche mit hohem Blutdruck. Man kann dabei aber *keine* Vorhersagen für ein spezifisches Individuum treffen (wann also wer mit welcher Wahrscheinlichkeit konkret herzinfarktgefährdet ist). Ähnlich ist es in der Psychologie: Man versucht, Regelmäßigkeiten oder Gesetzmäßigkeiten zu erkennen. So besagt beispielsweise die Kontrolltheorie, dass die Motivation und Verantwortungsübernahme von Mitarbeitern erhöht wird, wenn man ihnen Sachverhalte erklärt und sie diese vorsehen und beeinflussen können. Bei einem einzelnen

Mitarbeiter müssen diese Effekte nicht beobachtbar sein, auch wenn es für die Mehrzahl zutreffen sollte.

2.1.3 Psychologie als geistes- und sozialwissenschaftliches Fach

Auch wenn das Fach Psychologie aufgrund der empirischen Methodik von den meisten Experten – zumindest an den Universitäten – als naturwissenschaftliches Fach gesehen wird, so hat die Psychologie doch auch eine geisteswissenschaftliche und eine sozialwissenschaftliche Orientierung. Man kann sich darüber streiten, ob es eine gute Idee von Wilhelm Wundt war, das Fach vor über 100 Jahren von der Philosophie zu trennen. Viele Psychologen sind manchmal sogar stolz darauf, zu sagen »Wir beschäftigen uns nicht mit philosophischen Themen«. De facto sollte sich jedoch jeder Psychologe, der mit Menschen und Gruppen zu tun hat, mit Werten, Sinnfragen und menschlichen Bedürfnissen gut auskennen – und damit in Kernthemen der Philosophie und Religion »fit« sein. Denn er sollte in der Lage sein, das, was er empirisch erforscht, immer auch vor dem Hintergrund des jeweiligen historischen, kulturellen und sozialen Kontextes zu interpretieren: Was bedeuten die empirischen Ergebnisse? Wie sind sie entstanden? Gleichzeitig geht es auch darum, sich mit moralisch-ethischen Fragestellungen von Erleben und Verhalten auseinanderzusetzen: Ist zum Beispiel alles erlaubt, was möglich ist?

Ein gutes Beispiel ist hier die Klinische Psychologie: Bei einer Therapie geht es primär darum, dass es den Patienten durch sie besser geht, wie auch immer das individuell aussieht. Darüber hinaus mag der Therapeut sich fragen, ob er dem Patienten lediglich dabei helfen soll, sich selbst zu verwirklichen, oder ob er mit seiner Therapie darauf abzielen sollte, dass der Andere Verantwortung für andere übernimmt. Wie verhalte ich mich als Therapeut, wenn mein Patient seine Familie im Stich lassen will, um mit seiner Geliebten ein neues Leben zu beginnen? Oder denken wir an die Arbeits- und Organisationspsychologie: Geht es *nur* darum, den Output einer kommerziellen Organisation zu erhöhen? Oder auch um Wohlbefinden, um lebenswertes Arbeiten, um lebenswertes Leben? Geht es *nur* um Arbeit oder auch um eine Work-Life-Balance? Bei all diesen Fragen – ebenso bei den damit zusammenhängenden empirischen Untersuchungen – sollten also immer auch ethisch-moralische Aspekte und die dahinter stehenden Sinnfragen geklärt werden.

Dazu kommt, dass neben der geisteswissenschaftlichen und naturwissenschaftlichen Orientierung die Psychologie natürlich auch eine sozialwissenschaftliche Basis hat: Der Mensch ist kein isoliertes Wesen, sondern ist eingebettet in seine Kultur und in die Gesellschaft. Somit spielen Bereiche der Soziologie, der Politologie und der Betriebswirtschaft ebenfalls eine zentrale Rolle. Und auch wenn viele psychologische Theorien sich primär auf den Menschen, die Einzel-

Psychologie ist keine reine Naturwissenschaft.

ethisch-moralische Fragen der Psychologie

sozialwissenschaftliche Seite der Psychologie

2

person und die Gruppe, konzentrieren, so sollten doch politische, wirtschaftliche, soziale und kulturelle Phänomene mit berücksichtigt werden. Insoweit ist die Psychologie eine interdisziplinäre Disziplin par excellence.

2.1.4   Ausgewählte, interessante Erkenntnisse der Psychologie

Um ein besseres Gefühl für psychologische Erkenntnisse zu bekommen, kommen wir nun zu einigen unseres Erachtens interessanten Ergebnissen der psychologischen Forschung. Dabei konzentrieren wir uns auf den Bereich der Sozialpsychologie:

Einfluss von Minoritäten
- Unter bestimmten Bedingungen haben Minoritäten, d.h. Minderheiten, starken Einfluss auf Majoritäten, d.h. Mehrheiten, und zwar dann, wenn sie konsistent sind und dabei zugleich flexibel argumentieren. Dies ist wichtig, da es unterschiedliche Typen von Menschen gibt. Ein »Zahlenmensch« braucht genau fassbare Informationen und stringente logische Vorgehensweisen, während ein »Bauchmensch« eher intuitiv und gefühlsbetont entscheidet. Die Minorität sollte darüber hinaus Brücken bauen können zur Majorität und Erfolge betonen. Die spannende Erkenntnis ist also, dass es keineswegs nur so ist, dass Majoritäten Minoritäten beeinflussen, sondern auch umgekehrt (s. z.B. Erb et al. 2008).

Bystander-Effekt
- Beim Hilfeverhalten hat sich gezeigt, dass je mehr Menschen einen Notfall sehen, die Wahrscheinlichkeit umso geringer ist, dass auch nur ein Einziger von ihnen eingreift, während wenn nur einer den Notfall sieht, eine höhere Wahrscheinlichkeit vorhanden ist, dass geholfen wird. Man bezeichnet dieses Phänomen als Bystander-Effekt (s. z.B. Latané et al. 1969).

Vergleichsgruppentheorie
- Die Vergleichsgruppentheorie zeigt uns, dass Zufriedenheit relativ ist – je nachdem, was unser Vergleichsstandard ist und je nachdem, mit welcher Gruppe wir uns vergleichen. Jemand, der sehr viel besitzt, kann sehr unzufrieden sein, wenn seine Vergleichsgruppe noch mehr besitzt (s. z.B. Festinger 1954).

Es gibt keine absoluten Standards für Lebenszufriedenheit.
- Verbunden mit dem vorherigen Punkt wurde erkannt, dass die Lebenszufriedenheit nicht von absoluten Standards abhängig ist, sondern von den Erwartungen, dem Anspruchsniveau, dem Anker, den man hat. Leute, die eigentlich materiell bestens ausgestattet sind, können trotzdem sehr unzufrieden sein, je nachdem, womit sie sich vergleichen und welches Anspruchsniveau sie haben. Auch wenn also der allgemeine Lebensstandard in einer Gesellschaft ansteigt, bedeutet dies nicht zwangsläufig, dass auch die Zufriedenheit der Menschen zunimmt.

Reaktanztheorie
- Menschen, die in ihren Entscheidungen eingeengt werden und diese Einengung als illegitim, also als ungerecht betrachten, reagieren mit Widerstand, d.h. mit psychologischer Reaktanz. Diese ist verbunden mit vielen ungünstigen Korrelaten, wie

Demotivation, Dinge-an-die-Wand-fahren-lassen, Passivität, Sabotagehaltung usw. Druck erzeugt also Gegendruck und wird so zum Bumerang. Will man in Veränderungsprozessen diese Effekte vermeiden, darf man Menschen nicht zu sehr einengen. Menschen sind freiheitsliebende Wesen. Dies ist die Erkenntnis der sog. Reaktanztheorie (s. z.B. Brehm 1966).

— Dort, wo Menschen extrem neidisch sind (schwarzer Neid) oder sich verletzt fühlen, kommt es zu sog. Racheeffekten, die durchaus auch die Relevanz eines »kollektiven Selbstmords« haben können, d.h. man ist bestrebt, den Anderen zu bestrafen oder zu verletzen, auch wenn man selbst Nachteile in Kauf nehmen muss, bis hin zum gemeinsamen Untergang!

Racheeffekte

— In vielen Bereichen gibt es eine sog. Fehlattribution von Erregung (s. z.B. Schachter et al. 1962), d.h. Depressions- und Selbstmordquoten sind keineswegs im November und bei dichtem Nebel am höchsten, wie man erwarten würde, sondern zum Beispiel im Monat Mai. Eine Erklärung ist, dass man im November eine traurige Stimmung dem Wetter zuschreiben kann, während dieses im Mai nicht mehr möglich ist und dieses den Effekt der negativen Stimmung verstärkt. Außerdem ist im Frühling generell mehr Energie vorhanden, die dann bei anhaltend depressiver Stimmung und absinkender Hoffnung auf Besserung (die im November vielleicht noch bestand) in suizidale Handlungen münden kann.

Fehlattribution von Erregung

— Die Dissonanztheorie betont den Effekt der Verdrängung und Verniedlichung, wenn man sich unmoralisch oder unethisch verhalten hat (s. z.B. Festinger 1957). Man neigt dazu, solches Verhalten nachträglich vor sich selbst zu rechtfertigen, weil es disonant, also sehr unangenehm ist. Die Theorie geht davon aus, dass Menschen keine rationalen, sondern rationalisierende Wesen sind, die jegliches Verhalten und jegliche Entscheidung zu rechtfertigen versuchen.

Dissonanztheorie

— Vorsicht vor Gruppen! Es gibt so etwas wie eine »vorgefasste Gruppenmeinung« oder gar »Gruppenarroganz«: Gruppen wähnen sich oft im Besitze der Wahrheit. Man bezeichnet dieses Phänomen als Groupthink-Phänomen (s. z.B. Irving 1882). Gruppen – vor allem homogen besetzte Gruppen, deren Mitglieder einander also sehr ähneln – neigen dazu, sich zu überschätzen. Sie blenden negative Entwicklungen und sog. »dissonante Informationen« gerne aus. Die Gruppe fühlt sich dann im Besitze der Wahrheit und ist für widersprechende Informationen nicht mehr offen; einzelne Gruppenmitglieder, die der Mehrheitsmeinung der Gruppe widersprechen, werden als »Bedenkenträger« oder »Ewiggestrige« oder »Angsthasen« usw. diffamiert und mundtot gemacht.

Groupthink-Phänomen

— Die Kontrolltheorie betont, dass es nicht um den objektiven Stressor geht, sondern vielmehr um die Wahrnehmung des Vorliegens oder Nichtvorliegens von Erklärbarkeit, Vorhersehbarkeit

Kontrolltheorie

und Beeinflussbarkeit desselben (s. Frey et al. 2002). So zeigen Untersuchungen, dass starker Lärm von ca. 100 Dezibel eher ertragen wird und die Frustrationstoleranz höher ist, wenn er vorhersehbar und beeinflussbar ist (z.B. durch einen Knopfdruck), als wenn dies nicht der Fall ist (s. Glass et al. 1972). Diese Erkenntnisse sind auf viele Phänomene übertragbar. Die Genesung nach schweren Unfällen oder Krankheiten verläuft besser, wenn der Patient meint, er könne die mit der Genesung zusammenhängenden Ereignisse beeinflussen und könne den Prozess vorhersehen. Change-Management-Prozesse und Fusionen scheitern oft, weil die Betroffenen den Sinn nicht erkennen, weil nicht vorhersehbar ist, in welche Richtung die Änderung gehen soll, und weil die Partizipation minimal ist, die Betroffenen also am Prozess und an den Entscheidungen nicht oder kaum beteiligt werden.

Hypothesentheorie der sozialen Wahrnehmung

— Unsere Wahrnehmungen sind keineswegs objektiv. Entsprechend der Hypothesentheorie der sozialen Wahrnehmung (s. Lilli et al. 1993) kann man vielmehr von einer »Perspektiventheorie der Wahrheit« ausgehen. Je nach Interessen- und Erfahrungslage wird derselbe Stimulus unterschiedlich interpretiert mit einer Vielzahl von Konsequenzen. Das heißt, jeder Mensch läuft im Grunde mit einer Brille durch die Welt. Er interpretiert die Reize und Wahrnehmungen seines Lebens hypothesenkonform, also im Lichte bestehender Annahmen und Erwartungen sowie selbstwertschützend und -bewahrend, um zwei besonders wichtige Prinzipien der selektiven Wahrnehmung zu nennen. Wir wissen aus der Vorurteils- und Stereotypenforschung, dass Überzeugungen relativ stabil sind, wenn sie einmal gefasst wurden – und zur Bildung subjektiver Hypothesen und sog. »Laientheorien« neigt jeder Mensch fast ständig.

Milgram-Experimente

— Ein sehr bekanntes Beispiel für ein psychologisches Experiment sind die sog. Milgram-Experimente (s. Milgram 1963). Sie wurden erstmals 1961 von dem amerikanischen Psychologen Stanley Milgram in New Haven durchgeführt. Die Ausgangsfrage dieser Experimente war, wie Menschen auf Anweisungen einer als autoritär wahrgenommen Person reagieren, wenn diese sie auffordert, sich unmoralisch zu verhalten. Hierzu wurden zufällig ausgewählte Erwachsene dazu eingeladen, an einer wissenschaftlichen Studie teilzunehmen, ihnen war jedoch nicht bewusst, dass sie selbst die Versuchspersonen waren. Ihnen wurde gesagt, es solle Lernverhalten untersucht werden. Dazu wurden sie gebeten, in die Rolle eines Lehrers zu schlüpfen. Im Nebenraum befand sich der Schüler, welcher sich Begriffe merken sollte. Machte er einen Fehler, sollte der »Lehrer« ihn mit einem Elektroschock bestrafen. Die Stromstärke erhöhte sich dabei stetig. Bei dem »Lehrer« saß nun ein scheinbarer Wissenschaftler, der Zögern seitens des »Lehrers« mit einfachen Aufforderungen wie »Machen Sie weiter!« oder »Sie müssen unbedingt weitermachen!« begegnete. Was die »Lehrer« nicht wussten, war, dass die »Schüler« nur Schauspieler waren und ihnen nichts passierte. Das erschreckende Ergebnis war, dass 85% der Versuchspersonen Elektroschocks vergaben, die absolut tödlich gewesen wären (über 54 Volt). Das Experiment wurde weltweit mehrmals wiederholt, wobei die Ergebnisse überall annähernd die gleichen waren.

2.1.5 Urteile und Vorurteile über Psychologie

Abschließend für diese Einführung seien einige Urteile bzw. Vorurteile gegenüber der Psychologie bzw. vor allem gegenüber Psychologen erwähnt:

- Psychologen haben immer ein Röntgenauge: Der seriöse Psychologe mag zwar etwas mehr Sensibilität haben in der Analyse von Erleben und Verhalten, aber da menschliches Verhalten sehr komplex ist, wird er letztlich auch immer sehr vorsichtig sein mit vorschnellen Urteilen. Im Durchschnitt hat er kein Röntgenauge!

Psychologen sind nicht allwissend.

- Psychologen sind psychisch stabiler als andere Menschen oder aber sie haben selbst Probleme mit sich: Die Forschungen zeigen, dass Psychologen genauso viel oder wenig Probleme haben wie andere Menschen. Keineswegs ist es so, dass Psychologen per se psychisch stabiler sind, aber sie sind eben auch nicht instabiler. Vermutlich studieren dieses Fach Menschen, die besonders daran interessiert sind, wie Menschen funktionieren. Natürlich gibt es auch sehr viele Psychologen, die das sog. Helfersyndrom haben und mit ihren Erkenntnissen anderen Menschen helfen wollen – ohne dass sie das unter Umständen wirklich können! (Man spricht dann von »hilflosen Helfern«.)

Psychologen sind psychisch nicht stabiler bzw. instabiler als andere Menschen.

2.2 Ein kleines Lexikon psychologischer Grundbegriffe

- **Fragebogenuntersuchungen**

Fragebogenuntersuchungen sind eine Methode psychologischen Forschens. Um eine Fragestellung beantworten zu können, werden Fragebögen erstellt, welche von oder mit Versuchspersonen ausgefüllt werden, um diese anschließend auszuwerten.

- **Laborexperimente**

Laborexperimente sind eine Methode psychologischen Forschens. Um eine Fragestellungen zu beantworten, erarbeitet man eine Versuchssituation, um diese dann mit unterschiedlichen Versuchspersonen durchzuführen und auszuwerten. Die Milgram-Experimente sind Beispiele psychologischer Laborexperimente.

- **Psychologie**

Die Wissenschaft der Psychologie untersucht menschliches Erleben und Wahrnehmen.

- **Tiefenpsychologische Interviews**

Tiefenpsychologische Interviews sind eine Methode psychologischen Forschens. Durch bewusstes Nachfragen versucht der Wissenschaftler, Vorbewusstes und Unterbewusstes zu eruieren.

Die Psychologie der Führung

Einige Grundlagen zur professionellen Führung

Wir plädieren für das Modell der ethikorientierten Führung als Antwort auf die Frage, was gute Führung auszeichnet. Ehe wir in den nachfolgenden Kapiteln die Frage beantworten, welche moralischen Werte man in diesem Modell aufnehmen sollte, gibt das vorliegende Kapitel einen Einblick in die Erkenntnisse der Psychologie zum Thema Führung und zeigt den Zusammenhang zwischen diesen und dem Modell der ethikorientierten Führung auf.

Zunächst wird ein kurzer Überblick über Führungsaufgaben gegeben, um dann verschiedene Führungsstile vorzustellen, die im Laufe der Zeit entwickelt und propagiert wurden. Die wesentlichen Erkenntnisse der Führungsforschung werden von uns dann im Rahmen des Prinzipienmodells der Führung zusammengefasst und genauer erläutert. Da Führung in der Psychologie häufig nur in Bezug auf kommerzielle Organisationen diskutiert und untersucht wird, schließt dieses Kapitel mit Überlegungen, ob und inwieweit die psychologischen Erkenntnisse zur Führung auf Führungsaufgaben im Bereich der Bildung übertragbar sind.

3.1   Allgemeines zur Führung

Wir erinnern uns: Gemäß dem Modell der ethikorientierten Führung beachtet und fördert eine gute Führungskraft in ihren Entscheidungen sowohl genuin moralische Werte, wie die Achtung der Menschenwürde, Mündigkeit, Gleichheit, Gerechtigkeit, Nachhaltigkeit und Toleranz, als auch nicht-genuin moralische Werte, wie Leistungs-, Gewinn- und Innovationsstreben und Kundenorientierung. Hier mag die Frage aufkommen, was genau für Entscheidungen und Handlungen an den Status einer Führungskraft gekoppelt sind. Anders formuliert stellt sich die Frage, was Führung im Allgemeinen bedeutet und welche besonderen Aufgaben sich einer Führungskraft stellen.

Unter Führung kann man zunächst einmal verstehen, dass man anderen Menschen eine Orientierung gibt, mit ihnen Ziele vereinbart oder Probleme löst und sie beim Erreichen von Zielen bzw. beim Problemlösen anleitet und unterstützt. Wie bereits in der Einleitung ausgeführt, stellen sich Führungsaufgaben in ganz verschiedenen Lebensbereichen, sei es in der Wirtschaft, dem Bildungsbereich, dem Militär, der Politik usw. (▶ Kap. 1.1 »Führen – eine Herausforderung«). Konzentrieren wir uns im Folgenden exemplarisch auf Führungsaufgaben aus der Wirtschaft und betrachten uns die Aufgaben, die sich hier stellen, genauer!

Führung

3.1.1   Aufgabenfelder von Führung – Unternehmens- und Mitarbeiterführung

Eine Führungskraft in einem Wirtschaftsunternehmen hat zwei große Aufgabenbereiche: zum einen den Bereich der Unternehmensführung und zum anderen den der Mitarbeiterführung (◘ Abb. 3.1).

Unternehmens- und Mitarbeiterführung

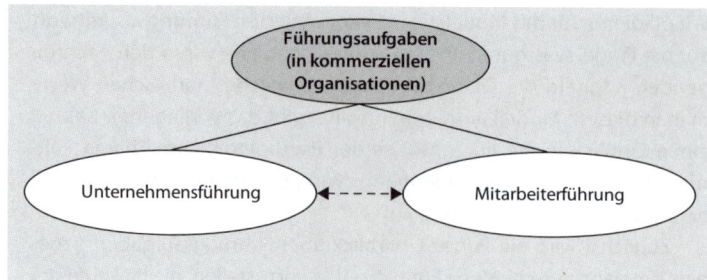

□ **Abb. 3.1** Führungsaufgaben in der Wirtschaft (Auswahl)

Unternehmensführung

  Im Bereich der Unternehmensführung stellen sich strategische und fachlich-technische Fragen, wie beispielsweise: Wie muss man das Unternehmen aufstellen, damit es Gewinne erzielt und sich im globalen Wettbewerb behaupten kann? Werden die passenden Produkte bzw. Dienstleistungen angeboten? Hierzu muss die Führungskraft wissen, was sich ihre Kunden wünschen bzw. was sie benötigen, damit sie auf diese Wünsche und Bedürfnisse eingehen kann. Auch den Mitbewerber und dessen Produkte bzw. Angebote sollte eine Führungskraft beachten: Welche Produkte bzw. Dienstleistungen werden zu welchen Preisen verkauft? In welchen Bereichen ist der Mitbewerber besser, in welchen schlechter als man selbst? Im Hinblick auf die Produktions- bzw. Arbeitsabläufe sollte eine Führungskraft untersuchen, ob diese gut ablaufen bzw. wo Verbesserungspotenzial liegt. Des Weiteren ist wichtig zu wissen, ob es technische, rechtliche oder soziale Veränderungen gibt, die für das Unternehmen und dessen Angebot von Interesse sind. Die Frage- bzw. Aufgabenstellungen aus dem Bereich der Unternehmensführung könnte man weiter beschreiben. Die bisherige Charakterisierung genügt aber bereits, um zu sehen, wie anspruchsvoll und komplex dieser Aufgabenbereich ist.

Mitarbeiterführung

  Der zweite große Aufgabenbereich einer Führungskraft in einem Wirtschaftsunternehmen ist der der Mitarbeiterführung. Eine Führungskraft muss mit ihren Mitarbeitern Zielvereinbarungen treffen, Problemlösungen erarbeiten und ihnen bei der Zielerreichung bzw. Problemlösung zur Seite stehen. Sie sollte ihren Mitarbeitern Orientierung geben. Es geht darum, als Führungskraft die Herzen und Köpfe der Mitarbeiter zu erreichen. Hierzu muss sie sich fragen: Wie motiviere ich meine Mitarbeiter? Wie kommuniziere ich mit ihnen? Höre ich ihnen zu? Stelle ich die richtigen Fragen? Wie behandele ich sie? Die Kunst der Mitarbeiterführung liegt darin, auf der einen Seite die Leistungen der Mitarbeiter sicherzustellen und auf der anderen Seite darauf zu achten, dass sie zufrieden sind.

Herausforderung, die Aufgaben der Unternehmens- und Mitarbeiterführung zu vereinen

  Schon diese erste, skizzenhafte Beschreibung der Aufgaben einer Führungskraft zeigt, dass diese sich in einem Spannungsfeld unterschiedlichster Anforderungen befindet, die teilweise im Widerspruch zueinander stehen. Versucht sie, ihr Unternehmen möglichst profitabel werden zu lassen, kann dies zu einer Überforderung ihrer Mitarbeiter führen, was deren Zufriedenheit schmälert, wodurch sie in einen Konflikt mit Aufgaben der Mitarbeiterführung gerät. Will sie auf der anderen Seite die Mitarbeiter entlasten und nicht überfordern, kann dies zu Lasten der Kundenzufriedenheit gehen, usw. Eine Balance zwischen all diesen Anforderungen zu finden, stellt hohe fachliche und menschliche Anforderungen an eine Führungskraft. Natürlich sollte sie über fachliche Kompetenz und Leistungsfähigkeit verfügen, aber mindestens genauso wichtig ist die Fähigkeit, mit Menschen umgehen zu können, d.h. kommunizieren, motivieren und Konflikte regeln zu können (und zwar nicht nur mit Mitarbeitern, sondern auch mit Kollegen, Chefs, Kunden und Lieferanten). Spätestens jetzt weiß man, dass zu einer guten Führungskraft mehr gehört als zu einer guten Fachkraft.

3.1.2 Zielgruppen von Führung

Wie eben ausgeführt, bedeutet »Führung« u.a., Mitarbeiter zu führen. Darüber hinaus ist eine Führungskraft aber auch anderen Personen verpflichtet.

    Erstens muss man sich selbst führen. Das bedeutet zum einen, dass man sich darüber im Klaren sein sollte, was man für Ziele verfolgt. Damit verbunden sollte man für sich klären, wie man diese erreichen will und in welchem Zeitrahmen dies geschehen sollte. Darüber hinaus bedeutet sich selbst führen aber auch, dass man sich der Werte bewusst ist, die das eigene Handeln leiten. Erinnert man sich an das Modell der ethikorientierten Führung, sollte man sich bewusst sein, welche genuin moralischen und welche nicht-genuin moralischen Werte für einen persönlich und als Führungskraft wichtig sind. Die Fähigkeit, sich selbst zu führen, ist wichtig, da wer sich selbst führt, meist auch andere gut führen kann. Wer selbst keine klare Orientierung hat, wird wahrscheinlich auch Schwierigkeiten dabei haben, andere zu führen, d.h. anderen eine Orientierung zu geben.

    Des Weiteren kann man es auch als Führungsaufgabe ansehen, den eigenen Vorgesetzten zu führen, in dem Sinne: »Was habe ich unternommen, damit mein Chef sich so verhält, wie ich es wünsche?«. Man sollte aktiv das Gespräch mit dem eigenen Vorgesetzten suchen, um dann seine und auch die eigenen Erwartungen zu klären. Dazu gehört auch, ihm Feedback zu geben, Kritik zu äußern oder auch mal ein Lob auszusprechen.

    Außerdem sei darauf verwiesen, dass Führungskräfte durch ihre Entscheidungen und Handlungen nicht nur sich selbst, ihre Mitarbeiter und Vorgesetzten tangieren, sondern auch ihre Kunden, Lieferanten und auch ihre Mitbewerber und letztendlich die Gesellschaft an sich. Somit werden die unterschiedlichsten Zielgruppen durch die Führungskraft und ihre Handlungen beeinflusst (◘ Abb. 3.2):

Führung von Mitarbeitern

Führung der eigenen Person

Führung des Vorgesetzten

Zielgruppen von Führung außerhalb der eigenen Organisation

3

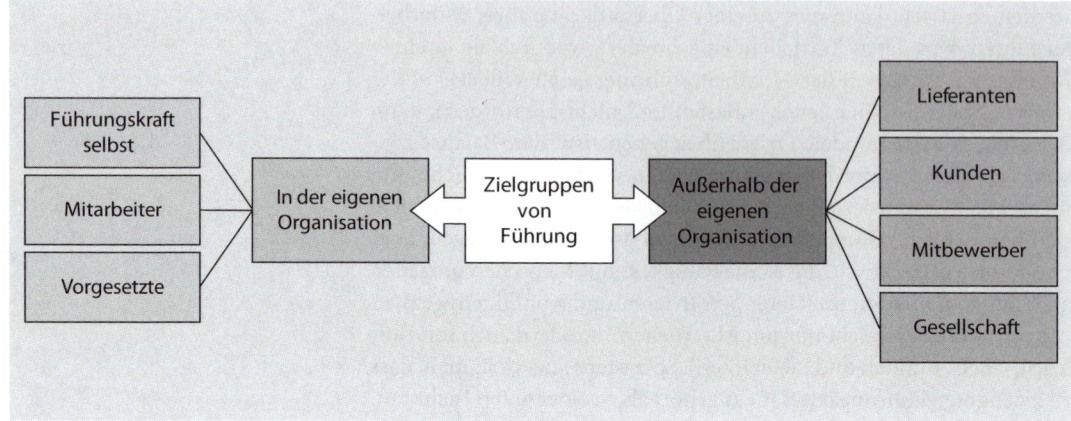

◩ **Abb. 3.2** Zielgruppen von Führung

3.1.3   Wissen um die Sehnsüchte der beteiligten Parteien als zentrale Aufgabe

Um die Aufgaben der Mitarbeiterführung, aber auch der Unternehmensführung erfüllen zu können, ist es entscheidend, die Sehnsüchte, Interessen und Wünsche der beteiligten Zielgruppen zu kennen und – wenn möglich – zu erfüllen.

Sehnsüchte der Mitarbeiter

Beginnen wir mit den Mitarbeitern! Wer die Sehnsüchte seiner Mitarbeiter nicht kennt, kann sie nicht wirklich erreichen, sondern läuft Gefahr, an ihnen vorbei oder über sie hinweg zu agieren. Die Konsequenz kann innere Kündigung sein. Deshalb ist es wichtig, sich und sie zu fragen, was ihnen wichtig ist. Mitarbeiter mögen hier eine faire Bezahlung nennen. Sie mögen sich wünschen, den Sinn hinter Aufgabestellungen zu erkennen. Ihnen mögen Transparenz und Mitgestaltungsmöglichkeiten wichtig sein, ebenso wie Wertschätzung, usw.

Kennt man diese Wünsche und Sehnsüchte, muss man überlegen: Welche davon kann man erfüllen? Nicht jeder Sehnsucht kann man gerecht werden, weil es zu schwierig oder gar unmöglich wäre, sie umzusetzen. Nichtsdestotrotz ist es wichtig, dass man weiß, was sich ein Mitarbeiter wünscht und erhofft, weil man ihn zum einen darüber motivieren und seine Zufriedenheit steigern kann, zum anderen weil man erst dadurch versteht, warum er demotiviert oder unzufrieden ist. Ganz allgemein kann man aus dem Wissen um die Sehnsüchte seiner Mitarbeiter oft konkretes Führungsverhalten herleiten, beispielsweise indem man darauf Wert legt, dass man Sinn vermittelt, seinen Mitarbeitern Wertschätzung entgegenbringt, transparent und klar agiert und auf Fairness achtet, usw.

Ist es nicht möglich oder will man einen Wunsch eines Mitarbeiters nicht erfüllen, sollte man dies ihm mitteilen und, ganz wichtig, ihm erklären, warum man diesen Wunsch nicht erfüllt. Ansonsten besteht das Risiko, dass der Mitarbeiter unzufrieden wird und seine Motivation verliert. Dabei ist das (Arbeits-)Leben oft wie eine zu kurze Bettdecke: Ganz selten kann man jedermanns Bedürfnisse und Sehnsüchte in vollem Umfang erfüllen. Aber man sollte dann jeweils gut begründen, was erfüllbar ist, und was nicht erfüllbar ist – und *warum*.

Wichtig ist zudem, dass die Führungskraft nicht nur die Sehnsüchte eines Mitarbeiters kennt, sondern ihm gleichzeitig die Sehnsüchte der Organisation, des Kunden und der Lieferanten vermittelt. Hier spielen Aspekte wie Qualität, Erfolg, Flexibilität, Teamgeist, Innovation oder Serviceorientierung eine Rolle. Der Mitarbeiter muss lernen, nicht nur die eigenen Sehnsüchte zu erkennen, sondern auch die Sehnsüchte der übrigen Beteiligten, also der Führungskraft, des Kunden, des Unternehmens oder der Lieferanten.

Sehnsüchte der Organisation, Kunden, Lieferanten, usw.

Im Kern geht es bei der Umsetzung der Sehnsüchte der beteiligten Zielgruppen letztlich immer um die Quadratur des Kreises. Auf der einen Seite soll Qualität, Innovation oder Exzellenz im Interesse des Kunden und der eigenen Organisation erreicht werden, um damit die Wirtschaftlichkeit zu steigern. Andererseits wollen die Menschen fair und anständig behandelt werden. Unsere These ist, dass die Umsetzung humanitärer Aspekte am Arbeitsplatz durch Berücksichtigung der Sehnsüchte der Mitarbeiter Hand in Hand mit ökonomischem Erfolg geht. Werden Menschen instrumentalisiert und werden ihre Bedürfnisse ignoriert, dann werden sie letztendlich nicht ihr volles Motivations- und Kreativitätspotenzial entfalten, was zu Lasten von Qualität geht und damit zu Absatzverlusten führt. Diese These spiegelt sich auch im Modell der ethikorientierten Führung wider.

Schwierigkeiten beim Erfüllen der Sehnsüchte unterschiedlicher Parteien

3.1.4 Zielsetzung und -erreichung als zentrale Führungsaufgaben

Als zentrale Aufgaben einer Führungskraft kann man die Zielsetzung, Zielvereinbarung und Zielerreichung ansehen. Eine Führungskraft ist dafür verantwortlich, dass Ziele erreicht und Probleme gelöst werden, und eine gute Führungskraft gestaltet dies so, dass die Mitarbeiter »mit im Boot« sind. Hierbei gibt sie die Ziele und Problemlösungen nicht diktatorisch vor, sondern wählt einen sinnvolleren Weg, der darin besteht, zu begründen, weshalb die Ziele verfolgt werden, um sich dann gemeinsam mit ihren Mitarbeitern auf deren Erreichung zu einigen.

Zielsetzung und -erreichung

Dabei kann man sich an Paul, dem früheren Werkchef von VW in Wolfsburg, orientieren: Er hat einen Regelkreis beschrieben, von dem er postuliert, dass er bei technischen Problemen, aber auch bei sämtlichen Führungsproblemen als Analysetool anwendbar ist. Man muss immer wissen, wo der Soll-Zustand ist, von welchem Ist-Zustand man ausgeht, welche Maßnahmen zum Soll-Zustand führen,

Regelkreis nach Paul

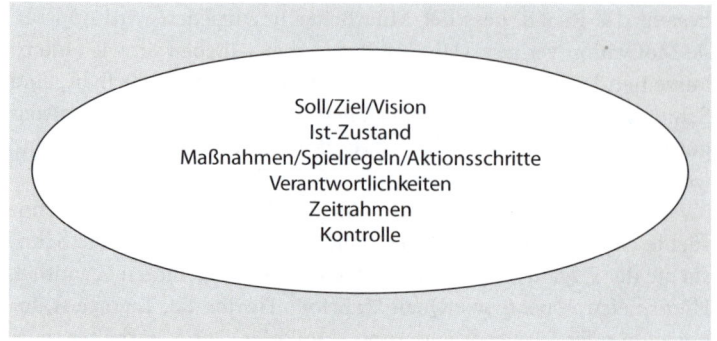

○ **Abb. 3.3** Führung als Umsetzung des Regelkreises zur Zielerreichung

wer für die Umsetzung verantwortlich ist, in welchem Zeitrahmen die Umsetzung stattfinden soll und wer das Controlling macht. Wir haben diesen Regelkreis in ○ Abbildung 3.3 verdeutlicht:

Was bedeutet der Regelkreis konkret?

— **Soll/Ziel:** Wer kein Ziel hat, wird nie ein Ziel erreichen. Es muss deshalb klar sein, in welche Richtung die Reise geht und welche Erwartungen und Ziele die Führungskraft hat.

— **Ist-Zustand:** Es geht um eine schonungslose Analyse, wo man steht, denn erst dann kann man sehen, wie weit man vom Ziel entfernt ist.

— **Maßnahmen, Spielregeln, Aktionsschritte:** Hier geht es darum, festzulegen, mit welchen Maßnahmen, Aktionsschritten oder Spielregeln des Umgangs man das Ziel am schnellsten und effektivsten erreicht.

— **Verantwortlichkeiten, Zuständigkeiten:** Oft kommt es zu Verantwortungsdiffusion (alle oder keiner fühlen sich zuständig) oder zu pluralistischer Ignoranz, d.h. alle denken, wenn niemand etwas tut, kann es nicht so schlimm sein. Wichtig ist deshalb zu klären, wer für was zuständig und verantwortlich ist.

— **Zeitrahmen:** Man muss genau festlegen, in welchem Zeitraum wer etwas bis wann genau machen soll.

— **Kontrolle:** Führung hat die Aufgabe, Ziele zu erreichen. Das muss nicht geschehen durch enges Über-die-Schulter-Schauen, wohl aber, indem Meilensteine des Zielerreichungsprozesses überprüft werden.

Auf den ersten Blick mag der Paulsche Regelkreis sehr technisch erscheinen: Man definiert, was erreicht werden soll, legt einen klaren Umsetzungsplan fest und kann somit ein Ziel erreichen. Es sei aber betont, dass es nicht nur um das Ziel, also um das *Was* geht, sondern immer auch um die Art und Weise der Umsetzung, also um das *Wie*. Als Führungskraft hat man unterschiedliche Spielräume, wie man den Regelkreis umsetzt: Wie werden die Verantwortlichkeiten verteilt?

Wie wird kontrolliert? Auch die emotionale Komponente ist wichtig: Wie geduldig ist man? Mit wie viel Herzblut, mit wie viel Humor begegnet man Schwierigkeiten? Bei einer Umsetzung des Paulschen Regelkreises ist somit eine sehr sensitive Einschätzung von Personen und Situationen erforderlich.

Wenn es Diskrepanzen zwischen Ist- und Soll-Zustand gibt, sei es im technischen oder zwischenmenschlichen Bereich, gibt es Ursachen hierfür. Mindestens fünf Ursachen kann man sich hierfür vorstellen:

Ursachen für Soll-Ist-Abweichungen

- **Nicht-Kennen:** Die Mitarbeiter sind nicht informiert, was das Ziel ist, wer verantwortlich ist und was die Aktionsschritte sind. Notwendig wären Information und Kommunikation, um Transparenz zu erreichen.
- **Nicht-Können:** Die Mitarbeiter sind nicht in der Lage, die Ziele zu erreichen, zum Beispiel aufgrund mangelnder Fähigkeiten oder mangelnder Qualifikation. Dies mag an einer falschen Besetzung liegen, welche man vielleicht durch Weiterbildungsmaßnahmen, weitere Qualifikationen, Patensysteme usw. kompensieren kann.
- **Nicht-Wollen:** Der Mitarbeiter will das Ziel nicht erreichen. Grund hierfür mag eine freizeitorientierte Schonhaltung seinerseits sein, ein Minimalismus (nur die Mindestanforderungen zu erfüllen trachten, im Grunde also »Dienst nach Vorschrift«) oder weil er sich verletzt oder gekränkt fühlt. Auf jeden Fall ist hier eine Ursachenanalyse erforderlich, eine Klärung, woran es liegt, und Überlegungen, wie man dieses minimieren kann. Im folgenden Prinzipienmodell der Führung stellen wir eine Vielzahl von Maßnahmen vor, wie man mit innerer Kündigung oder freizeitorientierter Schonhaltung umgeht.
- **Nicht-Sollen:** Der Mitarbeiter glaubt, dass er es nicht machen soll, weil irgendjemand, z.B. der Chef des Chefs, ihm Signale gibt, es nicht umzusetzen.
- **Nicht-Dürfen:** Beispielsweise könnten die übrigen Kollegen Druck auf einen Mitarbeiter ausüben im Sinne von »Du darfst es nicht machen!«.

Als Führungskraft ist man permanent herausgefordert, bei Soll-/Ist-Abweichungen eine Ursachenanalyse zu betreiben und je nach Ursache muss man unterschiedlich handeln: Bei Nicht-Kennen sollte man die Kommunikation und Transparenz erhöhen; bei Nicht-Können sind Weiterbildungen, Trainings oder die Zuteilung eines andere Aufgabenbereichs angemessen; bei Nicht-Wollen sollte man sich besonders fragen, warum dem so ist, liegt es an mangelnder Wertschätzung, an Verletzungen, an schlechter Kommunikation, usw.; Nicht-Sollen und Nicht-Dürfen entstehen häufig durch einen bestimmten Gruppendruck oder wenn sich der Vorgesetzte des Vorgesetzten einmischt und Signale gibt, ja nichts zu machen. Dann ist es notwendig, mit dem Vorgesetzten oder mit der Gruppe dies zu erörtern und die hemmenden Einflüsse zu minimieren. Gerade hier sieht man, wie wichtig es ist, Menschenkenntnis zu haben und aus Fehlern zu lernen.

3.1.5   Kapitän und Coach – Metaphern der Führung

Führungskraft als Kapitän

Eine Metapher, die häufig im Bereich Führung herangezogen wird und nach unserem Verständnis sehr treffend ist, ist die des Kapitäns. Eine Führungskraft muss Zielgeber, Zielvermittler und Problemlöser sein und Orientierung geben. Das heißt, sie muss multiple Ziele definieren, Zielvereinbarungen treffen, aus unterschiedlichen, multiplen Zielen eine Hierarchie bilden und teilweise auch heterogene Ziele gleichzeitig erreichen.

Führungskraft als Coach

Daneben ist eine gute Führungskraft immer auch ein Coach, d.h. ein Begleiter auf dem Weg zum Ziel, der mit Zwischenschritten verbunden ist, wo laufend kommuniziert und mit Soll-Ist-Abgleichen gearbeitet werden muss. Eine gute Führungskraft führt somit mit dem Team laufend Gespräche über Soll-Ist-Abgleiche (Was läuft gut? Was läuft nicht gut? Wie kommen wir dem Ziel näher? Wie können wir das Ziel mit weniger Aufwand optimaler erreichen?). Zu dieser Kommunikation können beispielsweise sog. Fünf-Minuten-Gespräche gehören: Als Führungskraft trifft man sich wöchentlich oder 14-tägig mit jedem Mitarbeiter, führt Soll-Ist-Abgleiche durch und stellt dabei Fragen wie: Was läuft gut und was nicht? Wo klemmt es? Wo blockiert die Führungskraft den Prozess?

Kapitän oder Coach – zwei unterschiedliche Rollen

Kapitän vs. Coach sind zwei unterschiedliche Rollen, und nicht jede Führungskraft hat diese Rollenunterschiede begriffen. Als Kapitän kann ich ganz klar das Ziel vertreten sowie Rahmenbedingungen bieten, damit die Mitarbeiter möglichst mit einem hohen Selbstständigkeitsgrad und hoher Handlungsfreiheit das Ziel erreichen. Als Coach bin ich viel näher an dem Mitarbeiter dran, an seinen Stärken und Schwächen, an seinen Blockaden und seinen Ängsten.

3.2   Führungsstile

Führungsstil

In der psychologischen Literatur werden unterschiedliche Führungsstile angesprochen (s. z.B. Brodbeck et al. 2001). Unter einem Führungsstil versteht man ein Verhaltensmuster einer Führungsperson. Die Typen von Führungsstilen, die in der Psychologie charakterisiert werden, treten in der Realität meistens in Mischformen auf, teilweise aber auch in Reinform.

Eine ethikorientierte Führungskraft kennt und beherrscht unterschiedliche Führungsstile.

Noch ehe die Führungsstile genauer beschrieben werden, sei herausgestellt: **Den einen richtigen Führungsstil gibt es nicht**. Welcher Führungsstil geeignet ist, um nicht-genuin moralische Werte zu maximieren, wie Leistung, Kreativität oder Qualität, hängt von der Persönlichkeit der Führungskraft und der ihrer Mitarbeiter ab, von der Teamstruktur und natürlich auch von der konkreten Situation und Aufgabe. Die verschiedenen Führungsstile können dabei hilfreich sein, die Sehnsüchte und Bedürfnisse der beteiligten Zielgruppen zu erfüllen. Außerdem sind unterschiedliche Führungsstile, je nach Situation und beteiligten Personen, auch aus moralischer Sicht angemessen. **Ethikorientierte Führung ist somit nicht nur ein weiterer Führungsstil. Wir gehen davon aus, dass eine ethikorientierte Führungskraft (beinahe) alle Führungsstile kennen und beherrschen sollte.**

In der psychologischen Debatte wurden je nach Epoche und von wirtschaftlichen und gesellschaftlichen Gegebenheiten unterschiedliche Führungsstile bevorzugt, beforscht und weiterentwickelt. Im Folgenden wollen wir die »Klassiker« der Führungsstile vorstellen und kurz auf ihre positiven und negativen Konsequenzen eingehen.

3.2.1 Partnerschaftlich-kommunikative, demokratische Führung

Der partnerschaftlich-demokratische Führungsstil wird wahrscheinlich am intuitivsten mit einer ethikorientierten Führung assoziiert. Eine partnerschaftliche Führungskraft integriert ihre Mitarbeiter aktiv in Entscheidungsprozesse und deren Umsetzung. Ihr sind die Meinung ihrer Mitarbeiter, deren Vorschläge und Kritikpunkte wichtig und sie berücksichtigt diese. Sie gibt ihren Mitarbeitern ein hohes Maß an Mitgestaltungsmöglichkeiten. Sie sieht sie als Partner an, auch wenn sie als Führungskraft natürlich die letzte Entscheidung treffen muss. Den partnerschaftlich-demokratischen Führungsstil kann man als kommunikativ und konsensorientiert beschreiben.

partnerschaftliche Führung

Der Vorteil der partnerschaftlichen Führung ist, dass mündige, verantwortungsbewusste Mitarbeiter gefordert und gefördert werden und sie sich aufgrund dieses Stils auch eher mit der Aufgabe, der Führungsperson und der Organisation identifizieren. Der Nachteil kann sein, dass oft die Zeit fehlt, um Dinge zu diskutieren, abzuklären usw. Trotzdem gilt die Erkenntnis: Wer im Prozess vor der Entscheidung die Mitarbeiter nicht einbezieht, kann auch im Prozess nach der Entscheidung, d.h. in der Implementierung, keine Loyalität und Solidarität erwarten.

Vor- und Nachteile partnerschaftlicher Führung

Haben die Mitarbeiter einen hohen Bildungsgrad und wird eine offene Kultur gelebt, d.h. will man Mitarbeiter mit einbeziehen, will man Mündigkeit fordern und fördern, dann ist der partnerschaftliche Führungsstil zu empfehlen. Er trägt dazu bei, dass die Mitarbeiter zufrieden und motiviert sind und Ziele schnell erreicht werden.

3.2.2 Autoritäre bzw. autoritativ-direktive Führung

Ein autoritärer Führungsstil stellt in gewisser Weise das Gegenteil eines partnerschaftlichen Führungsstils dar. Eine autoritäre

autoritäre Führung

3

Führungsperson legt keinen Wert auf die Meinungen und Vorschläge ihrer Mitarbeiter, sie integriert sie nicht in Entscheidungsprozesse. Vielmehr fordert sie ein widerspruchsloses Gehorchen und Funktionieren. Hierarchien werden hier sehr stark betont. Es ist immer klar, wer der Chef und wer der Mitarbeiter ist. Somit herrscht in der Zusammenarbeit eine hohe Distanz zwischen dem Vorgesetzten und dem Mitarbeiter. Eine autoritäre Führungsperson kennt nur eine Wahrheit und das ist ihre eigene. Mitunter hält sich die Führungskraft für wichtiger als die gesamte Firma.

Nachteile autoritärer Führung

Der große Nachteil von autoritärer Führung ist, dass sie Mitarbeiter klein macht und deren Handlungsspielräume stark einschränkt: Man kann oft nicht mehr atmen, weil eng geführt und kontrolliert wird. Entsprechend der »autoritären Persönlichkeit« von Adorno hat die autoritäre Führung das Charakteristikum »nach unten zu treten und oben einzuknicken« (s. Adorno et al. 1950). Auch werden Mitarbeiter von autoritären Führungspersonen häufig nicht wertgeschätzt. Die Mündigkeit der Mitarbeiter wird negiert. Da autoritäre Führung somit häufig mit Erniedrigung verbunden ist und blinden Gehorsam fordert, ist eine solche Art der Führung nicht akzeptabel und aus moralischer Sicht abzulehnen. Autoritäre Führung und ethikorientierte Führung sind nicht miteinander vereinbar.

direktive Führung

Autoritative bzw. direktive Führung ist eine abgeschwächte Variante autoritärer Führung. Sie kann aus moralischer Sicht vertretbar sein. Eine direktive Führungskraft macht deutlich, was sie will, begründet aber klar, warum sie dies möchte. Sie gibt klare Anweisungen, ohne dabei den Mitarbeiter zu übersehen bzw. zu entmündigen.

Vorteile direktiver Führung

Der Vorteil der autoritativen bzw. direktiven Führung ist, dass ganz klar transportiert wird, was man erwartet. Manche Situation erfordert solch eine Führung: Bei einem Feuerwehreinsatz oder einer Notoperation ist es notwendig, dass schnell und klar deutlich wird, was getan werden soll. Lange Diskussionen wären in solchen Fällen kontraproduktiv. Hier ist ein Chef gefordert, der klare Anweisungen gibt, was wann wie getan wird. Wenn schnell gehandelt werden muss, wenn Chaos ausgebrochen ist, d.h. wann immer man jemanden braucht, der klare Orientierungen gibt, ist direktive Führung angemessen.

Nachteile direktiver Führung

Der negative Aspekt der direktiven Führung ist, dass durch sie wenig Freiräume und Entfaltungsmöglichkeiten gegeben sind. Will man Kreativität fördern, sucht man nach originellen und innovativen Ideen, ist von einem direktiven Führungsstil abzuraten. Er lässt zu wenig Spielräume, als dass sich Kreativitätspotenziale entfalten könnten.

hohe Verantwortung bei autoritativer Führung

Allerdings müssen wir zugestehen, dass dies eine sehr westlich geprägte Beschreibung der autoritären bzw. autoritativen Führungsperson ist. In vielen anderen Kulturen ist dieser Führungsstil weit verbreitet und akzeptiert, vor allem im Sinne des »patriarchalischen« Führungsstils, der mit hoher Machtdistanz und Hierarchie verbunden ist. Die gebündelte Macht und Entscheidungshoheit geht hier mit großer Verantwortung einher. Der autoritäre oder autoritative

Führungsstil ist somit auch für die Führungskraft sehr fordernd und anstrengend, weil sie ja letztlich alles alleine entscheiden muss und bei einigen speziellen Berufen (z.B. Feuerwehr) durchaus für das Leben der Mitarbeiter verantwortlich ist.

3.2.3 Laissez-faire-Führung

Eine Führungskraft, die laissez-faire führt, räumt ihren Mitarbeitern viele Spiel- bzw. Freiräume ein. Die entscheidende Frage ist, weshalb sie dies tut. Zum einen kann der Grund hierfür Gleichgültigkeit sein. Ihr fehlt der Mut, wirklich zu führen, sie weiß nicht, welche Ziele sie verfolgt und wie sie die Rahmenbedingungen festlegen soll. Solche Gleichgültigkeit ist negativ zu beurteilen, weil die Mitarbeiter gar nicht wissen, was von ihnen verlangt wird. Sie erhalten keine klaren Vorgaben und kein Feedback. Sie fühlen sich allein gelassen und häufig nicht wertgeschätzt.

Laissez-faire-Führung aus Gleichgültigkeit

Führungskräfte können sich aber auch ganz bewusst dazu entscheiden, laissez-faire zu führen. In diesem Falle will die Führungskraft, dass ihre Mitarbeiter selbstverantwortlich arbeiten und gibt ihnen die entsprechenden Freiräume. Wenn einer Gruppe klare Rahmenbedingungen gegeben wurden, wenn die Strukturen der Gruppe klar sind, wenn es keine Rivalitäten und Machtspiele innerhalb der Gruppe gibt und wenn sie sich selbst organisieren kann, kann Laissez-faire-Führung angemessen sein. Mischt sich eine Führungskraft bei solchen Gruppen zu stark ein, kann das sogar kontraproduktiv sein. Gibt es keine klaren Rahmenbedingungen, ist die Gruppe nicht klar strukturiert und besitzt sie nicht die Fähigkeit zur Selbstorganisation, kann eine Laissez-faire-Führung zur Überforderung der Mitarbeiter führen.

Laissez-faire-Führung als Führungsstil

Der autoritäre bzw. autoritative und der Laissez-faire-Führungsstil sind als zwei Extreme zu betrachten: Auf der einen Seite steht die Führungskraft, die alles entscheidet und vorgibt, und auf der anderen die, die gar nichts vorgibt und entscheidet. Beide Stile haben, je nachdem, mit welcher Intention sie eingesetzt werden und mit welchem Menschenbild sie verknüpft sind, positive oder negative Ausprägungen: diktatorisch/autokratisch versus autoritativ/direktiv und Gleichgültigkeit versus Gewähren lassen. Diktatorisches Verhalten ist in den wenigsten Fällen angemessen, wohingegen, wie zuvor betont, es dann sinnvoll sein kann, direktiv zu sein, wenn man Orientierung geben muss oder wenn man es zunächst mit schwierigen Mitarbeitern zu tun hat, die gegen einen arbeiten, während man allerdings gewähren lässt, wenn das Team oder der Mitarbeiter einen hohen Grad an Selbstorganisation hat. Gleichgültiges Führungsverhalten ist dagegen wohl in den wenigsten Situationen adäquat. Wohl aber kann laissez-faire im Sinne von sich raushalten und die Gruppe selbstständig agieren lassen, also nur grobe Rahmenbedingungen und Ziele vorgeben, durchaus adäquat sein. Mit Sicherheit ist der demokratisch-konsen-

autoritärer bzw. autoritativer vs. Laissez-faire-Führungsstil

3

suale, kommunikative Führungsstil ein guter Ausgleich zwischen dem direktiven und dem Laissez-faire-Führungsstil.

3.2.4 Mitarbeiterorientierte vs. aufgabenorientierte Führung

mitarbeiterorientierte Führung

Führung kann den Fokus entweder stärker auf den Mitarbeiter oder stärker auf die Aufgabe richten. Beim mitarbeiterorientierten Führungsstil wird, ähnlich wie beim partnerschaftlichen, viel Wert darauf gelegt, den Mitarbeiter einzubeziehen sowie seine Interessen und Bedürfnisse zu berücksichtigen. Der Mitarbeiter steht im Vordergrund. Dies mag oft zu Lasten schneller Ziel- und Ergebnisorientierung gehen, weil eben der Mitarbeiter hohe Priorität hat.

aufgabenorientierte Führung

Beim aufgabenorientierten Führungsstil rückt die Aufgabe in den Mittelpunkt. Es geht um effiziente Zielerreichung und optimale Performance, um guten Output. Er kommt dem sog. »management by objectives« sehr nahe. Gemäß eines »management by objectives« besteht die Aufgabe der Führungskraft vor allem darin, Ziele zu definieren und mit den Mitarbeitern Ziele zu vereinbaren. Meistens wird dann relativ viel Handlungsfreiheit bei der Zielerreichung gelassen. Dieses Führungsverhalten kann relativ wenig empathisch sein, weil die Ziele im Vordergrund stehen und weniger der Mitarbeiter. Dabei besteht jedoch oft die Gefahr, dass Bedürfnisse und Interessen des Mitarbeiters aufgrund der Zielerreichung zu wenig berücksichtigt werden.

Eine gute Führungsperson sollte nun versuchen, sowohl aufgabenorientiert als auch mitarbeiterorientiert zu führen und beide Aspekte möglichst auf einem hohen Niveau zu verwirklichen.

3.2.5 Transformationale vs. transaktionale Führung

transformationale Führung

Der transformationale Führungsstil ist dem mitarbeiter- vs. aufgabenorientierten Führungsstil verwandt, ist aber differenzierter. Er besteht aus fünf Dimensionen: Einfluss durch Vorbildlichkeit, durch inspirierende Motivation, durch Charisma, durch intellektuelle Stimulation und durch individuelle Unterstützung und Wertschätzung. Dadurch sollen die Werte und Sehnsüchte der Mitarbeiter verändert werden. Hier wird die also Rolle der Führungskraft als Coach betont.

transaktionale Führung

Im Gegensatz dazu betont der transaktionale Führungsstil das Ausmaß der Ziel- und Ergebnisorientierung: Führt das Verhalten zur Zielerreichung, wird es belohnt. Führt es nicht zur Zielerreichung, wird es bestraft. Hier wird die Rolle der Führungskraft als Kapitän betont. Der transaktionale Führungsstil ist sehr aufgaben- und ergebnisorientiert; das Führungsverhalten ist letztlich auf Zielerreichung, Belohnung und Bestrafung aufgebaut – je nachdem, wie gut die Ziele erreicht werden. Es ist zudem ein Führungsverhalten, das auf Kontrolle aufgebaut ist und auf dem Prinzip, dass nur in Ausnahmesituationen eingegriffen wird. Es besteht also ein Austauschprinzip dergestalt: Wird Leistung gezeigt, wird der Mitarbeiter entlohnt (monetär und nicht-monetär). Es herrscht ein (fast rationales) Prinzip des Austauschs von Erwartungen.

Beide Führungsstile widersprechen sich nicht, sondern es gibt Bedingungen, wo der transformationale Führungsstil adäquat ist, und solche, wo der transaktionale adäquat ist (natürlich hängt es auch vom Typus und der Persönlichkeit der Führungsperson ab). Dort, wo es um neue, herausfordernde Aufgaben geht, ist mit Sicherheit der transformationale Führungsstil adäquat. Dort, wo es eher auch um Routinehandlungen geht, ist der transaktionale Stil adäquater.

Vereinbarkeit von transformationaler und transaktionaler Führung

3.2.6 Androgyne Führung

Bei einem androgynen Führungsstil kommen *typisch* weibliche und männliche Führungseigenschaften zusammen: Zu den traditionell als männlich angesehenen Eigenschaften zählen Durchsetzungsvermögen, Nein-Sagen-Können und klare analytische Vorgehensweisen. Als klassische weibliche Führungseigenschaften werden beispielsweise die Fähigkeiten, zuzuhören, Fragen zu stellen, andere groß werden zu lassen, Fehler zuzugeben oder Emotionen zu zeigen, angesehen. Von Androgynität spricht man, wenn beide Formen sehr stark ausgeprägt sind.

androgyne Führung

Weder das rein maskuline noch das rein feminine Führungsverhalten ist letztlich adäquat. Die Forschung zeigt, dass die Mischung, also der androgyne Führungstypus, am ehesten (vor allem bei gebildeten und reifen Mitarbeitern) Kreativität und Motivation erhöht. Es sei betont, dass sowohl weibliche als auch männliche Führungskräfte androgyn führen können.

Vorteile androgyner Führung

3.2.7 Fazit zu den Führungsstilen

Zusammenfassend kann man festhalten: Es ist nicht nur so, dass (bis auf den rein autoritären) alle traditionellen Führungsstile mit ethikorientierter Führung vereinbar sind, sondern man kann von einer ethikorientierten Führungskraft auch fordern, sie solle das gesamte Repertoire von Führungsstilen kennen und beherrschen. Je nach Persönlichkeit der Führungskraft und der Mitarbeiter und je nach Aufgabe kann ein anderer Führungsstil angemessen sein.

Eine gute Führungskraft muss Führungsstile flexibel anwenden können.

Das ist ähnlich wie in der Kindererziehung: Unter bestimmten Bedingungen muss man sehr klar und autoritativ sein, man muss klar betonten »So geht das nicht« und sollte keinen Widerspruch zulassen. Unter anderen Umständen mag ein Laissez-faire-Stil im vorher betonten positiven Sinne sinnvoll sein, genauso wie der – von uns für die meisten Situationen empfohlene – partnerschaftlich-kooperative

3

Führungsstil. Auch die autoritative Führung ist wichtig, da man immer auch Mut zur Führung haben und oft direktiv sein muss. Es wäre demnach falsch, anzunehmen, dass es *den richtigen* Führungsstil gibt.

Von einer guten Führungskraft kann man also verlangen, dass sie sich flexibel zeigt im Umgang mit Personen und Situationen. Diese Forderung findet sich auch in der Metapher des Wertebaumes wieder. Die Blätterkrone des Wertebaumes veranschaulichte die Forderung, eine Führungskraft solle flexibel agieren und ihre Entscheidungen an die jeweilige Situation anpassen. Die Kenntnis verschiedener Führungsstile kann ihr dabei helfen, sich entsprechend flexibel zu verhalten. Trotz aller Flexibilität sei aber klar darauf hingewiesen, dass es auch Tabus gibt, wie Menschen klein zu machen, destruktiv zu führen, sie respektlos zu behandeln oder nicht zu achten. Die entscheidende Frage ist immer: Ist mein Führungsstil moralisch akzeptabel?

3.3   Das Prinzipienmodell der Führung: Techniken des Führens, Motivierens und Beeinflussens

Prinzipienmodell der Führung und Führungsstile

Als zentrale Führungsaufgaben wurden Zielvorgabe, Zielvereinbarung und Zielerreichung definiert. Jetzt stellt sich die Frage, wie es gelingen kann, seine Mitarbeiter so zu motivieren und zu lenken, dass das Ziel erreicht wird. Wir haben dazu ein Prinzipienmodell der Führung entwickelt, das die wichtigsten Faktoren zusammenfasst im Sinne von: Was muss ich im Führungsverhalten tun, um Menschen so anzuleiten, dass sie das Ziel erreichen?

Es ist ein Beispiel dafür, wie Menschen unabhängig vom Führungsstil motiviert, ja sogar begeistert werden können, Ziele zu erreichen. Dabei kann die Umsetzung sehr partnerschaftlich-kommunikativ, also mit großer Nähe, oder auch mit relativer Distanz und manchmal direktiv vorgenommen werden. Mit Sicherheit kommt das Prinzipienmodell der Führung dem oben erwähnten partizipativen, kommunikativen Führungsstil am nächsten.

Prinzipienmodell der Führung und Sehnsüchte der Zielgruppen

Der Vorteil an diesem Modell ist, dass mit ihm zugleich die zweite zentrale Führungsaufgabe erfasst wird, in der es das Erkennen und Erfüllen der Sehnsüchte der Mitarbeiter geht, womit auch die Voraussetzung geschaffen wird, dass der Mitarbeiter die Sehnsüchte anderer Zielgruppen (Stakeholder) wie des Kunden, des Lieferanten oder des Wettbewerbers erkennt.

Die genannten Prinzipien sind sowohl als Bringschuld wie als Holschuld zu sehen, d.h. es geht um »Fördern« und »Fordern«. Dies bedeutet, dass Rahmenbedingungen geschaffen werden, so dass Partizipation möglich ist. Und dieses muss, wie gesagt, gefordert und gefördert werden.

Augenmerk auf intrinsische Motivation

Das Prinzipienmodell der Führung ist ein Modell, das Prinzipien aus unterschiedlichen psychologischen Theorien ableitet, die letztlich die intrinsische Motivation betonen. Intrinsische Motivation unterscheidet sich von extrinsischer darin, dass es bei letzterer extrinsischer Anreize braucht, wie beispielsweise Geld- oder Prestigezugewinn, damit etwas getan wird. Wenn von intrinsischer Motivation die Rede ist, dann heißt dieses gleichzeitig, dass hier Sehnsüchte von Menschen angesprochen werden. Die Führungskraft, die auf intrinsische Motivation ihrer Mitarbeiter wert legt, wird versuchen, diese Prinzipien zu verwirklichen, um bei den Mitarbeitern positive Effekte wie Motivation, Identifikation, Vertrauen und Zielorientierung zu erreichen. Es geht in diesem Modell letztlich darum, die Sehnsüchte der Mitarbeiter bestmöglich zu erfüllen. Das stellt eine gemeinsame Aufgabe von Mitarbeiter, Team und Führungskraft dar. Es gilt: Jeder Mensch ist es wert und hat es verdient, möglichst viele seiner menschlichen Grundbedürfnisse innerhalb und außerhalb des Unternehmens erfüllt zu bekommen. Dies ist möglich.

Grundsätze des Prinzipienmodells nach Frey (1998)
- Prinzip der Sinn und Visionsvermittlung
- Prinzip der Passung und Eignung
- Prinzip der Transparenz durch Information und Kommunikation
- Prinzip der Autonomie und Partizipation
- Prinzip der konstruktiven Rückmeldung (Lob und konstruktive Kritik)
- Prinzip der positiven Wertschätzung
- Prinzip der optimalen Stimulation durch Zielvereinbarung und Zielklarheit
- Prinzip des persönlichen Wachstums
- Prinzip der Fairness (Ergebnisfairness, prozedurale, informationale und interaktionale Fairness)
- Prinzip der situativen Führung und des androgynen Führungsstils
- Prinzip des guten Vorbildes der Führungsperson (menschlich, fachlich)

Das Prinzipienmodell der Führung stellt Anforderungen an den Vorgesetzten, die über die von anderen Führungsmodellen geforderten Fähigkeiten und Fertigkeiten weit hinausgehen. Mit der Grundannahme, dass die Führungskraft den Mitarbeitern ein hohes Maß an Partizipationsmöglichkeiten gewährt und sie als Coach und Mentor fördern sollte, wird das Prinzipienmodell den Forschungsarbeiten zum Wertewandel gerecht: Seit den 60er-Jahren hat die Bedeutung von Pflicht- und Akzeptanzwerten zugunsten von Selbstentfaltungs- und Selbstverwirklichungswerten stark nachgelassen (s. Frey 1995; Opaschowski 1991). Mitarbeiter sind in zunehmendem Maße daran interessiert, sich an ihrem Arbeitsplatz entfalten und weiterentwickeln zu können. Der reine Broterwerb als Motivation steht nicht mehr im Vordergrund.

Wertewandel: Selbstentfaltung und Selbstverwirklichung

3

Vorteile des Prinzipienmodells

Wir stellen fest, dass die Verwirklichung der Führungsprinzipien, die wir in den folgenden Abschnitten schildern, sowohl die Einstellung als auch das Verhalten der Mitarbeiter beeinflusst. Dies geschieht dahingehend, dass Belastungsfreiheit, Betriebsverbundenheit, Arbeitszufriedenheit, Leistungsmotivation und Selbstständigkeit der Mitarbeiter steigen, ein positiveres Betriebsklima herrscht und auf der Verhaltensseite geringerer Absentismus, geringere Fluktuation, höhere Kreativität sowie höhere Leistung resultieren. All diese Punkte tragen letztlich dazu bei, die intrinsische Motivation zu wahren und zu verbessern. Alle Punkte decken quasi Sehnsüchte von Menschen ab.

Ein weiterer Vorteil des Prinzipienmodells ist, dass sich die Führungskraft selbst in der Regel sehr gut aufgeklärt und vorbereitet fühlt, wenn sie nicht einen konkreten Führungsstil anwenden muss, sondern wenn ihre Aufgabe vielmehr darin liegt, in ihrem Handeln diese Prinzipien zu berücksichtigen und je nach Situation und Mitarbeiter unterschiedliche Schwerpunkte zu setzen.

Wenden wir uns im Folgenden den einzelnen Prinzipien im Detail zu.

3.3.1   Das Prinzip der Sinn- und Visionsvermittlung

Wer Leistung fordert, muss Sinn bieten.

Das Prinzip der Sinn- und Visionsvermittlung beinhaltet, dass die Führungsperson einerseits den Mitarbeitern die Möglichkeit eröffnen muss, ihre Arbeit als sinnvoll bzw. bedeutsam zu erleben; andererseits sollte sie eine Vision vermitteln im Sinne eines gemeinsamen Ziels und einer klaren Orientierung, wohin sich das Unternehmen und jede einzelne Abteilung entwickeln soll. Der Mitarbeiter muss seine Arbeit in ein übergeordnetes Ganzes einordnen können.

Der Mitarbeiter, der den Sinn seiner Tätigkeit nicht versteht, ihn nicht in ein größeres Ganzes einbetten kann und keine Visionen sieht, wird früher oder später in die innere Kündigung gehen. Es gilt die Aussage: Wer Leistung fordert, muss Sinn bieten; wer Veränderung fordert, muss Sinn bieten. Die Sinnfrage im Sinne von Warum (Kausalität) und Wozu (Finalität) steht letztlich hinter allen Religionen und ist auch im Arbeitsleben das Allerwichtigste. Deshalb ist es notwendig, die Mitarbeiter über den Tellerrand hinaus zu informieren. Viele Change-management-Prozesse scheitern, weil das Warum und Wozu, also der Sinn, nicht geklärt ist bzw. oft nicht kommuniziert wird.

3.3.2   Prinzip der Passung und Eignung

Mitarbeiter müssen entsprechend ihrer Talente und Interessen eingesetzt werden.

Auch eine vollständige fachliche und soziale Einbindung nützt wenig, wenn die Fähigkeiten und Fertigkeiten des Mitarbeiters auf der einen und die Anforderungen und Gegebenheiten des Arbeitsplatzes auf der anderen Seite nicht zusammenpassen (fehlender »person environment fit«): Oft sitzen hervorragende Mitarbeiter am falschen Platz oder im falschen Team und können ihre Fähigkeiten nicht optimal umsetzen. Dadurch kommt es zu Gefühlen von Unter- oder Überforderung und zu Unzufriedenheit auf Seiten der Mitarbeiter und der Vorgesetzten. Deshalb ist darauf zu achten, dass der Mitarbeiter ein Team und einen Arbeitsplatz besetzt, die seinen Komfortzonen, also seinen Neigungen und Interessen, entsprechen.

Auf den ersten Blick könnte man meinen, dass dies wenig mit Führungsverhalten zu tun hat, sondern eine reine Forderung an die Personalauswahl und -entwicklung darstellt, die dafür zu sorgen habe, dass die richtige Person auch am richtigen Platz sitze. Jedoch lassen sich häufig Arbeitsplätze einfacher, als man zunächst denkt, so verändern, dass die gewünschte Passung entsteht. Hier ist die Führungskraft gefordert: Durch Fragen wie »Was muss passieren, damit Ihnen die Arbeit noch mehr Spaß macht?«, »Wo sind Störquellen?«, »Wo sind Ärgernisse?« können Führungskräfte zusammen mit den Mitarbeitern Arbeitswelten so verändern, dass Komfortzonenbesetzung eher möglich ist. Es wird dabei immer wieder reflektiert, wo Ärgernisse, Störquellen und Konflikte optimales und innovatives Arbeiten blockieren und wie diese Probleme gelöst werden können. Dies setzt allerdings die vorhin bereits angesprochene Fähigkeit von Personalchefs oder Vorgesetzten voraus, Fragen zu stellen und auch kritische Kommentare zu akzeptieren.

Letztlich gilt: Wer Tätigkeiten ausführt, die ihn interessieren, wird sich engagieren und sich auch in der Freizeit produktive Gedanken über neue Problemlösungen machen. Dies belegen zum Beispiel vielfältige Forschungen im Rahmen der Interessenstheorie (s. Prenzel 1992). Interesse wird vor allem dann geweckt, wenn die tatsächlichen Talente und Neigungen des Mitarbeiters angesprochen werden, also eine Passung vorhanden ist.

Wichtig ist also, dass Mitarbeiter während der Arbeit ihre Stärken, Talente und Interessen entwickeln können, denn nur dadurch ist auch auf Dauer intrinsische Motivation vorhanden, um kontinuierlich etwa auf Qualität zu achten.

3.3.3 Das Prinzip der Transparenz durch Information und Kommunikation

Eng mit dem vorigen Prinzip verbunden ist das Prinzip der Transparenz: Die Führungskraft muss ihre Mitarbeiter über ihren Arbeitsbereich hinaus (!) informieren, denn nur wer ausreichend informiert ist, kann sich zukunftsorientiert und verantwortlich verhalten. Nur durch Transparenz über den Tellerrand hinaus sind Innovationen möglich.

Dabei genügt es nicht, Transparenz nur durch einseitiges Informieren zu erreichen; entscheidend ist vielmehr Kommunikation, also der Dialog. Zu oft klagen Mitarbeiter, dass ihre Führungskräfte

ausreichende Information und Kommunikation als Schlüsselfaktoren

sich zu wenig an der Basis sehen lassen. Nur im persönlichen Dialog können Fragen gestellt, Ziele neu vereinbart, Rückfragen gestellt und Mitarbeiter ermuntert werden, sich nicht zu ärgern, sondern Verbesserungsideen zu formulieren. Dabei muss die Führungskraft sich sowohl durch die Fähigkeit auszeichnen, gut zuzuhören und die neuen Ideen herausfiltern zu können, als auch zu wissen, wie man die richtigen Fragen stellt.

Der nicht-informierte Mitarbeiter wird sein Potenzial nicht aktivieren. Er hat keine Vorhersehbarkeit, er weiß nicht, wo die Reise hingeht, und er wird deshalb eher in die innere Kündigung gehen. Entsprechend vieler Untersuchungen der Organisationspsychologie weiß man, dass über 70% der Mitarbeiter über mangelnde Information und Kommunikation klagen. Dieses ist oft gleichbedeutend mit mangelnder Wertschätzung: Wenn mein Chef nicht mit mir kommuniziert, dann hält er mich auch nicht für wichtig.

3.3.4 Das Prinzip der Autonomie und Partizipation

Fehlende Partizipation verringert Problemerkennungskompetenz und Veränderungsbereitschaft.

Transparenz alleine wird auf Dauer nicht viel bewirken können, wenn den Mitarbeitern nicht auch Möglichkeiten der Mitwirkung gegeben werden. Analog hierzu hat die kontrolltheoretische Forschung gezeigt, dass die Erklärbarkeit von Ereignissen nur wenig positive Effekte hervorbringt, wenn keine Beeinflussbarkeit gegeben ist (s. Frey u. Jonas 2002). Besteht jedoch die Möglichkeit der Partizipation, so erhöht sich die Identifikation (s. Antoni 1999). Ferner kann Autonomie durch eine offene Formulierung der Arbeitsaufgaben gefördert werden (s. Staw u. Boettger 1990).

Gerade im Verbesserungswesen ist Partizipation wichtig, geht es doch darum, dass Verbesserungsideen dezentral geäußert und unmittelbar umgesetzt werden. Die Idee zählt, nicht die Hierarchie. Vom Mitarbeiter wird gefordert, Problemlösungen zu artikulieren und diese auch umzusetzen. Dies wird ihm aber kaum möglich sein, wenn er in seinem sonstigen betrieblichen Alltag keinerlei Kompetenzen und Verantwortlichkeiten zugestanden bekommt, sondern von der Führungskraft entmündigt wird. Beispielsweise zeigt eine Studie zum betrieblichen Vorschlagswesen, dass höhere Partizipationsmöglichkeiten mit einer höheren Zahl an Verbesserungsvorschlägen einhergehen (s. Nickel u. Krems 1998).

Partizipationsmöglichkeiten erhöhen aber nicht nur die Kompetenz des Mitarbeiters zur Problemerkennung und Problemlösung, sondern zugleich seine Akzeptanz für die gefundenen Problemlösungen: Untersuchungen von Tyler (1994) über prozedurale Gerechtigkeit zeigen, dass auch dann, wenn eine Entscheidung letztlich den Interessen des Mitarbeiters zuwiderläuft, die Identifikation mit dieser Entscheidung höher ist, wenn er zuvor in die Entscheidungsfindung eingebunden wurde und das Gefühl hat, dass die Entscheidungsprozedur gerecht war. Findet eine solche Einbindung des Mitarbeiters

3.3 · Das Prinzipienmodell der Führung: Techniken des Führens, Motivierens ...

47   3

nicht statt, so kann es sogar zu Reaktanzphänomenen kommen: Der Mitarbeiter fühlt sich in seiner Freiheit eingeschränkt, da »über seinen Kopf hinweg« entschieden wurde, und reagiert mit einer Blockadehaltung (s. Dickenberger et al. 1993).

Die gesamte internationale Forschung zeigt, dass Autonomie und Partizipation die intrinsische Motivation fördern. Dabei kann man Partizipation etwa auf den Prozess vor der Entscheidung beziehen (Prozesspartizipation), d.h. der Mitarbeiter wird eingebunden, er wird ermuntert, Entscheidungsvorschläge zu machen oder bestehende Entscheidungsvorschläge zu bewerten, usw. Dieses heißt nicht, dass so etwas wie Demokratie entsteht, aber seine Expertise wird berücksichtigt. Daneben gibt es die Entscheidungspartizipation, d.h. der Mitarbeiter wird bei der eigentlichen Entscheidung berücksichtigt. Oft kann diese Entscheidung vom Mitarbeiter oder vom Team autonom vollzogen werden, beispielsweise die Entscheidung über Urlaubspläne, oder man kann eine Mehrheitsentscheidung initiieren. Weiterhin gibt es die Implementierungspartizipation, d.h. dass der Mitarbeiter in die Umsetzung einbezogen wird und hier seine eigenen Ideen umsetzen soll.

Die Forschung zeigt: Wer im Prozess vor der Entscheidung nicht einbezogen wird, von dem kann man auch keine Loyalität und Solidarität im Prozess nach der Entscheidung (Implementierung) erwarten.

Autonomie und Partizipation fördern die intrinsische Motivation, Loyalität und Solidarität.

3.3.5 Das Prinzip der konstruktiven Rückmeldung

Forschungsergebnisse der Lerntheorien zeigen, dass Lob und Korrektur zentrale Motivationsfaktoren für aufgabenbezogenes Verhalten sind (s. z.B. Butler 1987, 1988; Butler u. Nisan 1986). Konstruktives Feedback geben zu können setzt aber eine entsprechende Kompetenz bei Führungspersonen und Mitarbeitern voraus. Dies gilt sowohl für die Lobkomponente (Lob als der wichtigste Motivator) als auch für Kritik- und Korrekturgespräche, mit denen Zielvereinbarungen kontrolliert und eingehalten werden. Durch die Art von Lob und Korrektur können Innovationen angestoßen werden.

Wenn wir eben von Autonomie und Freiräumen gesprochen haben, so heißt das natürlich nicht, dass man die Mitarbeiter sich selbst überlassen soll – ganz im Gegenteil: Führungskräfte müssen einerseits den Mut aufbringen, Kritik klar und konstruktiv zu äußern, auf der anderen Seite aber auch ihre Fähigkeit zum richtigen Loben einsetzen. Nur so können Mitarbeiter ein Gefühl von Kompetenz entwickeln und erkennen, wo sie an sich arbeiten können und sollen. Die motivierenden bzw. demotivierenden Effekte richtigen bzw. falschen Feedback-Gebens zeigen beispielsweise deutlich die Forschungen im Rahmen der Austauschtheorien (Mikula 1985) und Lerntheorien (Skinner 1938, 1971).

konstruktives Feedback: Kritik und Lob

Deutsche Führungskräfte loben viel zu wenig (»Wenn ich nichts sage, ist das des Lobes genug«, bis hin zu: »Mich lobt auch niemand«), und wenn sie korrigieren, drücken sie sich entweder zu blumig aus oder zu destruktiv. Richtiges Loben und Korrigieren sind jedoch ganz zentrale Instrumente für die Motivation.

3.3.6   Das Prinzip der positiven Wertschätzung

Das Prinzip der positiven Wertschätzung geht zurück auf die Ideen der humanistischen Schule von Rogers (1959). Menschen haben eine Sehnsucht nach Achtung, respektvoller Behandlung und positiver Wertschätzung. Sie wollen geliebt oder wertgeschätzt werden, zumindest von solchen Personen, die sie selbst wertschätzen.

Die Bedeutung, die dem Prinzip der Wertschätzung auch in der aktuellen Führungsforschung entgegengebracht wird, drückt sich u.a. darin aus, dass individuelle Wertschätzung eine der vier Grundkomponenten der transformationalen Führung ist (s. Bass 1998). Mittlerweile haben über 100 empirische Studien Hinweise darauf geliefert, dass dieses Führungskonzept einen positiven Einfluss auf die Einstellungen und Leistungen der Mitarbeiter hat. Da aber nur Führungskräfte, die ein gesundes Selbstwertgefühl besitzen, Wertschätzung ihren Mitarbeitern gegenüber ausdrücken können, ist es wichtig, dass die Geschäftsführung den Führungskräften ihrerseits sehr viel Selbstvertrauen durch Kommunikation, Partizipation, Zielvereinbarung und Lob vermittelt.

Wertschöpfung durch Wertschätzung

Wertschätzung und Anerkennung sind wichtige Führungsinstrumente. Es geht um die Aussage »Wertschöpfung durch Wertschätzung«, d.h. dort, wo der Mitarbeiter keine Wertschätzung erfährt, wird er sein Potenzial auch nicht aktivieren. Untersuchungen zeigen, dass Mitarbeiter bei ihren Führungskräften oft die »basics« vermissen. Sie sagen nicht »Bitte« und »Danke«, sondern behandeln Menschen als Instrumente.

3.3.7   Das Prinzip der optimalen Stimulation durch Zielvereinbarung

Wer kein klares Ziel hat, wird es nicht erreichen.

Durch gemeinsame Zielvereinbarung soll chronische Unter- oder Überforderung vermieden und die Produktivität und Weiterentwicklung des Mitarbeiters gefördert werden. Die Arbeiten von Locke und Latham (2002) zum »Goal-setting-Ansatz« belegen, dass Ziele anspruchsvoll und konkret formuliert sein müssen, damit Spitzenleistungen erreicht werden können. Das bedeutet, Führungsperson und Mitarbeiter müssen gemeinsam klare und messbare Ziele vereinbaren. Führen durch Zielvereinbarungen (nicht Zieldiktat) bedeutet, dass jeder Mitarbeiter die Messlatte kennt und die Oberziele des

3.3 · Das Prinzipienmodell der Führung: Techniken des Führens, Motivierens ...

49 **3**

Unternehmens in spezifische Ziele für die Abteilung, die Gruppe, den Einzelnen, usw. transformiert werden. Weiß der Mitarbeiter nicht, was wirklich von ihm erwartet wird, so spricht das für ein Versagen der Führungskraft.

Auch wenn es zunächst ein Widerspruch ist, Kreativität und Innovation als klare Ziele zu deklarieren (Menschen können nicht zu Kreativität gezwungen werden), kann man, wie viele Beispiele aus Firmen zeigen, innovative Verbesserungsvorschläge durchaus mit Zielvereinbarungen verknüpfen.

Wer kein Ziel hat, wird nie ein Ziel erreichen. Deshalb ist es wichtig, zu klären, welche Zielvorstellungen oder Erwartungen die Führungskraft hat. Oft sind diese nicht synchron mit dem, was der Mitarbeiter glaubt, welche Ziele und Erwartungen der Chef hat. Eine Strategie könnte darin bestehen, dass man sich gegenseitig ermuntert, die jeweiligen Vorstellungen schriftlich zu fixieren, um zu schauen, ob Kongruenz in der Wahrnehmung besteht: Sagen Sie mir, was Sie glauben, was ich von Ihnen erwarte bzw. welche Ziele wir haben, und ich schreibe parallel auf, was ich glaube, was Sie als Mitarbeiter von mir erwarten.

Die Forschung zeigt, dass hier oft mangelnde Übereinstimmung vorhanden ist, und dieses erzeugt oft Unzufriedenheit und eine Verschwendung von Energie.

3.3.8 Das Prinzip des persönlichen Wachstums (Kompetenzerweiterung und Karriere)

Mitarbeiter möchten jedoch nicht ständig nur vereinbarte Ziele erfüllen, sondern sich dabei auch in ihren Kompetenzen weiterentwickeln (Bedürfnis nach Kompetenz) und, wenn sie die Ziele erfüllen oder übererfüllen, auch Aufstiegsmöglichkeiten besitzen. Jeder Mitarbeiter sollte daher die Möglichkeit erhalten, sich seinen Fähigkeiten, persönlichen Talenten und Interessen entsprechend weiterzuentwickeln. Bei entsprechender Qualifikation und Leistung sollte ein Aufstieg im Unternehmen ermöglicht werden oder – weil dies durch die Verflachung von Hierarchien immer schwieriger wird – eine Kompetenz- bzw. Verantwortungserweiterung möglich sein.

Damit geht es um die Umsetzung von Kriterien, wie sie vor allem Hacker (1999) und Hackman und Oldham (1980) gefordert haben. Arbeit soll so geregelt werden, dass Persönlichkeitsentfaltung möglich ist und die Aspekte von Ganzheitlichkeit und Vielseitigkeit vorhanden sind. Bezogen auf das Markenmanagement zeigt sich immer wieder: Je mehr Aufgabenerweiterung (»job enrichment«) vorhanden ist, umso mehr können Mitarbeiter – aufgrund der zunehmenden Wahrnehmung von Vernetzung der Arbeitsbereiche – auch Verbesserungsideen einbringen, da sie eher sehen, welche Prozesse vor- und welche nachgelagert sind.

Mitarbeiter brauchen Entwicklungsmöglichkeiten.

3

Mitarbeiter gehen in die innere Kündigung, wenn sie keine Entwicklungsmöglichkeiten sehen. Wichtig sind vor allem Gespräche mit den Mitarbeitern. Sicherlich ist für viele Mitarbeiter die Arbeit weniger ein Instrument der Selbstverwirklichung, sondern eher der existenziellen Absicherung. Trotzdem ist es wichtig, auch hier zu überlegen, inwieweit Kompetenzen, Persönlichkeit usw. erweitert werden können.

3.3.9 Die vier Fairnessarten bzw. das Prinzip der Fairness

In der Fairnessliteratur wird zwischen vier verschiedenen Arten von Fairness unterschieden: Ergebnisfairness, prozedurale Fairness, informationale Fairness und interaktionale Fairness (▶ Kap. 12.2.1.1 »Die Gerechtigkeitsforschung der Psychologie«).

Ergebnisfairness

Ergebnisfairness kann sich nach mindestens vier Verteilungsprinzipien richten: Nach dem Prinzip Gleichheit (»equality«) werden sowohl positive wie negative Ergebnisse gleich verteilt. Nach dem Prinzip Leistung (»equity«) werden positive Ergebnisse so verteilt, dass der, der mehr leistet, auch mehr bekommt bzw. der, der mehr geleistet hat, weniger Opfer bringen muss. Nach dem Prinzip des Bedürfnisses (»need«) richtet sich die Verteilung am Bedürfnis der Menschen aus, d.h. der, der wenig hat, soll mehr bekommen als der, der mehr hat, bzw. der, der wenig hat, soll weniger Opfer bringen. Nach dem Anrechtsprinzip schließlich hat man aus den unterschiedlichsten Gründen ein bestimmtes Anrecht auf eine bestimmte Verteilung positiver oder negativer Ergebnisse. Das Problem ist nun, dass Menschen das Verteilungsprinzip präferieren, wo sie am besten abschneiden, so dass Führen oft ein Management von Enttäuschungen ist. Aber durch die übrigen drei Fairnessarten kann wahrgenommene Ergebnisunfairness kompensiert werden.

prozedurale Fairness

Prozedurale Fairness umfasst die Möglichkeit innerhalb von Entscheidungsprozessen (wie Innovationsprozesse sie darstellen), Gehör zu finden, seine Meinung artikulieren zu können und den Eindruck zu haben, dass die Entscheidungsträger (z.B. der Vorgesetzte) neutral sind und alle Aspekte angemessen berücksichtigen (s. Leventhal 1980; Lind u. Tyler 1988; Thibaut u. Walker 1978; Tyler 2000). Demnach wird ein Ergebnis dann als gerecht empfunden, wenn die Prozesse, die zu diesem Ergebnis geführt haben, als fair erlebt werden. Zur prozeduralen Fairness gehört, dass der Mitarbeiter eine Stimme hat. Wenn er beispielsweise mit dem Ergebnis nicht zufrieden ist, ist es wichtig, seinen Ärger und seine Enttäuschung zeigen zu dürfen. Gute Führungskräfte geben ihm diese Stimme.

interpersonale Fairness

Unter interpersonaler Fairness wird ein respektvolles, höfliches und korrektes Verhalten der Führungskraft gegenüber den Mitarbeitern verstanden. Es geht letztlich um einen Umgang auf gleicher Augenhöhe.

Informationale Fairness umfasst die rechtzeitige, angemessene und umfassende Information, insbesondere die Begründung von Entscheidungen (s. Colquitt 2001; Colquitt et al. 2001).

Die Einhaltung der Prinzipen der Fairness ist neben ethisch-moralischen Argumenten auch aus betriebswirtschaftlicher Sichtweise sinnvoll: Menschen reagieren hoch sensibel auf Ungerechtigkeitserfahrungen mit schlechterer Arbeitsleistung, Rückzug und geringerer emotionaler Bindung an die Organisation. Dabei werden zum Ausgleich der Ungerechtigkeit auch Verhaltensweisen gezeigt, die zum eigenen Nachteil sein können, wie Kündigungen oder Diebstahl (s. Greenberg 1990). Entscheidend ist insgesamt nicht die formale Anwendung von Fairnessprinzipien ohne innere Überzeugung, sondern die Wahrnehmung auf Seiten der Mitarbeiter.

informationale Fairness

Fairness: moralisch geboten, ökonomisch sinnvoll

3.3.10 Das Prinzip der situativen Führung und des androgynen Führungsstils

Führungspersonen müssen lernen, nicht einen starren Führungsstil zu vertreten, sondern *situativ* zu führen. Unter situativer Führung wird ein der Situation, den jeweiligen Zielen und insbesondere den Persönlichkeitseigenschaften und Bedürfnissen des Gegenüber angepasstes Führungsverhalten verstanden.

Zur situativen Führung gehört auch die Umsetzung des androgynen Führungsverhaltens. Zu den typisch maskulinen Führungsverhaltensweisen zählen, wie wir bereits gesehen haben: Härte zeigen können, »Nein« sagen können, Durchsetzungsvermögen. Zu den typisch femininen Führungsverhaltensweisen gehören: Fragen stellen können, zuhören können, andere groß werden lassen können, sich selbst zurückstellen können, Gefühle positiver und negativer Art zeigen können, sich als Mentor fühlen. Berth (1998) hat festgestellt: Je mehr feminine Führungseigenschaften in Dienstleistungsunternehmen umgesetzt werden, desto höher ist das Innovationspotenzial. Da durch die Globalisierung immer neue Anforderungen an Führungskräfte gestellt werden, ist die Vielseitigkeit des Führungsstils für den Erfolg entscheidend. Nur eine androgyne Führungspersönlichkeit führt ein Team zum Erfolg, vor allem dann, wenn die Mitarbeiter ein Höchstmaß an Mündigkeit gewohnt sind.

situative und androgyne Führung

3.3.11 Das Prinzip des guten Vorbildes der Führungsperson

Führungspersonen müssen sich ihrer Funktion als Vorbild im Sinne hoher fachlicher Kompetenz und menschlicher Integrität bewusst sein. Nur dadurch können sie ein Klima des Vertrauens schaffen. Dazu gehören Aufrichtigkeit und die Fähigkeit, Wort und Tat in Übereinstimmung zu bringen. Nur dort, wo ein menschliches

Führungskraft als positives Vorbild

3

Vorbild vorhanden ist, wird der Mitarbeiter sich letztlich engagieren. Es ist nie nur eine Sache (der Arbeitsinhalt), die intrinsisch motiviert, sondern es sind Personen, die begeistern und motivieren. Das Vorbild der Führungskraft entscheidet, ob Ideen generiert und umgesetzt werden oder nicht.

Wichtig ist, dass die Führungsperson sich vergewissert, ob sie Vorbild ist. Natürlich kann sie nicht fragen: Bin ich ein Vorbild? Aber sie kann fragen: Wenn Sie in meiner Position wären, was würden Sie dann genauso oder anders machen? Was ist ideale/nicht-ideale Führung? Was motiviert Sie, was demotiviert Sie? Dadurch bekommt sie indirekt Informationen, ob sie als Vorbild gesehen wird oder nicht.

Alle bisher geschilderten Prinzipien werden relativ wirkungslos bleiben, wenn eine Führungskraft ihre Verwirklichung zwar predigt, jedoch nicht mit gutem Beispiel vorangeht. Führungskräfte müssen vor allem durch lebendiges fachliches und menschliches Vorbild überzeugen. Nur dadurch kann ein angstfreies Klima des gegenseitigen Vertrauens geschaffen werden, in dem Motivation und Kreativität gedeihen können.

Insbesondere die Theorie des sozialen Lernens bzw. des Modellernens zeigt, wie wichtig die Vorbildfunktion ist; denn viele wichtige Aspekte des eigenen Verhaltensrepertoires lernt man von anderen (s. Bandura 1977). Das Gleiche gilt für Werte und Wertesysteme. Menschen haben dabei durchaus ein Bedürfnis nach Vorbildern, an denen sie sich orientieren können. Hält die Führungsperson von Verbesserungsideen nichts und gibt zum Beispiel nonverbale Signale, die ihr Missfallen gegenüber solchen Ideen unterstreichen, so wird kein Verbesserungswesen stattfinden.

3.3.12 Zusammenhang Prinzipienmodell der Führung und ethikorientierte Führung

Prinzipienmodell der Führung beachtet Sehnsüchte aller Zielgruppen.

Im Prinzipienmodell sind die wesentlichen Erkenntnisse aus Führungs-, Leistungs- und Motivationsforschung zusammengefasst. Es spricht die Sehnsüchte von Mitarbeitern an und hilft dabei, sie zu erfüllen. Das ist auch die Voraussetzung dafür, dass die Mitarbeiter selbst die Sehnsüchte anderer Zielgruppen (der Stakeholder, der Kunden, der Lieferanten, der Wettbewerber) erkennen. Auch in anderen Führungskonzepten werden die Sehnsüchte der Mitarbeiter berücksichtigt (z.B. transformational oder mitarbeiterorientiert). Das wäre zunächst kein Alleinstellungsmerkmal. Das Besondere am Prinzipienmodell ist, dass es sich nicht nur auf die Führung von Mitarbeitern anwenden lässt, sondern dass diese Prinzipien auch das Verhalten gegenüber den anderen Stakeholdern leiten soll – was man gemeinhin nicht als »Führung« bezeichnen würde. Unsere These ist: Je mehr das Prinzipienmodell der Führung umgesetzt wird, umso mehr erreicht man auch Perspektivenwechsel bei den Mitarbeitern, dass sie auch die Sehnsüchte und Bedürfnisse der anderen beteiligten Zielgruppen, also der Kunden, Lieferanten, usw. berücksichtigen.

Das Prinzipienmodell der Führung und das Modell der ethik-orientierten Führung greifen ineinander. Wie eben ausgeführt, hilft die Anwendung der Prinzipien, die Motivation und Leistung der Mitarbeiter zu steigern, wodurch eine nicht-genuin moralische Wert-forderung nach Leistungs- und Motivationssteigerung unterstützt wird. Außerdem leiten sich die Prinzipien u.a. aus den Wünschen und Sehnsüchten der Mitarbeiter nach einer fairen Behandlung ab. Menschen fair zu behandeln ist eine ganz grundlegende moralische Forderung, wie in den Ausführungen der nachfolgenden Kapiteln noch deutlich werden wird. So lassen sich die einzelnen Prinzipien nicht nur aus den Wünschen und Sehnsüchten der Mitarbeiter ab-leiten, sondern ergeben sich aus grundlegenden moralischen Werten.

> **Prinzipienmodell der Führung und ethikorientierte Führung ergänzen sich.**

3.4 Transfer der psychologischen Erkenntnisse auf den Bildungsbereich

In der Einleitung wurde betont, dass sich Führungsaufgaben in den unterschiedlichsten Lebensbereichen stellen und dass wir uns in unse-rem Buch auf Führungsfragen aus dem sozialen und kommerziellen Bereich und aus dem Bildungsbereich konzentrieren. Daher mag es verwundern, weshalb in diesem Kapitel bis jetzt (fast) ausschließlich von Führung im Bereich der Wirtschaft die Rede war. Grund hierfür ist, dass sich die psychologische Forschung, wenn es um Führung geht, stärker auf diesen Bereich konzentriert. Unseres Erachtens kann man die Erkenntnisse aber auch auf den Bildungsbereich übertragen.

Sicherlich unterscheiden sich die Inhalte der Führungsaufgaben in Wirtschaftsunternehmen und in Bildungsinstitutionen teilweise. Aufgabe einer Führungskraft in einem Wirtschaftsunternehmen ist es, die Rahmenbedingungen für wirtschaftlichen Erfolg zu schaffen, so dass die Firma langfristig überleben kann. Hierfür ist es wichtig, die Qualität der Produkte, die Innovationskraft und Leistungsfähig-keit sicherzustellen, damit der Kunde angesprochen wird und man möglichst gleich gut oder besser als der Konkurrent ist. Hierfür ist es von zentraler Bedeutung, dass die Mitarbeiter motiviert, leistungs-stark und kreativ sind. Unsere These ist es, dass dies nur dann ge-währleistet werden kann, wenn man sie fair und anständig behandelt. Damit eine Führungskraft in einem Wirtschaftsunternehmen diesen Aufgaben gerecht werden kann, muss sie somit zum einen über das Wissen verfügen, wie man die Rahmenbedingungen gestaltet, um Qualität und Innovationen zu sichern, und zum anderen um das Wis-sen, wie man Menschen fair behandelt.

> **Gemeinsamkeiten und Unterschiede der Führungsauf-gaben in der Wirtschaft und der Bildung**

Im Bildungsbereich steht wirtschaftlicher Erfolg nicht im Mittel-punkt. Dennoch geht es auch hier darum, die Schüler oder Studenten zu guten Leistungen zu motivieren und auf die Qualität ihrer Ergeb-nisse zu achten. Dabei ist es wichtig, Schüler und Studenten zu motivieren, zu begeistern und zur Leistung anzuregen. Dies gelingt, wenn man sie fair und menschenwürdig behandelt, so unsere These. Man braucht hier als Führungskräfte wiederum Personen, die vorbildlich agieren und integer und glaubwürdig sind.

Der große Unterschied zwischen Wirtschaftsunternehmen und Bildungsinstitutionen ist vermutlich, dass der Leistungs- und Erfolgsdruck in der Wirtschaft höher ist. Trotzdem vertreten wir die Ansicht, dass es um dieselben Grundaufgaben geht, egal, ob es ein Wirtschaftsunternehmen oder eine Bildungsinstitutionen ist.

Relevanz der Führungsstile im Bildungsbereich

Somit lassen sich auch die psychologischen Erkenntnisse auf den Bildungsbereich übertragen. Denken wir an die unterschiedlichen Führungsstile. Ein Lehrer oder Dozent kann unterschiedliche Führungsstile bei der Wissensvermittlung an den Tag legen. Je nach Persönlichkeiten der Lernenden und nach Stoff, der vermittelt werden soll, mag er mal einen direktiveren Führungsstil an den Tag legen, mal einen eher partnerschaftlich geprägten.

Relevanz des Prinzipienmodells der Führung im Bildungsbereich

Auch das Prinzipienmodell der Führung lässt sich nahtlos auf den Bildungsbereich übertragen. Greifen wir exemplarisch einige Prinzipien heraus: So sollte Lernenden der Sinn vermittelt werden, weshalb sie einen gewissen Lehrstoff lernen sollen, wozu dieser nützt oder weshalb er notwendig ist zu wissen. Oder denken wir an das Prinzip der Transparenz. Gerade bei der Notenvergabe ist es wichtig, dass die Lernenden nachvollziehen können, wie es zu ihrer Zensur gekommen ist. Oder greifen wir das Prinzip der positiven Wertschätzung heraus. Es ist wichtig und motivations- und leistungsförderlich, wenn die Lernenden gelobt und wertgeschätzt werden.

Somit kann man festhalten, dass mit kleinen Abweichungen Führungsaufgaben im kommerziellen Bereich und im Bildungsbereich die gleichen sind und sich ähnliche Probleme und Herausforderungen stellen. Auch wenn wir im Folgenden viele Beispiele aus dem Bereich von Firmen und Institutionen wählen, sollte man im Gedächtnis behalten, dass die Erkenntnisse auch auf den Bildungsbereich übertragbar sind.

3.5   Ein kleines Lexikon der Psychologie der Führung

- **Extrinsische Motivation**

Man spricht von extrinsischer Motivation, wenn eine Person etwas tut, um einer Strafe zu entgehen bzw. um eine Belohnung zu bekommen.

- **Führung**

Führung bedeutet, andere Menschen beim Definieren und Erreichen von Zielen anzuleiten.

- **Führungsstil**

Führungsstile beschreiben Art und Weisen, wie Führung gelebt wird. Unterschiedliche Führungsstile werden in der Literatur beschrieben.

- **Goal-setting-Ansatz**

Der Goal-setting-Ansatz ist ein sog. Zielsetzungsansatz. Er geht davon aus, dass nur derjenige ein Ziel erreichen kann, der eines hat. Der Zielansatz funktioniert nach dem sog. SVEM-Prinzip, d.h. sich sehr spezifische Ziele zu setzen, diese mit sich und anderen vereinbaren und sie erreichbar und messbar zu machen.

- **Intrinsische Motivation**

Man spricht von intrinsischer Motivation, wenn es keinen externen Grund gibt, d.h. keine Belohnung oder Bestrafung, warum eine Person etwas tut.

- **Prinzipienmodell der Führung**

Das Prinzipienmodell der Führung wurde von Frey entwickelt. Es integriert unterschiedliche Erkenntnisse der Forschung zum Thema Führung und unterschiedliche Führungsmodelle. Verschiedene Prinzipien werden formuliert, deren Berücksichtigung einer Führungsperson hilft, die Sehnsüchte und Bedürfnisse ihrer Mitarbeiter und anderer Stakeholder zu erkennen und zu berücksichtigen.

- **Regelkreis nach Paul**

Der Regelkreis der Zielerreichung geht auf Paul, den früheren Werkchef von VW, zurück. Hierin werden sechs Schritte beschrieben (1. Soll/Ziel-Abgleich; 2. Ist-Zustand-Analyse; 3. Festlegung von Maßnahmen, Spielregeln, Aktionsschritten; 4. Verteilung von Verantwortlichkeiten, Zuständigkeiten; 5. Festlegung des Zeitrahmens; 6. Kontrolle), die zu einer erfolgreichen Umsetzung von Zielen führen.

Moraltheorien

Die philosophische Ethik

Einführung

4.1   Fragestellungen der philosophischen Ethik

Der vorliegende Teil dieses Buches soll eine Einführung in einige bedeutende Moraltheorien der westlichen Philosophie geben vor dem Hintergrund der Frage, was wir von diesen über richtige Führung lernen können. Dabei konzentrieren wir uns zunächst auf die *Ethik der Pflichten* von Immanuel Kant, welche auch *Deontologie* genannt wird, auf die *Nützlichkeitsethik*– auch *Utilitarismus* genannt – so wie sie von John Stuart Mill vertreten wurde und auf die *Tugendethik* Aristoteles'. Neben Hobbes' *Vertragstheorie*, welche im zweiten Teil behandelt wird, sind dies klassische Theorien, denen man unweigerlich begegnet, nähert man sich dem Gebiet der philosophischen Ethik. Außerdem wollen wir auch eine zeitgenössischere Moraltheorie betrachten, die *Ethik der Verantwortung*, die Hans Jonas erarbeitet hat. Ehe wir aber einen genaueren Blick auf diese Theorien werfen, sei zunächst die Frage gestellt, was philosophische Ethik überhaupt ist. Warum beschäftigt sich die Philosophie mit Moral und welche Fragen werden hier gestellt?

4.1.1   Bereiche der Philosophie und der Ethik

Die Ethik ist eine Teildisziplin der Philosophie. Es liegt nahe, an dieser Stelle zu fragen, was denn Philosophie sei. Dem altgriechischen Wortsinne nach kann man Philosophie mit »Liebe zur Weisheit« übersetzen, was so viel bedeutet wie Streben nach Erkenntnis. Dies ist eine Erklärung, welche auf jede Wissenschaft zutrifft. In der Antike galt die Philosophie aber als *die* Wissenschaft, als die Mutter aller anderen Wissenschaften. Mit den Jahrhunderten hat die Philosophie durch die Ausdifferenzierung und das Erstarken anderer Wissenschaften, gerade der Naturwissenschaften, jedoch an Bedeutung verloren.

Was ist Philosophie?   Die Frage »Was ist Philosophie?« genauer zu beantworten, ist selbst schon ein philosophisches Unterfangen und bei ihrer Beantwortung ist das zu beobachten, was in der Philosophie so häufig passiert: Es gibt keine allgemein anerkannte und unstrittige Antwort auf sie. Je nachdem, welcher philosophischen Strömung man angehört, wird man die Frage anders beantworten. Unserem Verständnis nach kann man Philosophie als eine nicht-empirische Wissenschaft bezeichnen, welche sich mit Begriffen und deren Bedeutungen und Zusammenhängen auseinandersetzt. Mit nicht-empirischer Wissenschaft meinen wir, dass die Philosophie keine empirischen Forschungen anstellt. Kaum ein Philosoph würde Feldforschungen oder gar echte Experimente durchführen. Die Philosophie ist eher mit der Mathematik zu vergleichen. Sie konzentriert sich auf Begriffe – aus allen möglichen Bereichen des Lebens – und fragt, was man unter diesen zu verstehen hat, d.h. was sie bedeuten und wie sie miteinander zusammenhängen. Zu ihrer Methodik gehören die Begriffsanalyse, d.h. die Analyse der Bedeutung von Begriffen, logisches Schlussfolgern

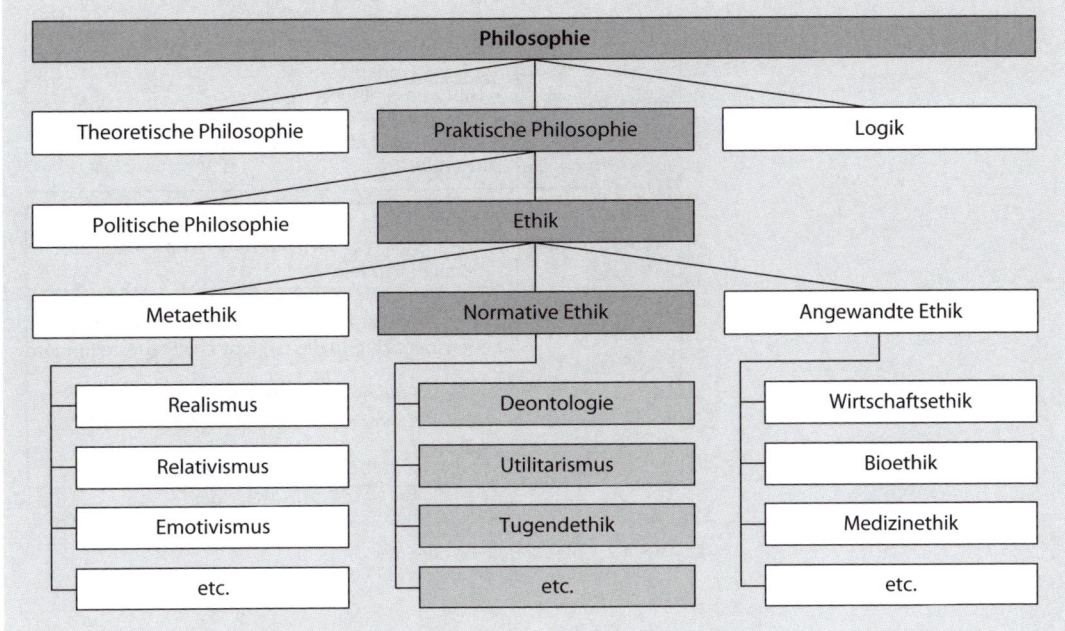

Philosophie

Theoretische Philosophie | Praktische Philosophie | Logik

Politische Philosophie | Ethik

Metaethik | Normative Ethik | Angewandte Ethik

Realismus	Deontologie	Wirtschaftsethik
Relativismus	Utilitarismus	Bioethik
Emotivismus	Tugendethik	Medizinethik
etc.	etc.	etc.

◘ **Abb. 4.1** Skizzenhafte Einteilung der Philosophie

und nicht zuletzt Gedankenexperimente. In einem Gedankenexperiment stellt man sich eine gewisse Situation vor und prüft dann, wie man sich in dieser verhalten oder sprechen würde. Dadurch können vorherige Begriffsanalysen überprüft werden. Dieses Verständnis von Philosophie zu diskutieren, würde seinerseits ein komplettes Buch füllen und vermutlich in Grabenkämpfen zwischen unterschiedlichen philosophischen Schulen und Traditionen enden.

Um zu verstehen, was Philosophie ist, braucht man jedoch keine allgemeine und unstrittige Charakterisierung dieser Wissenschaft. Um ein Gespür für die Philosophie zu bekommen, kann man sich ihre Themenbereiche und deren typische Fragestellungen ansehen. Dies ist ein pragmatischerer Weg, der für den Kontext dieses Buchs genügt. Grob charakterisiert kann man sie in drei Kernbereiche unterteilen: die Logik, die theoretische Philosophie und die praktische Philosophie (◘ Abb. 4.1):

— Die Logik ist, wie Kant es in seiner Vorrede zur *Grundlegung zur Metaphysik der Sitten* so schön beschreibt, »ein Kanon für den Verstand oder die Vernunft, der bei allem Denken gilt und demonstriert werden muss« (Kant 1961a, AA IV 387). In ihr werden Grundstrukturen des Denkens untersucht, wie allgemeine Argumentationsmuster. Wie so viele Gebiete der Philosophie wurde sie von Aristoteles, einem der großen Denker der Antike, der die abendländische Kultur maßgeblich mitgeprägt hat, begründet und lange Zeit in seinem Sinne weiter gelehrt. Erst zu

Teilgebiete der Philosophie

4

Metaethik	Betrachtungen über die normative Ethik Typische Fragen: ▪ Gibt es moralische Werte? ▪ Gibt es wahre moralische Urteile? ▪ Gibt es eine oder mehrere richtige moralische Theorien?
Normative Ethik	Ausgangsfrage: ▪ Wie soll ich (vor allem im zwischenmenschlichen Bereich) handeln?
Angewandte Ethik	Fokussierung auf einen bestimmten menschlichen Lebensbereich und dessen typische Fragestellungen Typische Fragen am Beispiel der Medizinethik: ▪ Ist die PID (Präimplantationsdiagnostik) moralisch zulässig? ▪ Ist aktive Sterbehilfe moralisch zulässig?

◻ **Abb. 4.2** Unterdisziplinen der Ethik

Beginn des 20. Jahrhunderts wurde sie einem grundlegenden Erneuerungsprozess unterzogen. Heutzutage ordnet man die Logik oftmals der Mathematik zu.

— In der theoretischen Philosophie werden all die Fragestellungen behandelt, die man meist intuitiv mit der Philosophie assoziiert. So geht es beispielsweise in der Metaphysik u.a. um die Frage, was existiert – beispielsweise ob Gott existiert. Die Erkenntnistheorie kümmert sich beispielsweise um das Problem, ob wir etwas wissen können und wenn ja, was.

— Für die Fragestellung dieses Buches ist nun der dritte Teil der Philosophie von zentraler Bedeutung, die praktische Philosophie. Untergebiete der praktischen Philosophie sind zum Beispiel die Ethik und die politische Philosophie.

Die Ethik kann man wiederum in die normative Ethik, die Metaethik und die angewandte Ethik unterteilen (◻ Abb. 4.2):

Bereiche der Ethik

— Die normative Ethik fragt sich, wie wir handeln sollen. Es werden normative, d.h. wertende Theorien aufgestellt, die eine begründete Antwort auf diese Frage geben.

— Untersuchungsgegenstand der Metaethik ist die normative Ethik. Dies wird bereits aus der Bezeichnung »Metaethik« deutlich, da das griechische Wort »meta« mit »über« übersetzt werden kann. Die Metaethik handelt also von der normativen Ethik, was so viel heißt, als dass gewisse Grundannahmen der normativen Ethiken kritisch hinterfragt werden. Beispielsweise wird das Wesen von moralischen Werten oder der Status von moralischen Urteilen untersucht, mit welchen die normative Ethik arbeitet.

— Die angewandte Ethik, auch Bereichsethik genannt, greift jeweils einen bestimmten Lebensbereich und dessen spezifische

Problemstellungen heraus, wie beispielsweise die Wirtschaft oder die Medizin, und versucht Antworten auf die dort auftretenden moralischen Fragestellungen zu geben.

Betrachten wir in den folgenden Abschnitten den Bereich der Ethik nochmals genauer!

4.1.2 Deskriptive versus normative Theorien

Was unterscheidet die Aussagen »Du hast gelogen«, »Du sollst nicht lügen« und »Lügen ist falsch« voneinander? Die erste Aussage ist *deskriptiv*. Es wird beschrieben, ob eine gewisse Person gelogen hat oder nicht. Die zweite Aussage sagt zunächst nichts darüber aus, wie sich eine Person verhalten hat, sondern darüber, wie sie sich verhalten *soll*. Sie beschreibt kein Verhalten, sondern sie schreibt ein Verhalten vor. Sie ist nicht deskriptiv, sondern *präskriptiv*. In der letzten Aussage wird eine Bewertung vorgenommen. Sie ist wertend oder *normativ*. Häufig sind präskriptive Aussagen zugleich normativ bzw. normative häufig präskriptiv. Diese Unterscheidungen sind wichtig, um zu verstehen worum es in der Ethik geht.

Deskriptive Aussagen zielen darauf ab, die »Wirklichkeit« zu beschreiben, wie sie ist, wobei anzumerken ist, dass es umstritten ist, ob es so etwas wie *die* Wirklichkeit überhaupt gibt und ob man sie erfassen kann (▶ Kap. 14 »Der Kritische Rationalismus«). Eine deskriptive Theorie, d.h. eine Verbindung von mehreren deskriptiven Aussagen, möchte die »Wirklichkeit« erfassen und beschreiben. Typische Beispiele für deskriptive Theorien sind naturwissenschaftliche Theorien. Anders verhält es sich mit normativen Theorien. Ethische Theorien sind typische Beispiele für solche. In ihnen werden Forderungen aufgestellt, wie wir uns verhalten sollen (präskriptive Komponente) oder wie Verhalten zu bewerten ist (normative Komponente). Sie wollen nicht beschreiben, wie die Welt ist, sondern wie sie sein *sollte*.

Welcher Zusammenhang besteht aber zwischen diesem »Sein« und »Sollen«? Eine normative Theorie hat keinen Bestand, wenn es für uns Menschen prinzipiell unmöglich ist, ihren Forderungen nachzukommen. Verlangt eine Theorie beispielsweise von uns, zehn Meter hoch zu springen, obwohl dies ist für uns aus rein physischen Gründen nicht möglich ist, dann kann es sich um keine für uns angemessene normative Theorie handeln. Auch wenn eine Theorie fordern würde, man dürfe sich niemals über eine andere Person aufregen, wäre dies keine annehmbare Theorie. Es liegt in unserer Natur, dass wir manches Mal negative Emotionen gegenüber anderen Personen haben, und dies können wir nicht immer kontrollieren. Gerade Eltern mögen ein Lied hiervon singen können: Manches Mal regt man sich über seine eigenen Kinder auf und kann dies nicht unterdrücken.

Hieraus folgt jedoch nicht, dass eine normative Theorie an Geltung verliert, wenn wir sehen, dass wir uns häufig oder sogar meistens anders verhalten, als sie es verlangt (s. z.B. Kant 1961a, AA IV 406–408). Wenn

deskriptive vs. normative Aussagen

deskriptive vs. normative Theorien

Aus Nicht-Können folgt Nicht-Sollen

Aus Sein folgt kein Sollen.

eine Theorie von uns fordert, ehrlich zu sein, die meisten Menschen jedoch unehrlich sind, folgt daraus nicht, dass wir nicht trotzdem ehrlich sein sollen. Oder anders formuliert: Nur weil wir feststellen, dass wir manchmal lügen, folgt nicht, dass wir lügen sollen. Diese Einsicht kann durch den Slogan »Aus Sein folgt kein Sollen« erfasst werden, die bereits Hume in seinem *Treatise of Human Nature* niedergeschrieben hat und welche auch als Humes Gesetz bezeichnet wird.

» In jedem moralischen System, das mir bislang begegnet ist, habe ich stets festgestellt, dass der Autor eine gewisse Zeit in der üblichen Argumentationsweise fortschreitet, und darlegt, dass es einen Gott gibt, oder Beobachtungen über menschliche Angelegenheiten trifft; dann plötzlich stelle ich überrascht fest, dass anstatt der üblichen Satzverknüpfungen, nämlich »ist« und »ist nicht«, ich nur auf solche Sätze stoße, welche mit »soll« oder »soll nicht« verbunden sind. Dies ändert sich auf nicht wahrnehmbare Weise – es ist aber, worauf es letztlich führt. Denn dieses »soll« oder »soll nicht« drückt eine neue Art der Verbindung oder der Behauptung aus. Das sollte genau bemerkt und erklärt werden, und zwar so, dass gleichzeitig ein Grund angegeben wird. Denn es scheint schlicht unverständlich, wie diese neue Art der Verbindung eine Ableitung aus anderen sein kann, da jene anderen vollständig davon verschieden beschaffen sind (Hume 1906, Buch III, Teil I, Kapitel 1). «

Das Entscheidende an einer normativen Theorie ist gerade, dass sie festlegt, wie wir uns verhalten sollen, auch wenn wir uns (momentan) in vielen Fällen anders verhalten. Würden wir uns jederzeit so verhalten, wie es die Theorie fordert, so wäre sie als normative Theorie überflüssig, weil sie uns das Verhalten nicht vorschreiben müsste, sondern es lediglich beschreiben würde.

4.1.3   Normative Ethik

Gegenstand und Aufgabe ethischer Theorien

Die Kernfrage einer normativen ethischen Theorie ist »Wie sollen wir handeln?«, und ihre primäre Aufgabe ist es, Antworten darauf zu finden. Sie liefert somit unterschiedliche Handlungsanweisungen, d.h. Vorschriften, wie wir in unterschiedlichen Situationen handeln sollen. Dies geschieht meist in Form von Imperativen (Sollenssätzen), also Sätzen der Form »Du sollst x tun!« oder »Du darfst y nicht tun!«, wobei x bzw. y für bestimmte Handlungen stehen. Mithilfe solch einer Theorie ist es aber nicht nur möglich, zu bestimmen, ob wir auf gewisse Weise handeln sollen, sondern auch, ob eine gewisse Handlung richtig war oder nicht. So mag eine ethische Theorie die Handlungsanweisung »Du sollst nicht lügen!« liefern. Wenn nun jemand gelogen hat, dann kann man aber auch sagen, dass es gemäß unserer ethischen Theorie falsch war, zu lügen, oder allgemein, dass Lügen falsch ist.

Normative ethische Theorien bewerten oftmals aber nicht nur Handlungen, sondern auch Überzeugungen und Emotionen von Personen. So kritisieren wir beispielsweise oftmals rassistisches Gedankengut selbst dann, wenn es in keiner konkreten Handlung mündet. Oder wir machen jemandem einen moralischen Vorwurf, wenn es ihm Freude bereitet, dabei zu zusehen, wie ein Tier gequält wird.

Handlungen, Emotionen und Überzeugungen werden aber immer von einer bestimmten Person gezeigt. Der eigentliche Gegenstand der ethischen Bewertung ist also der Mensch und wir bewerten ihn auf Basis seiner Handlungen, Emotionen und Überzeugungen moralisch.

4.1.4 Ethik und Moral

In unserem alltäglichen Sprachgebrauch werden »Ethik« und »Moral« als synonyme Ausdrücke gebraucht. In der Philosophie hat es sich jedoch teilweise eingebürgert, einen Unterschied zwischen beiden Begriffen zu machen (s. z.B. Williams 1985, Kap. 10). Möchte man diesen Unterschied unterstreichen, kann man sagen, in der Ethik würden Fragen nach der allgemeinen Lebensführung gestellt. So ist eine typische Ausgangsfrage für eine ethische Überlegung: »Was ist ein gutes Leben?«. Wie wir im ▶ Kap. 7 »Die Tugendethik« sehen werden, bildet die Frage nach dem guten Leben für Aristoteles den Ausgangspunkt seiner *Nikomachischen Ethik*, von dem ausgehend er seine Tugendethik entwickelt. Stellt man solch eine Frage, kann man ganz unterschiedliche Antworten geben, auch solche, die wir nicht per se als moralische Antworten ansehen würden. So kann es sinnvoll sein, zu sagen, man solle seine eigenen intellektuellen Fähigkeiten ausbilden, wenn man ein gelungenes Leben führen möchte. Dies ist jedoch nichts, was wir normalerweise als moralisches Gebot auffassen würden.

ethische Fragestellungen

Moralische Handlungsvorschriften sind so gesehen enger als ethische Handlungsvorschriften, oder anders ausgedrückt, sie bilden eine Unterklasse der ethischen Handlungsvorschriften. Als typisch moralisch werden Gebote angesehen, wie »Du sollst nicht lügen«, »Du sollst nicht töten« oder »Du sollst nicht mobben«. Auch dies sind mögliche Antworten auf die Frage, wie wir handeln sollen, doch scheinen sie sich eher auf zwischenmenschliche Bereiche zu beziehen. Also wäre dann die Ausgangsfrage einer moralischen Überlegung »Wie soll ich mich (im zwischenmenschlichen Bereich) verhalten?« (s. z.B. Gaut 2007, ▶ Kap. 2.3). Teilweise werden moralische Fragestellungen nicht nur auf den zwischenmenschlichen Bereich begrenzt. Für Kant gibt es moralische Forderungen sich selbst gegenüber. So ist es moralisch geboten, sich selbst nicht zu töten oder seine eigenen Talente nicht zu vernachlässigen (s. Kant 1961a, AA IV 422–423). Darüber mag es auch um das Verhalten gegenüber nicht-menschlichen Lebewesen oder der Natur gehen (s. z.B. Mill 1976, S. 21).

moralische Fragestellungen

Die genaue Charakterisierung von Moral ist eine philosophisch äußerst schwierige und umstrittene Frage, der wir im Zuge dieser

Abhandlung nicht gerecht werden können (s. vertiefend hierzu z.B. Wallace u. Walker 1970). Für unseren Kontext scheint es ausreichend zu sein, auf den intuitiv einsichtigen Unterschied zwischen genuin moralischen Urteilen wie »Töten ist falsch« und ethischen Urteilen im weiteren Sinne wie »Man soll seine intellektuellen Fähigkeiten ausbauen« hinzuweisen. In ▶ Kap. 7 »Die Tugendethik« wird dieser Gegensatz nochmals deutlicher herausgearbeitet.

4.1.5 Alltagsmoral und philosophisch ausgearbeitete Theorien

Bis jetzt haben wir von ethischen Theorien gesprochen, ohne genauer darauf einzugehen, was wir darunter verstehen. Es wurde gesagt, aus einer ethischen Theorie ergäben sich unterschiedliche Handlungsanweisungen bzw. Bewertungen. Doch benötige ich hierfür überhaupt eine Theorie?

Alltagsmoral   Versetzen wir uns hierzu in eine ganz alltägliche Situation. Wir erleben, wie ein Kollege in unserer Firma von einer bestimmten Gruppe von Mitarbeitern gemobbt wird. Wir brauchen nicht lange darüber nachzudenken, ob es von dieser Gruppe nun richtig ist, dass sie mobben. Wir wissen ziemlich genau, dass es dies nicht ist. Wir sollten etwas gegen dieses Mobbing unternehmen, auch wenn bestimmte zusätzliche Überlegungen – beispielsweise unsere Angst, selbst Opfer der Mobber zu werden – uns davon abhalten mögen. Für all diese Beurteilungen der Situation brauchen wir keine großartige Theorie und brauchen wahrscheinlich nicht einmal groß darüber nachzudenken.

Zunächst einmal ist es richtig, dass in Situationen wie der eben beschriebenen kein großer Bedarf für eine ausgearbeitete ethische Theorie besteht. Jeder von uns verfügt über eine Art Alltagsmoral. Darunter sollen unsere Überzeugungen zusammengefasst werden, was moralisch richtig ist und was falsch. Diese Überzeugungen – wir sind uns ihrer oftmals gar nicht so richtig bewusst – haben sich über die Jahre hinweg durch Erziehung, Religion, Erfahrungen und persönliche Überlegungen herausgebildet. Meist unterscheiden sich meine Überzeugungen nur marginal von denen meines Gegenübers, zumal wenn wir in der gleichen Kultur aufgewachsen sind. So gesehen ist es durchaus sinnvoll, von einer Alltagsmoral einer Gesellschaft zu sprechen.

In den meisten Situationen reicht diese Alltagsmoral vollständig aus, um zu entscheiden, was das richtige und falsche Verhalten ist. Häufig denken wir auch gar nicht groß darüber nach, sondern verhalten uns einfach so, wie es unsere Alltagsmoral verlangt, zumal wir in vielen Situationen dazu gezwungen sind, spontan zu entscheiden. Wozu brauchen wir also eine ausgearbeitete ethische Theorie und was versteht man darunter?

Moraltheorien sollen Begründungen liefern, was moralisch richtig und falsch ist.   Eine philosophisch ausgearbeitete Theorie teilt mit der Alltagsmoral eine Aufgabe: Sie soll dabei helfen, zu entscheiden, wie wir handeln sollen. Betrachten wir zunächst, wie man im Alltag die Frage nach der richtigen Handlungsweise begründet. Fragt mich jemand, warum ich denke, dass Mobbing falsch ist, werde ich darauf entgegnen, dies sei falsch, weil das Opfer unter dem Mobbing leidet und man unnötiges Leiden vermeiden sollte. Ich habe meine Beurteilung auf den Grundsatz, Schaden zu vermeiden, zurückgeführt. Fragt mich jemand, warum ich denke, dass es richtig ist, einer alten Dame über die Straße zu helfen, werde ich sagen, es sei richtig, weil man damit der Frau hilft und ihr Gutes tut. Ich scheine also über eine ganze Reihe von moralischen Grundüberzeugungen zu verfügen, von denen ich alle anderen Überzeugungen ableite. Meine Alltagsmoral ist so gesehen also durchaus systematisch gegliedert.

Philosophisch ausgearbeitete Theorien sind in dieser Hinsicht lediglich eine noch systematischere Aufarbeitung von moralischen Überzeugungen. Sie leisten darüber hinaus aber noch mehr: Sie versuchen zu begründen, warum bestimmte Überzeugungen die richtigen sind und andere nicht. Mit ihrer Hilfe können wir unsere moralischen Urteile noch weiter rechtfertigen, als dass wir nur auf unsere persönlichen Grundüberzeugungen verweisen.

Diese Begründung kann auf unterschiedliche Art und Weise geschehen. Eine prominente Vorgehensweise besteht darin, ein allgemeines, oberstes Handlungsprinzip zu formulieren und zu begründen. In konkreten Entscheidungssituationen kann man auf dieses zurückgreifen und mit seiner Hilfe erkennen, welche Handlung in dieser Situation moralisch richtig ist. Bei Kants Deontologie ist dieser oberste Handlungsleitfaden der Kategorische Imperativ (▶ Kap. 4 »Der Kategorische Imperativ«), bei Mills Utilitarismus das Nützlichkeitsprinzip (▶ Kap. 5 »Das Nützlichkeitsprinzip«).

Begründung über ein oberstes Handlungsprinzip: Deontologie und Utilitarismus

Kants Kategorischer Imperativ besagt grob, dass diejenige Handlung die moralisch richtige ist, bei der wir uns vorstellen und wünschen können, dass jeder, der sich in einer vergleichbaren Situation befindet, so handelt. In jeder spezifischen Handlungssituation können wir somit anhand dieses Prinzips überprüfen, ob wir auf gewisse Art und Weise handeln dürfen. Dass der Kategorische Imperativ das wahre oberste Prinzip allen Handelns ist, begründet Kant damit, dass er zu dem Kategorischen Imperativ durch eine Begriffsanalyse gelangt. Er fragt schlicht, was wir ganz allgemein unter Moral und moralischem Handeln verstehen, und extrahiert aus unserem Begriff von Moral den Kategorischen Imperativ.

Mill schlägt einen anderen Weg ein: Laut seinem Nützlichkeitsprinzips ist die Handlung die richtige, die die besten Folgen für die Allgemeinheit hat. Wir können uns also auch hier an die Richtschnur eines obersten Prinzips halten, prüfen, welche Folgen unsere Handlung hat, und uns dann dementsprechend verhalten. Gestützt wird das Nützlichkeitsprinzip bei Mill durch ein Analogieargument: Er geht davon aus, dass jeder einzelne Mensch für sich die Handlung auswählt, die für ihn persönlich die besten Folgen hat, d.h. sein persönliches Glück maximiert. In der Moral geht es für ihn aber nicht um

4

Begründung ohne ein oberstes Handlungsprinzip: Tugendethik

Nutzen von systematisch ausgearbeiteten ethischen Theorien

in sich selbst widersprüchliche Alltagsmoral

den einzelnen Menschen, sondern um die Gemeinschaft. Somit sollte die Handlung gewählt werden, die das allgemeine Glück maximiert.

Aristoteles verzichtet im Gegensatz zu Kant und Mill auf ein oberstes Handlungsprinzip, sondern erarbeitet eine Reihe von Tugenden, an denen wir unser Handeln ausrichten können. Durch diese Tugenden werden unsere moralischen Überzeugungen systematisiert.

Philosophisch ausgearbeitete ethische Theorien sind also meist systematischer und besser begründet als unsere Alltagsmoral. Sind dies tatsächlich Vorteile? Wie gesagt, reicht in den meisten Fällen unsere Alltagsmoral vollkommen aus. Es gibt jedoch Situationen, in denen eine ausgearbeitete Theorie hilfreich ist.

Zum einen sind dies Situationen, in denen wir hin und her gerissen sind zwischen unterschiedlichen Bewertungen einer Situation. Dies kann recht einfach geschehen, da unsere Alltagsmoral durch unterschiedliche Quellen gespeist wird und wir dadurch einander im Einzelfall widersprechende Grundüberzeugungen haben. Ich habe beispielsweise erfahren, dass ein Bekannter von mir seine Freundin betrügt. Nun fragt sie mich, ob er fremdgeht. Wie soll ich handeln? Meine Loyalität gegenüber meinem Bekannten spricht dafür, dass ich schweige, ebenso wie ich verhindern will, dass sie durch die Information verletzt wird und sie leidet. Auf der anderen Seite bin ich davon überzeugt, dass man niemanden anlügen soll. Ich befinde mich in einer Zwickmühle. Habe ich nun eine ausgearbeitete Theorie an der Hand, die mir entweder sagt, wie ich meine unterschiedlichen Grundüberzeugungen gewichten soll oder aber ein allgemeines Handlungsprinzip bietet, scheint sich die Situation eher entwirren lassen zu können. Stellt eine Theorie beispielsweise ein unumstößliches Verbot zu Lügen auf, wie Kants Ethik, dann muss ich ihr zufolge der Freundin meines Bekannten die Wahrheit erzählen.

neue, komplexe Situationen

Des Weiteren gibt es Situationen, in denen wir überhaupt nicht wissen, wie wir handeln sollen, entweder weil die Situation zu neu oder zu komplex ist: Darf ich ein Kind abtreiben lassen, welches mit hoher Wahrscheinlichkeit behindert sein wird? Dürfen wir therapeutisches Klonen erlauben?

Revision der Alltagsmoral

Darüber hinaus hilft uns eine ausgearbeitete Theorie auch dabei, gewisse alteingefahrene Überzeugungen zu überdenken und zu revidieren. Um ein extremes Beispiel zu wählen, denken wir an die Sklaverei. Jahrhundertelang galt weithin sie als moralisch unbedenklich, doch in der Kantschen Ethik beispielsweise lässt sie sich nicht rechtfertigen. Ethische Theorien können also Klarheit in unsere moralischen Überzeugungen bringen.

4.1.6   Verhältnis der unterschiedlichen Theorien

Verhältnis von Alltagsmoral und ethischen Theorien zueinander

Gerade der letzte Punkt führt zu einer weiteren Überlegung, nämlich in welchem Verhältnis die unterschiedlichen ethischen Theorien zueinander und zur Alltagsmoral stehen. Die Alltagsmoral und ethische

Theorien führen in vielen, wenn nicht gar in den meisten Fällen zu den gleichen Ergebnissen. Würden wir eine ethische Theorie aufstellen, die systematisch zu anderen Einschätzungen führt als wir intuitiv für richtig halten, würden wir diese nur schwerlich als ethische Theorie begreifen. Ethische Theorien sollten also so weit wie möglich zu den gleichen oder ähnlichen Einschätzungen wie unsere Alltagsmoral kommen. Dennoch wurde auch erwähnt, dass Überzeugungen unserer Alltagsmoral durch ethische Theorien verworfen werden können oder aber Widersprüche auftreten.

Es scheint hier ein gewisses Gleichgewicht zu geben hinsichtlich der Frage, inwieweit ethische Theorien der Alltagsmoral oder unsere Alltagsmoral einer ethischen Theorie angepasst werden sollten. Rawls spricht in einem ähnlichen Zusammenhang von einem Überlegungs-Gleichgewicht (▶ Kap. 12.1.8 »Überlegungsgleichgewicht und Gerechtigkeitssinn«). Das Überlegungs-Gleichgewicht ist ein idealer Zustand: Intuitive und theoretisch ausgearbeitete Urteile sollten miteinander in Einklang stehen. Erstes Ziel einer Moraltheorie sollte es sein, die Alltagsmoral zu erfassen. Dies wird jedoch nur teilweise gelingen. An manchen Stellen wird man auf Basis der Theorie zu einer anderen Einschätzung kommen als auf Grundlage der Alltagsmoral. Hier hat man nun entweder die Wahl, die intuitiven Urteile zu überdenken oder aber die Theorie anzupassen. Befinden sich Alltagsmoral und die Moraltheorie im Überlegungs-Gleichgewicht, liefern sie die gleichen Ergebnisse.

Aber auch die Frage nach dem Verhältnis unterschiedlicher *ethischer* Theorien zueinander ist zu stellen. Wie geht man mit der Vielfalt von Theorien um? Diese Frage soll zunächst zurückgestellt werden. In ▶ Kap. 15 »Relativismus und Toleranzgebot« werden wir sie im Detail behandeln.

Überlegungs-Gleichgewicht

4.1.7 Metaethik und angewandte Ethik

Ein weiteres wichtiges Teilgebiet ist die Metaethik (▶ Kap. 15 »Relativismus und Toleranzgebot«). Typische Fragen sind die nach dem Status von moralischen Werten, d.h. ob es so etwas wie einen objektiven moralischen Wert gibt. Oder aber man hinterfragt, ob es wahre moralische Urteile geben kann. Im Zusammenhang dieses Buches werden wir metaethische Fragen nur insoweit ansprechen, als sie die Frage, ob es mehrere gleichermaßen gültige, aber einander widersprechende ethische Theorien geben könne, tangiert.

Neben der normativen Ethik und der Metaethik gibt es die angewandte Ethik bzw. die Bereichsethiken. Bei diesen geht es nicht darum, eine umfassende ethische Theorie aufzustellen, sondern vielmehr bestehende Theorien auf konkrete Probleme des menschlichen Lebens anzuwenden. So bilden sich in der angewandten Ethik häufig bestimmte Strömungen heraus, die die Probleme eher deontologisch oder utilitaristisch lösen. Es zeigt sich jedoch oftmals, wie schwierig

Metaethik

angewandte Ethik

4

es ist, die allgemeinen Theorien auf konkrete Probleme zu übertragen, so dass es auch innerhalb einzelner Schulen zu Unstimmigkeiten darüber kommt, ob eine gewisse Handlung nun erlaubt sei oder nicht. Darüber hinaus vermischen sich in den Bereichsethiken die unterschiedlichen Schulen teilweise miteinander sowie auch weniger systematische Überlegungen hinzugezogen werden.

In gewisser Weise handelt es sich auch bei diesem Buch um einen Beitrag zur angewandten Ethik. Neben der Darstellung der einzelnen Theorien versuchen wir deren Erkenntnisse auf die Frage nach der richtigen Menschenführung zu übertragen. Dabei wählen wir nicht den Weg, dass wir uns von vornherein einer bestimmten Schule anschließen, sondern wir versuchen, ganz unterschiedliche Einsichten aus den verschiedenen Theorien zu bekommen und diese dann am Ende dieses Buches zu einer einheitlichen Antwort zusammenzufassen.

4.2   Ein kleines Lexikon der ethischen Grundbegriffe

- **Alltagsmoral**
Die Alltagsmoral bezeichnet unsere vortheoretischen Überzeugungen darüber, was moralisch richtig und was falsch ist.

- **Angewandte Ethik/Bereichsethik**
Die angewandte Ethik bezeichnet ein Gebiet der philosophischen Ethik. Hier werden normative ethische Theorien auf konkrete Fragestellungen eines speziellen Lebensbereiches angewandt und es wird nach Antworten gesucht. Beispiele für angewandte Ethiken sind die Medizinethik oder die Wirtschaftsethik.

- **Deskriptive Aussage**
Eine deskriptive Aussage ist eine beschreibende Aussage, wie beispielsweise »Das Blatt ist grün«.

- **Deskriptive Theorie**
Eine deskriptive Theorie hat zum Ziel, unsere Welt zu erklären und zu beschreiben. Sie hält sich an die Fakten. Naturwissenschaftliche Theorien sind deskriptive Theorien.

- **Ethik**
Ethik bezeichnet die Untersuchung, wie wir unser Leben führen sollen.

- **Ethische Theorie**
Eine ethische Theorie ist eine systematische Aufarbeitung der Frage, wie wir handeln sollen. Beispiele einer ethischen Theorie sind Kants Deontologie oder Mills Utilitarismus.

- **Humes Gesetz**

Humes Gesetz bezeichnet die Einsicht, dass man aus der Feststellung, wie etwas ist, nicht folgern kann, dass es auch so sein soll. Kurz gefasst besagt es: Aus Sein folgt kein Sollen.

- **Imperativ (Sollenssatz)**

Durch einen Imperativ wird eine Handlungsanweisung, wie »Du sollst nicht lügen« ausgedrückt.

- **Metaethik**

Die Metaethik bezeichnet ein Gebiet der philosophischen Ethik. Es werden Fragen nach dem Wesen von moralischen Werten oder aber dem Status von moralischen Aussagen gestellt.

- **Moral**

In der Moral werden Fragen nach dem richtigen Handeln gestellt.

- **Normative Aussage**

Eine normative Aussage ist eine bewertende Aussage, wie beispielsweise »Lügen ist falsch«.

- **Normative Ethik**

Die normative Ethik bezeichnet ein Gebiet der philosophischen Ethik. Normative ethische Theorien werden als Teil der normativen Ethik aufgestellt.

- **Normative Theorie/präskriptive Theorie**

Einer präskriptiven oder normativen Theorie geht es nicht darum, zu beschreiben, wie unsere Welt ist, sondern vielmehr, wie sie sein soll.

Der Kategorische Imperativ

Immanuel Kant

» Handle so, dass du die Menschheit sowohl in deiner Person, als in der Person eines jeden anderen jederzeit zugleich als Zweck, niemals bloß als Mittel brauchtest (Kant 1961a, AA IV 428). **«**

5.1   Darstellung der Deontologie Kants

Gemäß der Kantschen Ethik sind manche Handlungen an sich verboten und manche geboten, unabhängig von den Folgen, die sich aus ihnen ergeben. Aus diesem Grund wird sie auch als Ethik der Pflichten oder deontologische Ethik (von altgr.: deon – Pflicht) bezeichnet. So ist es nach Kant beispielsweise moralisch verboten, zu lügen, zu foltern oder Menschen zu töten. Welche Handlungen Pflicht sind, erkennen wir durch den Kategorischen Imperativ, der die oberste moralische Norm beinhaltet. Er besagt grob, dass wir uns für die Handlungsoption entscheiden sollen, von der wir aus rationalen Gründen wollen können, dass jedermann in der gleichen Situation genauso handelt. Darüber hinaus sollte man aus der richtigen Motivation handeln. Wir müssen eine Handlung genau deswegen wählen, weil wir erkennen, dass sie die moralisch richtige ist. Keine andere Absicht sollte ihr zugrunde liegen. Um wie eben beschrieben handeln zu können, müssen wir nach Kant einen freien Willen haben, d.h. wir müssen uns unabhängig von unseren persönlichen Neigungen entscheiden können.

5.1.1   Biographische Notizen

Immanuel Kants Leben

> **Immanuel Kants Leben**
> Immanuel Kant (■ Abb. 5.1) ist einer der bedeutendsten Denker der Neuzeit. Seine Philosophie stellt einen Wendepunkt in der Philosophiegeschichte dar. Er gilt als Hauptvertreter der europäischen Aufklärung, die jeden Menschen zu einem selbstbestimmten Individuum mit festen Rechten und Pflichten machen möchte. Seine Gedanken werden bis heute intensiv diskutiert, und auch jenseits der wissenschaftlichen Sphäre wird sein Einfluss sichtbar. Die Idee, dass jedem Menschen eine unveräußerliche Würde zukommt, liegt in seiner Philosophie begründet. So geht der Artikel 1 des deutschen Grundgesetzes »Die Würde des Menschen ist unantastbar« auf Kants Gedankenwelt zurück. Auch das damit verbundene sog. Instrumentalisierungsverbot, das uns untersagt, uns selbst oder andere als bloße Mittel zur Erreichung eines Zweckes zu gebrauchen, hat seine Wurzeln in Kants Ethik.
> Geboren wurde Immanuel Kant am 22. April 1724 in Königsberg, wo er achtzig Jahre später am 12. Februar 1804 verstarb. Die

■ **Abb. 5.1** Immanuel Kant.

meiste Zeit seines Lebens bildete Königsberg seinen Lebensmittelpunkt. Er studierte und promovierte dort und wurde 1770 zum Professor der Logik und Metaphysik ernannt.

Über Kant und seine Art zu leben findet man unzählige Anekdoten, die ihn als komischen Kauz darstellen. Es wird erzählt, er habe einen vollkommen durchorganisierten Tagesablauf gehabt. Jeden Morgen um vier weckte ihn sein Diener mit den Worten »Es ist Zeit«. Daraufhin trank Kant zwei Tassen Schwarztee und setzte sich noch im Morgenrock an seinen Schreibtisch. Zur Mittagszeit nahm er gemeinsam mit Freunden sein Mittagessen ein, die einzige Mahlzeit des Tages. Nachmittags ging er in Königsberg spazieren, und zwar immer zur gleichen Zeit, so dass die Königsberger ihre Uhren nach ihm hätten stellen können. Abends ging er früh zu Bett.

So »eintönig« sein Leben auf den ersten Blick erscheinen mag, so fruchtbar war es in philosophischer Hinsicht. Kant hat in seinen zahlreichen Werken und Schriften – 69 Werke sind überliefert – nahezu alle Gebiete der Philosophie tangiert, was man bereits an folgender kleiner Auswahl sieht:

Kritik der reinen Vernunft (1781; 1787 zweite Auflage) Kants sog. erste Kritik (von insgesamt drei Kritiken) gilt als sein Hauptwerk. Man kann sie im Bereich der Erkenntnistheorie ansiedeln. Es wird untersucht, wo die Grenzen der menschlichen Vernunfterkenntnis liegen, d.h. was der Mensch durch rein vernünftige Überlegungen erkennen kann. Dadurch erklärt sich auch der Titel des Werkes: Eine reine Erkenntnis ist eine solche, die nicht auf empirischen, d.h. aus der Erfahrung entlehnten, Erkenntnissen beruht. Auch wenn man dieses Buch hauptsächlich als erkenntnistheoretische Schrift betrachten kann, werden auch andere Gebiete der Philosophie, wie beispielsweise die Logik oder Religionsphilosophie angesprochen.

Eine der Haupterkenntnisse dieses Werkes liegt in der Unterscheidung zwischen der Welt der Erscheinungen, d.h. der Welt, wie wir sie sinnlich wahrnehmen, und der Welt der Dinge an sich, von denen wir annehmen, dass sie der Erfahrung zugrunde liegen, aber zu denen wir keinen sinnlichen Zugang haben. Viele philosophische Probleme entstehen, wenn beide Bereiche nicht deutlich voneinander getrennt werden oder wenn man glaubt, zu viel über die Welt der Dinge an sich erfahren zu können.

Beantwortung der Frage: Was ist Aufklärung? (1784) Diese kurze Schrift ist einer derjenigen Texte Kants, die einem breiten, auch nicht philosophisch gebildeten Publikum bekannt ist, da Kant hierin eine Definition dessen gibt, was für ihn Aufklärung ist. Kant fordert die Menschen dazu auf, zu aufgeklärten, d.h. selbstbestimmten Wesen zu werden, die sich allein durch eigene vernünftige Überlegungen leiten

Kants Schriften (Auswahl)

lassen und sich nicht einfach von fremden Autoritäten, weder staatlicher noch kirchlicher Natur, bestimmen lassen. Dem zugrunde liegt die Überzeugung, dass der Mensch durch vernünftige Überlegungen erkennen kann, was wahr ist und was richtig ist. Da so bekannt und bündig geschrieben, seien hier die Anfangszeilen des Textes wiedergegeben:

» Aufklärung ist der Ausgang des Menschen aus seiner selbst verschuldeten Unmündigkeit. Unmündigkeit ist das Unvermögen, sich seines Verstandes ohne Leitung eines anderen zu bedienen. Selbstverschuldet ist diese Unmündigkeit, wenn die Ursache derselben nicht am Mangel des Verstandes, sondern der Entschließung und des Mutes liegt, sich seiner ohne Leitung eines anderen zu bedienen. Sapere aude! Habe Mut dich deines eigenen Verstandes zu bedienen! ist also der Wahlspruch der Aufklärung (Kant 1784, AA VIII 035). «

Grundlegung zur Metaphysik der Sitten (1785) Diese recht kurze Schrift gilt bis heute als eines der einflussreichsten Werke der philosophischen Ethik. Auf Grundlage einer Begriffsanalyse, d.h. der Klärung, was ein Begriff bedeutet, erläutert Kant, was wir allgemeinhin unter Moral verstehen. Diese Analyse führt ihn zu dem Kategorischen Imperativ als der obersten Richtschnur für unser moralisches Handeln. Demnach ist eine Handlung moralisch richtig, wenn man sich widerspruchsfrei vorstellen kann und es rational wünschenswert ist, dass jedermann in der gleichen Situation so handeln würde. Nachdem er dies herausgearbeitet hat, versucht Kant im letzten Kapitel des Buches zu zeigen, dass wir tatsächlich auch moralisch handeln können, indem er nachweist, dass wir einen freien Willen haben.

Kritik der praktischen Vernunft (1788) In der ersten Kritik, der Kritik der reinen Vernunft, ging es Kant darum, die Grenzen der Vernunfterkenntnis bezogen auf theoretische Erkenntnisse zu untersuchen. Seine zweite Kritik, die *Kritik der praktischen Vernunft*, konzentriert sich auf die praktische Vernunft und greift somit im Großen und Ganzen die Themen der *Grundlegung zur Metaphysik der Sitten* auf und erweitert diese um die Fragen nach Gott und unserer Unsterblichkeit.

Religion innerhalb der Grenzen der bloßen Vernunft (1793) In dieser religionsphilosophischen Schrift entwirft Kant eine sog. Vernunftreligion, d.h. eine Religion, die auf der Vernunft aufbaut. Auch hier werden die Fragen nach Freiheit, Gott und Unsterblichkeit aufgeworfen. Kant wurde von Zeitgenossen aus Staat und Kirche stark für dieses Werk kritisiert.

Zum ewigen Frieden (1795) Diese Schrift ist einem breiten Publikum bekannt und ist in der politischen Philosophie beheimatet. Kant widmet sich hierin, wie schon der Name vermuten lässt, der Frage nach dem Frieden. Seine Auseinandersetzung mit diesem Thema baut auf seiner Moralphilosophie auf.

Metaphysik der Sitten (1797) In der Metaphysik der Sitten formuliert Kant seine Rechts- und Tugendlehre, die auf der Grundlegung aufbaut.

Kritik der Urteilskraft (1797) Dieses Werk bildet die dritte Kritik Kants, welche sich auf die Urteilskraft als dem Verbindungsglied zwischen Verstand und Vernunft konzentriert. Der erste Teil ist ein Beitrag zur Ästhetik. Im zweiten Teil widmet sich Kant der sog. Teleologie, der Lehre, dass der Natur eine gewisse Zweckmäßigkeit zugrunde liegt.

Im Folgenden soll ein Blick auf Kants Ethik geworfen werden. Es wird darum gehen, die Grundzüge darzustellen.

5.1.2 Hinführung

Kants Ethik ist eine der wichtigsten Moraltheorien der westlichen Philosophie, aber auch eine der tiefgründigsten und komplexesten Theorien. Damit der Einstieg in diese Theorie gelingt, soll zunächst eine Situation skizziert werden, an der aufgezeigt wird, wie ein Anhänger der Kantschen Ethik mit einer solchen umgeht.

Beispiel: Bestechung
Stellen wir uns folgende Situation vor: Ein Manager müsste Bestechungsgelder bezahlen, um einen sehr lukrativen Auftrag an Land zu ziehen. Nun überlegt er, wie er handeln soll. Grob skizziert mögen ihm zwei Möglichkeiten der Argumentation in den Sinn kommen:

Ist Bestechung moralisch erlaubt?

Alternative 1
Zum einen mag er sich überlegen, welche Folgen sich aus dieser konkreten Bestechung ergäben. Wenn die positiven Folgen die negativen überwiegen, dann, so überlegt er, sollte es doch in Ordnung sein, wenn er die Schmiergelder zahlt. Bekommt seine Firma den Auftrag, wird sie entsprechend daran verdienen, was die Arbeitsplätze vieler Mitarbeiter und damit deren Existenz dauerhaft sichert. Außerdem kalkuliert unser Manager, ist die Wahrscheinlichkeit, dass die Bestechung ans Licht kommt, relativ gering, so dass negative Publicity vermieden werden kann und seine Karriere nicht beeinträchtigt wird. In diesem konkreten Fall scheinen die positiven Folgen die möglichen negativen also deutlich zu überwiegen, weshalb nach dieser Abwägung unserer Manager zu dem Schluss kommt, dass er das Bestechungsgeld zahlen darf.

Alternative 2
Der zweite Überlegungsstrang führt ihn zu einem anderen Ergebnis. Zugegeben, in diesem konkreten Fall scheinen die positiven Folgen die negativen zu überwiegen. Aber handelt es sich doch immer noch um

5

Bestechung! Was würde passieren, wenn man immer, wenn man einen Auftrag bekommen möchte, Bestechungsgelder zahlen würde? Nun ja, dann würde man keinen Auftrag mehr ohne eine entsprechende Bezahlung bekommen, und die Preise würden sich in die Höhe schaukeln, weil die Bewerber sich gegenseitig überbieten müssten. Außerdem würde dann nicht mehr der den Auftrag bekommen, der ihn am besten ausführen würde, sondern nur noch der, der am meisten zahlt. Eine Kultur, in welcher Korruption fest verankert ist, ist keine, welche erstrebenswert ist, überlegt unserer Manager und aus diesem Grund unterlässt er es auch, in dem konkreten Fall Schmiergelder zu zahlen, denn damit würde er etwas tun, was er eigentlich für falsch hält.

konsequentialistische Überlegung

Diese beiden Argumentationsstrukturen spiegeln – vereinfacht dargestellt – zwei der einflussreichen Moraltheorien wider. Alternative 1 ist eine typisch konsequentialistische Argumentation. Die moralische Zulässigkeit einer Handlung wird an den zu erwartenden Folgen gemessen, da die Handlung die moralisch richtige ist, deren Konsequenzen das Glück der größten Anzahl von Menschen maximiert. Dies ist das sog. Nützlichkeitsprinzip des Utilitarismus, der u.a. von John Stuart Mill stark gemacht wurde (▶ Kap. 6 »Das Nützlichkeitsprinzip«).

deontologische Überlegung

Alternative 2 ist eine typische Argumentation eines Anhängers der Kantschen Ethik. Diese geht davon aus, dass es gewisse Handlungen gibt, die per se moralisch verboten oder zulässig sind. Bei den Handlungen, die moralisch verboten sind, ist es durchaus denkbar, dass sie im Einzelfall positive Folgen haben könnten. Der entscheidende Punkt jedoch ist, dass sie diese nur dann haben können, wenn nicht jedermann sich so verhält. Eine Bestechung mag im Einzelfall lukrativ erscheinen, aber wenn jedermann Bestechungsgelder zahlen und fordern würde, wären diese positiven Folgen nicht mehr vorhanden. Oder denken wir an Lügen: Natürlich mag eine Lüge im Einzelfall positive Folgen haben, aber wenn alle Menschen lügen würden, dann könnte man niemandem mehr vertrauen, geschweige denn richtig kommunizieren. Aus diesem Grund wird die Kantsche Ethik oftmals auch als deontologische Ethik bezeichnet, also als Ethik der Pflichten. Dies heißt so viel, als dass manche Handlung bzw. die Unterlassung mancher Handlung für uns Pflicht ist, unabhängig von den Folgen, die sich aus ihnen ergeben.

Motiv hinter einer moralischen Handlung

Es muss aber noch ein weiterer Aspekt hinzukommen, damit eine Handlung aus Kantscher Sicht wahrhaft moralisch ist. Kehren wir zu unserem Manager zurück und nehmen an, dass er sich gegen die Zahlung von Bestechungsgeldern entschieden hat.

- Alternative 1: In einem Fall verzichtet er darauf, Bestechungsgelder zu bezahlen, da er fürchtet, überführt und bestraft zu werden.
- Alternative 2: In dem anderen Fall zahlt er keine Bestechungsgelder, weil er erkennt, dass es unmoralisch wäre, diese zu zahlen.

Für Kant handelt unser Manager nur im zweiten Fall wahrhaft moralisch, da er aus der richtigen Motivation heraus handelt. Im ersten Fall ist seine Handlung zwar rein äußerlich nicht von der wahrhaft moralischen zu unterscheiden, Kant spricht davon, dass solch eine Handlung pflichtgemäß ist, doch da die Motivation im Grunde der Eigennutz des Managers ist, ist es keine moralische Handlung. Bei der moralischen Bewertung einer Handlung spielt also auch die Motivation hinter der Handlung eine entscheidende Rolle.

Zwei wichtige Aspekte der Kantschen Theorie sollen bereits hier festgehalten werden: Der moralische Wert einer Handlung wird nicht anhand der zu erwartenden Folgen dieser speziellen Handlung bestimmt, sondern allein durch den Typ der Handlung. Darüber hinaus spielt die Motivation hinter einer Handlung eine Rolle. Eine moralische Handlung muss aus der richtigen Motivation heraus geschehen.

5.1.3 Der Kategorische Imperativ

Nachdem wir nun ein Gespür für die Kantsche Ethik bekommen haben, werfen wir einen genaueren Blick auf die Theorie. Den Kern bildet der sog. Kategorische Imperativ, welchen Kant in seiner *Grundlegung zur Metaphysik der Sitten* erarbeitet. Auch in der *Kritik der praktischen Vernunft* geht Kant auf den Kategorischen Imperativ ein (s. Kant 1961b, AA V 54). Dieser stellt das oberste moralische Prinzip dar oder, anders formuliert, die Richtlinie, an der wir unser moralisches Handeln ausrichten können. In der Hinführung haben wir bereits implizit diesen Kategorischen Imperativ angewandt. Der Grundgedanke dahinter ist folgender: Um zu erkennen, ob eine Handlung moralisch ist oder nicht, sollte man sich überlegen, ob man wollen kann, dass jedermann in der gleichen Situation sich genauso verhalten würde. Im Hinblick auf unserer Beispiel würde die Frage lauten: Was würde passieren, wenn jeder Bestechungsgelder zahlen würde? Der Kategorische Imperativ fordert uns also auf, zu überprüfen, ob unsere Handlung verallgemeinerbar wäre.

Kant formuliert den Kategorischen Imperativ in seiner ersten und grundlegendsten Form dementsprechend:

> **»** […] handle nach derjenigen Maxime, durch die du zugleich wollen kannst, dass sie ein allgemeines Gesetz werde (Kant 1961a, AA IV 421). **«**

Um diese Formulierung zu verstehen, muss man wissen, was Kant unter einer Maxime versteht. Jeder unserer Handlungen kann man eine Maxime zugrunde legen, d.h. einen persönlichen Grundsatz, wie man handeln möchte. Werde ich beispielsweise beleidigt und räche dies, dann kann man mir die Maxime zuschreiben »Wann immer ich beleidigt werde, räche ich mich«, nach der ich mein Handeln also ausrichte. Verallgemeinert kann man jeder möglichen Handlung eine

Grundgedanke des Kategorischen Imperativs

erste Formulierung des Kategorischen Imperativs

Verallgemeinerbarkeit von Maximen

entsprechende Maxime zuordnen, die man demjenigen, der so handelt, zuschreiben würde.

Diese Maximen können wir nun anhand des Kategorischen Imperativs auf ihre Verallgemeinerbarkeit hin überprüfen oder anders formuliert: Man fragt sich, ob der persönliche Grundsatz ein allgemeiner Grundsatz werden könnte, d.h. ob man wollen kann, dass alle Menschen in vergleichbaren Situationen diese Maxime als ihre annehmen würden. Diejenigen Maximen, die sich verallgemeinern lassen, sind die, die der Pflicht entsprechen, also die moralisch zulässigen und gebotenen, so Kants Terminologie. Das bedeutet, dass wir durch den Kategorischen Imperativ erkennen können, welche Handlungen moralisch zulässig sind.

Verdeutlichen wir dies an Beispielen:

Beispiele: Korruption und Versprechen

Greifen wir zunächst unser Anfangsproblem der Korruption auf. Die bereits ausgeführten Überlegungen kann man nun mit Bezug auf Kant erklären. Die Frage war, ob der Manager Schmiergeld zahlen darf, um einen Auftrag zu bekommen. Der zweite Überlegungsstrang zielte in die Richtung, sich zu überlegen, was passieren würde, wenn jeder in vergleichbaren Situationen Schmiergelder zahlen würde, und das Ergebnis der Überlegung war, dass dies kein Zustand wäre, den man erstrebenswert gefunden hätte. Dadurch wurde aber nichts anderes gemacht als die Verallgemeinerbarkeit der Maxime im Sinne des Kategorischen Imperativs zu überprüfen.

Oder überlegen wir uns folgende Situation: Eine Person befindet sich in einer finanziellen Notlage. Sie möchte sich Geld leihen, weiß aber, dass sie nur welches bekommt, wenn sie verspricht, es zurückzuzahlen. Ebenfalls ist ihr aber bewusst, dass sie das Versprechen nicht halten kann. Darf sie nun in dieser Situation das Versprechen geben?

Um diese Frage zu klären, muss man sich zunächst fragen, welche Maxime solch einer Handlung zugrunde liegen würde:

>> Wenn ich mich in Geldnot zu sein glaube, so will ich Geld borgen und versprechen, es zu bezahlen, obgleich ich weiß, es werde niemals geschehen (Kant 1961a, AA IV 422). <<

Nachdem man diese Maxime identifiziert hat, muss man sich überlegen, ob man wollen könnte, dass sie ein allgemeines Gesetz würde. Man muss sich also frage, ob man wollen könne, dass alle Menschen nach dieser Maxime handeln. Nehmen wir also an, jeder würde ein Versprechen geben, auch wenn er die Absicht hätte, es zu brechen. Folglich können wir niemandem mehr vertrauen, da wir ja wissen, dass es sich wahrscheinlich nur um ein Pseudo-Versprechen handelt. Es gäbe keine Versprechen mehr. Dies ist aber eine Folge, die wir nicht wollen können. Ja, die Verallgemeinerung der Maxime würde sogar soweit führen, dass sie sich in einen Selbstwiderspruch verstrickt: Wenn jeder Versprechen geben kann mit der Absicht, sie zu brechen, gibt es irgendwann keine Versprechen mehr.

Diese Beispiele verdeutlichen den Grundgedanken des Kategorischen Imperativs. Wenn wir handeln wollen, sollen wir überprüfen, ob die Maxime der Handlung verallgemeinerbar ist. Dies geschieht, indem wir uns überlegen, was geschehen würde, wenn alle Menschen so handeln würden, wie wir es in dieser Situation beabsichtigen. Es kann nun sein, dass eine Maxime an diesem Verallgemeinerungstest scheitert, weil wir erkennen, dass wir nicht vernünftigerweise wollen können, dass alle Menschen so handeln oder aber weil sich Widersprüche ergeben. Solche Maximen bezeichnet Kant als pflichtwidrige Maximen. Sie fallen durch das Raster des Kategorischen Imperativs.

pflichtwidrige Handlungen

Diese Ausführungen veranschaulichen einen wichtigen Aspekt der Kantschen Ethik: Kant ist in seinen Forderungen sehr hart und strikt, auf Neudeutsch ist er ein »Hardliner«. Denken wir an das Verbot des Lügens. Rein intuitiv würde sicher jeder der Leser zustimmen, dass Lügen eigentlich moralisch unzulässig sind. Das neunte der Zehn Gebote beispielsweise enthält genau diese Forderung. Nichtsdestotrotz sehen wir eine »kleine Notlüge« im Einzelfall als durchaus zulässig an und würden deswegen – meistens zumindest – niemanden moralisch verurteilen. Anders Kant: Wenn man durch die Anwendung des Kategorischen Imperativs erkannt hat, dass eine gewisse Handlungsweise nicht verallgemeinerbar ist, dann ist sie moralisch nicht zulässig, auch nicht in Einzelfällen.

Strenge der Deontologie

5.1.4   Herleitung des Kategorischen Imperativs als oberstes Prinzip der Moral

Bis jetzt haben wir lediglich den Kategorischen Imperativ dargestellt. Warum sollten wir unser Handeln an ihm ausrichten? Warum sollte er der Leitlinie moralisch richtigen Handelns darstellen? Um dies zu verstehen, ist es essenziell, das argumentative Vorhaben und Vorgehen Kants in seiner *Grundlegung zur Metaphysik der Sitten* zu verstehen. Ziel der *Grundlegung zur Metaphysik der Sitten* ist es, das oberste Prinzip der Moral zu identifizieren (s. Kant 1961a, AA IV 391). Kant geht also davon aus, dass es ein allgemeines Prinzip gibt, welches man in jeder Situation zu Rate ziehen kann, um anhand dessen zu erkennen, welche Handlung die moralisch richtige ist. Um dieses Prinzip zu identifizieren, vollzieht Kant eine Begriffsanalyse, d.h. er versucht zu erklären, was wir allgemeinhin unter Moral verstehen (s. Kant 1961a, AA IV 392). Diese Begriffsanalyse vollzieht sich in drei Schritten (□ Abb. 5.2).

Ziel der *Grundlegung zur Metphysik der Sitten*

Den Ausgangspunkt aller Überlegungen bildet die Feststellung, dass allein der Wille eines Menschen ohne Einschränkung als gut angesehen werden kann:

Allein der gute Wille zählt.

>> Es ist überall nichts in der Welt, ja überhaupt auch außer derselben zu denken möglich, was ohne Einschränkung für gut gehalten wird, als allein ein guter Wille (Kant 1961a, AA IV 393). **《**

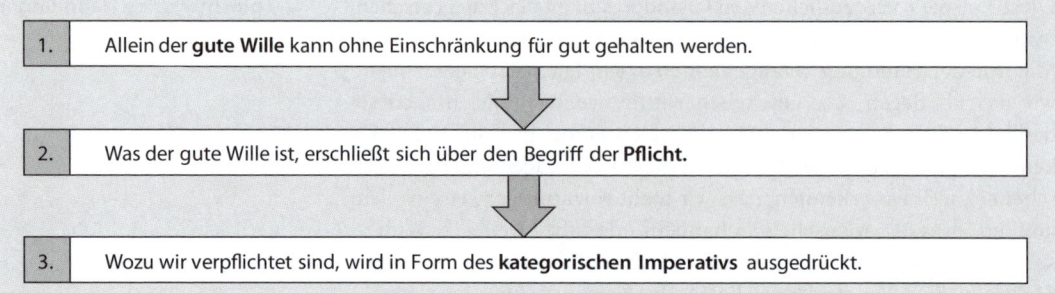

1. Allein der **gute Wille** kann ohne Einschränkung für gut gehalten werden.

2. Was der gute Wille ist, erschließt sich über den Begriff der **Pflicht.**

3. Wozu wir verpflichtet sind, wird in Form des **kategorischen Imperativs** ausgedrückt.

5

❏ **Abb. 5.2** Kants Argumentationsstruktur im Überblick.

Mit dieser Aussage eröffnet Kant seine *Grundlegung zur Metaphysik der Sitten* und das Vorhaben der Begriffsanalyse. Woher nimmt er sie? Für Kant ist dies eine offensichtlich zutreffende Wahrheit. Betrachten wir – losgelöst von jeglicher theoretischer Überlegung –, wie wir Menschen moralisch bewerten, dann fällt auf, dass wir uns auf die Absichten hinter ihren Handlungen konzentrieren, und nur wenn die Absicht wirklich gut war, dann beurteilen wir auch die Handlung und den Handelnden selbst als gut. Dies ist der Gedanke, der uns bereits in der Hinführung begegnet ist. Für Kant spielen die tatsächlichen Folgen einer Handlung keine Rolle bei der Bewertung einer Handlung. Grund hierfür ist, dass sie von zu vielen kontingenten, d.h. zufälligen Faktoren abhängen, die der Handelnde selbst nicht kontrollieren kann. Wenn wir jemanden aber für etwas verantwortlich machen, d.h. ihn loben oder verurteilen, dann doch nur für etwas, was er beeinflussen konnte (s. Kant 1961a, AA IV 393 f.). Drehe ich mich beispielsweise um und stoße dabei aus Versehen eine Blumenvase um, die ich vorher nicht gesehen habe und auch nicht habe sehen können, dann wird man mir deswegen keinen Vorwurf machen.

Veranschaulichen wir dies an einem Beispiel:

Beispiel: Lebensrettung

Stellen wir uns vor, dass ein Kind ins Wasser gefallen ist und zu ertrinken droht. Peter sieht dies und stürzt sich in die Fluten, um das Kind zu retten. Leider versagen ihm auf dem Weg zu dem Kleinen die Kräfte, da die Strömung zu stark ist, und er kann es nicht retten. Auch wenn in diesem speziellen Fall Peters Vorhaben nicht mit Erfolg gekrönt war, so war doch seine Absicht, das Kind zu retten, die richtige, und wir denken, dass er in moralischer Hinsicht richtig gehandelt hat. Die Tatsache, dass die Strömung so stark war und Peter von seiner körperlichen Konstitution her nicht gegen sie ankämpfen konnte, war nichts, wofür wir Peter verantwortlich machen würden, er konnte es nicht ändern. Es wäre sehr sonderbar, würden wir Peter deswegen einen Vorwurf machen.

Doch stimmt dies? Versetzen wir uns nochmals in die Situation, in welcher das Kind zu ertrinken, droht, und stellen wir uns vor, nicht Peter sondern Lea käme vorbei. Ebenso wie Peter springt auch Lea ins

Wasser; sie ist erfolgreicher und schafft es, das Kind zu retten. Bewerten wir Leas Handlung nicht als besser als Peters? Sie ist sicher die erfolgreichere Handlung, doch in moralischer Hinsicht ist es offensichtlich, dass Lea besser gehandelt hat als Peter. Sie haben beide versucht, das Kind zu retten, nur ist Peter an äußeren Bedingungen gescheitert. Deswegen sollte man ihn nicht verurteilen.

Dies wird noch deutlicher, wenn wir an Klaus denken, der ebenfalls in einer vergleichbaren Situation ins Wasser gesprungen ist und dem es gelungen ist, das Kind aus dem Wasser zu ziehen. Jedoch hat Klaus nur deswegen die Rettungsaktion unternommen, da er wusste, dass Reporter in der Nähe waren und er in die Zeitung kommen wollte. Die Absicht hinter der Rettung des Kindes lässt uns stutzig werden, und wir neigen dazu, seine Handlung anders zu bewerten als Leas und auch als Peters. Die einzige Erklärung hierfür kann darin liegen, dass die Absicht hinter einer Handlung eine entscheidende Rolle bei der moralischen Bewertung von Handlungen spielt.

An dieser Stelle sollte man bereits ein Missverständnis aus dem Weg räumen: Indem man den Fokus so stark auf die Absicht hinter einer Handlung legt, mag es so scheinen, als ob es einen billigen Ausweg gäbe, wie man sich vor Verantwortung drücken kann, getreu dem Motto, dass man zwar nur das Beste will, aber nichts dafür tut. Damit würde man Kant unseres Erachtens vollkommen fehlinterpretieren. Der gute Wille zeigt sich als Absicht hinter einer Handlung. Eine Handlung zu unterlassen ist letztendlich auch eine Handlung. Hätte man handeln müssen, hätte man beispielsweise das Kind retten müssen und hat es dennoch nicht getan, auch wenn man es gekonnt hätte, kann man kaum die Absicht gehabt haben, es zu tun. Dies wird noch deutlicher, wenn wir im Folgenden Kants Verständnis dessen darstellen, was er unter einem guten Willen versteht.

Wille als Absicht hinter einer Handlung

Worin äußert sich der gute Wille? Der Schlüssel hierzu liegt in dem Begriff der Pflicht, was den zweiten Schritt in Kants Argumentation bildet (s. Kant 1961a, AA IV 397). Für ihn ist es offensichtlich, dass wir zu moralischen Handlungen verpflichtet sind. Doch was verbirgt sich hinter dem Begriff der Pflicht?

Pflicht

Wenn wir zu einer Handlung verpflichtet sind, so Kant, ist es nicht zufällig so, dass diese Handlung geschehen soll, sondern sie soll notwendigerweise geschehen. Wenn ich beispielsweise dazu verpflichtet bin, nicht zu töten, dann bin ich nicht zufälligerweise dazu verpflichtet. Zudem spielt es keine Rolle, ob ich oder jemand anderes sich in einer Situation befindet, in der wir töten könnten. Das Tötungsverbot betrifft uns beide gleichermaßen. Hier kommt der Aspekt der Allgemeingültigkeit ins Spiel: Alle Menschen sind gleichermaßen zu moralischen Handlungen verpflichtet, egal, in welcher Situation sie sich befinden.

Notwendigkeit und Allgemeingültigkeit sind Merkmale von Pflicht. Dies ist ein wichtiger Punkt, um das Kantsche System zu verstehen: Die Pflicht muss in Eigenschaften des Menschen verankert sein, von denen wir sicher sein können, dass jeder von uns über sie gleichermaßen verfügt. Wäre die Pflicht an einen Faktor gebunden, der zufälligerweise dem einem, aber nicht dem anderen Menschen zukäme, so wäre nur der erstere verpflichtet. Dies widerspräche aber unserem Verständnis von Pflicht. Was ist also die Bedingung dafür, dass ein Mensch zu etwas verpflichtet ist?

der Mensch als Mischwesen

Um diese Frage beantworten zu können, ist es wichtig, sich das Kantsche Menschenbild zu vergegenwärtigen, wie es in der *Grundlegung zur Metaphysik der Sitten* durchschimmert. Menschen sind für Kant Mischwesen, d.h. auf der einen Seite sind sie Vernunftwesen und auf der anderen Seite sinnliche Wesen.

Als sinnliche Wesen haben wir Neigungen. Unter Neigungen kann man, vage gesprochen, Emotionen, Wünsche, Triebe und Instinkte verstehen. Mein Wunsch beispielsweise, ein bestimmtes Gericht, sagen wir Eis, zu essen, ist eine typische Neigung für Kant. Entscheidend ist nun, dass wir unsere Neigungen – nach Kant – nicht steuern können.

In der neueren Forschung würde man diese Auffassung nicht mehr unbedingt teilen. Denken wir beispielsweise an Emotionen. Kant scheint davon auszugehen, dass Emotionen nichts anderes als Gefühle, d.h. subjektive Empfindungen körperlicher Vorkommnisse sind. Modernere Emotionstheorien, wie beispielsweise die kognitive Emotionstheorie, vertreten ein komplexeres Bild. Zumindest im begrenzten Maße scheinen dann Emotionen unserer willentlichen Kontrolle zu unterliegen. Um der Argumentation willen werden wir im Folgenden jedoch Kants Annahme akzeptieren, dass Neigungen keiner willentlichen Kontrolle unterliegen.

So mag ich eine bestimmte Neigung haben, wohingegen mein Gegenüber diese Neigung überhaupt nicht teilt. Und selbst wenn wir beide dieselbe Neigung haben, dann wäre es rein zufällig so (s. Kant 1961b, AA V 47). Nun erkennen wir aber bereits, dass die moralische Pflicht nicht in unserer sinnlichen Natur verankert sein kann, denn wir haben gesagt, dass eine Pflicht notwendig, d.h. nicht zufällig ist, und für alle Menschen gleichermaßen gilt.

Greifen wir erneut auf ein Beispiel zurück. Wir haben gerade gesagt, dass der Wunsch, ein bestimmtes Gericht zu essen, eine typische Neigung ist. Zweifelsohne gibt es viele Menschen, die gerade bei hochsommerlichen Temperaturen Eis essen wollen, jedoch kann man sicher nicht von allen Menschen sagen, dass sie diesen Wunsch teilen, und selbst wenn dies der Fall wäre, wäre es zufällig so. Der Wunsch, Eis zu essen, ist eine Neigung, die manche Menschen haben und andere nicht.

Sinnlichkeit und Pflicht

Nun könnte man sich eine – zugegebenermaßen recht absurde – Moraltheorie vorstellen, die all ihre Forderungen mit dem Wunsch, Eis zu essen, koppelt, nach dem Motto »Da du Eis essen willst, töte nicht«. All die Menschen, die gerne Eis essen, hätten nun einen Grund, nicht zu töten, aber was ist mit denen, die diese Neigung nicht teilen? Dürfen sie dann töten? Wie könnte man sie davon abhalten zu töten?

Bei moralischen Forderungen auf Neigungen der Menschen zu bauen ist für Kant, egal welche Neigung man aussucht, immer so absurd wie unsere Eis-Moral, da alle Neigungen kontingent sind.

Wir sind aber nicht bloße sinnliche Wesen, sondern auch Vernunftwesen. Alle Menschen sind für Kant gleichermaßen vernunftbegabt. Zugegebenermaßen ist dies eine sehr starke Annahme, die man nicht teilen muss. Sie ist jedoch grundlegend für Kants Theorie. Daraus folgt, dass während ich sagen kann, ich würde eine bestimmte Neigung nicht teilen, ich jedoch nicht behaupten kann, ich sei nicht auf die gleiche Art und Weise wie mein Gegenüber vernünftig. Wenn alle Menschen gleichermaßen vernunftbegabt sind, dann kann die Pflicht in der Vernunft der Menschen verankert sein.

Vernunft und Pflicht

Unsere Vernunftbegabung kann sich nun auf zweierlei Arten äußern. Zum einen verfügen wir über Verstand, der es uns ermöglicht, theoretische Erkenntnisse zu erlangen. Zum anderen kann unsere Vernunft praktisch werden. Damit ist gemeint, dass wir vernünftig handeln können oder, anders formuliert, dass wir einen Willen haben. Für Kant ist unser Wille, d.h. unsere Fähigkeit, Entscheidungen zum Handeln zu treffen, gleichzusetzen mit der praktischen Vernunft (s. Kant 1961a, AA IV 413). Wenn wir nicht vernünftig handeln, so Kant, dann folgen wir blind unseren Neigungen, d.h. unserer sinnlichen Natur. Wir würden, wie Tiere, nur unseren Instinkten folgen.

Verstand und Vernunft

Wenn wir nun vernünftig handeln wollen, gibt die Vernunft an, wie wir uns in einer bestimmten Situation verhalten sollen. Durch vernünftige Überlegungen kommt, so Kant, jedermann zu dem gleichen Ergebnis. Frage ich mich, wie ich handeln soll, erkenne ich, dass es vernünftig ist, x zu tun. Jeder andere vernünftige Mensch, wenn er richtig überlegt, sollte zu dem gleichen Ergebnis kommen. Unsere Vernunft gibt uns also sog. objektive Prinzipien an die Hand. Diese stellen sich für uns als Gebote oder Sollenssätze dar. Sie sind Gebote, d.h. Handlungsvorschriften, da wir nicht nur vernünftig sind, sondern auch eine sinnliche Natur haben. Das, was wir tun würden, würden wir unseren Neigungen folgen, ist nicht immer das, was die Vernunft uns rät. Kant geht davon aus, dass die Vernunft den Vorrang vor unserer sinnlichen Natur hat (s. Kant 1961a, AA IV 413). Daher schreibt unsere Vernunft uns als Mischwesen vor, wie wir handeln sollen. Die Form, in der dies geschieht, sind die sog. Imperative.

Imperative

Der erste Typ von Imperativen sind die sog. hypothetischen Imperative (s. Kant 1961a, AA IV 414). Diese können in das allgemeine Schema »Wenn du x willst, dann tue y!« gebracht werden. Also wenn du einen bestimmten Zweck x verfolgst, dann musst du die Mittel y anwenden, um x zu erreichen, z.B. »Wenn du jemanden motivieren willst, dann vereinbare klare Ziele mit ihm«.

hypothetische Imperative

Diese Imperative heißen hypothetisch, da sie immer auf eine mögliche, d.h. hypothetische Absicht reagieren. Hier kommt wieder der Gedanke auf, dass unsere Absichten auf unseren Neigungen beruhen. Wie bereits festgestellt, mag die eine Person eine Absicht haben, während die andere sie nicht hat. Wenn ich niemanden motivieren will, weshalb sollte ich klare Ziele mit ihm vereinbaren?

Wichtig ist nach Kant Folgendes: Will man ein Ziel erreichen, dann akzeptiert man zugleich auch die Mittel, um es zu verwirklichen. Lehnt man die Mittel zur Zielerreichung ab, und gibt es keine andere Möglichkeit, das Ziel zu erreichen, muss man die Absicht, es zu verwirklichen, aufgeben.

Kategorischer Imperativ

Wie kommt nun der Kategorische Imperativ ins Spiel? Worin unterscheidet er sich von einem hypothetischen Imperativ? Wir haben gesehen, dass ein hypothetischer Imperativ immer von einer bestimmten Absicht ausgeht und dann vorschreibt, welche Mittel zur Erreichung dieses Ziels angewandt werden sollten. Nun wurde ebenfalls gesagt, dass die Absichten oder Ziele hypothetisch sind, d.h. jemand kann sie haben oder nicht. Weiter oben sind wir auf die Merkmale einer Handlung aus Pflicht eingegangen und haben gesagt, dass alle Menschen gleichermaßen dazu verpflichtet sind. Ein hypothetischer Imperativ bindet mich nur, wenn ich eine bestimmte Absicht habe. Allerdings gibt es keine Absicht, die wir allen Menschen gleichermaßen zuschreiben können, da Absichten von unseren Neigungen abhängen, welche zufällig sind. Hypothetische Imperative sind also nicht von der richtigen Art, um uns zu sagen, wie wir moralisch handeln sollen.

Dazu eignet sich nur der Kategorische Imperativ. Zu diesem gelangt Kant, indem er über ein Ausschlusskriterium argumentiert. Wir können keine bestimmten Absichten zugrunde legen, da diese nicht von allen geteilt werden. Dennoch suchen wir nach einem Sollenssatz, nämlich nach dem Prinzip obersten moralischen Handelns. Was bleibt also noch? Für Kant ist dies der Kategorische Imperativ, welcher als reine Form eines Sollenssatzes beschreibt, also als Imperativ, dem keine spezielle Neigung zugrunde gelegt wird (s. Kant 1961a, AA IV 421 f.).

Der Kategorische Imperativ stellt den obersten Leitsatz für unser moralisches Handeln dar. Dabei sieht er vollkommen von unseren spezifischen Neigungen ab und konzentriert sich lediglich auf die Verallgemeinerbarkeit einer Maxime. Dies erklärt auch, weshalb Kant davon ausgeht, dass wir jederzeit moralisch handeln würden, wären wir reine Vernunftwesen. Der Kategorische Imperativ würde sich nicht in Form eines Gebotes äußern, sondern würde unser Verhalten schlicht beschreiben. Als solche würden wir gemäß dem Sittengesetz handeln. Da wir aber auch eine sinnliche Natur haben, präsentiert sich das Sittengesetz für uns in Form des Kategorischen Imperativs.

Zusammenfassung der Argumentationsstrategie Kants

Zusammenfassend kann man festhalten, dass sich Kants Argumentation in drei Schritten vollzieht (◘ Abb. 5.2). Ausgangspunkt für seine Überlegungen bildet die Feststellung, dass allein der gute Wille ohne Einschränkungen als gut angesehen werden kann. Doch was verstehen wir unter einem guten Willen? Dies beantwortet er in einem zweiten Schritt mit dem Verweis auf den Begriff der Pflicht. Was ein guter Wille ist, erschließt sich über den Begriff der Pflicht. Zu

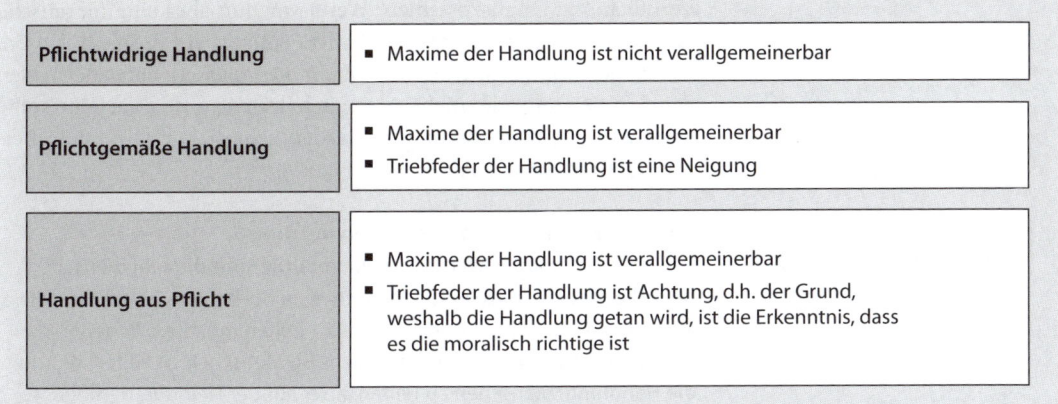

Pflichtwidrige Handlung	• Maxime der Handlung ist nicht verallgemeinerbar
Pflichtgemäße Handlung	• Maxime der Handlung ist verallgemeinerbar • Triebfeder der Handlung ist eine Neigung

Handlung aus Pflicht	• Maxime der Handlung ist verallgemeinerbar
	• Triebfeder der Handlung ist Achtung, d.h. der Grund,
	  weshalb die Handlung getan wird, ist die Erkenntnis, dass
	  es die moralisch richtige ist

◘ **Abb. 5.3** Handlung aus Pflicht.

was wir aber verpflichtet sind, dass sagt uns der Kategorische Imperativ, so folgert er in einem dritten Schritt, welcher das oberste Prinzip der Moral darstellt.

5.1.5 Achtung fürs Sittengesetz

Bis jetzt haben wir erklärt, was sich hinter dem Kategorischen Imperativ verbirgt, wie man dazu kommt, ihn als oberstes Prinzip moralischen Handelns zu betrachten und wie durch ihn pflichtwidrige Maximen herausgefiltert werden. In der Hinführung zu diesem Text wurde bereits gesagt, dass auch die Motivation hinter einer Handlung entscheidend für die moralische Bewertung der Handlung ist.

    Stellen wir uns in Anlehnung an Kant folgendes Beispiel vor (s. Kant 1961a, AA IV 397):

Das Motiv zählt.

Beispiel: Betrug
Zwei Ladenbesitzer hätten prinzipiell die Möglichkeit, ihre Kunden zu betrügen. Beide unterlassen die Handlung. Aber der erste tut dies, da er fürchtet, dabei erwischt zu werden, wohingegen der zweite es unterlässt, da er es für unmoralisch hält. Intuitiv würden wir sagen, dass nur der letztere moralisch handelt, da er aus der richtigen Motivation heraus handelt. Die Handlung des ersten ist zwar pflichtgemäß, doch keine Handlung aus Pflicht, wie Kant formuliert. Die pflichtgemäßen Handlungen sind solche, die vordergründig von moralischen Handlungen nicht zu unterscheiden sind, nur geschehen sie aus der falschen Motivation heraus, nämlich aus einer persönlichen Neigung (◘ Abb. 5.3).

Gestützt wird diese Unterscheidung durch die obige Feststellung, eine moralische Verpflichtung solle notwendig und allgemein gelten. Keiner sollte also die Möglichkeit haben, sich aus seiner moralischen

Neigung und Pflicht

Verpflichtung herauszustehlen. Wenn wir nun aber eine moralische Handlung auf einer Neigung aufbauen, entsteht ein Problem. Unsere Neigungen können wir, so Kant, nicht beeinflussen: entweder haben wir eine Neigung oder nicht. Aber auch derjenige, dem sie fehlt, sollte moralisch verpflichtet sein. Kant verdeutlicht dies an folgendem Beispiel (s. Kant 1961a, AA IV 398).

Beispiel: Misanthropie und Lebensrettung
Nehmen wir an, wir hätten zwei Personen, die eine, die sehr menschenfreundlich ist und dazu neigt, Menschen zu helfen, und die andere, die Menschen verabscheut und ihnen nicht helfen möchte. Wir gehen davon aus, dass es eine moralische Pflicht ist, Menschen zu helfen. Würde die Handlung, Menschen zu helfen, aber auf der Neigung beruhen, so zu handeln, wäre unser Menschenhasser nicht dazu verpflichtet, da ihm die passende Neigung fehlt. Aber auch jemand, der keine Neigung verspürt, Menschen zu helfen, sollte moralisch verpflichtet sein, ihnen zu helfen. Also muss diese Verpflichtung auf etwas anderem als einer Neigung aufbauen: eben darin, dass wir erkennen, dass es moralisch gewollt ist, dass wir so handeln.

Oder denken wir an unser obiges Beispiel des ertrinkenden Kindes und Peter, Lea und Klaus zurück. Wir hatten gesagt, dass Klaus das Kind nur deswegen rettet, weil er in die Zeitung kommen möchte. Was wäre geschehen, wenn keine Reporter in der Nähe gewesen wären? Hätte Klaus das Kind dann nicht gerettet? Da seine einzige Motivation, ins Wasser zu springen, seine Ruhmsucht gewesen ist, wäre dies denkbar.

Achtung vor dem Sittengesetz

Ist es möglich, zu handeln, ohne dass wir eine Neigung dazu verspüren? Für Kant muss es für jede unserer Handlungen eine Triebfeder geben, d.h. ein Motiv, welches uns zu der Handlung veranlasst. Dies gilt auch für moralische Handlungen. Eine herkömmliche Neigung kann es aber nicht sein, da diese nicht bei allen Individuen gleichermaßen auftritt. Kant verweist auf das Gefühl der Achtung vor dem Sittengesetz (s. Kant 1961a, AA IV 401, Fußnote). Er bezeichnet es als einziges vernunftgewirktes Gefühl, da wir durch rein vernünftige Überlegungen erklären können, wie es zustande kommt: Wenn wir nach Kant moralisch handeln, dürfen wir keine Rücksicht auf unsere individuellen Neigungen nehmen. Das Sittengesetz, das sich uns in Form des Kategorischen Imperativs präsentiert, demütigt uns so gesehen in unserer sinnlichen Natur. Diese Demütigung erleben wir als negatives Gefühl. Zugleich wird uns aber für das moralische Gesetz ein positives Gefühl abgenötigt, das der Achtung. Subjektiv empfinden wir das moralische Gesetz durch das Gefühl der Achtung und dieses ist dann auch die Triebfeder für eine moralische Handlung (s. Kant 1961b, AA V 139 ff.). Handeln wir moralisch, handeln wir also aus Achtung vor dem Sittengesetz.

Zusammenfassung: moralische Handlung

Um moralisch zu handeln, müssen wir also zum einen diejenige Maxime wählen, die im Einklang mit dem Kategorischen Imperativ

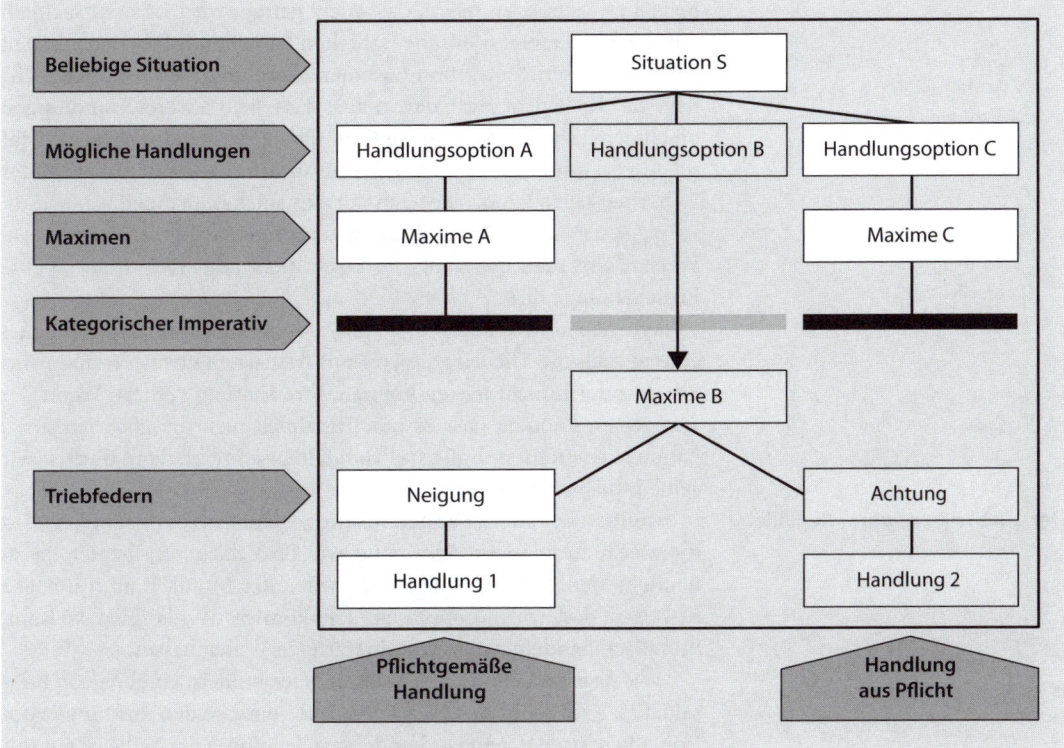

☐ Abb. 5.4 Schematische Darstellung – moralische Handlungen.

steht. Zum anderen muss sie aus der richtigen Motivation heraus geschehen, nämlich aus Achtung vor dem Sittengesetz bzw. genau deswegen, weil wir erkennen, dass diese Handlung die moralisch richtige ist. Wenn wir auf diese Art und Weise handeln, dann ist unser Wille ein guter Wille (☐ Abb. 5.4).

5.1.6 Die Möglichkeit der Moral

Bis jetzt haben wir erklärt, was es heißt, moralisch zu handeln. Für Kant ergibt sich dies aus einer reinen Analyse unseres Verständnisses von Moral. Den Ausgangspunkt für seine Überlegungen in der *Grundlegung zur Metaphysik der Sitten* bildet die Feststellung, dass allein ein guter Wille ohne jegliche Einschränkungen für gut gehalten werden könnte. Daher erklärt sich auch, weshalb er die Folgen einer Handlung nicht berücksichtigen will. Welche Folgen eine Handlung tatsächlich hat, können wir nicht immer beeinflussen, wohingegen unsere Absicht in unserer Kontrolle liegt. Der gute Wille ist der Wille, der die Pflicht befolgt und aus der richtigen Motivation heraus handelt. Nun drängt sich die Frage auf, ob wir überhaupt in der Lage sind, so zu handeln, wie wir es gerade beschrieben haben. Zunächst ein-

Ist Moral möglich?

mal ist es wichtig, zu sehen, dass nicht gefragt wird, ob es tatsächlich schon einmal einen Menschen gegeben hat, der aus Pflicht gehandelt hat, d.h. dessen Motivation zu einer Handlung die moralisch richtige war. Kant geht zwar davon aus, dass viele unserer Handlungen pflichtgemäß sind, doch er gibt zu, dass eine Handlung aus Pflicht selten vorkommt und selbst wenn sie auftritt, niemand mit absoluter Sicherheit sagen kann, ob es sich um eine solche gehandelt hat (s. Kant 1961a, AA IV 408). Diese Einschätzung mag zu Recht verwundern. Warum gibt man die Kantsche Ethik nicht auf, wenn man so eine Einschätzung teilt?

Wir haben in ▶ Kap. 4 »Die philosophische Ethik« gesehen, dass eine moralische Theorie, die von uns Menschen etwas verlangt, was wir prinzipiell nicht leisten können, ihre Geltung verliert. Wenn wir also zeigen können, dass es uns prinzipiell nicht möglich ist, so zu handeln, wie Kant moralisches Handeln beschreibt, dann dürften wir seine Ethik verwerfen.

Der gute Wille ist der freie Wille.

Können wir auf der anderen Seite zeigen, dass es uns möglich ist, moralisch zu handeln, dann sind wir auch dazu verpflichtet, so zu handeln, denn eben das verstehen wir unter Moral. Kant muss also beweisen, dass wir moralisch handeln können. Wir können, so Kant, moralisch handeln, wenn wir einen freien Willen haben.

Wie begründet er diese Annahme? Der Wille ist eine Art von Kausalität (s. Kant 1961a, AA IV 445), d.h. wir entscheiden uns für gewisse Prinzipien, nach denen wir handeln wollen. Ein freier Wille ist ein solcher, der unabhängig von ihm fremden bestimmenden Ursachen wirkt. Folgt man Kants Logik, muss er somit auch unabhängig von Neigungen sein, da Neigungen, da wir diese nicht beeinflussen können, als fremde Ursache angesehen werden. Eine moralische Handlung ist aber gerade eine Handlung, die unabhängig von allen Neigungen geschieht (s. Kant 1961a, AA IV 445). Somit bedeuten ein freier Wille und ein moralischer Wille ein und dasselbe (s. Kant 1961a, AA IV 447).

Bis jetzt haben wir Freiheit rein negativ definiert, nämlich als »frei von…«. Da aber ein Wille den Begriff der Kausalität und somit der Gesetze bei sich führt, erkennen wir, dass ein freier Wille ein solcher ist, der nach dem moralischen Gesetz handelt. Er ist *frei*, *um* dem moralischen Gesetz gemäß zu handeln. Somit haben wir auch einen positiven Begriff gewonnen (s. Kant 1961a, AA IV 446).

>> […] also ist ein freier Wille und ein Wille unter sittlichen Gesetzen einerlei (Kant 1961a, AA IV 447). **«**

Zusammengefasst bedeutet dies also: Wenn wir einen freien Willen haben, dann ist dieser in der Lage, unabhängig von unseren Neigungen zu entscheiden. Kant geht davon aus, dass der Wille sich immer an etwas orientieren muss. Wenn der Wille frei ist, dann kann es nicht darum gehen, bestimmten Neigungen zu folgen. Das, woran sich der freie Wille orientiert, ist das Sittengesetz. Somit sind ein freier Wille und ein guter Wille für Kant gleichbedeutend. Freiheit ist also die

Voraussetzung dafür, dass wir moralisch handeln können. Hiermit ist aber noch nicht gezeigt, dass wir tatsächlich einen freien Willen haben.

Eine der schwierigsten Fragen für die Kantsche Ethik ist es nun, zu zeigen, dass wir frei sind. In Kants Werken findet man zwei unterschiedliche Arten, für die Realität unserer Freiheit zu argumentieren.

In der *Grundlegung zur Metaphysik der Sitten* formuliert seine Deduktion, d.h. Rechtfertigung, des freien Willens. Er versucht zu zeigen, dass wir, wenn wir uns als vernünftige, willensbegabte und handelnde Wesen begreifen, davon ausgehen müssen, wir seien frei. Wenn wir handeln, nehmen wir an, wir würden uns für eine Handlungsoption entscheiden. Wenn wir nur unseren Neigungen folgen könnten und wir diese ja nicht beeinflussen können, dann hätten wir keinen Entscheidungsfreiraum. Dann würden wir auch nicht mehr handeln. Folglich ist in dem Begriff einer Handlung der freie Wille bereits verankert. Also:

Deduktion des freien Willen

» Sie [d.h. die Vernunft] muss sich selbst als Urheberin ihrer Prinzipien ansehen, unabhängig von fremden Einflüssen, folglich muss sie als praktische Vernunft, oder als Wille eines vernünftigen Wesens von ihr selbst als frei angesehen werden; d.h. der Wille desselben kann nur unter der Idee der Freiheit ein eigener Wille sein und muss also in praktischer Absicht allen vernünftigen Wesen beigelegt werden (Kant 1961a, AA IV 448). «

In seinem späteren Werk *Kritik der praktischen Vernunft* scheint Kant zu verneinen, dass wir solch eine Begründung von Freiheit geben können (s. Kant 1961b, AA V 80 f.). Aber wir erkennen das moralische Gesetz durch rein begriffliche Überlegungen. Er nennt es ein Faktum der Vernunft (s. Kant 1961b, AA V 9). Zugleich erkennen wir auch, dass wir nur unter der Voraussetzung der Freiheit moralisch sein können. Hier kommt nun der sog. »Sollen impliziert können«-Grundsatz ins Spiel. Wenn wir zu etwas verpflichtet sind, was wir prinzipiell nicht erfüllen können, dann hebt sich die Verpflichtung auf. Wenn wir also dazu verpflichtet wären, moralisch zu handeln, dies aber nicht könnten, da wir nicht frei sind, so wären wir nicht länger verpflichtet. Wir erkennen aber die Verpflichtung des moralischen Gesetzes an, und daher können wir davon ausgehen, wir seien frei.

Faktum der Vernunft

Gestützt wird diese Argumentation durch eine Zusatzüberlegung. In seiner *Kritik der reinen Vernunft* widmet sich Kant der Frage, wie weit wir durch die reine, d.h. nicht empirische, Vernunft kommen, also zu welchen Erkenntnissen wir durch a priorische Überlegungen gelangen können. Hier ergibt sich auch die Frage, ob wir Freiheit beweisen können. Kant kommt zu dem Ergebnis, dass wir die Realität von Freiheit nicht beweisen können, aber immerhin zeigen können, dass der Begriff der Freiheit sich nicht per se in Widersprüche verstrickt (s. Kant 1966, AA III 558). Somit ist Freiheit möglich.

Antinomie der Freiheit

Diese Argumentation findet sich in der dritten von insgesamt vier Antinomien, der Antinomie der Freiheit (s. Kant 1966, AA III 444 ff.). Eine Antinomie ist eine besondere Art von logischem Widerspruch. Sie besteht aus zwei Aussagen – der These und der Antithese –, die beide gleichermaßen gut begründbar sind, einander jedoch widersprechen. So auch bei der Antinomie der Freiheit: Die These besagt, dass man neben der reinen Kausalität der Naturgesetze auch eine Kausalität der Freiheit annehmen muss. Würde man annehmen, es gäbe nur die reine Kausalität der Naturgesetze, dann müsste man für jedes Ereignis in der Welt eine Ursache finden und eine Ursache für diese Ursache und für diese erneut eine Ursache, usw. Man würde in einen infiniten Regress von fortlaufenden Kausalitäten geraten.

Die Antithese behaupte, dass es keine Freiheit geben kann, da in unserer Welt alles nach Naturgesetzen geschieht. Grund hierfür ist, dass nur die Naturgesetze eine Ordnung beinhalten. Diese Ordnung macht es uns aber erst möglich, einheitliche und aufeinanderfolgende Erfahrungen zu machen.

Zwei-Welten-Lehre

Während also die These Freiheit postuliert, verneint die Antithese diese. Eine Möglichkeit, diesem Widerspruch zu entkommen, liegt in Kants Unterscheidung zwischen der Vernunftwelt und der Sinnenwelt. In der Sinnenwelt läuft tatsächlich alles streng determiniert nach Naturgesetzen ab. Hier ist kein Platz für Freiheit. Vernunft ist für uns die Idee einer absoluten Spontanität. Die Vernunft versetzt uns in die sog. Verstandeswelt, wo Freiheit, d.h. absolute Spontanität, möglich ist. Indem diese zwei Ebenen unterschieden werden, muss es zu keinem Widerspruch kommen, und Freiheit kann prinzipiell möglich sein. Durch das Faktum der Vernunft können wir nun darauf schließen, dass wir frei sind, und da die Kritik der reinen Vernunft die Möglichkeit der Freiheit nicht ausgeschlossen hat, erhält diese Argumentation eine weitere Stütze.

Mithilfe der Unterscheidung zwischen der Verstandes- und der Sinnenwelt können wir nochmals den Gedanken des Kategorischen Imperativs aufgreifen. Da ich erkenne, dass ich Vernunft habe, versetze ich mich in die Verstandeswelt. Hier bin ich losgelöst von sinnlichen Neigungen und bin frei. Da ich aber zugleich zur sinnlichen Welt gehöre und Neigungen habe, werde ich durch den Kategorischen Imperativ in die Pflicht genommen. Also:

» Denn jetzt sehen wir, dass, wenn wir uns als frei denken, so versetzen wir uns als Glieder der Verstandeswelt und erkennen die Autonomie des Willens samt ihrer Folge, der Moralität; denken wir uns aber als verpflichtet, so betrachten wir uns als zur Sinnenwelt und doch zugleich zur Verstandeswelt gehörig (Kant 1961a, AA IV 453). «

Zusammenfassung: Freiheit und Moral

Zusammenfassend kann gesagt werden: Eine moralische Handlung ist eine Handlung, die dem Kategorischen Imperativ entspricht und aus Pflicht heraus geschieht. Voraussetzung hierfür ist, dass unser Wille frei, d.h. unabhängig von unseren Neigungen, ist.

Soweit zu einer ersten groben Übersicht über die Grundgedanken der Kantschen Ethik. Kant spricht weitere interessante und dem Verständnis zuträgliche Aspekte an. Im Folgenden möchten wir einen Einblick in einige dieser Gedanken geben.

5.1.7 Das Instrumentalisierungsverbot

Wir sind bereits der grundlegenden Formulierung des Kategorischen Imperativs begegnet. Kant formuliert denselben in seiner *Grundlegung zur Metaphysik der Sitten* auf drei weitere Arten, da er sich dadurch erhofft, dass der Kategorische Imperativ besser verstanden wird (s. Kant 1961a, AA IV 437). Die zweite dieser Formulierungen ist die vielleicht bekannteste und bildet das Eingangszitat dieses Kapitels:

> **»** […] Handle so, dass du die Menschheit sowohl in deiner Person, als in der Person eines jeden anderen jederzeit zugleich als Zweck niemals bloß als Mittel brauchtest (Kant 1961a, AA IV 429). **«**

Zweck-an-sich-selbst-Formulierung des Kategorischen Imperativs

Instrumentalisierungsverbot

Für Kant sind rationale Wesen *Zwecke an sich selbst*. Das bedeutet, dass man sie nicht bloß als Mittel zur Erreichung einer beliebigen Absicht benutzen darf. Es ist verboten, sie vollkommen zu instrumentalisieren. Das bedeutet nicht, dass wir Menschen überhaupt nicht instrumentalisieren dürfen. Man kann nicht vermeiden manches Mal einen Anderen als Mittel für ein gewisses Ziel zu gebrauchen. Man darf einen Anderen aber nicht *ausschließlich* als Mittel verwenden. Dieser Gedanke wird allgemeinhin als Instrumentalisierungsverbot bezeichnet. Veranschaulichen wir dies wiederum an der Frage, ob wir ein Versprechen, in der Absicht, es zu brechen, geben dürfen, um Geld zu bekommen. Wenn ich dem Anderen ein solches Versprechen gebe, dann gebrauche ich ihn lediglich als Mittel, um an Geld zu kommen. Ich sehe ihn nicht als Gegenüber wie mich selbst, dem ich Wahrhaftigkeit schulde. Oder denken wir an Eltern, die ihre Kinder von Anfang an einem extremen Leistungsdruck unterwerfen, da sie sich über ihre Kinder definieren und sich durch die Erfolge ihrer Sprösslinge Prestige erhoffen. Dabei geht es ihnen nicht um die Bedürfnisse und Wünsche ihrer Kinder, sondern nur darum, dass sie ihren Erwartungen gerecht werden. Dadurch instrumentalisieren sie sie.

Mit dieser Formulierung des Kategorischen Imperativs ist die Idee der Würde des Menschen eng verbunden. Rationale Wesen sind Zwecke an sich selbst, und eben darum kommt ihnen ein innerer Wert, d.h. eine Würde, zu (s. Kant 1961a, AA IV 435). Wenn etwas eine Würde hat, dann darf es nicht durch etwas anderes ausgetauscht werden. Es gibt so gesehen kein Äquivalent dafür. Anders verhält es sich mit Dingen, die einen Preis haben, d.h. keinen inneren Wert. Wenn etwas einen Preis hat, dann können wir es durch etwas mit dem passenden Gegenwert vertauschen. Rationale Wesen, hatten wir gesagt, sind Zwecke an sich selbst, die nicht instrumentalisiert werden dürfen.

Würde des Menschen

Würden wir sie instrumentalisieren, würden wir sie als bloße Mittel zur Erreichung eines Ziels verwenden. Dabei beachten wir nicht ihren inneren Wert, sondern den Wert, den sie für uns zur Erreichung unseres Ziels haben. Wir würden sie jederzeit eintauschen gegen ein anderes Mittel mit dem gleichen Wirkungsgrad. So gesehen verletzen wir die Würde eines rationalen Wesens, wenn wir es instrumentalisieren.

5.1.8   Autonomie, Gleichheit und Mündigkeit

Kant bringt einen, dritten Aspekt ins Spiel, um den Kategorischen Imperativ zu transportieren. Anders als bei den anderen Vorschlägen gibt es hier keine konkrete Formulierung des Prinzips, sondern er schreibt, es gehe um:

Autonomie-Formulierung des Kategorischen Imperativs

>> […] die Idee des Willens jedes vernünftigen Wesens als eines allgemein gesetzgebenden Willens (Kant 1961a, AA IV 431). **《**

Selbstgesetzgebung

Hierdurch wird ein wichtiges Element der Kantschen Ethik deutlich: Um zu erkennen, was das richtige Handeln ist, brauchen wir keine uns übergeordnete moralische Instanz, sondern jeder Einzelne von uns kann erkennen, was moralisch richtig ist. Dieser Gedanken wird in dem Ausdruck der Selbstgesetzgebung oder des autonomen Willens festgehalten (s. Kant 1961a, AA IV 431).

Um zu erkennen, was moralisch richtig ist, müssen wir unsere Maximen anhand des Kategorischen Imperativs prüfen. Der Kategorische Imperativ hat sich uns aus rein begriffsanalytischen Überlegungen erschlossen, d.h. aus Überlegungen, was wir allgemeinhin unter Moral verstehen. Um zu prüfen, ob eine unserer Maximen dem Kategorischen Imperativ entspricht, benötigen wir nichts anderes als unsere Vernunft. So gesehen unterwerfen wir uns durch unsere Vernunft selbst dem Sittengesetz. Wir sind vollkommen autonom darin und brauchen keine höhere Instanz, die uns vorschreibt, wie wir handeln sollen. Aber auch wenn jeder von uns der eigentliche Gesetzgeber ist, handelt es sich doch immer noch um ein Gesetz, und an dieses sind wir gebunden, und zwar als sinnliche Wesen. Die Idee der Selbstgesetzgebung vereint in sich also den anscheinend paradoxen Gedanken, dass wir autonom und zugleich verpflichtet sind. Der Schlüssel liegt darin, dass wir uns selbst verpflichten.

Reich der Zwecke

Diese Idee spiegelt sich auch in dem Gedanken eines Reiches der Zwecke wieder (s. Kant 1961a, AA IV 433). In diesem Reich der Zwecke sind alle Zwecke an sich selbst, d.h. vernünftige Wesen, miteinander verbunden, und zwar durch Gesetze. Diese Gesetze entsprechen dem moralischen Gesetz. Jeder ist hier zugleich Oberhaupt und Mitglied:

>> Es gehört aber ein vernünftiges Wesen als Glied zum Reiche der Zwecke, wenn es darin zwar allgemein gesetzgebend, aber auch diesen Gesetzen selbst unterworfen ist. Es gehört dazu als Oberhaupt,

wenn es als gesetzgebend keinem Willen eines anderen unterworfen ist (Kant 1961a, AA IV 434). **«**

Dies verweist auf den Gedanken der Selbstgesetzgebung. Wenn wir uns als Mitglieder des Reichs der Zwecke betrachten, dann sind wir dem moralischen Gesetz verpflichtet. Wenn wir uns als Gesetzgeber sehen, dann legen wir Wert darauf, dass es unser eigenes Vernunftgesetz ist. Hier wird deutlich, dass Kant eine äußerst egalitäre Moral vertritt. Alle Menschen sind gleichermaßen an das moralische Gesetz gebunden. Aber es gibt keine moralische Autorität. Jeder Mensch erkennt gleichermaßen das moralische Gesetz. Hier ist wichtig, dass Kant davon überzeugt ist, dass wir alle zu der gleichen Entscheidung kommen, wenn wir vernünftig überlegen.

An dieser Stelle bietet es sich an, Kants Ethik mit seinem Verständnis von Aufklärung zu verbinden. Es wurden bereits die bekannten Eingangsworte zu *Beantwortung der Frage: Was ist Aufklärung?* zitiert, und der Leser mag verzeihen, dass wir sie erneut wiedergeben:

> **»** Aufklärung ist der Ausgang des Menschen aus seiner selbst verschuldeten Unmündigkeit. Unmündigkeit ist das Unvermögen, sich seines Verstandes ohne Leitung eines anderen zu bedienen. Selbstverschuldet ist diese Unmündigkeit, wenn die Ursache derselben nicht am Mangel des Verstandes, sondern der Entschließung und des Mutes liegt, sich seiner ohne Leitung eines anderen zu bedienen. Sapere aude! Habe Mut dich deines eigenen Verstandes zu bedienen! ist also der Wahlspruch der Aufklärung (Kant 1784, AA VIII 035). **«**

Habe Mut, dich deines eigenen Verstandes zu bedienen!

Kant fordert die Menschen dazu auf, mündig zu werden, dass heißt auf ihren eigenen Verstand zu vertrauen und für sich selbst zu entscheiden. Er ist fest davon überzeugt, dass dies für jeden möglich ist. Wenn sie seinen Forderungen aber nachkommen, dann verlieren Autoritäten ihre Macht. Nur weil ein Anderer uns etwas vorschreibt, bedeutet dies nicht, dass wir seinen Forderungen nachkommen müssen. Nur wenn wir selbst davon auf Basis rationaler Überlegungen überzeugt sind, dass sie richtig sind, ist dies ein Grund, sich entsprechend zu verhalten.

Nun wird deutlich, wie fest diese Gedanken in Kants Ethik verwurzelt sind. Er entwirft eine aufgeklärte Moral mündiger Menschen, die autonom sind, d.h. selbst das moralische Gesetz in Form des Kategorischen Imperativs erkennen und sich ihm unterwerfen.

5.1.9 Exkurs – Glück und Moral

Abschließend mag sich die Frage auftun, was denn mit dem Glück des Menschen ist. Spielt es denn überhaupt keine Rolle, ob jemand glücklich ist oder nicht? Menschen sollen als vernünftige Wesen danach

Was ist mit Glück?

streben, ihre Pflicht zu erfüllen, doch ist es nicht das oberste Ziel des Menschen, glücklich zu sein?

evolutionäres Argument

Zum einen bringt Kant eine Art evolutionäres Argument vor (s. Kant 1961a, AA IV 395 f.): Wenn es das oberste Ziel des Menschen wäre, glücklich zu sein, ist nicht verständlich, warum wir vernünftig sind. Ohne Vernunft hätten wir bessere Chancen, glücklich zu sein. Besäßen wir keine Vernunft und würden rein instinktiv handeln, liefen wir nicht dauernd Gefahr, zu viel nachzudenken und eventuell die falschen Entscheidungen zu treffen. Auch glaubt Kant beobachten zu können, dass viele Menschen, wenn sie ihre Vernunft schulen, immer mehr Schwierigkeiten bekommen, tatsächlich glücklich zu sein. Somit muss die Vernunft einen anderen Zweck haben als den, uns glücklich zu machen. Durch die Vernunft können wir moralisch handeln.

indirekte Pflicht zum Glück

Zum anderen gesteht Kant zu, dass wir alle als endliche, d.h. sterbliche Wesen nach Glück streben (s. Kant 1961a, AA IV 395 f.). Das Glück kann aber nicht Basis der obersten moralischen Norm sein, denn auch wenn alle nach Glück streben, ist es ganz verschieden, was wir unter Glück verstehen. Selbst wenn wir alle dasselbe darunter verstehen würden, so wäre dies doch nur zufälligerweise so. Also kann Glück nicht die Basis für Moral sein. Das bedeutet aber nicht, dass wir nicht nach Glück streben sollten. Kant sieht es als (indirekte) Pflicht an, Glück zu suchen, da es uns seines Erachtens nach leichter fällt, moralisch zu sein, wenn wir glücklich sind (s. Kant 1961a, AA IV 399).

Glück kommt nach Moral.

Auch können wir, wenn die moralischen Aspekte geklärt sind, uns durchaus für die Handlungsoption entscheiden, die unserem Glück am zuträglichsten ist. Stellen wir uns hierzu vor, dass wir in einer Situation unterschiedliche Handlungsoptionen haben und mehrere dazugehörige Maximen verallgemeinert werden können. Unter diesen dürfen wir durchaus diejenige auswählen, die unserem Glück am zuträglichsten ist, ohne dass wir uns unmoralisch verhalten, solange die eigentliche Triebfeder immer noch die Erkenntnis ist, dass es sich dabei um eine moralisch richtige Handlung handelt und nicht bloß die ist, dass diese Handlung uns glücklich macht.

oberstes Gut

Darüber hinaus geht Kant davon aus, dass ein moralischer Mensch durchaus auch ein glücklicher Mensch sein sollte. Die Verbindung zwischen einem guten Willen und Glück ist für ihn das oberste Gut (s. Kant 1961b, AA V 198 ff.). Der Gedanke ist, dass man, wenn man sich entsprechend des Kategorischen Imperativs verhält, auch letztendlich glücklich wird. Nur können wir diese Verbindung nicht garantieren oder beweisen. Sie liegt in den Händen Gottes, so Kant.

Zusammenfassung

- Kants Ethik wird als deontologische Ethik, d.h. Ethik der Pflichten bezeichnet, da die Konsequenzen, die sich aus einer Handlung ergeben, die moralische Beurteilung nicht beeinflussen.
- Den obersten Leitsatz für ethisches Handeln stellt der Kategorische Imperativ dar.
- Der Kategorische Imperativ beinhaltet das Sittengesetz, auch moralisches Gesetz genannt.

- Um moralisch zu handeln, muss man aus der richtigen Motivation heraus handeln, nämlich aus Achtung fürs Gesetz oder genau deswegen, weil man erkennt, dass eine Handlung die moralisch richtige ist.
- Der Mensch ist ein Mischwesen, d.h. er ist vernunftbegabt, hat aber auch sinnliche Neigungen.
- Die Vernunft hat das Primat vor den Neigungen. Deshalb präsentieren sich praktische Grundsätze als Imperative.
- Eine moralische Norm ist verpflichtend, d.h. sie ist notwendig und allgemeingültig. Somit muss sie auf der Vernunft und nicht auf den Neigungen aufbauen.
- Jeder Mensch kommt zu dem gleichen Ergebnis, wenn er rein vernünftig überlegt.
- Jeder vernünftige Mensch gibt sich selbst das moralische Gesetz und unterwirft sich diesem zugleich. Er ist selbstgesetzgebend.
- Jedem Menschen kommt Würde, d.h. ein innerer Wert zu.
- Der Mensch hat einen freien Willen, d.h. er kann losgelöst von Neigungen entscheiden. Wenn er sich frei entscheidet, dann handelt er nach dem moralischen Gesetz. Freiheit bedeutet also nicht Gesetzlosigkeit.

5.2 Was können wir von Kants Deontologie lernen?

Nach dieser Annährung an die Kantsche Ethik stellt sich die entscheidende Frage, was wir von ihr lernen können. Kant ist auf der Suche nach einem obersten Prinzip, an dem wir all unser Handeln ausrichten können. Er gelangt zu dem Kategorischen Imperativ als diesem Leitsatz: »Handle nur nach derjenigen Maxime, durch die du zugleich wollen kannst, dass sie ein allgemeines Gesetz werde.« Befinde ich mich also in einer konkreten Situation, muss ich mir überlegen, bei welcher Handlungsalternative ich wollen könnte, dass jedermann in einer vergleichbaren Situation so handelt. Was können wir von dieser Ethik übernehmen?

5.2.1 Der Kategorische Imperativ als Entscheidungshilfe

Der der Kategorische Imperativ kann als ganz konkrete Entscheidungshilfe bei der Frage »Was soll ich tun?« angesehen werden, welche als eine der beiden Kernprobleme der Frage nach der richtigen Menschenführung angesehen wurde (▶ Kap. 1.1 »Führen – eine Herausforderung«). Denken wir hierbei wieder an die Veranschaulichung der ethikorientierten Führung zurück (▶ Kap. 1.2 »Das Model der ethikorientierten Führung«). Bei der Frage »Was soll ich tun?« wurde gesagt, dass nicht moralische Überlegungen eine Rolle spielen, um die Bandbreite unterschiedlicher Handlungsoptionen zu eröffnen. Diesen Gedanken findet man auch bei Kant: Moralische Betrachtungen

Entscheidung mithilfe des Kategorischen Imperativs

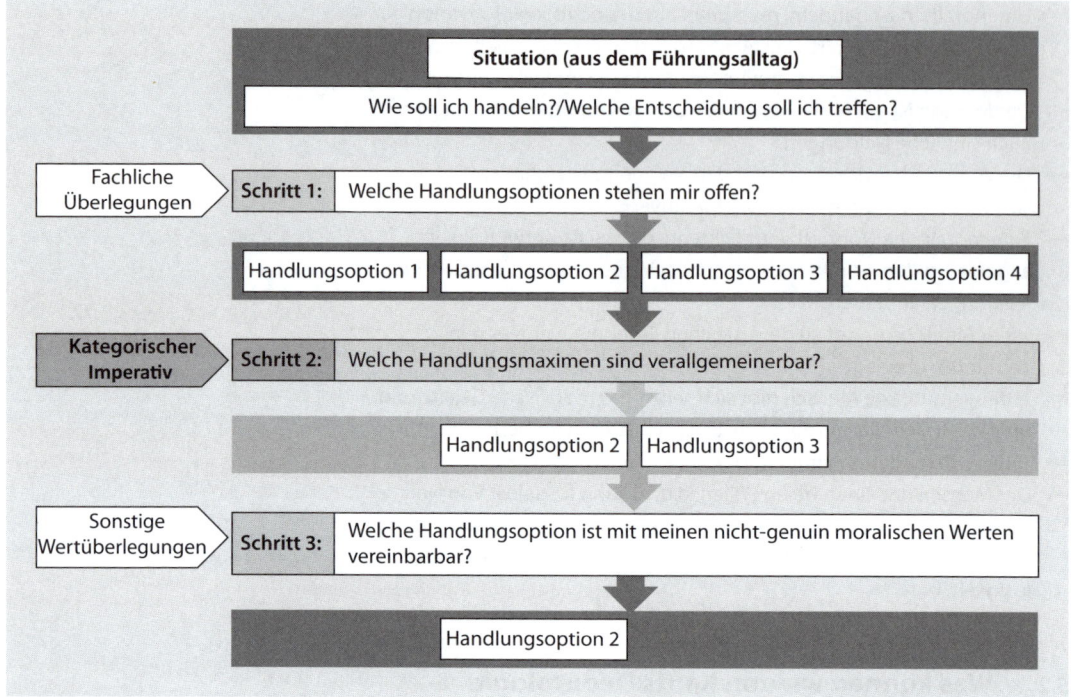

Abb. 5.5 Ethikorientierte Führung nach Kant.

helfen primär nicht dabei, zu erkennen, was wir tun sollen. Welche Maximen – um seine Terminologie zu verwenden – zur Debatte stehen, muss man aus anderen Quellen als aus der moralischen erkennen. Erst wenn unterschiedliche Handlungsoptionen eröffnet wurden, kommen moralische Überlegungen ins Spiel. Bei Kant bedeutet dies, dass man die Verallgemeinerbarkeit der Handlungsmaximen überprüfen muss. An dieser Stelle bekommt man also eine erste Antwort auf die Frage, was moralische von nicht-moralischen Wertüberlegungen unterscheidet. Bei Kant sind die moralischen Überlegungen Gedanken, welche an die Überprüfung der Verallgemeinerbarkeit einer Maxime gekoppelt sind. Gelingt eine Verallgemeinerung, dann ist die Maxime prinzipiell moralisch akzeptabel. Wenn nun mehrere Maximen in einer Situation verallgemeinerbar sind, dann darf man sich auf Basis nicht-genuin moralischer Werte überlegen, welche Maxime man wählt. So gesehen kann man das Bild der ethikorientierten Führung nach Kant wie in ◘ Abbildung 5.5 zeichnen (◘ Abb. 5.5).

Beispiel: Lohnvergabe

Veranschaulichen wir dies anhand eines Beispiels. Eine Führungskraft muss sich überlegen, wie sie ihre Mitarbeiter bezahlt. Prinzipiell stehen unterschiedlichste Möglichkeiten offen: Sie kann sie umsonst arbeiten lassen oder sie bezahlen. Wenn sie sie bezahlt, gibt es zunächst einmal keine Grenze nach oben. Überlegt man sich nun, welche der Optionen moralisch akzeptabel ist, wird man sich überlegen müssen, ob man allgemein wollen könnte, dass niemand für seine Arbeit bezahlt würde. Diese Handlungsalternative würde sicher als nicht verallgemeinerbar ausscheiden. Lohn sollte also bezahlt werden, doch wie hoch sollte er ausfallen? Kann man wollen können, dass man sich von seinem Lohn nicht ernähren kann? Auch diese Option scheidet aus. Der Lohn sollte also so hoch ausfallen, dass man von ihm leben kann. Aber wie hoch genau sollte er sein? Hierauf geben rein moralische Überlegungen keine Auskunft mehr. Die Führungskraft kann nun weitere Überlegungen ins Spiel bringen: Was kann sich meine Firma leisten? Wie viel kann ich zahlen, damit meine Firma noch Gewinn macht? Wie hoch sollte der Lohn sein, damit ich gute Arbeitskräfte anziehe? Wie hoch sollte der Lohn sein, damit ich meine Mitarbeiter motiviere? usw. All diese Überlegungen dürfen nun einfließen, um die genaue Lohnvergabe festzuhalten.

5.2.2   Der Kategorische Imperativ und die Goldene Regel

Fragt man, was man vom Kategorischen Imperativ lernen kann, mag der Einwand vorgebracht werden, man lerne nicht wirklich etwas Neues, da der Kategorische Imperativ im Grunde nichts anderes sei als eine Umformulierung der Goldenen Regel. Trifft dies zu?

Die Goldene Regel in einer für den westlichen Kulturkreis bekanntesten Formulierungen lautet: »Was du nicht willst, was man dir tu', das füg' auch keinem anderen zu.« Sie entspringt einer Lutherübersetzung der Bibel. Die Goldene Regel ist jedoch keine rein christliche Lebensregel. Sie taucht in der einen oder anderen Form bereits in der Antike auf, auch das Judentum kennt sie, ebenso wie sie in fernöstlichem Gedankengut, wie dem Buddhismus oder Konfuzianismus, verankert ist. Der Grundgedanke hinter der Goldenen Regel ist: Wir sollen versuchen, uns in die Situation desjenigen hineinzuversetzen, den eine unserer Handlungen tangieren könnte. Dann sollen wir überlegen, wie wir gerne behandelt werden würden, befänden wir uns in dessen Lage, um daraus abzuleiten, wie wir handeln sollen. Nun geht man davon aus, dass man selbst nicht unmoralisch behandelt werden möchte. Man wünscht sich, dass einem keine Schmerzen zugefügt werden, dass man nicht ungehörig benachteiligt wird, dass man Hilfe bekommt, tolerant behandelt wird usw. Bei der Goldenen Regel gibt es also ein Element, welches man auch bei der Anwendung des Kategorischen Imperativs findet: Man versucht, vom eigenen Standpunkt, d.h. von den eigenen Interessen und Wünschen, zu abstrahieren, um zu erkennen, welche Handlungen die richtigen wären.

In der Tat ähneln sich die Goldene Regel und der Kategorische Imperativ und es wäre verwunderlich, wenn es nicht so wäre. Die Goldene Regel ist tief mit unserem Verständnis, was es heißt, richtig zu handeln, verwoben, und Kant gelangt ja, wie wir gesehen haben,

Ist der Kategorische Imperativ eine Umformulierung der Goldenen Regel?

die Goldene Regel

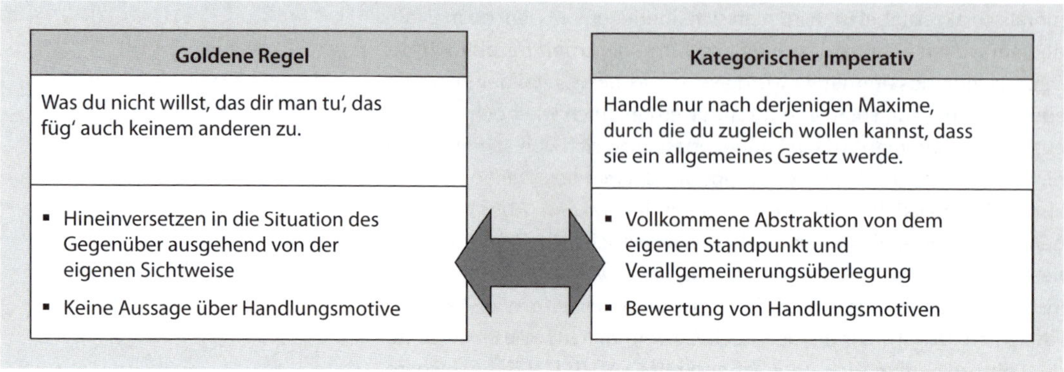

Goldene Regel	Kategorischer Imperativ
Was du nicht willst, das dir man tu', das füg' auch keinem anderen zu.	Handle nur nach derjenigen Maxime, durch die du zugleich wollen kannst, dass sie ein allgemeines Gesetz werde.
• Hineinversetzen in die Situation des Gegenüber ausgehend von der eigenen Sichtweise • Keine Aussage über Handlungsmotive	• Vollkommene Abstraktion von dem eigenen Standpunkt und Verallgemeinerungsüberlegung • Bewertung von Handlungsmotiven

Abb. 5.6 Vergleich zwischen Goldener Regel und Kategorischem Imperativ.

Unterschiede zwischen dem Kategorischen Imperativ und der Goldenen Regel

durch eine Analyse des herkömmlichen Verständnisses von Moral zu seinem Kategorischen Imperativ.

Dennoch unterscheiden sich beide Leitsätze. Die Goldene Regel baut implizit auf der Annahme auf, dass es gewisse Dinge gibt, die kein Mensch erleben möchte. Denken wir beispielsweise an das Zufügen von Schmerzen: Es scheint plausibel, anzunehmen, dass niemand Schmerzen zugefügt bekommen möchte. Doch auch wenn dies für die meisten Menschen gilt, können dennoch Ausnahmen auftreten. Wir können uns jemanden denken, der äußerst masochistisch veranlagt ist, d.h. er empfindet es als lustbringend, wenn er gedemütigt wird und ihm Schmerzen zugefügt werden. Dieser Mensch greift nun auf die Goldene Regel zurück, um zu überprüfen, ob er anderen Schmerzen und Demütigungen zufügen darf. Da er dies persönlich aber durchaus will, spricht aus seiner Sicht also nichts dagegen, dies auch bei anderen zu tun. Dies ist ein Ergebnis, welches absurd wäre, zumal jemand, der masochistisch veranlagt ist, meistens erkennen wird, dass dies zwar für ihn in Ordnung ist, er aber eben eine Ausnahme darstellt. Dieses Beispiel stellt für den Kategorischen Imperativ kein Problem dar, da es bei ihm keinen bewussten Bezug auf die Befindlichkeiten und Wünsche einer speziellen Person gibt. Vielmehr geht es darum, von jeglichen persönlichen Neigungen zu abstrahieren und sich zu überlegen, was allgemein gewollt werden kann.

Ein zweiter Unterschied tritt zwischen der Goldenen Regel und dem Kategorischen Imperativ auf: Die Goldene Regel macht keine Aussage darüber, aus welchem Motiv heraus man handeln soll. Ich selbst möchte nicht gemobbt werden, und daher erkenne ich mithilfe der Goldenen Regel, dass man nicht mobben soll. Tatsächlich halte ich mich an diese Regel. Entweder kann ich dies tun, da ich eine andere Person wirklich mag oder weil ich Angst vor ihr habe, oder weil ich weiß, dass Mobbing falsch ist. Aus Sicht der Goldenen Regel sind alle drei Handlungen gleich zu bewerten. Aus Sicht einer Kantschen Ethik nicht. Hier wäre nur die letzte Handlung wirklich moralisch, da sie aus der richtigen Motivation heraus geschehen ist (Abb. 5.6).

5.2.3 Die Wichtigkeit der Absicht hinter Handlungen

Dies bringt uns zum nächsten Punkt, den man von Kant mitnehmen kann und der seine Theorie zugleich so anspruchsvoll werden lässt: Er betont, wie wichtig die richtige Absicht hinter einer Handlung ist, damit diese moralisch richtig wird. Dies erscheint eine starke Forderung zu sein. Sie spiegelt sich aber durchaus in unserem alltäglichen Urteilen wieder, wie wir an dem Beispiel von Lea, Peter und Klaus und ihrer Kinderrettung gesehen haben. Tut jemand nur etwas Gutes, um einen eigenen Vorteil daraus zu ziehen, reagieren wir auf solch ein Verhalten mit Irritation. Die Handlung erscheint uns weniger gut. Der Handelnde wirkt auf uns wie ein Heuchler.

Dies sieht man schön, wenn man an manche Corporate-Social-Responsibility-Aktion von Firmen denkt, die getreu dem Motto »Tue Gutes und rede darüber« geschehen. Natürlich empfindet man es meistens als gut, dass sich Unternehmen gesellschaftlich engagieren. Doch wenn die einzige Motivation für das Engagement zu sein scheint, in der Öffentlichkeit besser da zu stehen und Produkte besser verkaufen zu können, haben viele Menschen dabei ein ungutes Gefühl. Eine Kantsche Ethik kann nun dabei helfen, zu erklären, weshalb man dieses Gefühl hat. Kant liefert uns eine Begründung, warum denn auch die Absicht hinter einer Handlung moralisch wichtig ist. Kurz in Erinnerung gebracht, ist es die Sorge, dass wenn dieser externe Anreiz fehlen würde, die moralisch gute Handlung nicht ausgeführt würde.

Wenn man nun Kants Urteil teilt, dass das Motiv hinter einer Handlung wichtig wird, dann wird man dazu aufgerufen, sehr selbstreflektiert und kritisch seinen eigenen Handlungen zu begegnen. Zweifelsohne ist es ein äußerst schwieriges Unterfangen, immer mit Sicherheit sagen zu können, warum man etwas tut oder unterlässt. Gerne täuscht man sich selbst! Sich überhaupt das Problem zu vergegenwärtigen kann aber dabei helfen, dass man kritischer und vorsichtiger wird.

Die richtige Absicht zählt.

Selbstreflexion und -kritik

5.2.4 Der Wertebaum nach Kant

Denkt man an Kants Ethik und fragt, was man von ihr lernen kann, sollten neben dem Kategorischen Imperativ weitere Schlagworte hängen bleiben, wie beispielsweise: Gleichheit, Freiheit, Mündigkeit oder Menschenwürde. Diese Werte sind untrennbar mit dem Kantschen Gedankengut verbunden und bilden teilweise die Basis für den Kategorischen Imperativ, teilweise entspringen sie der Weiterentwicklung desselben. Denken wir an den Wertebaum einer ethikorientierten

Wertebaum nach Kant

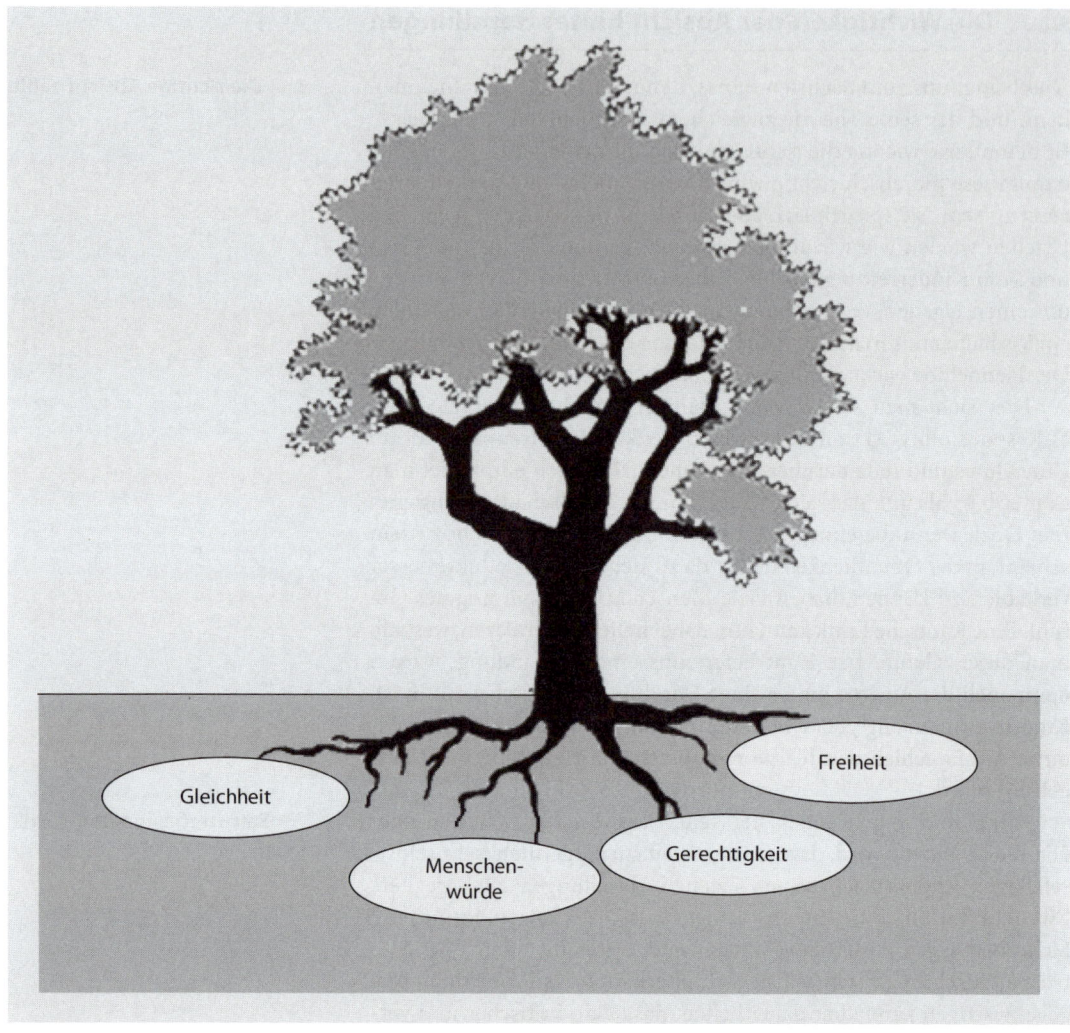

◻ **Abb. 5.7** Der Kantsche Wertebaum.

Führungskraft zurück, dann könnten diese »Werte« in der Wurzel des Baumes liegen (◻ Abb. 5.7).

Gleichheit

Im Grunde sind wir alle gleich.

Wenden wir uns den einzelnen Aspekten nochmals zu. Für Kant ist es eine grundlegende Annahme, dass alle Menschen im Grunde gleich sind, und zwar wegen ihrer Fähigkeit, rational zu entscheiden. Dies ist zweifelsohne eine äußerst starke Annahme, die vielleicht in der Realität nicht ganz so zutrifft. Nichtsdestotrotz ist es, gerade wenn es zu Fragen des Führungsstils kommt, sehr wichtig, diese Annahme zu verinnerlichen und sich immer wieder vor Augen zu halten, dass man selbst als Führungskraft nicht besser ist als seine Mitarbeiter oder Schüler. Im Grunde sind alle gleich!

Solch eine Einstellung – alle Menschen sind gleich – wird sich in der Art und Weise äußern, wie man mit anderen umgeht. Veranschaulichen wir es an einem scheinbar ganz banalen Beispiel: Höflichkeit. Es ist sicher ein Gebot der Höflichkeit, dass man als Führungskraft einen Portier oder eine Sekretärin mit der gleichen Höflichkeit begrüßt und behandelt wie den hierarchisch gleichgestellten Kollegen. Wenn man annimmt, dass alle Menschen im Grunde gleich sind und nur gewisse Lebensumstände zu unterschiedlichen Hierarchien geführt haben, dann gibt es keinerlei Rechtfertigung, weshalb man sie unterschiedlich behandeln sollte.

Freiheit

Die Fähigkeit, rational zu sein, macht uns nicht nur alle gleich, sondern ist auch der Grund dafür, weshalb wir Menschen, nach Kant, frei entscheiden und handeln können. Wir haben gesehen, dass Freiheit bei Kant die Fähigkeit bezeichnet, losgelöst von unseren Neigungen zu handeln, und wenn wir dies tun, moralisch zu handeln. Dies ist ein ganz zentraler Gedanke: Freiheit bedeutet bei Kant nicht »everything goes« oder Regellosigkeit. Zweifelsohne ist das ein sehr anspruchsvoller Freiheitsbegriff, und es ist umstritten, ob es generell möglich ist, dass wir so handeln. Aber auch wenn wir Kant nicht hundertprozentig zustimmen, kann man doch einen zentralen Gedanken mitnehmen: Freiheit ist nicht notwendigerweise Gefahr. Mitarbeitern und Schülern Freiräume zu geben, muss nicht heißen, dass Chaos entsteht und jeder nur seine eigenen Interessen verfolgt.

> **Freiheit heißt nicht Regellosigkeit.**

Mündigkeit

Dies führt zum nächsten und für unsere Ausführungen zentralen Aspekt: den der Mündigkeit. Erinnern wir uns an Kants bekanntesten Ausspruch: »Sapere aude! – Habe Mut, dich deines eigenen Verstandes zu bedienen!«, die Grundidee der Aufklärung. Diese Idee spiegelt sich auch im Kategorischen Imperativ wider. Um zu entscheiden, was die moralisch richtige Handlung ist, benötigen wir keine Autoritäten außer der unsrigen. Wir selbst können durch vernünftiges Nachdenken entscheiden, welche Handlung die richtige ist. Wir sind in dem Sinne mündig. Dies hat weitreichende Konsequenzen.

Die Forderung der Mündigkeit sollte nun jede Führungskraft an sich selbst stellen: Ich muss mündig sein! Dies bedeutet, dass sie sich generell nicht hinter den Entscheidungen anderer verstecken darf. Sie ist für jede ihrer Handlungen verantwortlich zu machen, und wenn sie von Oben etwas vorgegeben bekommt, was sie mit ihrem Gewissen nicht vereinbaren kann, dann ist es ihre Pflicht, sich dagegen zu wehren.

> **Sei mündig!**

Auf der anderen Seite sollte eine Führungskraft auch darum bemüht sein, die Mündigkeit ihrer Mitarbeiter zu stärken. Leider zeigt die Realität in vielen deutschen Mittelstands- und Großunternehmen,

> **Fördere Mündigkeit!**

5

dass mündige Mitarbeiter, die auch mal unbequem werden, nicht erwünscht sind. Die bestehende Unternehmens- und Führungskultur führt eher zum Gegenteil, zur Unmündigkeit der Mitarbeiter. Das Selbstverständnis vieler Führungskräfte ist, dass ihre Mitarbeiter ihnen gehorchen und ihre Entscheidungen nicht hinterfragen sollen. Sie fürchten, dass ansonsten ihre Autorität untergraben würde und Entscheidungsprozesse ins Unendliche gezogen würden.

negative Folgen von Unmündigkeit

Bei genauerer Betrachtung zeigt sich jedoch, dass es zu sehr nachteiligen Folgen führen kann, wenn man die Mündigkeit der Mitarbeiter untergräbt. Die Mündigkeit des Einzelnen kann ungeahnte Potenziale freisetzen. Die Kantsche Idee der Mündigkeit jedes Einzelnen ging einher oder war möglicherweise sogar ein entscheidender Auslöser für die Quantensprünge in den Naturwissenschaften in den letzten 200 Jahren. Und es ist nicht zufällig, dass nahezu 90 Prozent aller Nobelpreisträger aus Ländern kommen, in denen die europäische Aufklärungsphilosophie, die von Kant geprägt wurde, großen Einfluss hat. Auf Unternehmen übertragen bedeutet dies, dass Mitarbeiter, gerade da sie tief im Alltagsgeschäft involviert sind, häufig gute Ideen und Verbesserungsvorschläge haben, die zu Innovationen führen könnten. Leider werden diese nicht abgerufen, und somit wird Potenzial verschenkt. Würde man ihnen Gehör schenken, könnte man getreu dem Motto »Keiner weiß so viel wie alle« wahrscheinlich die Gesamtleistung erhöhen.

Noch ein anderer Aspekt kommt hinzu: Nicht nur wird Potenzial verschenkt, es wird vielmehr vermindert. Mitarbeiter, die sich in ihren Ideen nicht ernst genommen fühlen, neigen dazu, nur noch Dienst nach Vorschrift zu machen und innerlich zu kündigen. So zeigen beispielsweise die Gallup- Untersuchungen von 2010, dass nur 13 Prozent der deutschen Mitarbeiter hoch emotional engagiert sind (s. http://eu.gallup.com/Berlin/118645/Gallup-Engagement-Index.aspx).

Wie kann man Mündigkeit stärken?

Eine Führungskraft sollte demnach darum bemüht sein, die Mündigkeit ihrer Mitarbeiter zu stärken, doch wie kann ihr das gelingen? Wir haben durch das Mitbestimmungsgesetz bereits eine hohe Mitbestimmungschance von Arbeitnehmern (Betriebsrat, Gewerkschaften), und das wird zu Recht auch genutzt und dient überwiegend dem Wohle unserer Organisationen, weil man damit die Menschen einbindet, jedoch besteht unseres Erachtens nach ein viel größeres Potenzial, um die Mitarbeiter zu beteiligen und sie frühzeitig in Projekte einzubinden.

Prozess-Partizipation

Das kann einerseits durch Prozess-Partizipation geschehen, d.h. dass man die Mitarbeiter im Prozess vor der Entscheidung noch viel stärker mitgestalten und mitwirken lässt, Pro und Kontra und ihre Skepsis abfragt sowie Entscheidungsalternativen entwickeln lässt. Denn nur die Mitarbeiter, die in diesem Prozess mitgestalten und mitwirken können, werden sich später auch eher mit der Entscheidung identifizieren und solidarisch und loyal in der Umsetzung sein.

Entscheidungs-Partizipation

Daneben gibt es die sog. Entscheidungs-Partizipation. Natürlich entscheidet letztlich die Hierarchie, also die Führungsperson, aber es gibt genügend Beispiele, wo die Mitarbeiter noch viel stärker auch selbst mitentscheiden und mitgestalten könnten. Ob das nun Urlaubspläne sind oder Abläufe oder auch die Beteiligung bei der Auswahl von Teampersonen. Je mehr Mitarbeiter hier entscheiden können, z.B. ob jemand fachlich und menschlich geeignet ist, umso besser ist letztlich auch der Integrationsprozess.

Schließlich geht es auch um Implementierungs-Partizipation, d.h. dass man ein Höchstmaß an Freiräumen gibt bei der Umsetzung von Maßnahmen.

Implementierungs-Partizipation

Die Mündigkeit könnte sich aber auch darin zeigen, dass ein viel höherer Prozentsatz von Unternehmen die Mitarbeiter an den Gewinnen beteiligt. Es gibt hier eine zunehmende Zahl von Mittelstands- und Großunternehmen, die teilweise die Mitarbeiter an 50 Prozent ihres Gewinns partizipieren lässt. Auch hier denken wir, dass wenn man das Prinzip »Unternehmer im Unternehmen« ernst nimmt (und die Mitarbeiter tragen ja wesentlich zum Unternehmenserfolg bei), müssten hier noch viel mehr Unternehmen die Mitarbeiter am Gewinn beteiligen.

Gewinnbeteiligung

Die Forschungsergebnisse hinsichtlich Mündigkeit im Sinne von »den Mitarbeiter ernst nehmen und ihn in allen Phasen beteiligen und mitgestalten lassen« sind eindeutig: Ein solches Verhalten erhöht die Verantwortungsübernahme, die Identifikation, das Engagement, die Arbeitszufriedenheit u.v.m. Kants Aufruf zur Mündigkeit und zugleich sein Vertrauen, dass diese nicht im Chaos endet, wird also durch eine Vielzahl empirischer Forschungen und Theorien der Psychologie gestützt.

positive Folgen von Mündigkeit

An dieser Stelle sei zugleich aber auch eine Warnung ausgesprochen: Man darf Menschen nicht überfordern, nicht hinsichtlich der Handlungsspielräume, aber auch nicht hinsichtlich ihrer Mündigkeit. Sie müssen einen bestimmten Reifegrad haben, müssen kompetent und fähig sein, Freiheiten auch nutzen zu können. Manchmal muss eine Führungskraft ihre Mitarbeiter vor sich selbst schützen, wenn nämlich zu viele Freiräume ein Engagement bewirken, das deren Kräfte übersteigt.

ein Zuviel an Mündigkeit

Starke Partizipation bewirkt oft, dass die Menschen begeistert sind von dem, was sie tun, und eine allzu intensive Beschäftigung mit der Arbeit kann ihre Gesundheit und ihre Sozialkontakte belasten. Hier ist es die Aufgabe von Führung, Stoppsignale zu setzen. Die Grenzen von Mündigkeit liegen da, wo Menschen einen ausreichenden Reifegrad noch nicht haben oder wo die Freiheiten zu Überengagement und mangelndem Selbstschutz führen. Es gilt also das Prinzip von Schneewind (2002), dass Freiheiten und damit auch Mündigkeit immer auch in Grenzen gehalten werden müssen.

Auch bedeuten Mündigkeit und Mitgestaltungsmöglichkeiten nicht, dass man in allen Bereichen Handlungsspielräume und Mitspracherechte haben muss. Es kann gute Gründe geben, warum Handlungsspielräume kleiner sind als von den Mitarbeitern gewünscht und erwartet. Auch Mitspracherechte mögen beispielsweise aus Loyalitätsgründen gegenüber Dritten, aus Vertraulichkeitsgründen oder aus zeitlicher oder persönlicher Überforderung begrenzt sein. Wichtig ist, dass dieses begründet wird nach dem Motto: Nichts hat Bestand, was nicht gut begründet werden kann, d.h. dort, wo die von Kant angesprochene Mündigkeit in den Organisationen nicht gegeben werden kann, muss dieses im Einzelfall begründet werden.

Mündigkeit und Wettbewerbsfähigkeit

Zusammenfassend kann man festhalten, dass man dort, wo die Selbstbestimmung gering und die Fremdbestimmung und Fremdkontrolle hoch sind, angepasste Mitarbeiter erzieht, die nicht über den Tellerrand hinausschauen und die weniger kreativ, innovativ und motiviert sind. Das, was Kant also postuliert hat, klagt der globale Wettbewerb ein. Wenn die Produkte und Maschinen weltweit gleichziehen, dann ist der entscheidende Wettbewerbsfaktor der Faktor Mensch. Es kommt seine Ideen, auf seine Gedanken, sein Wissen, seine Fähigkeiten und Fertigkeiten, aber insbesondere auf seine Kreativität, sein en Gestaltungswille n an. Dort, wo ihm Freiräume und Rahmenbedingungen gegeben werden, um Mündigkeit zu zeigen, kann er dieses voll gestalten. Unsere These ist: Je mehr die Philosophie von Kant umgesetzt wird, umso wettbewerbsfähiger wird ein Unternehmen im globalen Wettbewerb sein.

Erziehung zur Mündigkeit

Bis jetzt haben wir unsere Beispiele dem Bereich der Wirtschaft entlehnt. Kommen wir zu einem Beispiel aus dem Bildungssektor. In Schulen sollte es darum gehen, die Kinder zu mündigen Menschen zu erziehen. Dies ist von zentraler Bedeutung, da man später nur mündige und kritische Bürger und Mitarbeiter haben kann, wenn sie dies von klein auf gelernt haben. Das fängt damit an, dass man Schüler dazu auffordert, Lehrstoff kritisch zu hinterfragen und nicht bloß die Informationen aufzunehmen und wieder abzuspulen. Des Weiteren sollte man ihnen Selbstbestimmungsrechte einräumen, d.h. sie – durchaus unter Anleitung – dazu bringen, Projekte selbst auf die Beine zu stellen und umzusetzen. Eigenes Denken und eigene Initiativen sollten gefördert werden und nicht als zusätzliche Arbeitsbelastung unterbunden werden.

Achtung der Menschenwürde

Achtung der Menschenwürde

Zuletzt und eng verbunden mit den vorhergegangenen Aspekten sei die Idee der Menschenwürde erwähnt, die bei Kant begründet ist. Jedem Mensch kommt nach Kant eine uneingeschränkte Würde zu, die man nicht verletzten darf. Den Kategorischen Imperativ kann man auch so formulieren, dass man sein Gegenüber niemals bloß als Mittel, sondern immer zugleich auch als Zweck an sich selbst behandeln muss. Benutze ich jemanden bloß als Mittel zu einem beliebigen Zweck, dann instrumentalisiere ich ihn und beraube ihn seiner Menschenwürde.

Beispiel: Foxconn

Denken wir zur Veranschaulichung dieses Gedankens an die skandalö-
sen Arbeitsbedingungen, die in der chinesischen Firma Foxconn herrschen und die im Frühsommer 2010 weltweit für Aufsehen sorgten, da
es zu Aufständen in den Werken kam. Eine Selbstmordserie unter Angestellten der Firma Foxconn löste die Protestwelle aus. Deren Angestellte erhalten für Zwölf-Stunden-Arbeitstage unvertretbar niedrige
Löhne, die fast vollkommen von horrenden Mieten für winzige Zimmer
aufgefressen werden. Dazu werden ihnen weder ausreichende Pausen
noch Urlaub gewährt. Die Situation ist in China kein Einzelfall. Die Führungskräfte, die diese Arbeitsbedingungen zu verantworten haben,
behandeln ihre Mitarbeiter offensichtlich nur als Mittel, um möglichst
schnell und billig zu produzieren. Sie sehen sie nicht mehr als Menschen wie sich selbst an, denn wenn sie das täten, würden sie solche
Bedingungen niemals akzeptieren. Sie verletzen die Menschenwürde
ihrer Angestellten.

Zusammenfassend kann man festhalten: Kants Ethik bietet sicher viele wichtige Anregungen für die Frage, was moralisch richtiges Verhalten ist. Zweifelsohne handelt es sich nicht nur beim Verständnis, sondern auch bei der Umsetzung um eine sehr anspruchsvolle Theorie.
Dennoch kann man einiges von Kant mitnehmen: den Kategorischen
Imperativ, die Idee der Menschenwürde, die Vereinbarkeit von Freiheit und Gleichheit und die Forderung der Mündigkeit.

Zusammenfassung

5.3 Ein kleines Lexikon der Deontologie Kants

- **Achtung**

Das Gefühl der Achtung stellt die Triebfeder für eine wahrhaft moralische Handlung dar. Es ist, so Kant, das einzige vernunftgewirkte
Gefühl. Das Sittengesetz, das sich uns in Form des Kategorischen Imperativs präsentiert, nimmt keine Rücksichten auf unsere individuellen Neigungen. So demütigt es unsere sinnliche Natur. Diese Demütigung erleben wir als negatives Gefühl. Zugleich wird uns aber für das
moralische Gesetz ein positives Gefühl abgenötigt, das der Achtung.
Subjektiv erleben wir das moralische Gesetz durch das Gefühl der
Achtung. Handeln wir moralisch, handeln wir also aus Achtung fürs
Sittengesetz.

- **Autonomer Wille**

Ein autonomer Wille ist ein selbstgesetzgebender Wille. Das Gesetz,
welches er sich selbst gibt, ist das Sittengesetz und diesem unterwirft
er sich auch. Er ist autonom, da es sein eigenes Gesetz ist und keine
weitere Autorität benötigt wird.

5

■ **Deontologische Ethik/Ethik der Pflichten**

Die Bezeichnung deontologische Ethik leitet sich von dem altgriechischen Wort »deon« ab, was Pflicht bedeutet. Es handelt sich also um eine Ethik der Pflichten. Der Grundgedanke ist, dass wir zu bestimmten Handlungen verpflichtet sind und andere unterlassen müssen, unabhängig von den Folgen, die sich aus ihnen in einer speziellen Situation ergeben könnten. So mag es beispielsweise verboten sein, zu lügen. Dieses Verbot gilt auch dann, wenn eine Lüge positive Folgen hätte.

■ **Freier Wille**

Ein freier Wille ist für Kant ein Wille, der unabhängig von unseren sinnlichen Neigungen ist. Die Freiheit des Willens ist die Voraussetzung dafür, dass wir moralisch sein können, weshalb ein Wille, der frei ist, zugleich ein guter Wille ist.

■ **Guter Wille**

Der gute Wille ist der moralische Wille, d.h. der Wille desjenigen Menschen, der sich aus der richtigen Motivation heraus für die moralisch richtige Handlung entscheidet. Er ist das Einzige, was einen uneingeschränkten Wert hat.

■ **Handlungen aus Pflicht**

Handlungen aus Pflicht sind die wahrhaft moralischen Handlungen. Ihre Maximen stehen im Einklang mit dem Kategorischen Imperativ, und sie geschehen aus der richtigen Motivation heraus, nämlich aus Achtung vor dem Sittengesetz, d.h. genau deswegen, weil wir erkennen, dass es die moralisch richtigen Handlungen sind.

■ **Hypothetische Imperative**

In einem hypothetischen Imperativ wird eine Zweck-Mittel-Verbindung ausgedrückt. Wenn wir ein Ziel verfolgen, dann gibt es bestimmte Mittel, die am geeignetsten sind, um dieses Ziel zu erreichen. Wenn ich beispielsweise auf umweltfreundliche Art und Weise von München nach Berlin kommen will, sollte ich die Bahn nehmen. Der hypothetische Imperativ hat also die Form: »Wenn du auf umweltfreundliche Weise von München nach Berlin kommen willst, dann nimm die Bahn.«

Diese Art von Imperativen heißt hypothetisch, da sie immer auf einer möglichen, d.h. hypothetischen Absicht aufbauen, also beispielsweise auf meiner Absicht, auf umweltfreundliche Art von München nach Berlin zu kommen. Diese Absicht muss ich aber nicht haben.

■ **Kategorischer Imperativ**

Der Kategorische Imperativ ist der Schlüsselbegriff der Kantschen Ethik. Er stellt den obersten Leitsatz für unser Handeln dar, also das, woran wir all unser Handeln ausrichten sollen. Es handelt sich um einen Sollenssatz, d.h. eine Norm, die uns vorschreibt, wie wir handeln sollen. Die allgemeine Form des Kategorischen Imperativs lautet:

>> […] Handle nach derjenigen Maxime, durch die du zugleich wollen kannst, dass sie ein allgemeines Gesetz werde (Kant 1961a, *Grundlegung zur Metaphysik der Sitten*, AA IV 421). <<

- **Instrumentalisierungsverbot**

Die zweite Formulierung des Kategorischen Imperativs lautet:

>> […] Handle so, dass du die Menschheit sowohl in deiner Person, als in der Person eines jeden anderen jederzeit zugleich als Zweck niemals bloß als Mittel brauchtest (Kant 1961a, AA IV 428). <<

Diese Formulierung wird auch als Instrumentalisierungsverbot bezeichnet. Uns ist untersagt, uns selbst oder andere Menschen als bloße Mittel zur Erreichung eines beliebigen Zwecks zu missbrauchen, d.h. sie zu instrumentalisieren.

- **Maximen**

Jeder unserer Handlungen kann man eine Maxime zuordnen. Wenn ich beispielsweise beleidigt werde und dies räche, kann man mir die Maxime zuschreiben: »Wann immer ich beleidigt werde, räche ich mich«. So gesehen sind Maximen persönliche Grundsätze, auf bestimmte Art und Weise zu handeln.

- **Mischwesen**

Menschen sind für Kant Mischwesen, d.h. sie sind zum einen vernunftbegabt und zum anderen haben sie eine sinnliche Seite.

- **Naturgesetz-Formel**

Die erste Formulierung des Kategorischen Imperativs ist die sog. Naturgesetz-Formel, die lautet:

>> […] Handle so, als ob die Maxime deiner Handlung durch deinen Willen zum allgemeinen Naturgesetze werden sollte (Kant 1961a, AA IV 421). <<

- **Neigungen**

Unsere Emotionen, Wünsche, Instinkte etc. bezeichnet Kant als Neigungen. Dass der Mensch Neigungen hat, zeichnet ihn als sinnliches Wesen aus. Entscheidend ist, dass wir keinen direkten Einfluss über unsere Neigungen haben. Wir können, so Kant, niemanden zwingen, eine bestimmte Neigung zu haben.

- **Pflicht**

Der Begriff der Pflicht ist einer der Schlüsselbegriffe der Kantschen Ethik. Moralisch zu handeln ist für Kant Pflicht. Eine Handlung, zu der wir verpflichtet sind, ist eine Handlung, die notwendigerweise so geschehen soll und zu der alle Menschen gleichermaßen verpflichtet sind.

- **Pflichtmäßige Handlungen**

Pflichtmäßige Handlungen sind solche, deren Maximen dem Kategorischen Imperativ entsprechen, die aber aus der falschen Motivation heraus geschehen, nämlich aus einer persönlichen Neigung.

- **Pflichtwidrige Handlungen**

Pflichtwidrige Handlungen sind solche, deren Maximen nicht dem Kategorischen Imperativ entsprechen.

- **Reich der Zwecke**

Stellen wir uns vor, dass wir alle, als vernünftige Wesen betrachtet, zusammen agieren. Dieser Zusammenschluss von Zwecken an sich selbst ist für Kant das Reich der Zwecke. In diesem Reich gibt es Regeln, die das Miteinander regeln, und diese ergeben sich eben aus dem Sittengesetz.

- **Selbstgesetzgebung**

Die Idee der Selbstgesetzgebung ist folgende: Jeder vernünftige Mensch gibt sich das Sittengesetz selbst. Um das Sittengesetz zu erkennen, brauchen wir nichts anderes als unsere Vernunft. Da sich das Sittengesetz für jeden Einzelnen aus der Vernunft erschließt, ist jeder Einzelne im Grunde der Gesetzgeber. Es ist das eigene Gesetz. Zugleich unterwerfen wir uns aber auch diesem Gesetz, da wir erkennen, dass es das Sittengesetz ist.

- **Sittengesetz/sittliches Gesetz/moralisches Gesetz**

Der Kategorische Imperativ enthält das Sittengesetz. Für uns Menschen als Mischwesen präsentiert sich dieses in Form des Kategorischen Imperativs. Wären wir reine vernünftige Wesen, würden wir jederzeit vollkommen vernünftig handeln. Das Sittengesetz würde unsere Handlungen beschreiben wie ein Naturgesetz. Da wir aber nicht reine vernünftige Wesen sind, sondern auch Neigungen haben, ist das Sittengesetz keine Beschreibung unseres Handelns.

- **Triebfeder**

Jede unserer Handlungen braucht eine Triebfeder, d.h. eine Motivation, die uns dazu führt, tatsächlich zu handeln. Meistens handelt es sich bei den Triebfedern um Neigungen.

- **Wille/praktische Vernunft**

Unser Wille ist unsere Fähigkeit, Entscheidungen zu treffen und nach diesen zu handeln. Hierzu ist Vernunft notwendig, weshalb Kant unseren Willen auch als unsere praktische Vernunft bezeichnet.

- **Würde**

Rationalen Wesen, d.h. Zwecken an sich selbst, kommt Würde zu oder auch ein innerer Wert. Wenn etwas eine Würde hat, dann darf es nicht durch etwas anderes ausgetauscht werden. Es gibt so gesehen kein Äquivalent für es. Anders verhält es sich mit Dingen, die einen Preis haben, d.h. keinen inneren Wert. Wenn etwas einen Preis hat, dann können wir es durch etwas mit dem passenden Gegenwert vertauschen.

- **Zweck an sich selbst**

Rationale Wesen, wie Menschen, sind Zwecke an sich selbst. Bei unseren Handlungen müssen wir sie immer in Betracht ziehen und dürfen sie nicht bloß als relativen Zweck verwenden.

Das Nützlichkeitsprinzip

John Stuart Mill

Abb. 6.1 John Stuart Mill, © picture alliance / Everett Collection

» Die Auffassung, für die die Nützlichkeit oder das Prinzip des größten Glücks die Grundlage der Moral ist, besagt, dass Handlungen insoweit und in dem Maße moralisch richtig sind, als sie die Tendenz haben, Glück zu befördern, und insoweit moralisch falsch, als sie die Tendenz haben, das Gegenteil von Glück zu bewirken (Mill 1976, S. 13). «

6.1   Darstellung des Utilitarismus Mills

Dem Utilitarismus, auch Nützlichkeitsethik genannt, welcher von John Stuart Mill vertreten wird, gilt das allgemeine Glück der größten Anzahl von Menschen als oberstes Richtmaß menschlichen Handelns. Diejenige Handlung gilt als die moralisch richtige, die dem allgemeinen Glück am zuträglichsten ist. Dies ist der Kerngedanke des Nützlichkeitsprinzips. Gemessen wird dies anhand der Folgen, die sich aus unseren Handlungen ergeben. Der Utilitarismus ist somit eine konsequentialistische Ethik, d.h. eine Ethik, die den moralischen Wert einer Handlung an ihren Folgen bewertet.

6.1.1   Biographische Notizen

John Stuart Mills Leben

John Stuart Mills Leben
John Stuart Mill (⬛ Abb. 6.1) ist ein einflussreicher Philosoph des 19. Jahrhunderts. Er verteidigte den Empirismus (s. Mill 2002), d.h. die Lehre, dass alles Wissen von der Erfahrung abgeleitet wird (s. hierzu auch ▶ Kap. 14.1.2 »Die wissenschaftstheoretischen Vorgänger«), den politischen Liberalismus (s. Mill 1986, 2004) und nicht zuletzt den Utilitarismus (s. Mill 1976, 1986). Dieser Utilitarismus, der seinen geistigen Ursprung in der Ethik von Jeremy Bentham hat (s. Bentham 1996; s. auch ▶ Kap. 6.1.3 »Arten des Hedonismus«), ist neben der Kantschen und der Aristotelischen Ethik eine der einflussreichsten Moraltheorien. Die Aussage, das allgemeine Glück, d.h. das Maximum an Glück für alle Menschen, solle der Maßstab für unser moralisches Handeln sein, erscheint vielen Menschen als intuitiv einsichtig und darüber hinaus als sympathisch.
   Mills familiäres Umfeld hat seine Philosophie stark beeinflusst, so dass es hilfreich ist, sich einige biographische Begebenheiten einzuprägen. Er wurde am 20. Mai 1806 in London als Sohn von James Mill, einem begeisterten Anhänger Jeremy Benthams, geboren. Dieser nahm sich viel Zeit für die Erziehung seines Sohnes, der ein perfekter Intellektueller werden sollte. So begann John Stuart Mill im Alter von drei Jahren Altgriechisch zu lernen, gefolgt von Latein, und hatte als Teenager bereits alle Klassiker ge-

lesen. Auch Logik, Mathematik, Geschichte und Ökonomie stan-
den auf seinem Stundenplan. 1826, im Alter von 20 Jahren, wurde
Mill schwer depressiv, was er damit zu erklären versuchte, dass er
zwar intellektuell, jedoch nicht emotional gefordert worden war.
Den Ausweg aus dieser Krise lieferte ihm die Lektüre von Poesie,
vor allem der romantischen und emotionalen Gedichte William
Wordsworths. Diese Erfahrung beeinflusste ihn und seine Philosophie stark.

Prägend war 1830 auch die Begegnung mit Harriet Taylor, der
Ehefrau des Geschäftsmanns John Taylor. Jahrelang unterhielt er
mit ihr eine enge platonische Freundschaft, ehe er sie 1851 zwei
Jahre nach dem Tod ihres Ehemanns heiratete. Harriet, die ihn als
»Seelenverwandten« bezeichnete, hatte großen Einfluss auf Mill.
Gerade sein Kampf um die Gleichberechtigung der Frau ist von
seiner Beziehung zu ihr geprägt.

1823 begann Mill, wie schon sein Vater, bei der East India Com-
pany zu arbeiten. Nach dem Tod Harriets 1858 beendete er dieses
Arbeitsverhältnis. 1865 wurde er zum Mitglied des Unterhauses
für die Liberalen gewählt, verlor seinen Sitz jedoch 1868, da er zu
extreme Positionen vertrat. Am 7. Mai 1873 verstarb er in Avignon,
wo er neben Harriet begraben wurde (zur Biographie s. Brink
2007; Wilson 2007).

Auch wenn Mill hauptsächlich für seine Ethik und seine politische
Philosophie bekannt geworden ist, lieferte er auch Beiträge zu ande-
ren Bereichen der Philosophie. Hier seien einige seiner wichtigsten
Werke erwähnt:

System of Logic (dt.: Ein System der Logik, 1843) Durch dieses Werk
wurde Mill erste philosophische Wertschätzung zuteil. Sein System
der Logik war bis zum Beginn des 20. Jahrhunderts ein Standardwerk
für Natur- und Sozialwissenschaften.

Mills Schriften (Auswahl)

**The Principles of Political Economy (dt.: Die Prinzipien der politischen
Ökonomie, 1948)** Dieses in der politischen Philosophie beheimate
Werk legt Prinzipien der liberalen Politik dar.

On Liberty (dt.: Über die Freiheit, 1859) *On Liberty* ist eines der Hauptwerke Mills. Wie der Titel schon vermuten lässt, argumentiert Mill
hier für die Freiheit des Einzelnen gegenüber dem Staat, sowohl in
moralischer als auch ökonomischer Hinsicht. Für seine Zeit war dies
eine äußerst radikale Position.

Utilitarianism (dt.: Utilitarismus, 1861) *Utilitarianism* gilt als das zweite
Hauptwerk von Mill. Hierin wird die utilitaristische Ethik oder auch
Nützlichkeitsethik, die auf Bentham zurückgeht, dargestellt, vertieft
und modifiziert. Das Nützlichkeitsprinzip, welches besagt, dass die-

jenige Handlung die richtige ist, die das allgemeine Glück am meisten fördert, wird formuliert und begründet. Bis heute ist es einer der meist diskutierten philosophischen Texte.

The Subjection of Women (dt.: Die Unterdrückung der Frauen, 1869) *The Subjection of Women* ist gerade aus heutiger Sicht ein bemerkenswerter Text. Mill argumentiert für die vollkommene Gleichberechtigung der Frau, sowohl in privater als auch politischer Hinsicht, sowie für die Chancengleichheit zwischen Mann und Frau.

Autobiography (dt.: Autobiographie, posthum, 1873) Nach seinem Tod veröffentlicht Helen Taylor, Harriets Tochter, die nur teilweise fertiggestellte Autobiographie Mills, welche sie um einige Anmerkungen ergänzt.

Im Folgenden wenden wir uns vertiefend Mills ethischen Gedanken zu und wollen sie in ihren Grundzügen skizzieren.

6.1.2   Das Nützlichkeitsprinzip

das Nützlichkeitsprinzip als Kern des Utilitarismus

Mill bezeichnet seine Ethik als Utilitarismus. Dieser Begriff leitet sich von dem lateinischen »utilitas« ab, was so viel wie Nützlichkeit bedeutet. Dementsprechend wird seine Ethik auch Nützlichkeitsethik genannt. Unter Nützlichkeit versteht Mill etwas, das Lust hervorbringt oder zumindest keine Schmerzen verursacht (s. Mill 1976, S. 11). Den Kern des Utilitarismus bildet das sog. Nützlichkeitsprinzip. Es besagt, dass diejenige Handlung die moralisch richtige ist, welche das allgemeine Glück, d.h. das Glück der größten Anzahl von Menschen, maximiert:

》 Die Auffassung, für die die Nützlichkeit oder das Prinzip des größten Glücks die Grundlage der Moral ist, besagt, dass Handlungen insoweit und in dem Maße moralisch richtig sind, als sie die Tendenz haben, Glück zu befördern, und insoweit moralisch falsch, als sie die Tendenz haben, das Gegenteil von Glück zu bewirken (Mill 1976, S. 13). **《**

Dieses Prinzip liefert uns also das Kriterium für moralisch richtiges bzw. falsches Handeln und ist damit das oberste Prinzip moralischen Handelns. Es nimmt im Rahmen des Utilitarismus eine vergleichbare Rolle wie der Kategorische Imperativ in Kants Ethik ein. Doch weshalb geht Mill davon aus, dass das Nützlichkeitsprinzip das oberste Kriterium für moralisches Handeln ist?

6.1.3   Arten des Hedonismus

Hedonismus

Hierzu ist es hilfreich, zu verstehen, auf welchem Weg Mill zu dem Nützlichkeitsprinzip gelangt. Seine Ethik baut auf einer Werttheorie

Hedonismus
▪ Lust bzw. Freude ist das einzig intrinsisch, d.h. an sich Wertvolle für den einzelnen.
▪ Je mehr Lust man empfindet und je weniger Unlust, desto besser.

Quantitativer Hedonismus	Qualitativer Hedonismus
▪ Der Lustzugewinn bzw. -verlust wird **rein quantitativ** gemessen, d.h. **Dauer und Intensität** sind die Maßstäbe.	▪ Der Lustzugewinn bzw. -verlust **wird sowohl quantitativ als auch qualitativ** bemessen. ▪ Es gibt unterschiedliche, qualitativ verschiedene **Arten von Lust,** die sinnliche und die intellektuelle Lust. ▪ Auch eine noch so hohe Quantität von Lust einer niedrigeren Stufe kann nicht die Lust auf einer höheren Stufe erreichen (Quantensprung).
vertreten von Jeremy Bentham	**vertreten von John Stuart Mill**

◘ **Abb. 6.2** Formen des Hedonismus

auf, d.h. einer Theorie, die sich damit auseinandersetzt, was für jeden einzelnen Menschen wertvoll ist. Eine Werttheorie hat zunächst noch nichts mit Ethik zu tun. Mill vertritt eine hedonistische Theorie (◘ Abb. 6.2). Unter Hedonismus versteht man die Auffassung, dass alles, was für den Menschen wertvoll ist und wonach er strebt, sein eigenes Glück ist. Glück wird bei Mill als Lust und als Fehlen von Unlust bzw. Schmerz definiert und Unglück dementsprechend als Unlust und als Fehlen von Schmerz (s. Mill 1976, S. 13).

Diese Auffassung übernimmt Mill von seinem Vorgänger Jeremy Bentham. In einem wichtigen Aspekt weicht er jedoch von diesem ab. Bentham kann als Vertreter eines quantitativen Hedonismus verstanden werden (s. Darwall 1998, S. 119). Damit ist Folgendes gemeint: Ein Leben ist umso glücklicher, je länger die Glückszustände andauern und je intensiver diese sind. Hierbei fließt implizit ein, dass wir Glück, seine Dauer und seine Intensität irgendwie messen können.

quantitativer Hedonismus

Mill verneint nicht, dass bei der Bemessung von Glück dessen Quantität eine Rolle spielt. Darüber hinaus gibt es – so Mill – unterschiedliche Arten von Glück, die qualitativ verschieden sind (s. Mill 1976, S. 15). Seine Auffassung kann man dementsprechend als qualitativen Hedonismus bezeichnen (s. Darwall 1998, S. 120). So mögen wir von einer niedrigeren Art von Glück noch so viel anhäufen, sowohl an Dauer als auch an Intensität, sie wird niemals an das Glück auf der höheren Stufe heranreichen.

Um die unterschiedlichen Arten von Glück zu identifizieren, verweist Mill auf eine »Ideal Judgement Theory« (s. Mill 1976, S.15 f.): Stellen wir uns vor, eine Person hat die Wahl zwischen einer Freude

6

des Typus a und einer Freude des Typus b. Nehmen wir des Weiteren an, dass sie beide Arten von Freuden kennt und insoweit ein idealer Urteilender ist. Diejenige Freude ist nun die höherwertige, die diese gut informierte Person wählt. Da sie alle relevanten Informationen zur Verfügung hat, kann sie ein ideales Urteil fällen:

>> Von zwei Freuden ist diejenige wünschenswerter, die von allen oder nahezu allen, die beide erfahren haben […] entschieden bevorzugt wird (Mill 1976, S.15 f.). **«**

Laut Mill können auf diesem Wege die sinnlichen von den intellektuellen Freuden unterschieden werden, wobei die letzeren die höherwertigen sind. Dieser Überzeugung liegt die Überlegung zugrunde, dass wir Menschen durch unseren Verstand bzw. Intellekt uns von rein sinnlichen Wesen unterscheiden. Da wir darüber verfügen, wollen wir in diesen auch gefordert werden, so dass wir die intellektuellen Freuden vorziehen. So wählt jemand, der tatsächlich beide Arten von Freuden kennt und sich entscheiden muss, die intellektuellen Freuden, also beispielsweise die Lektüre eines guten Buches, anstelle der sinnlichen Freuden, wie beispielsweise dem Verzehr von Eis (s. Mill 1976, S. 16 f.).

Mit dieser Unterscheidung der Arten von Freuden möchte Mill einem althergebrachten Vorwurf gegen den Hedonismus begegnen, nämlich dem, dass er den Menschen auf eine Stufe mit den Tieren stellt, da er allein unsere sinnliche Lust betrachte. In diesen Kontext ist auch folgendes Zitat zu stellen:

>> Es ist besser, ein unzufriedener Mensch zu sein als ein zufriedenes Schwein; besser ein unzufriedener Sokrates als ein zufriedener Narr (Mill 1976, S. 18). **«**

qualitativer Hedonismus

Das bedeutet, dass wir noch so viel sinnliche Freude anhäufen können, dass es uns dadurch aber trotzdem niemals gelingen wird, auf die nächste Stufe von Glück zu kommen. Selbst wenn ich in an meinen intellektuellen Anstrengungen scheitere, gibt mir dies doch mehr Befriedigung als ein rein sinnlich glückliches Leben.

Kritik am qualitativen Hedonismus

Diese Auffassung des Hedonismus ist nicht unkritisiert geblieben. Akzeptieren wir, dass es unterschiedliche Arten von Glück gibt, die sich qualitativ unterscheiden! Dennoch bleibt eines der Hauptprobleme bestehen, nämlich die Frage, ob ein gut informierter Urteilender tatsächlich den intellektuellen Freuden immer den Vorzug vor den sinnlichen Freuden geben würde oder ob er nicht manches Mal nach den sinnlichen Freuden greifen möchte. Mill scheint hier ein zu stark kontrastiertes Bild zu zeichnen. Ohne ein Mindestmaß an sinnlichen Freuden, beispielsweise, dass ich satt, nicht durstig und ausgeschlafen bin, werde ich auch keine intellektuellen Freuden genießen können. Kritiker geben zu bedenken, dass auch einige sinnliche Freuden berücksichtigt werden sollten und der Fokus nicht ausschließlich auf die intellektuellen Freuden gelegt werden sollte. Doch lassen wir diese Kritik außen vor und wenden uns wieder der Ausgangsfrage zu, wie Mill sein Nützlichkeitsprinzip begründet.

6.1.4   Der »Beweis« des Nützlichkeitsprinzips

Mill bringt eine Art »Beweis« für die Gültigkeit seines Nützlichkeitsprinzips vor, der als Analogieargument bezeichnet werden soll. Die Basis bildet die im vorherigen Abschnitt ausgearbeitete Annahme, für jeden einzelnen Menschen sei dessen persönliches Glück ein Gut. Dies reicht jedoch noch nicht aus. Darüber hinaus ist es notwendig für die Argumentation, dass Glück das *einzige* Gut für den Menschen ist. Hierzu betrachtet er mögliche Kandidaten, die als Gut für die Menschen gelten könnten, wie beispielsweise Tugendhaftigkeit. Mill kommt zu dem Ergebnis, dass sie alle entweder Teil des Glücks sind oder aber als Mittel, um das Glück zu erreichen, angestrebt werden. Somit ist Glück weiterhin der einzige Wert für den Menschen (s. Mill 1976, S. 61 f.).

> **Glück ist das einzige Gut des Menschen.**

Veranschaulichen wir diese Argumentation am Beispiel der Tugend, von der man gerne annimmt, dass sie einen Wert für uns Menschen darstellt. Der Utilitarismus muss nun nicht bestreiten, dass Tugend um ihrer selbst Willen erstrebt wird. Aber wenn Tugend um ihrer selbst Willen erstrebt wird, dann ist sie Teil des Glücks. Wenn Tugend Teil des Glücks ist, dann ist Glück letztendlich immer noch der einzige Wert im menschlichen Leben (s. Mill 1976, S. 62). Mill fasst diesen Gedanken wie folgt zusammen:

> ❯❯ Alles, was nicht als Mittel zu einem Zweck und letztlich als Mittel zum Glück begehrt wird, ist selbst ein Teil des Glücks und wird erst dann um seiner selbst willen begehrt, wenn es dazu geworden ist (Mill 1976, S. 66). ❮❮

Glück ist also das Einzige, was einen Wert für den einzelnen Menschen hat. Die Moral bezieht sich nun nicht auf die Handlungen eines einzelnen Menschen, sondern auf die Gesamtheit der Menschen. Sie regelt das zwischenmenschliche Handeln (▶ Kap. 4.1.4 »Ethik und Moral«).

> **Moral bezieht sich auf die Gesamtheit der Menschen.**

Wenn nun das persönliche Glück den einzigen Wert für den einzelnen Menschen darstellt und Moral die Gesamtheit der Menschen betrifft, liegt der Gedanke nahe, dass das allgemeine Glück als Summe des individuellen Glücks das Kriterium für moralisches Handeln darstellt. Also:

> **Für die Moral zählt das allgemeine Glück.**

> ❯❯ […] nämlich dass das Glück jedes Einzelnen für diesen ein Gut ist und dass daher das allgemeine Glück ein Gut für die Gesamtheit der Menschen ist. Damit hat das Glück seinen Anspruch begründet, einer der Zwecke des Handelns und folglich eines der Kriterien der Moral zu sein (Mill 1976, S. 61). ❮❮

Oder:

> ≫ In diesem Fall ist Glück der einzige Zweck menschlichen Handelns und die Beförderung des Glücks der Maßstab, an dem alles menschliche Handeln gemessen werden muss – woraus notwendig folgt, dass es das Kriterium der Moral sein muss, da ja der Teil im Ganzen enthalten ist (Mill 1976, S. 67). ≪

Analogieargument für das Nützlichkeitsprinzip

Vereinfacht kann man diese Argumentation also wie folgt darstellen (s. Darwall 1998, S. 113):

1. Das Einzige, was für ein Individuum wertvoll ist, ist sein persönliches Glück.
2. Moral fragt, was wertvoll ist aus der Perspektive der moralischen Gemeinschaft, d.h. der Menge aller Menschen.
3. Was wertvoll aus der Perspektive der moralischen Gemeinschaft, d.h. der Menge aller Menschen ist, ist das Maximum von dem, was für das Individuum gut ist, nämlich Glück.
4. Moral fragt nach dem größten Maß an Glück für die moralische Gemeinschaft.

Folgt man dieser Argumentation, dann wird das Nützlichkeitsprinzip als Kriterium für unser moralisches Handeln nahegelegt. Rufen wir uns dieses Prinzip nochmals vor Augen:

Nützlichkeitsprinzip

> ≫ Die Auffassung, für die die Nützlichkeit oder das Prinzip des größten Glücks die Grundlage der Moral ist, besagt, dass Handlungen insoweit und in dem Maße moralisch richtig sind, als sie die Tendenz haben, Glück zu befördern, und insoweit moralisch falsch, als sie die Tendenz haben, das Gegenteil von Glück zu bewirken (Mill 1976, S. 13). ≪

Das Analogieargument ist kein strikter Beweis.

Wichtig ist, zu unterstreichen, dass das eben wiedergegebene Argument kein Beweis in strenger Form ist. Selbst wenn wir akzeptieren, dass Glück das einzig Wertvolle für das Individuum ist, folgt daraus noch nicht, dass das allgemeine Glück das einzig Wertvolle für eine Gemeinschaft ist. Demnach sollte man den »Beweis« des Nützlichkeitsprinzips in einer schwächeren Form lesen, als eine Art Analogieargument.

6.1.5   Konsequentialistische Ethik

Relevanz der Folgen einer Handlung

Akzeptieren wir das Nützlichkeitsprinzip als oberste Norm moralischen Handelns, bleibt zu klären, wie man es im konkreten Fall anwenden kann. Zunächst einmal handelt es sich beim Utilitarismus um eine konsequentialistische Ethik. Dahinter verbirgt sich die Auffassung, dass für die ethische Bewertung einer Handlung allein deren Folgen zählen und nicht die Absicht, die hinter der Handlung steht. Verbildlichen wir dies an einem Beispiel, welches auch Mill verwendet:

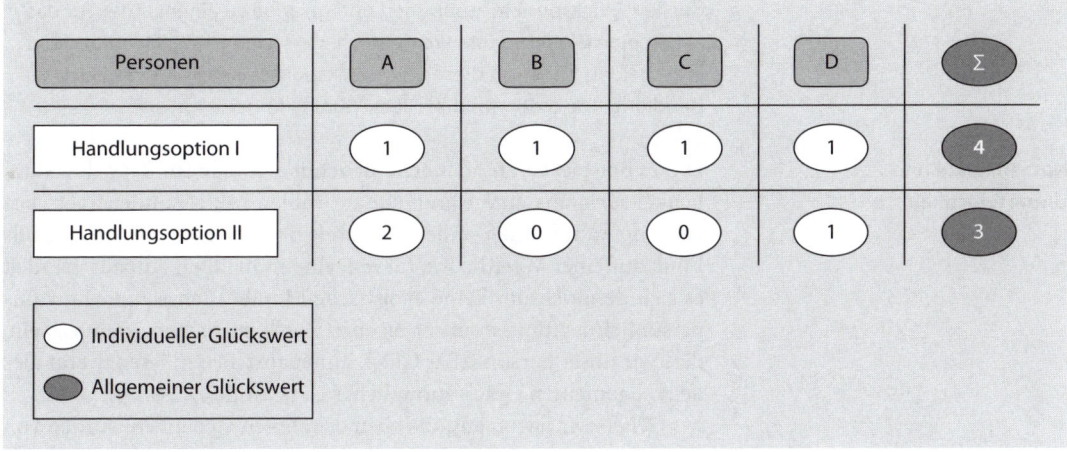

Abb. 6.3 Nutzenkalkül – Unparteilichkeit

» Wer einen Mitmenschen vor dem Ertrinken rettet, tut, was moralisch richtig ist, einerlei, ob er es aus Pflichtgefühl tut oder in der Hoffnung, für seine Mühe entschädigt zu werden (Mill 1976, S. 32). «

Es spielt also keine Rolle, mit welcher Absicht ich etwas tue. Als Begründung führt Mill an, dass es in gewisser Weise unrealistisch ist, vorschreiben zu wollen, aus welchen Intentionen heraus wir handeln sollen.

Es sind also nur die Folgen einer Handlung für deren moralischen Wert relevant. Überlege ich also, wie ich handeln soll, dann überlege ich mir, welche Folgen eine Handlung hätte, d.h. welchen Nutzen sie für die Allgemeinheit hervorbringen würde. Dies vergleiche ich mit einer anderen Handlungsalternative, die mir in der Situation offen steht, und wähle dann die Handlung, die den größten Nutzen hervorbringt. Diesen Gedanken kann man auch mithilfe des Nutzenkalküls verdeutlichen.

Beispiel: Nutzenkalkül

Gehen wir der Einfachheit und Übersichtlichkeit halber davon aus, wir befänden uns in einer Gesellschaft mit vier Individuen (■ Abb. 6.3). In dieser Gesellschaft tritt eine Situation auf, in der wir handeln müssen. Zwei Handlungsoptionen I und II stehen offen. Nun ist zu überlegen, welche Folgen die Handlungen haben, d.h. welche Auswirkungen sie auf das Glück der Individuen der Gesellschaft haben. Hierzu gehen wir davon aus, dass man Glück messen kann. Nehmen wir an, man könnte Glückspunkte vergeben. Handlungsoption I ist nun so geartet, dass jedes Individuum einen Glückspunkt dazugewinnt, Handlungsoption II würde Person A zwei Glückspunkte und Person D einen Glückspunkt bescheren, wohingegen die Anderen leer ausgingen. Will ich nun zu einer Entscheidung kommen, wie ich handeln soll, zähle ich die individuellen Glückspunkte zusammen und gelange zu einem Index für das allgemeine Glück. Somit wird deutlich, dass ich mich für Handlung I zu entscheiden habe, da diese vier Glückspunkte liefert im Vergleich zu Handlung II, aus der nur drei Glückspunkte folgen.

Nutzenkalkül und Unparteilichkeit

Dieses Beispiel veranschaulicht nicht nur, wie man auf Basis des Nützlichkeitsprinzips eine Handlung auswählen sollte, sondern verweist auch noch auf einen anderen wichtigen Aspekt. Auch wenn Mills Ethik auf einer Werttheorie für einzelne Individuen aufbaut, handelt es sich dennoch um keine egoistische Moral. Auch wenn es für uns persönlich legitim ist, unser eigenes Glück zu suchen, kann es sein, dass wir unser persönliches Glück hintenanstellen müssen, wenn dies dem allgemeinen Glück zuträglicher ist (s. Mill 1976, S. 29).

Gehen wir davon aus, die eben erwähnten Gedanken würden von Person A durchgeführt. Für A wäre es in der Tat besser, die Handlungsoption II zu wählen, dennoch ist sie nach dem Nützlichkeitsprinzip dazu verpflichtet, die Handlung I durchzuführen. Stellen wir also Überlegungen auf Basis eines Nutzenkalküls an, dann müssen wir so unparteiisch wie möglich beurteilen, welche Handlung das allgemeine Glück maximiert oder anders formuliert: Aus moralischer Sicht sind wir primär für das allgemeine Glück verantwortlich. Dabei kann das individuelle Glück des Handelnden beeinträchtigt werden. Die Hoffnung ist aber und die Erfahrung bestätigt es auch, dass ich mein eigenes Glück nicht immer zugunsten des allgemeinen Glücks opfern muss.

Kritik am Nutzenkalkül

Betrachtet man das Nutzenkalkül, scheint es relativ einfach, zu entscheiden, wie man handeln soll. Es handelt sich jedoch um eine stark vereinfachte und schematische Darstellung. Vier Kritikpunkte seien erwähnt:

- Erstens geht man davon aus, dass man Nutzenwerte bzw. Glückspunkte tatsächlich vergeben könne. Anzunehmen, es gäbe eine absolute Glücksskala, ist jedoch nicht sonderlich plausibel. Eher sollte man davon ausgehen, man könne vergleichend feststellen, ob ein Zustand mehr Glück beschert als ein anderer. Dies wird jedoch mehr eine grobe Schätzung als eine exakte Bestimmung sein.
- Zweitens bezog sich unser Gedankenexperiment auf eine sehr kleine Referenzgruppe. Im Normalfall umfasst die zu betrachtende Gruppe, auf die eine Handlung Auswirkungen hat, mehr als vier Individuen. Je größer die Gruppe wird, desto schwieriger ist, abzuwägen, welche Folgen eine Handlung für ein spezielles Individuum hat. Daher wird man in der Praxis das allgemeine Glück abschätzen, ohne jeden einzelnen Glückswert der betroffenen Individuen zu bestimmen. So vergleicht man zwei Handlungen miteinander und deren Auswirkungen auf die Gesellschaft und schätzt ab, welche bessere Folgen hat.
- Drittens geht Mill davon aus, man könne tatsächlich die Folgen einer Handlung vorhersehen. Natürlich können wir häufig die Folgen einer Handlung abschätzen, jedoch können sich aus einer Handlung auch Konsequenzen ergeben, an die man nicht

denkt oder die man zum Zeitpunkt der Entscheidung noch nicht vorhersehen kann. Demnach wird in der Praxis eine Folgenabwägung immer nach »bestem Wissen und Gewissen« ablaufen. Bewertet man eine Handlung im Nachhinein, fällt dies häufig einfacher, da man über zusätzliches Wissen verfügt, d.h. man weiß, welche Folgen tatsächlich aufgetreten sind.

— Die letzte hier erwähnte Problematik bezieht sich auf die ungenaue Bestimmung der Aussage »allgemeines Glück«. Wer fällt alles in die Referenzgruppe von »allgemein«? Betrachte ich nur das Glück der direkt von meiner Handlung Betroffenen? Oder kalkuliere ich auch Effekte auf andere Menschen mit ein? Betrachte ich nur die deutsche Gesellschaft oder alle Menschen weltweit und ihr Glück? Und was ist mit den künftigen Generationen? Sollte ich sie nicht auch in meine Betrachtung mit einbeziehen? Wo ziehe ich die Grenze? Mill schenkt darüber hinaus nicht nur dem menschlichen Glück Beachtung, sondern erwähnt an einer Stelle explizit, dass wir auch für das Glück aller fühlenden Wesen, d.h. auch der Tiere, verantwortlich sind (s. Darwall 1998, S. 127).

Eine allgemeingültige Antwort auf diese Probleme zu geben ist nicht möglich. Idealerweise müssten wir immer das allgemeine Glück in seiner allgemeinsten Form, d.h. welches alle Menschen weltweit und auch die der künftigen Generationen sowie die Tiere berücksichtigt, zu maximieren versuchen. Dies würde uns jedoch mehr oder weniger handlungsunfähig machen, da wir nur noch damit beschäftigt wären, Nutzen »auszurechnen«.

Im Alltag entscheiden wir uns meistens problemlos für eine Handlung. Nur in Konfliktsituationen, in denen wir eben nicht wissen, wie wir handeln sollen, ziehen wir das Nützlichkeitsprinzip zu Hilfe. In diesen Situationen haben wir eine Vorstellung über die Reichweite unserer Handlungen, d.h. wer von ihnen tangiert wird. Diese Personen und deren Glück sollten wir dann in unsere Überlegungen integrieren. Überlege ich beispielsweise, ob ich einen Freund belügen darf, wenn die Wahrheit ihn verletzen würde, dann wird sein Glück und meines im Vordergrund stehen. Geht es dagegen um »globale Handlungen«, dann wird mein Betrachtungsrahmen entsprechend größer werden. Frage ich mich beispielsweise, ob ein staatlich garantierter Mindestlohn moralisch gefordert ist, müsste ich das Glück der deutschen Gesellschaft betrachten. Geht es mir um Klimaschutz, sollte ich global denken und auch das Glück zukünftiger Generationen mit einkalkulieren.

Anwendbarkeit des Nutzenkalküls

6.1.6 Handlungsutilitarismus versus Regelutilitarismus

Bis jetzt sind wir implizit davon ausgegangen, dass wir uns in einer speziellen Situation immer überlegen, welche Handlungsoptionen

zwei Lesarten des Utilitarismus

Handlungsutilitarismus

uns offen stehen, um dann eine Folgenabwägung durchzuführen. Jedoch gibt es eine Diskussion darüber, ob dies die richtige Interpretation des Gedankens von Mill ist: Soll man Mill als einen Handlungsutilitaristen oder einen Regelutilitaristen interpretieren?

Wenden wir uns zunächst dem Handlungsutilitarismus zu (s. Darwell 1998, S. 127). In jeder Situation und bei jeder Handlung wird von Neuem überprüft, ob man sie nach dem Nützlichkeitsprinzip wählen darf oder nicht. Eine Handlung ist demnach moralisch richtig, wenn sie das allgemeine Glück verglichen mit den anderen Handlungsoptionen, die in der konkreten Situation zur Verfügung stehen, maximiert. Man kann sich diese Überprüfung vereinfacht als eine Art Kalkulation vorstellen: Handlungsoption I führt zu 10 Glückspunkten, Handlungsoption II zu 20. Folglich müssen wir uns für Handlungsoption II entscheiden.

Folgt man dem Handlungsutilitarismus, kann es sein, dass ich in einem Fall lügen darf und in einem anderen Fall nicht, da einmal das allgemeine Glück befördert wird und einmal nicht. Stellen wir uns vor, wir lebten während des Zweiten Weltkrieges und hätten Juden in unserem Keller versteckt. Eines Tages kommt die Gestapo und befragt uns, ob wir jemanden verbergen würden. Würden wir die Wahrheit sagen, würden unsere Schützlinge und wahrscheinlich auch wir selbst sofort ins KZ deportiert. Dadurch würde das allgemeine Glück nicht maximiert werden. Lügen wir, besteht die Möglichkeit, uns selbst und die Versteckten in Sicherheit zu bringen, wodurch mehrere Menschenleben gerettet würden. Demnach ist es moralisch zulässig, ja sogar gewollt, dass wir lügen. In einem anderen Fall haben wir gesehen, wie ein Freund eine Frau bestohlen hat, die dadurch ihr letztes erspartes Geld verloren hat. Die Frau und ihre Familie benötigen das Geld so dringend, dass das allgemeine Glück maximiert wird, wenn wir sagen, dass mein Bekannter der Dieb ist. In diesem Fall wäre es moralisch falsch, zu lügen.

Abgesehen von der Frage, ob Mill eine handlungsutilitaristische Position vertritt oder nicht, sieht sich diese Position mit einer Reihe von Kritikpunkten konfrontiert. Im Folgenden sollen einige prominente Einwände vorgestellt werden. Der Gedankengang, der all diesen Einwänden zugrunde liegt, ist folgender: Folgt man strikt dem Handlungsutilitarismus, kommt man zu moralischen Bewertungen von Handlungen, die unserer Alltagsmoral deutlich widersprechen. Sie stehen so stark im Konflikt mit unserer Intuition, dass der Handlungsutilitarismus verändert oder aufgegeben werden sollte.

Probleme mit Handlungen, die als per se falsch angesehen werden

Handlungen, die an sich falsch sind Wie wir bereits gesehen haben, kann aus dem Handlungsutilitarismus folgen, dass wir in gewissen Situationen lügen dürfen, wenn die Folgen, die sich daraus ergeben, das allgemeine Glück maximieren. Dies steht im Konflikt mit der weitverbreiteten Überzeugung, dass zu lügen an sich verboten ist, egal, welche positiven Folgen sich ergeben könnten. Ähnlich verhält es sich beispielsweise mit der Frage, ob wir Versprechen brechen dürfen oder nicht (s. Darwall 1998, S. 132).

Personen	A	B	C	D	Σ
Handlungsoption I	9	0	0	0	9
Handlungsoption II	1	1	1	1	4

Abb. 6.4 Nutzenkalkül – verteilende Gerechtigkeit

Beispiel: »The Survival Lottery«

John Harris schrieb 1975 einen Artikel mit dem Titel »The Survival Lottery«, in welchem er dieses Problem an einem akzentuierten Beispiel darstellte. Stellen wir uns in Anlehnung an Harris Folgendes vor: Wir haben zwei Patienten Y und Z. Y benötigt dringend ein neues Herz und Z eine neue Lunge, ansonsten werden beide sterben. Leider gibt es keine Möglichkeit, für beide ein Organ zu finden. Nun kommt ein junger, gesunder, sportlicher Mann in die Notaufnahme, da er sich einen Arm gebrochen hat. Zufälligerweise stellt sich heraus, dass er den passenden Gewebetypus hat, so dass seine Organe perfekt für unsere beiden Kranken wären. Diese haben beide ein vorbildliches Leben geführt, haben eine große Familie und noch kleine Kinder. Der junge Mann hat keine nahen Verwandten und kaum Freunde, die ihn vermissen könnten.

Aus dem Handlungsutilitarismus scheint zu folgen, dass der Arzt moralisch dazu verpflichtet ist, den jungen Mann zu töten, um seine Organe an die beiden Patienten zu verteilen, da dadurch das allgemeine Glück maximiert wird. Dies ist eine Folge aus dem Handlungsutilitarismus, die viele strikt ablehnen, da hier das Recht auf Leben verneint wird. Jemanden zu töten, auch unter der Voraussetzung, andere dadurch zu retten, scheint an sich eine unmoralische Handlung zu sein.

Verteilende Gerechtigkeit Mit dem eben erwähnten Einwand ist ein weiterer verbunden (s. Darwall 1998, S. 132). Stellen wir uns eine Situation vor, in der wir zwei Handlungsoptionen I und II haben, und von der Handlung seien vier Personen betroffen (◘ Abb. 6.4). Handlung II würde jeder Person jeweils einen Glückspunkt verschaffen. Im Gegensatz dazu würde das allgemeine Glück bei Handlungsoption I in der Summe neun Glückspunkte betragen. Jedoch bekommt in dieser Situation Person A alles Glück, während die Anderen leer ausgehen. Intuitiv würden wir sagen, dass wir uns für die Option II entscheiden müssten, da dies doch die gerechtere Handlung ist. Folgt man jedoch strikt dem Handlungsutilitarismus, müsste man sich für Option I entscheiden. John Rawls hat diesen Einwand in seinem Werk *Eine Theorie der Gerechtigkeit* formuliert (s. Rawls 1979, S. 183; s. hier-

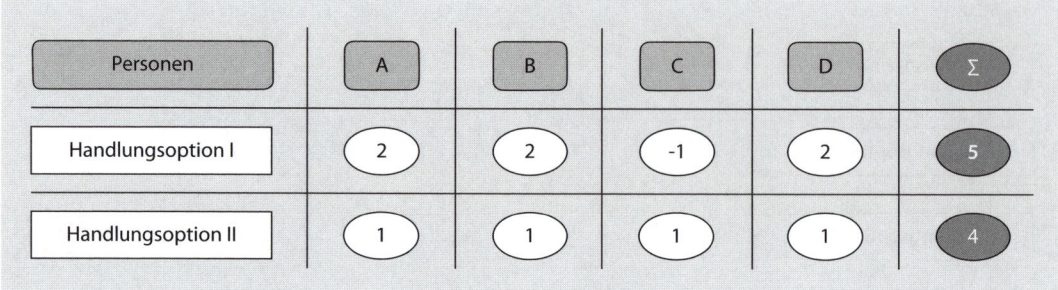

Personen	A	B	C	D	Σ
Handlungsoption I	2	2	-1	2	5
Handlungsoption II	1	1	1	1	4

☐ **Abb. 6.5** Nutzenkalkül – Asymmetrie zwischen Schaden und Gutes-Tun

zu auch ▶ Kap. 12 »Gerechtigkeit als Fairness«). In seinem Beispiel bezieht er sich auf eine Sklavenhalter-Gesellschaft, und es geht um die Frage, ob die Sklaverei abzuschaffen sei.

Beispiel: Sklavenhaltergesellschaft
Handlungsoption I steht für die Beibehaltung der Sklaverei. Durch die Sklaverei geht es den Sklavenhaltern (Person A) sehr gut. Sie sind überproportional glücklich, während ihre Sklaven kein Glück empfinden. Wird die Sklaverei nun abgeschafft (Handlungsoption II), gewinnen die ehemaligen Sklaven zwar Glück hinzu, doch verliert der Sklavenhalter so viele Privilegien, dass das allgemeine Glück niedriger ist als das bei der Beibehaltung der Sklaverei. Demnach müsste aus dem Handlungsutilitarismus in dieser speziellen Situation folgen, dass Sklaverei moralisch gut ist.

Probleme mit der Asymmetrie zwischen Schaden und Gutes-Tunnext

Moralische Asymmetrie zwischen Schaden und Gutes-Tun Der letzte Einwand zielt in eine ähnliche Richtung (s. Darwall 1998, S. 132). Stellen wir uns wieder eine Situation vor mit zwei Handlungsoptionen I und II und vier betroffenen Personen (☐ Abb. 6.5). Handlungsoption I bringt 5 Glückseinheiten hervor, aber so, dass dabei Person C geschädigt wird. Handlungsoption II bringt nur 4 Glückseinheiten, jedoch wird niemand geschädigt. Nach dem Handlungsutilitarismus sollte man also Handlung I wählen. Jedoch gehen wir intuitiv davon aus, dass man zunächst einmal doch Schaden vermeiden sollte. Teilweise verzichtet man auf eine Handlung, obwohl sie gewisse positive Folgen hätte, wenn durch sie andere geschädigt würden. Dies spiegelt sich beispielsweise auch in dem medizinethischen Leitsatz »Primum non nocere« – »Zunächst einmal nicht schaden« wider.

Der Handlungsutilitarismus scheint diese Asymmetrie zwischen Schaden und Vorteil zu übersehen, da wir uns für die Handlungsoption I entscheiden müssten. Diese Gedanken kann man auch an John Harris Beispiel veranschaulichen. Dem jungen Mann, der getötet werden soll, um seine Organe weiterzugeben, wird erheblicher Schaden zugefügt. Auf Basis des Handlungsutilitarismus scheint diese Handlung aber gerechtfertigt, da dadurch das Glück anderer so maximiert, dass alles in allem betrachtet das allgemeine Glück gesteigert wird.

Einen Ausweg aus diesen Schwierigkeiten bietet der sog. Regel-utilitarismus (s. Darwall 1998, S. 132 f.). Hier wird nicht mehr jede ein-zelne Handlung mit dem Nützlichkeitsprinzip abgeglichen, sondern mit allgemeinen Handlungsregeln oder Vorschriften. Eine Handlung ist demnach moralisch richtig, wenn sie im Einklang mit einer mög-lichen Handlungsregel steht, die das allgemeine Glück befördern wür-de, sobald eine Gesellschaft dieser Regel folgen würde. Eine Stelle in Mills Utilitarismus legt nahe, dass er solch eine Position vertreten hat:

>> Diese [d.i. die Norm der Moral] kann also definiert werden als die Gesamtheit der **Handlungsregeln und Handlungsvorschriften**, durch deren Befolgung ein Leben der angegebenen Art für die gesamte Menschheit im größtmöglichen Umfange erreichbar ist; und nicht nur für sie, sondern soweit es die Umstände erlauben, für die gesamte fühlende Natur (Mill 1976, S. 21; unsere Hervorhebung). **<<**

Wie kann man mit dieser Modifizierung den obigen Problemen be-gegnen? Stelle ich mir vor, in einer Gesellschaft zu leben, in der ich möglicherweise umgebracht werde, wenn ich zum Arzt gehe und meine Organe gerade gebraucht werden, dann werde ich nicht mehr zum Arzt gehen. Da jeder so denken wird, werden Krankheiten nicht mehr behandelt. Dies wird nicht dazu beitragen, dass das allgemeine Glück befördert wird. Daher ist die Handlungsregel abzulehnen. Dies ist nun aber eine Handlungsregel, die zum einen erlaubt hätte, dass eine Handlung, welche wir intuitiv als falsch ansehen, nämlich Mord, erlaubt wäre, und zum anderen, dass einer Person unglaublich viel Schaden zugefügt worden wäre, ihr wäre nämlich das Leben genom-men worden.

Ähnlich verhält es sich mit der Frage nach der verteilenden Ge-rechtigkeit. Eine Regel, die mehr oder weniger eine angemessene Ver-teilung des Glücks gewährleistet, wird das Glück in der Gemeinschaft eher fördern als eine Regel, wo nur einer übermäßig profitieren wird. So gesehen erscheint der Regelutilitarismus als die plausiblere Theorie.

Zusammenfassung

– Mills Ethik wird als utilitaristische Ethik oder Nützlichkeitsethik bezeichnet. Kern ist das sog. Nützlichkeitsprinzip, welches besagt, dass diejenige Handlung die moralisch richtige ist, die das allge-meine Glück maximiert.

– Mills Ethik baut auf seiner Werttheorie auf, dem qualitativen Hedonismus. Dieser besagt, dass das einzig Wertvolle im mensch-lichen Leben Glück sei, d.h. Lust und die Abwesenheit von Unlust. Dabei unterscheidet man unterschiedliche Arten von Glück, die qualitativ verschieden sind. So bemisst sich Glück nicht nur an seiner Dauer und Intensität, d.h. Quantität, sondern auch an sei-ner Qualität. Dabei gelten für Mill die intellektuellen Freuden im Vergleich zu den sinnlichen Freuden als höherwertig.

— Der Utilitarismus ist eine konsequentialistische Ethik, d.h. nicht die Absicht hinter einer Handlung, sondern lediglich ihre Folgen beeinflussen die moralische Bewertung.

— Der Utilitarismus kann als Handlungsutilitarismus verstanden werden, d.h. jede einzelne Handlung wird anhand ihrer Folgen bewertet. Er kann aber auch als Regelutilitarismus interpretiert werden, d.h. Regeln und Vorschriften werden anhand des Nützlichkeitsprinzips auf ihre moralische Zulässigkeit hin überprüft. Der Regelutilitarismus erscheint als die plausiblere Variante.

6.2   Was können wir von Mills Utilitarismus lernen?

Ebenso wie Kant ist auch Mill auf der Suche nach einem obersten Prinzip, an dem wir unsere Handlungen ausrichten können. Seine Antwort auf dieses Problem ist das Nützlichkeitsprinzip, welches besagt, wir sollten diejenige Handlung wählen, die dem allgemeinen Glück am zuträglichsten ist. Welche Lehren können wir aus Mills Nützlichkeitsethik ziehen?

6.2.1   Folgenabschätzung als Entscheidungshilfe

Folgenabschätzung

Es ist hervorzuheben, dass es sich um eine konsequentialistische Ethik handelt. Befinde ich mich in einer konkreten Situation, in der eine Entscheidung notwendig ist, kann eine Folgenabschätzung eine wichtige Entscheidungshilfe sein. Dazu benötige ich jedoch erst einmal unterschiedliche Handlungsoptionen und eine Analyse, wie sich diese in Zukunft auswirken können. Als Führungskraft sollte ich also von meinen Mitarbeitern fordern, dass sie mir in einer Entscheidungssituation unterschiedliche Handlungsoptionen aufbereiten und die daraus resultierenden Szenarien skizzieren. Auf Basis solcher Überlegungen kann ich mich nach Mill richtig entscheiden.

Offenheit gegenüber Neuem

Daraus folgt ein weiterer Aspekt. Eine Folgenabschätzung mag ergeben, dass eine Handlung, die eher ungewöhnlich oder nicht den festen Gewohnheiten entspricht, das beste Ergebnis liefert. Da wir unseren Blick jedoch auf die Folgen einer Handlung richten sollen, dürfen wir uns dadurch nicht beeinflussen lassen. Es muss also eine Offenheit gegenüber Neuem geben.

6.2.2   Kenntnisse über individuelle Sehnsüchte und Wünsche

Im Utilitarismus geht es darum, das allgemeine Glück zu maximieren. Versetzen wir uns in die Situation einer Führungskraft, die eine Entscheidung zu treffen hat, die ihre Mitarbeiter tangiert. Hält sie sich nun an den Utilitarismus, versucht sie die Handlung zu wählen, die das Glück der Gruppe maximiert. Hier tritt ein entscheidendes Problem auf: Wodurch wird denn genau das Glück der Gruppe maximiert?

Hierzu sollte man wissen, was die einzelnen Individuen der Gruppe glücklich macht. Laut Mill können wir im Allgemeinen angeben, was das Glück eines Menschen bestimmt, wie wir oben gesehen haben. So ist ein Mensch umso glücklicher, je mehr qualitativ hochstehende, d.h. intellektuelle Freuden er hat. Jedoch ist dieses Bild alles andere als unumstritten. Ist es sinnvoll, *allgemein* zu sagen, was Menschen glücklich macht? Variiert es nicht von Mensch zu Mensch, was er unter Glück versteht?

In einer extremen Form könnte man meinen, dass das, was einen glücklich macht, jeder für sich selbst entscheiden müsse. Jedoch können wir uns teilweise darin irren, was uns glücklich macht. Außenstehende mögen unseren Fehler schon früh erkennen. Gerade Eltern können ein Lied davon singen. Manches Kind ist davon überzeugt, dass es nur dann glücklich würde, wenn es keinerlei schulische Erziehung genösse. Es braucht jedoch nicht viel Lebenserfahrung, um zu erkennen, dass dies nicht der Fall ist. Aber auch Erwachsene haben manchmal eine falsche Vorstellung davon, was sie glücklich macht. Zu Beginn einer Liebesbeziehung mag man so verliebt sein, dass man sich Dinge wünscht und anstrebt, die einen langfristig nicht glücklich machen.

Ein anderes Extrem wäre es, anzunehmen, man könnte unabhängig von individuellen Betrachtungen festlegen, was einen Menschen glücklich macht. Sicher gibt es gewisse Dinge, bei denen wir annehmen, dass sie niemandes Glück zuträglich sein können, sich selbst körperliche Schmerzen zuzufügen beispielsweise. Dennoch gibt es sicher persönliche Präferenzen und Besonderheiten, die Beachtung finden sollten.

Ein gemäßigtes Bild könnte einen angemessen Kompromiss liefern: Ein Mensch wird teilweise durch Dinge glücklich, die jeden Menschen (oder zumindest die meisten) glücklich machen, und teilweise durch Dinge, die für ihn individuell besonders wichtig sind.

Für eine Führungskraft, die um das allgemeine Glück bemüht ist, bedeutet dies: So weit als möglich sollte sie eine Vorstellung davon haben, was die Wünsche und Bedürfnisse ihrer Mitarbeiter sind, d.h. was sie glücklich macht. Wie erkenne ich diese Sehnsüchte?

Zum einen natürlich über eine persönliche Reflexion: Was ist mir persönlich wichtig und was, denke ich, ist anderen wichtig? Zum anderen muss ich als Führungsperson auch bei meinen Mitarbeitern nachfragen, was ihre Ziele, Sehnsüchte und Wünsche sind. Ich muss konkrete Verbesserungsvorschläge einfordern, wie man ihre Arbeit so umstrukturieren kann, dass Fähigkeiten, Interessen und Talente entwickelt werden können. Was muss passieren, dass Arbeit noch mehr Freude und Spaß macht? Es geht hier letztlich auch darum, ob es veränderbare Welten gibt, wo die Arbeit so verändert werden kann, dass sie den Talenten und Interessen der beteiligten Mitarbeiter entgegenkommt. Es geht also darum, die Arbeit und die damit verbundenen

> **Gibt es allgemeine Kriterien dafür, was jemanden glücklich macht?**

> **rein subjektive Kriterien**

> **rein objektive Kriterien**

> **gemäßigte Position: sowohl subjektive als auch objektive Kriterien**

> **Wie erkennt man die Sehnsüchte anderer?**

> **Selbstreflexion und Kommunikation**

Aufgaben den Fähigkeiten, dem Qualifikationsniveau, den Neigungen und Interessen der Menschen anzupassen, soweit möglich. Das ist oft leichter als die Menschen den Arbeitsanforderungen anzupassen.

Weiterhin ist es wichtig, zu transportieren, dass es nicht nur um die Kür gehen kann, sondern dass es natürlich Pflichten gibt und Arbeiten, die keinen Spaß machen, die aber trotzdem getan werden müssen. Entscheidend ist auch, darüber zu reflektieren, warum dem so ist und ob man den Prozentsatz der Arbeiten, die Spaß machen, ausweiten kann. Wenn schon die Arbeit wenig Spaß macht, ist es wichtig, Rahmenbedingungen zu schaffen, innerhalb derer die Interaktionen mit den Vorgesetzten, den Kollegen und den Kunden Spaß machen, also letztlich eine angenehme Umgebung schaffen. Dies hilft, Stressoren bei der Arbeit auszugleichen.

Driften nun die Vorstellungen der Mitarbeiter, was sie zufrieden macht, zu weit auseinander, wird es für eine Führungskraft unter Umständen schwierig sein, all den Erwartungen gerecht zu werden. Auf der anderen Seite mögen sich unterschiedliche Ansprüche der Mitarbeiter auch ergänzen. Für einen Mitarbeiter mag es sehr wichtig sein, flexible Arbeitszeiten zu haben, während ein anderer darauf keinerlei Wert legt, sodass die Präsenz im Büro gesichert ist.

6.2.3   Allgemeines Glück als Richtschnur

Umgang mit Situationen, in denen das individuelle Glück zugunsten des allgemeinen beschnitten wird

Wie bereits betont, geht es Mill darum, dass das *allgemeine* Glück maximiert wird. Wenn eine Handlung das allgemeine Glück maximiert, folgt daraus, wie wir ebenfalls bereits gesehen haben, nicht zwangsläufig, dass dies auch die Handlung ist, die das Glück jedes Einzelnen maximiert. Es mag in konkreten Entscheidungssituationen andere Handlungsmöglichkeiten geben, die für ein Individuum erstrebenswerter sind. Diejenige Person, deren Glück beeinträchtigt wird, wird die entsprechende Handlung mögen, vor allem wenn sie es nicht selbst ist, welche sich zu dieser Handlung entscheidet. Gerade Führungskräfte müssen häufig entsprechende Entscheidungen treffen, was zu Konflikten mit den Betroffenen führen kann. Wie kann man diese Situationen meistern?

Erstens sei herausgestellt, dass es um Konfliktsituationen geht, die sich aus der korrekten Anwendung des Nützlichkeitsprinzips ergeben. Hieraus ergibt sich der erste Ansatzpunkt, wie man mit den auftretenden Konflikten umgehen kann: Man stellt heraus, dass die Entscheidung auf Basis der korrekten Anwendung des Nützlichkeitsprinzips getroffen wurde.

Damit ist ein zweiter Punkt verbunden. Entscheidungen, die das persönliche Glück beschneiden, akzeptiert man weniger gerne, wenn man das Gefühl hat, dass sie ungerecht und parteiisch sind. Wenn man aber das Nützlichkeitsprinzip korrekt anwendet, dann sollte es nur darum gehen, welche Handlung das allgemeine Glück maximiert. Ob nun die Interessen eines Freundes beschnitten werden oder die eines ungeliebten Kollegen, sollte keinen Einfluss darauf haben, ob man die Handlung ausführt oder nicht, solange sie das allgemeine Glück maximiert. Wissen das die Mitarbeiter, gibt ihnen das Sicherheit und hilft ihnen, die Entscheidungen besser zu akzeptieren.

Hier schließt sich ein weiterer Punkt an. Die Führungskraft sollte selbst Vorbildfunktion einnehmen in dem Sinne, dass sie gegebenenfalls auch Entscheidungen wählt, die ihre eigenen Interessen beschneiden, wenn sie ansonsten das Glück maximieren.

Insgesamt ist es wichtig, herauszustellen, dass das Glück einer Person oder Personengruppe nicht höher gewertet wird als das einer anderen. Dieser Aspekt ist entscheidend. Das Nützlichkeitsprinzip fordert Unparteilichkeit. Veranschaulichen wir dies an einem Beispiel.

Beispiel: Gehaltserhöhung
Ein Mitarbeiter fordert eine Gehaltserhöhung. Nun befindet sich die Firma jedoch in finanziellen Schwierigkeiten, und dem Mitarbeiter wird die Gehaltserhöhung verweigert. Diese Entscheidung wird er eher akzeptieren, wenn er erstens weiß, warum sie so ausgefallen ist: Sie konnte ihm nicht gewährt werden, da die Firma ums Überleben und um die Arbeitsplätze kämpft. Zweitens ist es wichtig, dass er sieht, dass die Entscheidung unparteiisch war. Es wäre fatal, wenn einem Kollegen eine Gehaltserhöhung eingeräumt würde, ohne dass es einen wirklich triftigen Grund dafür gibt. Und drittens sollte die Führungskraft sich selbst den Sparzwängen unterwerfen und nicht sich selbst einen großen Bonus am Ende des Jahres genehmigen.

Auch wenn das Glück im Mittelpunkt steht, bedeutet dies nicht, dass jeder Einzelne das uneingeschränkte Recht hat, glücklich zu werden. Es kann Situationen geben, in welchen das Glück einzelner zugunsten des allgemeinen Glücks beeinträchtigt wird. Es geht nicht um eine reine Selbstverwirklichung. Die Zufriedenheit der Gruppe ist das Wichtigste in der Hoffnung, dass es dann auch jedem Einzelnen besser geht.

6.3 Exkurs: Deontologie und Utilitarismus – ein Vergleich

Dieser kurze Exkurs dient dazu, einen zusammenfassenden Vergleich zwischen Kants Deontologie und Mills Utilitarismus zu ziehen. Beide Theorien werden oftmals als die zwei großen rivalisierenden Moraltheorien angesehen, nicht zuletzt deswegen, weil sie einander vorwerfen, nicht die richtige Moraltheorie zu sein (s. z.B. Mill 1976, Kap. 1). Diese Konkurrenz erklärt sich auch durch ihre gleiche Zielsetzung: Beide sind auf der Suche nach einem obersten Prinzip der Moral, einem Leitsatz, an dem alles Handeln auszurichten ist. Sie benennen nun zwei unterschiedliche Prinzipien. Zu diesen gelangen sie auf unterschiedlichem Wege. Dabei betonen sie verschiedene Aspekte

Deontologie und Utilitarismus: zwei rivalisierende Moraltheorien

und deren Wichtigkeit. Darüber hinaus bewerten sie eine Situation unter Umständen unterschiedlich.

Veranschaulichen wir die Unterschiede beider Theorien anhand dreier Beispiele.

6.3.1   Beispiel A: Luftsicherheitsgesetz

Beispiel: Luftsicherheitsgesetz

Betrachten wir zunächst ein Problem, das in den vergangenen Jahren die Öffentlichkeit und auch das Bundesverfassungsgericht im Februar 2006 beschäftigt hat (siehe Urteil vom 15. Februar 2006). Die Rede ist von der Debatte um das Luftsicherheitsgesetz und von der Frage, ob wir ein Flugzeug abschießen lassen dürfen, welches mutmaßlich von Terroristen entführt wurde und bei welchem zu befürchten ist, dass ein Terroranschlag mit ihm verübt wird. Anders formuliert: Dürfen wir das Leben von unschuldigen Menschen bewusst beenden, um das Leben einer noch größeren Anzahl von unschuldigen Menschen zu schützen?

utilitaristische Überlegungen: Abschuss kann moralisch erlaubt sein

Für den Utilitarismus kann solch ein Abschuss durchaus moralisch richtig sein. Überlegen wir uns, was passiert, wenn das Flugzeug nicht abgeschossen wird und tatsächlich in ein Hochhaus fliegt, wie am 11. September 2001 geschehen – nicht nur die Flugzeuginsassen kamen damals ums Leben, sondern auch viele Menschen, die sich im Hochhaus befanden. Wenn das Flugzeug abgeschossen wird, kommen die Flugzeuginsassen ebenfalls ums Leben, doch kein weiteres Menschenleben wird in Gefahr gebracht. (Lassen wir der Einfachheit halber die Möglichkeit, dass das Flugzeug nicht entführt wurde oder dass die Entführer in letzter Sekunde sich doch gegen den Anschlag entscheiden und somit den Flugzeuginsassen keine Gefahr droht, außen vor.) Je mehr Menschen ums Leben kommen, umso mehr wird das allgemeine Glück beeinträchtigt. Also fordert das Nützlichkeitsprinzip, dass das Flugzeug abgeschossen wird, da dadurch das allgemeine Glück im Vergleich zu der alternativen Handlung maximiert wird.

deontologische Überlegungen: Abschussverbot

Vollkommen anders wird der Abschuss auf Basis einer Kantschen Ethik bewertet. Würde man ein solches Flugzeug abschießen, würden dessen Passagiere instrumentalisiert werden. Der Tod der Passagiere wird im Falle eines Flugzeugabsturzes in Kauf genommen wird, um weitere Menschenleben zu retten. Ihr Tod wird als Mittel angesehen, um andere zu retten – etwas, was für Kant unakzeptabel ist. Jeder Mensch besitzt für ihn eine nicht zu veräußernde Würde, was bedeutet, dass er bestimmte Grundrechte hat, die nicht zur Debatte stehen können, wie beispielsweise das Recht auf Leben. Die Frage, ob ein Menschenleben zugunsten eines anderen oder auch einer Vielzahl von anderen Menschenleben geopfert werden darf, ist für ihn klar mit »Nein« zu beantworten. Das Bundesverfassungsgericht hat im Geiste dieses Kantschen Gedankenguts, welches sich vor allem im Artikel 1 des Grundgesetzes niederschlägt (»Die Würde des Menschen ist unantastbar«), gegen die Zulässigkeit eines Flugzeugabschusses entschieden. Hier erkennt man also an einem ganz realen Fall, wie die Beurteilungen der Kantschen Ethik und des Utilitarismus sich unterscheiden können.

6.3.2 Beispiel B: Ökologische Produktionsmethoden

Beispiel: »Green«-Werbekampange
Greifen wir ein weiteres Beispiel auf! Stellen wir uns beispielsweise vor, ein Unternehmen würde sich entschließen, von nun an ökologisch verantwortungsvoll zu produzieren. Dieser Entschluss ist aber nicht deswegen gefallen, weil man erkannt hat, dass dies sinnvoll und moralisch geboten ist, sondern weil das Unternehmen darauf eine »Green«-Werbekampagne aufbauen will: Die Marketing-Experten der Firma glauben, herausgefunden zu haben, dass potenzielle Kunden sich viel eher zum Kauf entschließen würden, wenn sie dabei ein ökologisch gutes Gewissen haben.

Für einen Utilitaristen wie Mill handeln die Verantwortlichen des Unternehmens ohne Einschränkungen moralisch richtig (s. für einen vergleichbaren Fall Mill 1976, S. 32). Die Folgen der Produktionsumstellungen sind positiv zu bewerten. Die Umwelt wird geschont, sodass die Lebensqualität der Menschen dauerhafter sichergestellt wird, was dem allgemeinen Glück sicherlich zuträglich ist.

utilitaristische Überlegungen: »Green«-Werbekampagne moralisch gut

    Ein Kantianer tut sich mit dieser Situation schwerer. Die Entscheidung, die Produktion zu verändern, bewertet er an sich als richtig. Produktionsmethoden zu verwenden, die langfristig den menschlichen Lebensraum schädigen, kann kaum rational wünschenswert sein und ist somit nicht verallgemeinerbar. Dennoch handeln die Verantwortlichen der Firma aus der falschen Motivation: Sie orientieren sich nur am Gewinn. Um in Kants Terminologie zu sprechen, handeln sie lediglich pflichtgemäß und nicht aus Pflicht. Natürlich haben wir herausgestellt, dass es nicht unmoralisch sein muss, wenn man sein Unternehmen profitabel machen möchte. Der entscheidende Punkt nach Kant ist jedoch, dass dies nicht das *ausschlaggebende* Motiv einer Handlung sein darf.

deontologische Überlegungen: »Green«-Werbekampagne nur pflichtgemäß

6.3.3 Beispiel C: Aus dem Bereich der Mitarbeiterführung

Man kann anhand eines weiteren Beispiels verdeutlichen, dass man auf Basis der Kantschen Ethik und des Utilitarismus unter Umständen zu unterschiedlichen Beurteilungen kommen kann, was zu tun das Richtige ist. Greifen wir hierzu auf ein fiktives Beispiel zurück, welches sich in dieser oder aber in ähnlicher Form einer Führungskraft stellen kann.

Beispiel: Umgang mit Mitarbeiter

Wir stellen uns vor, wir wären Leiter einer Arbeitsgruppe. Einer unserer Mitarbeiter, Herr Schneider, wäre für eine Beförderung im Gespräch, was er weiß. Nun erfahren wir, dass Frau Meyer anstelle von Herrn Schneider befördert wird. Herr Schneider fragt uns, ob wir schon etwas wegen seiner Beförderung wüssten. Hier entsteht für uns nun das Entscheidungsproblem. Wir kennen Herrn Schneider ziemlich gut. Wir wissen, dass er, erfährt er die negativen Neuigkeiten, aus Enttäuschung in seinen Leistungen einbrechen wird. Wir befinden wir uns aber in einer entscheidenden Projektphase. Wir sind auf jeden unserer Mitarbeiter angewiesen, und jeder muss Höchstleistung bringen. Das Projekt ist von äußerster Wichtigkeit, da von dessen Erfolg weitere Folgeaufträge abhängen. Wie sollen wir nun also entscheiden? Sollen wir Herrn Schneider sagen, was wir wissen, und somit riskieren, dass der Erfolg des Projektes gefährdet wird? Oder sollen wir ihm die Neuigkeiten verschweigen, bis ein günstiger Moment gekommen ist?

utilitaristische Überlegung: Lügen erlaubt

Wie würde ein Utilitarist in dieser Situation handeln? Zunächst überlegt er sich, welche Folgen es hätte, wenn er dem Mitarbeiter von dem negativen Bescheid erzählt. Dieser würde extrem enttäuscht sein, egal, wann er davon erfährt. Daran kann man nichts mehr ändern, da es nicht in unserer Macht stand, die Beförderung zu bewilligen. Die Frage ist aber, sagen wir es ihm jetzt oder erst, nachdem das Projekt abgeschlossen ist? Wenn wir es ihm jetzt sagen, dann gefährden wir das gesamte Projekt. Der Erfolg des Projektes ist extrem wichtig. Zum einen für die Firma, aber auch für die Arbeitsgruppe und deren Mitglieder. Es ist dem allgemeinen Glück sicher zuträglicher, dem Mitarbeiter vorerst nichts zu sagen.

deontologische Überlegung: Lügen verboten

Ein Kantianer würde sich anders verhalten. Überlegen wir uns, was passieren würde, wenn wir, wann immer es vorteilhafte Folgen hätte, einem Anderen nicht die Wahrheit sagen würden. Dann würde niemand irgendjemandem mehr trauen können, da er nie ausschließen könnte, dass er nicht zum Vorteil des Anderen belogen würde. Damit würde aber jegliche Kommunikation zusammenbrechen. Demnach ist es keine verallgemeinerbare Maxime. Folglich dürfen wir auch nicht unseren Mitarbeiter belügen, so Kant. Somit würde ein Kantianer seinem Mitarbeiter erzählen, was er weiß, wenn dieser explizit danach fragt. Ansonsten würde er ihn belügen, und dies wäre nach dem Kategorischen Imperativ keine verallgemeinerbare Maxime.

6.3.4 Überblick: Deontologie versus Utilitarismus

abschließender Vergleich von Deontologie mit Utilitarismus

Abschließend kann man also die Gemeinsamkeiten, aber auch die Unterschiede der Deontologie und des Utilitarismus wie folgt zusammenfassen (◨ Abb. 6.6): Beide Theorien suchen ein oberstes Prinzip, an dem man moralisch richtiges Handeln ausrichten kann. Auf Basis der Begriffsanalyse des »guten Willens« gelangt Kant zu seinem Ka-

	Deontologie	Utilitarismus
Oberstes Prinzip der Moral	**Kategorischer Imperativ**	**Nützlichkeitsprinzip**
Begründung des obersten Prinzips	Begriffsanalyse	Analogieargument
Gegenstand der moralischen Bewertung	Die Absicht hinter einer Handlung ist entscheidend für deren moralische Bewertung.	Die Folgen einer Handlung sind entscheidend für deren moralische Bewertung.
Bewertungsverfahren	Verallgemeinerbarkeit der Handlungsmaxime	»Utilitaristisches Kalkül«

Abb. 6.6 Deontologie – Utilitarismus im Vergleich

tegorischen Imperativ, wonach diejenige Handlung die richtige ist, deren Maxime verallgemeinerbar ist und die aus der richtigen Motivation heraus geschieht, d.h. die Absicht hinter einer Handlung ist entscheidend für deren moralische Bewertung. Im Gegensatz dazu bringt Mill ein Analogieargument vor: Da Glück das einzig Wertvolle für ein Individuum ist, sollte das allgemeine Glück die Richtschnur für moralisch richtiges Handeln sein. Daraus folgt das Nützlichkeitsprinzip, wonach diejenige Handlung die richtige ist, die das allgemeine Glück maximiert. Demnach sind nur die Folgen einer Handlung relevant für deren moralische Bewertung. Um zu entscheiden, welche Handlung gewählt werden sollte, wendet man das sog. »utilitaristische Kalkül« an, d.h. man überlegt, welche Handlung die positivsten Folgen für das allgemeine Glück hat.

6.4   Ein kleines Lexikon des Utilitarismus Mills

- **Handlungsutilitarismus**

Der Handlungsutilitarismus stellt eine Variante des Utilitarismus dar. Bei jeder Handlung wird von Neuem überprüft, ob man sie nach dem Nützlichkeitsprinzip wählen darf oder nicht. Eine Handlung ist demnach moralisch richtig, wenn sie das allgemeine Glück maximiert, verglichen mit den anderen Handlungsoptionen, die in der konkreten Situation zur Verfügung stehen.

- **Hedonismus**

Der Hedonismus (gr.: hedone – Freude, Vergnügen, Lust) geht davon aus, dass Lust oder Freude das einzig intrinsisch (d.h. an sich) Wertvolle ist.

- **Ideal Judgement Theory**

Der Gedanke der »Ideal Judgement Theory« oder auf Deutsch die »Theorie des idealen Urteils« ist, dass es ein ideales Urteil gibt, d.h. ein Urteil, in dem alle relevanten Informationen berücksichtigt werden können.

- **Konsequentialistische Ethik**

Eine konsequentialistische Ethik beurteilt eine Handlung lediglich anhand der Folgen, die sich aus ihr ergeben. Die Intention hinter der Handlung spielt für die Bewertung keine Rolle.

- **Nützlichkeitsethik/Utilitarismus**

Der Utilitarismus (lat.: utilitas – Nützlichkeit), auch Nützlichkeitsethik genannt, besagt, dass das oberste Kriterium für richtiges und falsches Handeln das allgemeine Glück ist, d.h. das größte Glück der größten Anzahl von Menschen. So sollen wir diejenigen Handlungen wählen, die dieses Glück maximieren.

- **Nützlichkeitsprinzip**

Das Nützlichkeitsprinzip ist das oberste Kriterium für richtiges oder falsches Handeln beim Utilitarismus. Es besagt, dass die Handlung die richtige ist, die das allgemeine Glück oder das Glück der größten Anzahl von Menschen maximiert.

- **Qualitativer Hedonismus**

Laut dem quantitativen Hedonismus ist Lust oder Freude das einzig intrinsisch Wertvolle. Je mehr Lust man anhäuft und je weniger Unlust, desto besser. Die Maßstäbe, an denen man das Mehr und Weniger an Lust beurteilt, sind beim qualitativen Hedonismus nicht nur Dauer und Intensität. Es gibt qualitativ verschiedene Arten von Lust oder Freude, auf der einen Seite die sinnliche, auf der anderen Seite die intellektuellen Freuden. Man kann es sich so vorstellen, dass die intellektuellen Freuden auf einer anderen Ebene angesiedelt sind als die sinnlichen Freuden und selbst wenn man die sinnlichen Freuden in ihrer Quantität immer weiter steigert, reichen sie nie an die intellektuellen Freuden heran.

- **Quantitativer Hedonismus**

Der quantitative Hedonismus geht davon aus, dass Lust oder Freude das einzig intrinsisch Wertvolle ist. Je mehr Lust man anhäuft und je weniger Unlust, desto besser. Das Mehr an Lust wird rein quantitativ bemessen, d.h. je länger ein Freudenzustand anhält, desto mehr Lustgewinn haben wir; je intensiver ein Lusterlebnis ist, desto mehr Lust gewinnen wir hinzu. Dauer und Intensität sind also die Maßstäbe, an denen wir unsere Lust bemessen.

▪ Regelutilitarismus

Der Regelutilitarismus ist eine Variante des Utilitarismus. Hier wird nicht bei jeder Handlung überprüft, ob sie das allgemeine Glück maximiert, sondern es werden Handlungstypen überprüft. Eine Handlung ist demnach moralisch richtig, wenn sie im Einklang mit einer möglichen Handlungsregel steht, für welche gilt, dass, wenn eine Gesellschaft diese Regel befördern würde, das allgemeine Glück befördert würde. Anders formuliert, es wird überprüft, ob eine gewisse Handlungsregel das allgemeine Glück maximiert.

Die Tugendethik

Aristoteles

⬛ Abb. 7.1 Aristoteles, © Imago /
United Archives

》 Es ist mithin die Tugend ein Habitus des Wählens, der die nach uns
bemessene Mitte wählt und durch die Vernunft bestimmt wird, und
zwar so, wie ein kluger Mann ihn zu bestimmen pflegt (Aristoteles
1985, 1107a). 《

7.1   Darstellung der Tugendethik Aristoteles'

Anders als die beiden vorangegangen Moraltheorien formuliert die
Tugendethik Aristoteles' keinen obersten Leitsatz für moralisch richtiges Handeln, sondern stellt einen Tugendkatalog auf. Ausgangspunkt
für Aristoteles' Tugendethik ist die Frage »Wie sollen wir handeln, um
ein gutes, glückliches Leben zu führen?«. Diese Frage bekommt ihre
Berechtigung, da jeder Mensch glücklich sein will. Anders formuliert
ist Glückseligkeit das oberste Gut, wonach alles menschliche Handeln
strebt. Ein Kerngedanke von Aristoteles' Theorie ist, dass er davon
ausgeht, man werde glücklich, wenn man tugendhaft handelt. Eine
Tugend zu haben bedeutet, über einen gewissen Habitus, also über
eine Grundhaltung, zu verfügen, nämlich tugendhaft zu handeln. Man
kann zwei Arten von Tugenden unterscheiden: die Verstandestugenden, wie beispielsweise Weisheit oder Klugheit, und die sittlichen Tugenden, wie Freigebigkeit oder Mäßigkeit. Die Verstandestugenden
erlernen wir durch die Belehrung, wohingegen wir uns die sittlichen
Tugenden durch Gewöhnung aneignen. Sittliche Tugenden – unabhängig von den unterschiedlichen Ausprägungen der einzelnen Tugenden – zeichnen sich dadurch aus, dass sie die Mitte zwischen zwei
Extremen, dem Übermaß und dem Mangel, anstreben.

7.1.1   Biographische Notizen

Aristoteles' Leben

> **Aristoteles' Leben**
> Neben Sokrates und Platon gilt Aristoteles (⬛ Abb. 7.1) als der
> wichtigste Philosoph der Antike. Sein Denken hat unsere abend-
> ländische Kultur stark geprägt und beeinflusst uns bis heute.
> Geboren wurde er 384 v. Chr. in Stagira in Makedonien, von wo er
> im Alter von 17 Jahren nach Athen zog, um an Platons berühmter
> Akademie zu studieren. Dort blieb er 20 Jahre, zunächst als Schü-
> ler, später als Lehrer. Nach dem Tod Platons im Jahre 347 v. Chr.
> zog er nach Assos an den Hof seines Freundes Hermias, dessen
> Nichte Pythias er heiratete. Nach der Ermordung Hermias durch
> die Perser ging Aristoteles nach Pellas, wo er zum Lehrer des
> späteren Alexanders des Großen wurde. 335 v. Chr. kehrte er nach
> Athen zurück und gründete seine eigene Schule, das Lykeion,
> welches später auch Peripatos (Wanderschule) genannt wird, da

die Schüler im Gehen unterrichtet wurden. Nach Alexanders Tod im Jahre 323 v. Chr. kehrte Aristoteles nach Euböa, die Heimatstadt seiner Mutter, zurück. 322 v. Chr. starb er dort (zur Biographie s. Opitz 2005; Schmidt 2006).

Von den etwa 150 Werken, die in antiken Quellen erwähnt werden, sind nur um die 30 Werke, vollständig oder in Fragmenten, bis heute erhalten (s. EGS 2010). Beispielhaft seien folgende Werke genannt:

Physik Die *Physik* ist eines der drei Hauptwerke Aristoteles'. In ihr setzt er sich mit den Begriffen »Raum«, »Zeit«, »Bewegung« und »Ursache« auseinander.

Aristoteles' Schriften (Auswahl)

Metaphysik Die *Metaphysik* ist eine Textsammlung zu metaphysischen und ontologischen Fragestellungen. Der Name des Werkes leitet sich von dem altgriechischen Ausdruck »ta meta ta physika« ab und bedeutet wörtlich übersetzt »das, was nach der Physik kommt«. Aristoteles charakterisiert in seinem Werk die Fragestellung der Metaphysik, wie folgt:

» Es gibt eine Wissenschaft, welche das Seiende als Seiendes untersucht und das demselben an sich Zukommende (Aristoteles 1989, IV 1003a). «

Nikomachische Ethik Die *Nikomachische Ethik* ist das dritte Hauptwerk Aristoteles'. Hierin entwickelt er, ausgehend von der Frage, was für ein Leben man führen muss, um glücklich zu werden, seine Tugendethik.

Rhetorik In der *Rhetorik* behandelt Aristoteles die Frage, wie man durch eine Rede überzeugen kann.

Organon Das *Organon* ist eine Sammlung logischer Schriften. »Organon« bedeutet altgriechisch »Methode« oder »Werkzeug«.

De Anima (dt.: Über die Seele) Wie der Name des Werkes schon verrät, arbeitet Aristoteles hierin seine Seelenlehre aus.

Politika (dt.: Politik) In dieser staatsphilosophischen Schrift beschäftigt sich Aristoteles mit unterschiedlichen Verfassungsformen. Hierin stellt er die bekannte Behauptung auf, der Mensch sei ein »zoon politikon«, d.h. ein soziales Wesen, welches in einer Gemeinschaft leben sollte, und dass die Polis, d.h. der Stadtstaat, die beste Verfassungsform ist.

Poetik Dieses Werk dreht sich um die Dichtkunst und ihre Gattungen.

Im Folgenden wird es darum gehen, einen Einblick in Aristoteles' *Nikomachische Ethik* zu geben, welche seinem Sohn gewidmet ist.

7.1.2   Die Besonderheit des tugendethischen Ansatzes

Fehlen eines obersten Prinzips

Sowohl Kants Deontologie als auch Mills Utilitarismus zeichnen sich dadurch aus, dass sie jeweils ein oberstes Prinzip angeben, an welchem wir unser Handeln ausrichten können. Die Aristotelische Tugendethik unterscheidet sich in dieser Hinsicht grundlegend von den beiden anderen klassischen Moraltheorien. Während diese jeweils einen obersten Grundsatz benennen, an dem wir unser moralisches Handeln ausrichten können – bei Kant ist dies der Kategorische Imperativ, bei Mill das Nützlichkeitsprinzip – findet man bei Aristoteles kein solches Prinzip.

ethischer Ansatz

Dies kann man erstens dadurch erklären, dass Aristoteles keine Moraltheorie im strengen Sinne erarbeitet. Gemäß der Unterscheidung zwischen »Ethik« und »Moral«, welche im Kapitel 4 getroffen wurde (▶ Kap. 4.1.4 »Ethik und Moral«), kann man Aristoteles' Theorie als klassische Ethik verstehen, während Kant und Mill Moraltheorien im eigentlichen Sinn aufstellen. So geht es Aristoteles nicht um die Beantwortung der Frage »Wie sollen wir handeln, um moralisch zu sein?«, sondern die Ausgangsfrage seiner Arbeit lautet »Wie sollen wir handeln, um ein gutes, ein glückliches Leben zu führen?«. Im Folgenden wird sich zeigen, dass ein gutes Leben für Aristoteles gleichbedeutend mit einem tugendhaften Leben ist. Dieses teilt wiederum viele Eigenschaften mit einem Leben, welches wir als moralisch richtig beurteilen würden. Daher ist die Tugendethik, auch wenn sie eine breitere Fragestellung behandelt, dennoch auch eine Moraltheorie.

Skepsis gegenüber allgemeinen Prinzipien

Die zweite und spezifischere Erklärung, warum er keinen allgemeinen Leitsatz aufstellt, liegt darin, dass sich Aristoteles gegenüber solchen in praktischen Belangen skeptisch zeigt (s. Aristoteles 1985, 1137b): Ein solcher Leitsatz könne zum einen den Besonderheiten einer konkreten Situation nicht gerecht werden, da es in seiner Natur liegt, zu verallgemeinern; zum anderen würden die unterschiedlichen Akteure nicht in ihren Besonderheiten wahrgenommen. Deswegen erarbeitet Aristoteles einen Tugendkatalog, der – wie wir sehen werden – flexibler ist, um sich an den Einzelfall anzupassen. Grob charakterisiert bedeutet nach Aristoteles eine Tugend zu haben, über den Habitus zu verfügen, sich richtig zu verhalten. Einfacher formuliert liegt es in der Natur eines tugendhaften Menschen, sich richtig zu entscheiden. Er hat die Tugend soweit verinnerlicht, dass er richtig handelt, ohne dass er sich an einen starren obersten Leitsatz halten muss.

Überblick über Aristotelische Argumentationsstruktur

Soweit zu einer ersten Annäherung an die Aristotelische Gedankenwelt. Betrachten wir seine Ausführungen mehr im Detail. Seine Argumentation kann man wie in ◘ Abbildung 7.2 zusammenfassen (◘ Abb. 7.2):

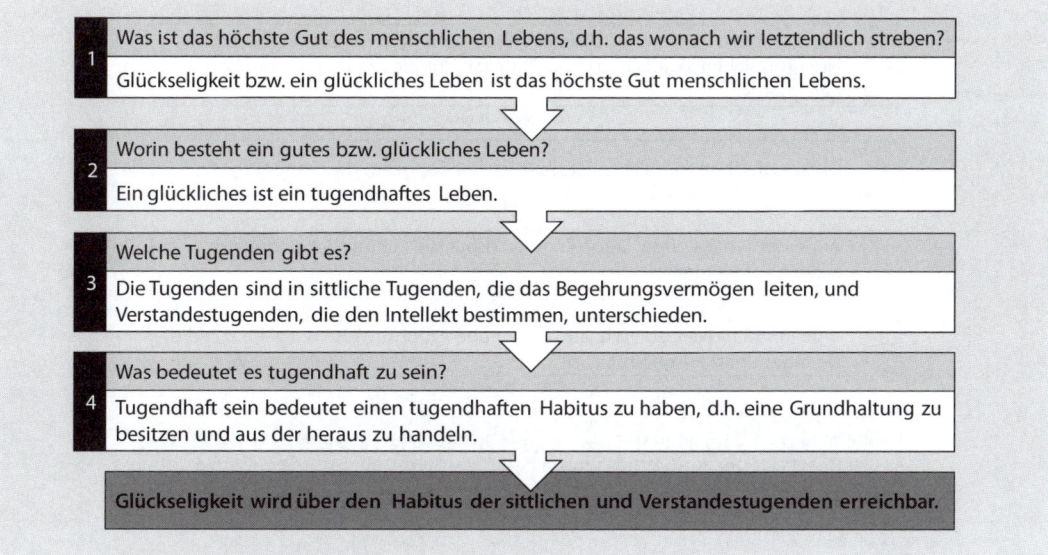

Abb. 7.2 Aristotelische Argumentationsstruktur

7.1.3 Glückseligkeit

Wenden wir uns den Argumentationsschritten im Einzelnen zu! Alles menschliche Handeln, so Aristoteles, ist zielgerichtet (s. Aristoteles 1985, 1094a). Wäre es dies nicht, würden wir nicht von einer Handlung sprechen. Die meisten Ziele wollen wir um etwas anderen Willen, d.h. um etwas anderes zu erreichen. Wenn wir aber jedes Ziel nur um etwas anderen Willen wollten, würde dies zu einem ewigen Regress führen, d.h. man würde ein Ziel nur aufgrund eines anderen Zieles wollen und dieses ebenfalls nur um eines weiteren Willen, usw. Um diesen Regress zu vermeiden, geht Aristoteles davon aus, dass es ein Endziel all unserer Handlungen gibt, etwas, was um seiner selbst willen gewollt wird (s. Aristoteles 1985, 1094a). Alles andere, was wir sonst noch erstreben, wollen wir im Grunde nur deshalb, weil es uns diesem Endziel näher bringt. Es stellt das höchste Gut dar, wonach letztendlich all unsere Handlungen streben.

Das, wonach alle Menschen streben, ist der allgemeinen Meinung nach Glückseligkeit (s. Aristoteles 1985, 1095a) oder, um das altgriechische Wort zu verwenden, »eudaimonia«. Etymologisch betrachtet leitet sich dieses Wort aus dem Adverb »eu«, was »gut« bedeutet, und »daimon«, was mit »Schicksal« übersetzt werden kann, ab. »Eudaimonia« bedeutet also »ein gutes Schicksal zu haben«. Diese Interpretation steht im Einklang zu Aristoteles' Erläuterung, dass »eudaimonia« gleichbedeutend sei mit »gut leben« (»eu zen«) oder »gut handeln« (»eu prattein«) (s. Aristoteles 1985, 1094a), wobei hier der aktive Aspekt des menschlichen Lebens betont wird. Hier erkennt man be-

Glückseligkeit als oberstes Gut menschlichen Handelns

> **1.** Glückseligkeit bzw. ein glückliches Leben besteht in der für den Menschen eigentümlichen Tätigkeit, d.h. der Tätigkeit, für die der Mensch am besten geeignet ist.
>
> **2.** Die spezifisch menschliche Tätigkeit ist eine Tätigkeit, die vernünftig ist.
>
> **3.** Außerdem muss diese Tätigkeit gut, d.h. auf die richtige Art und Weise, ausgeführt werden.
>
> **4.** Wird eine Tätigkeit gut, d.h. auf die richtige Art und Weise ausgeführt, wird sie tugendhaft ausgeführt.
>
> **Glückseligkeit besteht in der tugendhaften Betätigung unserer Vernunft oder unseres Begehrungsvermögens, d.h. der vernunftbegabten Seelenteile.**

☐ **Abb. 7.3** Das Ergon-Argument

das Ergon-Argument

reits, dass die deutsche Übersetzung »Glückseligkeit« oder »Glück« missverständlich sein könnte. »Glück« wird in der deutschen Sprache oftmals mit einem kurzen Moment der Euphorie gleichgesetzt, was dem Aristotelischen Verständnis zuwider laufen würde. Sprechen wir im Folgenden also von »Glückseligkeit«, sollte man immer in Erinnerung behalten, dass damit der längerfristige und konstante Zustand der »eudaimonia« gemeint ist.

Doch was ist dieses gute Leben eigentlich? Worin besteht es und wie können wir es erreichen? Eine Antwort auf diese Frage liefert das sog. Ergon-Argument (s. Aristoteles 1985, 1097b ff.). Der Grundgedanke dieses Arguments ist, dass der Mensch glücklich wird, wenn er die Tätigkeit, zu der er am besten geeignet ist, auf die richtige Art und Weise ausführt, oder anders formuliert seiner natürlichen Bestimmung gerecht wird. Hier fließt Aristoteles' teleologisches Weltbild ein. Gemäß dessen kommt allem in der Welt eine für es spezifische Tätigkeit bzw. Funktion (»ergon«) zu, zu dessen Erfüllung es geschaffen wurde (☐ Abb. 7.3).

Ausgehend von diesem Gedankengang müssen wir uns fragen, was das menschliche »ergon«, d.h. was die spezifisch menschliche Tätigkeit ist. Diese kann nicht in unserer sinnlichen Natur liegen, da wir diese mit den Tieren teilen. Ebenso wie Tiere können wir Nährstoffe aufnehmen, diese verarbeiten und verdauen, wachsen, uns fortpflanzen usw. Was uns jedoch von den Tieren unterscheidet, so Aristoteles, ist unsere Vernunftbegabung. Aristoteles spricht von unserem »vernunftbegabten Seelenteil«. Dementsprechend besteht die spezifisch menschliche Tätigkeit in einer, die vernünftig ist oder der Vernunft nicht entbehrt.

Wenn man an irgendeine beliebige Tätigkeit denkt, so ist es doch wünschenswerter, wenn man diese nicht nur irgendwie ausführt, son-

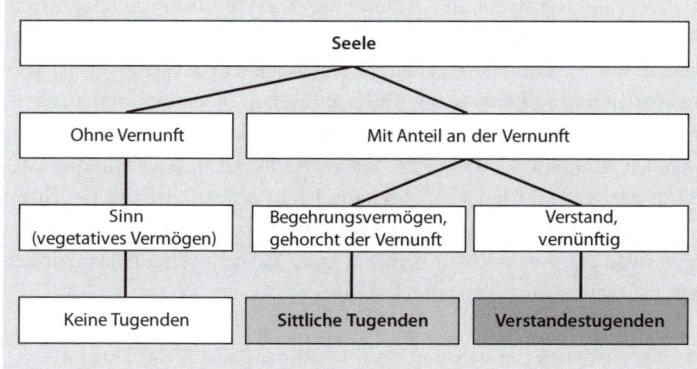

Abb. 7.4 Aristotelische Seelenlehre

dern richtig gut ausführt. Es ist eine Sache, nur irgendwie auf dem Klavier herumzuklimpern, und eine andere, gut Klavier zu spielen, d.h. auf die richtige Art und Weise. Daher besteht das oberste Gut des Menschen darin, eine Tätigkeit auszuführen, an der die Vernunft Anteil hat und diese dabei auf richtige Art und Weise gebraucht wird:

» […] Das menschliche Gut ist der Tugend gemäße Tätigkeit der Seele, und gibt es mehrere Tugenden: der besten und vollkommensten Tugend gemäße Tätigkeit (Aristoteles 1985, 1103a). «

Wichtig hierbei zu beachten ist, dass »Tugend« im Grunde eine irreführende Übersetzung für das altgriechische Wort »areté« ist. Es leitet sich von dem Adjektiv »aristos« ab, der Steigerung von gut, was also »das Beste« bedeutet. So gesehen müsste man »areté« eigentlich mit »Exzellenz« oder »Vortrefflichkeit« übersetzen, wie es auch im Englischen geschieht, wenn man von »excellence« anstelle von »virtue« spricht. Hier erkennt man erneut, dass der tugendethische Ansatz, wie bereits erwähnt, bei genauerer Betrachtung kein moraltheoretischer Ansatz ist. Im Folgenden wird weiterhin von Tugend gesprochen, da sich dies in der deutschsprachigen Auseinandersetzung mit Aristoteles so eingebürgert hat, man sollte sich jedoch daran erinnern, dass damit eigentlich »Exzellenz« gemeint ist.

In dem »Ergon«-Argument klingt das Aristotelische Menschenbild an. Menschen haben zum einen eine sinnliche Natur und zum anderen eine vernunftbegabte. Dies spiegelt sich auch in der Aristotelischen Seelenlehre wider (s. Aristoteles 1985, 1102a ff.; **Abb. 7.4**).

Die Seele des Menschen kann man nach Aristoteles in einen Teil, der keinen Anteil an der Vernunft hat, und in einen, der Anteil an der Vernunft hat, unterteilen. Den vernunftlosen Anteil bezeichnet Aristoteles als »Sinn«, was man als vegetatives Vermögen interpretieren kann, über das auch Tiere verfügen. Dieses regelt beispielsweise unsere Verdauung oder unserer Wachstum. Wie bereits gesehen, hat dieses Vermögen mit Tugend nichts gemein.

Aristotelische Seelenlehre

Den Teil der Seele, der Anteil an der Vernunft hat, untergliedert Aristoteles wiederum in zwei Hälften: in das Begehrungsvermögen und in den eigentlichen Verstand. Das Begehrungsvermögen ist verantwortlich für all das, was wir uns wünschen, nach dem wir streben, eben was wir begehren. Das Begehren selbst ist nicht vernünftig, aber es hat doch insoweit Anteil an der Vernunft, als dass es von der Vernunft gezügelt werden kann. So kann ich beispielsweise das Begehren haben, ganz viel Eis zu essen, doch meine Vernunft sagt mir, dass dies ungesund sei, weshalb ich kein Eis esse. Mein Begehrungsvermögen hat auf meine Vernunft gehört. Also:

> » […] so ist auch das vernünftige Vermögen zweifach: das eine hat eigentlich Vernunft und hat sie in sich selbst, das andere hat sie wie ein Kind, das auf seinen Vater hört (Aristoteles 1985, 1103a). «

sittliche Tugenden und Verstandestugenden

Aus dieser Unterscheidung der beiden vernünftigen Seelenteile ergibt sich auch eine Zweiteilung der Tugenden, da die Tugenden in der richtigen Art und Weise unsere Vernunft zu gebrauchen bestehen. So gibt es auf der einen Seite die sittlichen Tugenden bzw. ethischen Tugenden, die die Tugenden des Begehrungsvermögens sind, wie beispielsweise die Freigebigkeit und die Mäßigkeit. Auf der anderen Seite sind die Verstandestugenden zu nennen, zum Beispiel Weisheit oder Klugheit.

7.1.4   Sittliche Tugenden

Aristoteles' Methodik

Wenden wir uns den sittlichen Tugenden zu. Diese sind die Tugenden, welche unserem Begehrungsvermögen zukommen können. Aristoteles erarbeitet eine Liste von unterschiedlichen sittlichen Tugenden, auf welche gleich noch genauer eingegangen wird. Zunächst ist es jedoch wichtig, sich Aristoteles' methodisches Vorgehen zu vergegenwärtigen. Den Ausgangspunkt seiner Überlegungen bilden sog. »endoxa«, d.h. Aussagen, die allgemeinhin als wahr bzw. richtig angenommen werden. Diese können sich aus dem Alltag ergeben oder sie können von bedeutenden Vordenkern stammen. Diese unterschiedlichen Meinungen sammelt Aristoteles, um sie dann miteinander abzugleichen und einer Prüfung zu unterziehen. Darüber gelangt er zu einem Verständnis, wie er den Sachverhalt sehen würde. Auf diesem Wege arbeitet er auch die Liste seiner Tugenden heraus.

sittliche Tugend als Habitus

Auch wenn die sittlichen Tugenden im Einzelnen zu besprechen sein werden, gibt es dennoch ein paar allgemeine Merkmale, die sie miteinander vereinen. So handelt es sich beispielsweise bei einer Tugend um einen Habitus, d.h. um eine gewisse Grundhaltung. Wenn man eine bestimmte Tugend besitzt, so ist es – bildlich gesprochen – Teil der Persönlichkeit, dass man sich entsprechend verhält.

Aristoteles begründet dies, indem er alternative Erklärungen, was die Tugenden sein könnten, ausschließt (s. Aristoteles 1985, 1105b ff.):

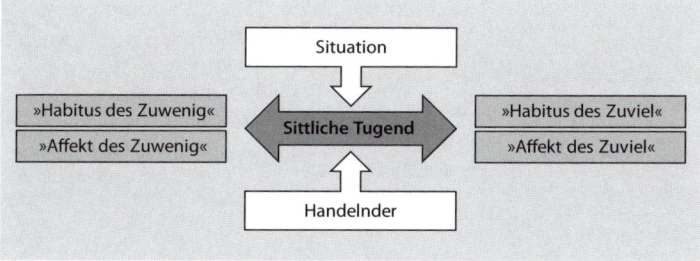

Abb. 7.5 Tugend als doppelte Mitte

Sie sind keine Affekte, d.h. Emotionen, da wir diese nicht bestimmen können und für eine Tugend die Selbstbestimmung notwendig ist. Es sind aber auch keine Vermögen, wobei ein Vermögen nach Aristoteles die Fähigkeit bezeichnet, empfänglich für Emotionen zu sein. Halten wir jemanden für tugendhaft, schreiben wir ihm mehr als nur eine Fähigkeit zu. Außerdem sind Vermögen angeboren, während Tugenden erst erlernt werden müssen. Niemand ist von Geburt an tugendhaft oder untugendhaft, so Aristoteles. Die letzte Möglichkeit ist, dass eine Tugend ein Habitus ist, nämlich der, tugendhaft zu handeln.

Aber von welcher Art ist ein tugendhafter Habitus? Was heißt es, tugendhaft zu handeln? Welche Merkmale hat eine tugendhafte Handlung? Das Spezifische einer tugendhaften Handlung ist, dass sie auf die Mitte abzielt, d.h. sie vermeidet Extreme. Dabei handelt es sich um eine Mitte im doppelten Sinne. Zum einen bildet ein tugendhafter Habitus die Mitte zwischen zwei anderen Habitus, zum anderen ist es die Mitte zwischen zwei extremen Affekten (**Abb. 7.5**). Wichtig hierbei ist, dass es nicht um eine arithmetische Mitte geht, sondern um eine Mitte für uns, also eine individuell auf den Handelnden und die Situation abgestimmte Mitte: Eine Tugend zeigen wir immer in einer bestimmten Situation. Von dieser Situation hängt es entscheidend ab, wie eine tugendhafte Handlung auszusehen hat. Was in einer Situation eine tugendhafte Handlung ist, kann in einer anderen schon nicht mehr tugendhaft sein. Hinzu kommt, dass für eine Person in einer Situation die eine Handlung tugendhaft sein kann, wohingegen sie für eine andere Person in dieser Situation schon nicht mehr tugendhaft wäre. Hier erkennt man Aristoteles' Skepsis gegenüber starren Handlungsvorschriften wieder.

Veranschaulichen wir dies am Beispiel einer sittlichen Tugend, wie dem Mut (**Abb. 7.6**).

sittliche Tugend als Mitte

Beispiel: Mut

Stellen wir uns vor, wir befänden uns in einer U-Bahn und eine junge Frau würde von einer Gruppe angetrunkener Männer belästigt. Wie sollen wir handeln? Eine Alternative wäre, bei der nächsten Haltestelle auszusteigen und uns selbst so schnell wie möglich in Sicherheit zu bringen. Hier hätten wir sicher nicht tugendhaft gehandelt. Wir wären, so Aristoteles, feige gewesen und hätten uns von unserer Furcht leiten

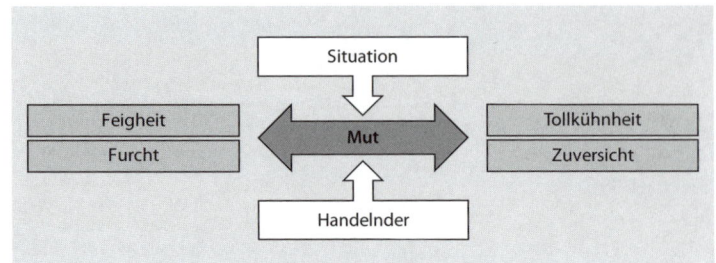

Abb. 7.6 Die Tugend des Mutes

lassen. Eine andere Alternative bestünde darin, dass wir uns zwischen die Gruppe und die junge Frau stellen und uns dadurch selbst in große Gefahr bringen. Auch hier handeln wir nicht tugendhaft, sondern tollkühn. Wir sind zu zuversichtlich. Eine richtige, d.h. tugendhafte, Handlung befindet sich nun irgendwo in der Mitte zwischen diesen beiden Extremen. Um tugendhaft zu handeln, müssen wir vernünftig handeln, was in dieser Situation beispielsweise sich darin äußern könnte, dass wir uns mit anderen Fahrgästen zusammentun, die Notbremse ziehen und die junge Frau behutsam aus dem Schussfeld herausführen. Dann würden wir mutig handeln.

Hier erkennt man, dass man nicht allgemein sagen kann, wie eine mutige Handlung aussieht, denn sie hängt unter anderem von mir als Person ab. Bin ich eine kleine, zierliche Frau, muss ich vorsichtiger sein als wenn ich ein großer, muskulöser Mann bin. Variiert die Situation selbst auch nur ein klein wenig, werden wir uns auch wieder anders verhalten müssen.

Zusammenfassend können wir festhalten:

Tugend als Habitus des Wählens der Mitte

» Es ist mithin die Tugend ein Habitus des Wählens, der die nach uns bemessene Mitte hält und durch die Vernunft bestimmt wird, und zwar so, wie ein kluger Mann ihn zu bestimmen pflegt. Die Mitte ist die zwischen einem doppelten fehlerhaften Habitus, dem Fehler des Übermaßes und des Mangels; sie ist aber auch noch insofern Mitte, als sie in den Affekten und Handlungen das Mittlere findet und wählt, während die Fehler in dieser Beziehung darin bestehen, das das rechte Maß nicht erreicht oder überschritten wird (Aristoteles 1985, 1107a). «

Damit eine Handlung tugendhaft ist, muss sie aus einem gewissen Habitus heraus geschehen. Es reicht noch nicht aus, wenn eine Handlung rein oberflächlich betrachtet als tugendhaft erscheint:

» Eine dem sittlichen Bereich angehörende Handlung aber ist nicht schon dann eine Handlung der Gerechtigkeit und Mäßigkeit, wenn sie selbst eine bestimmte Beschaffenheit hat, sondern erst dann, wenn auch der Handelnde bei der Handlung gewisse Bedingungen erfüllt, wenn er erstens wissentlich, wenn er zweitens mit Vorsatz, und zwar mit einem einzig auf die sittliche Handlung gerichtetem Vorsatz, und wenn er drittens fest und ohne Schwanken handelt (Aristoteles 1985, 1102a ff.). «

Doch wie kommen wir zu solch einem Habitus? Der Schlüssel liegt bei sittlichen Tugenden in der Gewöhnung. Indem wir tugendhafte Handlungen vollziehen, werden wir mit der Zeit tugendhaft. Indem ich mutig handle, werde ich mutig. Ich verinnerliche diese Haltung, und mit der Zeit handle ich automatisch mutig, wenn ich in eine Situation komme, in der Mut verlangt wird.

 Bei diesem Gewöhnungsprozess spielt der wahrhaft Tugendhafte eine Schlüsselrolle. Er kann als Vorbild für wahrhaft tugendhaftes Handeln angesehen werden, denn er wählt, gerade weil er tugendhaft ist, die tugendhafte Handlung:

Lernen durch Gewöhnung

» Der Tugendhafte nämlich urteilt über alles und jedes richtig und findet in allem und jedem das wahrhaft Gute heraus. Denn für jeden Habitus gibt es ein eigenes Gutes und Lustbringendes, und das ist vielleicht des Tugendhaften unbescheidenster Vorzug, dass er in jedem Ding das Wahre sieht und gleichsam die Regel und das Maß dafür ist (Aristoteles 1985, 1113a). «

Diese Argumentation erscheint zirkulär: Eine Tugend wird durch die Art und Weise bestimmt, wie ein wahrhaft Tugendhafter handeln würde und ein wahrhaft Tugendhafter ist derjenige, der tugendhaft handelt. Dies ist in gewisser Weise zutreffend. Man muss sich jedoch bewusst machen, welche Argumentationsstrategie Aristoteles an den Tag legt. Zum einen argumentiert er von einem gewissen Standpunkt aus, dem Standpunkt seiner Gesellschaft; zum anderen verfolgt er eine bestimmte Methodik. Immer wieder greift er sog. »endoxa«, d.h. allgemeinhin anerkannte Grundsätze, auf, um diese dann im Laufe seiner Argumentation zu bestätigen, zu modifizieren oder zu verwerfen. So gesehen ist seine Argumentation äußerst modern. Darüber hinaus gibt er uns durchaus abstrakte Leitfäden an die Hand, um zu bestimmen, was eine Tugend ist, beispielsweise, dass sie nach dem Mittleren strebt. Doch er geht davon aus, dass man in den Bereichen der praktischen Philosophie nur ein Maß an Exaktheit erlangen kann, wie es für die Materie zuträglich ist. Auch geht er schrittweise die unterschiedlichsten Tugenden durch und gibt uns somit genauere Charakterisierungen, was er unter ihnen versteht.

Zirkularitätsvorwurf

 Es stellt sich die Frage, ob es überhaupt in unserer Macht liegt, tugendhaft zu werden. Es stimmt, dass wir über die Verfestigung unseres Habitus keine Kontrolle haben. Wohl können wir uns aber dafür entscheiden, einen gewissen Habitus anzustreben. Darüber hinaus haben wir gesehen, dass wir durch tugendhafte Handlungen zum Tugendhaften werden. Unsere einzelnen Handlungen können wir frei bestimmen, wenn wir alles notwendige Wissen der Situation haben und nicht fremdbestimmt werden, so Aristoteles. Folglich können wir

Lernbarkeit sittlicher Tugenden

	Gerichtet auf ...	Mitte zwischen Habitus	Mitte zwischen Affekten
Mut	Furchterregendes	Tollkühnheit – Feigheit	Zuversicht –Furcht
Mäßigkeit	Lustbringendes	Unmäßigkeit	Leibliche Lust
Großzügigkeit	Vermögensobjekte	Verschwendung – Geiz	
Hochherzigkeit	Hab und Gut	Großtuerei – Engherzigkeit	
Seelengröße	Große, würdige Dinge	Aufgeblasenheit – niederer Sinn	
Ehre		Ehrgeiz – mangelnder Ehrgeiz	
Sanftmut		Zornmütigkeit – Zornlosigkeit	Zornaffekte
Wahrhaftigkeit		Prahlerei – Ironie	

◘ **Abb. 7.7** Übersicht Aristoteles' sittlicher Tugenden

die sittlichen Tugenden

unseren Habitus über konkrete Handlungen bestimmen und somit ist auch der Habitus selbst frei gewählt. Daraus folgt auch, dass wir dafür verantwortlich sind, wenn wir einen schlechten Habitus haben.

Wenden wir uns mit ◘ Abbildung 7.7 beispielhaft einigen sittlichen Tugenden zu, welche Aristoteles auflistet (◘ Abb. 7.7). Dabei soll gezeigt werden, zu welchen anderen Habitus sie die Mitte bilden, worauf sie gerichtet sind und bei was für Handlungen sie auftreten. Da Aristoteles nicht jede Tugend im Hinblick auf diese drei Punkte vollständig charakterisiert, sind in der Abbildung einige Leerstellen zu finden.

7.1.5   Verstandestugenden

Lernen durch Belehrung

Werfen wir abschließend einen kurzen Blick auf die Verstandestugenden. Während wir die sittlichen Tugenden durch Gewöhnung erlernen, können wir uns die Verstandestugenden durch Belehrung aneignen. Da unsere Vernunft entweder auf theoretische Einsichten ausgerichtet sein kann oder sich auf praktisch anwendbare Ergebnisse richtet, kann man bei den Verstandestugenden zwischen denen der theoretischen Vernunft und denen der praktischen Vernunft unterscheiden.

Werfen wir zunächst einen Blick auf die Tugenden der theoretischen Vernunft, welche da wären: Wissenschaft, Verstand und Weisheit.

Wissenschaft (»episteme«) Die Wissenschaft beschreibt Aristoteles als Habitus des Demonstrierens. Damit meint er, dass ein Wissenschaftler sich darum bemüht, Wahrheiten zu entdecken und zu beweisen. Es geht dem Wissenschaftler darum, theoretische Erkenntnis zu sammeln (s. Aristoteles 1985, 1139b ff.).

Weisheit (»sophia«) Auch die Weisheit ist eine Verstandestugend. Ein Weiser weiß und versteht bestimmte Dinge, und zwar solche, die ihrer Natur nach am ehrwürdigsten sind. Darunter versteht Aristoteles die reinen, von alltäglichen Belangen losgelösten theoretischen Erkenntnisse, wie beispielsweise die der Mathematik (s. Aristoteles 1985, 1141a ff.).

Verstand (Intellekt) (»nous«) Der Verstand oder Intellekt – so Aristoteles' Wortverständnis – erfasst Prinzipien bzw. die letzten Gründe alles Beweisbaren (s. Aristoteles 1985, 1139b ff.).

Neben diesen Tugenden der theoretischen Vernunft gibt es noch Tugenden der praktischen Vernunft, die Kunst (oder besser Kunstfertigkeit) und die Klugheit.

Verstandestugenden der praktischen Vernunft

Kunstfertigkeit (»techné«) Aristoteles unterscheidet zwischen den Akten des Hervorbringens und denen des Handelns. Kunst ist der Habitus, welcher sich auf das Hervorbringen bezieht, und zwar auf die rechte Art des Hervorbringens. So ist beispielsweise das richtige Bauen eines Hauses eine Kunstfertigkeit, bei der es darum geht, Häuser hervorzubringen (s. Aristoteles 1985, 1140a ff.).

Klugheit (»phronesis«) Die Klugheit stellt das Bindeglied zwischen den Verstandestugenden und den sittlichen Tugenden dar. Ein Mensch gilt als klug, wenn er weiß, was sein Leben gut macht, d.h. zu einem glücklichen werden lässt. Aristoteles bezeichnet sie als Gegenstück zum Verstand, was man so interpretieren kann, dass sie im Einzelfall zeigt, wie man vernünftig handeln muss, um ein Ziel zu erreichen (s. Aristoteles 1985, 1140a ff.).

Hier erkennt man nun auch die Verbindung zwischen den sittlichen Tugenden und der Klugheit. Verfügt man über eine sittliche Tugend, setzt man sich die richtigen, d.h. tugendhaften Ziele. Die Klugheit sichert nun, dass man die richtigen Mittel wählt, um diese Ziele zu erreichen und somit wahrhaft tugendhaft zu handeln. Klugheit und sittliche Tugend stehen also in einem Wechselverhältnis:

» So erhellt sich aus dem Gesagten, dass man nicht im eigentlichen Sinne tugendhaft sein kann ohne Klugheit, noch klug ohne die sittliche Tugend (Aristoteles 1985, 1144b). **«**

Zusammenfassung

- In der Tugendethik gibt es keinen obersten Leitsatz, an dem wir unser Handeln ausrichten können.
- Die Ausgangsfrage der Tugendethik ist: Wie kann ich ein gutes, d.h. glückliches, Leben führen?
- Das höchste Gut des Menschen, wonach wir in all unseren Handlungen streben, ist Glückseligkeit (»eudaimonia«).
- Glückseligkeit finden wir in der für den Menschen spezifischen Tätigkeit, seinem »ergon«, nämlich der Tugend gemäßen Tätigkeiten der vernünftigen Seelenbestandteile.
- Unsere Seele besteht aus Sinn, Begehren und Verstand.
- Wir müssen zwischen den sittlichen Tugenden des Begehrungsvermögens und den Verstandestugenden unterscheiden.
- Tugend heißt »areté«, d.h. eigentlich Exzellenz.
- Was tugendhaft ist, wird dadurch bestimmt, wie der wahrhaft Tugendhafte handelt.
- Eine Tugend zu haben bedeutet, einen Habitus zu haben.
- Eine sittliche Tugend zielt auf das Mittlere für uns.
- Sittliche Tugenden erlernen wir durch Gewöhnung, Verstandestugenden durch Belehrung.

7.2   Was können wir von Aristoteles' Tugendethik lernen?

Wie wir gesehen haben, versucht Aristoteles die Frage zu beantworten, wie man leben sollte, um glücklich zu werden. Seine Antwort hierauf lautet, dass man tugendhaft leben sollte. Hierzu erarbeitet er einen Katalog von Tugenden, den sittlichen Tugenden und den Verstandestugenden. Was können wir von dieser Theorie für die Frage nach der richtigen Menschenführung lernen?

7.2.1   Der Wertebaum nach Aristoteles

Wertebaum nach Aristoteles

Zunächst fällt auf, dass man Aristoteles' Gedanken nahtlos auf unseren Wertebaum (► Kap. 1.2 »Das Modell der ethikorientierten Führung«)übertragen kann, da die Tugenden als Werte interpretiert werden können (◘ Abb. 7.8). So gesehen stecken die Tugenden, sowohl die sittlichen als auch die Verstandestugenden, in den Wurzeln des Baumes. Außerdem wurde der Wertebaum so beschrieben, dass die Baumkrone, die Äste und Verzweigungen, für die Feinadjustierung im Verhalten auf den Einzelfall stehen, und diesen Gedanken finden wir auch bei Aristoteles wieder. Die Tugenden liefern keine starren Verhaltensregeln, sondern auf Basis der verinnerlichten Tugenden muss man relativ zur eigenen Person und zur konkreten Situation entscheiden, welche Handlung richtig ist. Diese Idee kann man unter

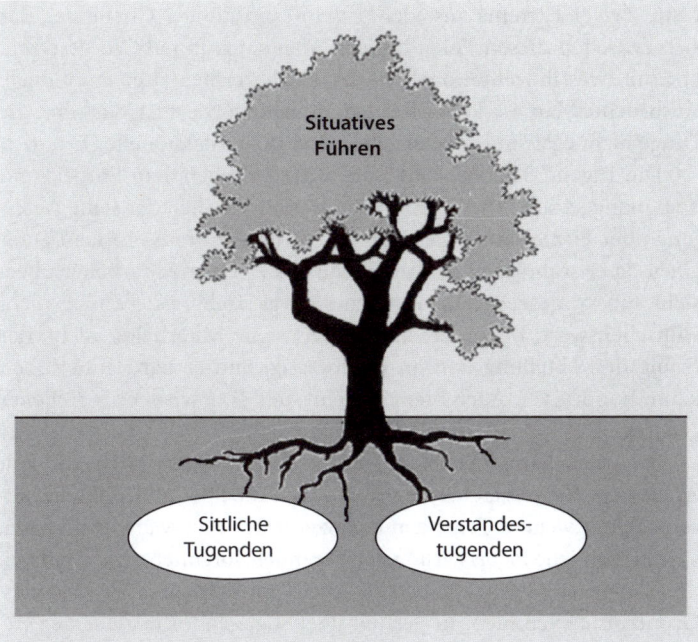

■ **Abb. 7.8** Der Aristotelische Wertebaum

dem Schlagwort des »situativen Führens« zusammenfassen. Wenden wir uns diesen Aspekten nochmals im Detail zu:

Aristotelische Tugenden als Grundwerte

Die Aristotelischen Tugenden kann man als persönliche Grundwerte übernehmen. Denken wir zunächst an seine sittlichen Tugenden. Zu sagen, dass Werte, wie Ehrlichkeit, Großzügigkeit oder Mäßigkeit, die Basis von persönlichem Handeln bilden, wird vielen intuitiv richtig erscheinen. Wir kritisieren Menschen häufig dafür, wenn sie eine solche Tugend verletzt haben. Denken wir beispielsweise an die schwere Wirtschaftskrise des ersten Jahrzehnts des 21. Jahrhunderts und deren Ursachen, so wird häufig auf die Gier einiger Banker hingewiesen, die skrupellos ihren eigenen Vorteil gesucht haben. Man wirft ihnen vor, gierig gewesen zu sein und somit die Tugend der Mäßigkeit verletzt zu haben.

Führungskräfte, die die sittlichen Aristotelischen Tugenden verinnerlicht haben, würden wir sehr wahrscheinlich als gute Führungskräfte bezeichnen. Greifen wir zur Veranschaulichung zwei sittliche Tugenden heraus! Die Tugend der Sanftmut liegt zwischen der Zornlosigkeit und der Zornmütigkeit. Ein Vorgesetzter, der seine Emotionen nicht unter Kontrolle hat, jähzornig ist und seine Wut unkontrolliert an seinen Mitarbeitern auslässt, ist kein gutes Vorbild. Auf der anderen Seite ist ein Vorgesetzter, der scheinbar nie emotional bewegt wird und sich niemals wehrt, auch keine gute Führungskraft, da er konturlos ist. Da Aristoteles die sittlichen Tugenden immer in der

gute, tugendhafte Führungskraft

Sanftmut als gute Führungstugend

Mitte zweier Extreme ansiedelt, ist ein sanftmütiger Chef einer, der sich zwischen diesen Polen bewegt. Man spürt ihn als Vorgesetzen, erkennt, was ihn emotional bewegt, doch vermeidet er emotionale Ausbrüche. Man merkt, dass er emotional involviert ist, dass ihm die Dinge nicht egal sind. Zugleich behält er die professionelle Distanz.

Ehre als gute Führungstugend

Die Tugend der Ehre bildet die Mitte zwischen dem Ehrgeiz und dem mangelnden Ehrgeiz. Ein überehrgeiziger Chef, der seine Abteilung oder Firma ohne Rücksicht auf Verluste antreibt, ist kein guter Chef, da er wahrscheinlich die Bedürfnisse seiner Mitarbeiter übersieht. Ein Vorgesetzter, dem jeglicher Ehrgeiz fehlt, ist ebenfalls nicht wünschenswert. Er fordert und fördert seine Mitarbeiter nicht, der Erfolg der Abteilung ist ihm gleichgültig, und er wird gute Arbeit kaum honorieren. Auch hier erscheint die Mitte wieder als goldener Ausweg.

Reflexion über Tugenden

Natürlich kann man sich fragen, ob man tatsächlich alle von Aristoteles' Tugenden als zentral ansehen möchte oder ob man diese Liste um weitere Tugenden ergänzen will. Auch wäre es möglich, eine persönliche Priorisierung der Tugenden vorzunehmen, d.h. zwei, drei Werte als zentral zu betonen. Dies lässt sich gut mit Aristoteles' Grundansatz vereinen: Er gelangt über sog. »endoxa« zu seiner Tugendliste und geht von seiner Gesellschaft aus. Da wir über 2000 Jahre nach Aristoteles leben, mögen sich gewisse Werte in unserer Gesellschaft verändert haben, oder neue Tugenden mögen hinzugekommen sein. Es obliegt der Reflexion eines jeden einzelnen, sich hierüber kritische Fragen zu stellen und sein persönliches Tugendsystem zu erarbeiten. Spannenderweise sind jedoch die sittlichen Tugenden, welche Aristoteles herausstellt, durchaus solche, welche auch dem modernen Menschen in den Sinn kommen.

Relevanz der Verstandestugenden

Aristoteles geht nicht nur auf die sittlichen Tugenden ein, sondern verweist auch auf die Verstandestugenden. Je nachdem, im welchem Bereich man nun arbeitet, können auch diese Grundwerte sein. Einem Universitätsprofessor sollte beispielsweise die Verstandestugend der Wissenschaft am Herz liegen. Oder denken wir an die praktische Verstandestugend der Kunst(fertigkeit), die sich als Streben nach Exzellenz umschreiben lässt. Es geht darum, die Tätigkeit, welche man ausführt, auf die richtige Art und Weise auszuführen. Dies kann als zentraler Wert auch für eine Führungskraft gelten. Sie sollte darum bemüht sein, die Arbeit ihrer Abteilung oder ihres Unternehmens zu perfektionieren und die bestmögliche Leistung abzurufen. Dabei muss sie sich zum einen um die technische Seite kümmern, zum anderen darum, ihre Mitarbeiter zu Höchstleistungen zu motivieren. Aristoteles' Tugendkatalog gibt uns also viele Anregungen, und seine Tugenden sind auch in heutiger Zeit noch aktuell.

Ein Plädoyer für situatives Führen

situatives Führen

Immer wieder wurde betont, dass es bei Aristoteles keinen allgemeinen Leitsatz gibt, an dem man sein Handeln ausrichten kann. Vielmehr geht es darum, Tugenden zu verinnerlichen, um dann relativ zu einer bestimmten Situation richtig zu handeln. Bei der Einführung des Wertebaums der Führung wurde darauf hingewiesen, dass eine gute Führungskraft sich dadurch auszeichnet, dass sie ihr Handeln an bestimmte Situationen anpasst, so dass es zu einer Feinadjustierung kommt (▶ Kap. 1.2 »Das Modell der ethikorientierten Führung«). Dies passt mit Aristoteles' Skepsis gegenüber allgemeinen Leitsätzen zusammen.

Im Sinne Aristotäes' kann man keine allgemeingültigen Lehrsätze angeben, wie man sich als gute Führungskraft verhalten soll. Damit könnte man den Besonderheiten der jeweiligen Situation nicht gerecht werden. Es wäre falsch, von einem starren Regelwerk auszugehen. Es geht vielmehr darum, dass man in einer konkreten Situation weiß, wie man sich hier richtig verhalten soll. Man kann dies als situatives Führen beschreiben.

Wir betonen die Verbindung zwischen Aristoteles' Gedankengut und der situativen Führung so stark, da das Fehlen eines allgemeinen Lehrsatzes Aristoteles' Theorie von anderen unterscheidet und man dies so nicht bei einer der anderen in diesem Buch behandelten Theorien findet.

Beispiel: Umgang mit Leistungsabfall

So mag es sein, dass eine gute Führungskraft in zwei auf den ersten Blick ähnlichen Fällen unterschiedlich handelt. Zwei Schüler eines Lehrers mögen beide rapide in ihren Leistungen abfallen. Die Aufmerksamkeit der Kinder lässt nach, ihre Motivation lässt zu wünschen übrig und sie stören den Unterricht. Eine Möglichkeit bestünde nun darin, dass die Lehrkraft beide Kinder gleich behandelt, ihr Fehlverhalten bestraft und Druck über die Eltern ausübt. Wenn der Lehrer sich Aristoteles zu Herzen nimmt und situativ führen möchte, muss er anders verfahren. Er muss sich ansehen, was die Gründe für den Leistungsabfall der Kinder sind und was für Kinder es sind, d.h. beispielsweise was beide motiviert und interessiert. Während der Leistungsabfall des einen Kindes auf eine Überforderung zurückzuführen ist und es dementsprechend Förderung benötigt, mag das andere konstant unterfordert sein, sodass man ihm gezielt Sonderaufgaben geben sollte.

Dieses Beispiel verdeutlicht: Situativ zu führen bedeutet Anstrengung. Man muss die Situationen genau betrachten und dazu braucht es Zeit. Sich an starren Verhaltensregeln entlang zu hangeln ist sicher bequemer, jedoch wird der Erfolg von individuellen Entscheidungen und Beurteilungen höher sein.

7.2.2 Die Wichtigkeit der Praxis

Einen weiteren Aspekt kann man von Aristoteles lernen. In Bezug auf die Frage, wie man sittliche Tugenden erlernt, verweist er auf den Gedanken des Lernens durch Gewöhnung. Demnach reicht es nicht

Theorie allein reicht nicht.

aus, wenn man rein theoretisch weiß, welche Tugenden es gibt und sich vielleicht darüber hinaus noch unterschiedliche Situationen ausmalt und sich fragt, wie man in solchen gemäß den Tugenden handeln würde. Man kann diese erst verinnerlichen, wenn man sie anwendet, d.h. wenn man handelt. Indem man immer wieder das Handeln eines wahrhaft tugendhaften Menschen imitiert, verinnerlicht man schrittweise die entsprechende Tugend, bis man eines Tages an dem Punkt angelangt ist, an welchem man einfach weiß, wie man sich in einer Situation richtig verhalten muss. Man hat die Tugend verinnerlicht, sie ist ein Habitus der betreffenden Person geworden.

Dies erklärt, warum es wenig Erfolg versprechend ist, in Firmen Verhaltensregeln auszuhängen und den Mitarbeitern diese in einer Sondersitzung vorzustellen. Verfährt man so, wissen die Mitarbeiter zwar rein theoretisch, dass es solche Regeln gibt, jedoch bedeutet dies nicht, dass sie auch gelebt und beachtet werden. Man sollte bewusst ein Augenmerk auf die praktische Implementierung der Regeln legen.

Beispiel: Etablierung einer Feedback-Kultur
Stellen wir uns vor, eine Firma will eine Feedback-Kultur etablieren. Nun ist es eine Sache, auf einen Zettel zu schreiben: »In unserer Firma wird eine offene Feedback-Kultur gelebt.« Es ist hingegen eine andere Sache, ob dies tatsächlich umgesetzt wird. Ein erster Schritt wäre es, den Mitarbeitern die Grundzüge von angemessenem Feedback theoretisch in Schulungen zu vermitteln. Darüber hinaus sollte man im Arbeitsalltag Feedback integrieren. Eine Führungskraft könnte sich bewusst die Zeit nehmen, um mit jedem ihrer Mitarbeiter in regelmäßigen Abständen ein Feedback-Gespräch zu führen. Hier sollte sie auch Feedback ihr gegenüber einfordern. Am Anfang mag dies schwierig sein, doch die konstante Gewöhnung an diese Praxis mag dabei helfen, dass die Mitarbeiter irgendwann selbst einander Feedback geben und somit einen offeneren Umgang miteinander leben.

7.2.3   Die Vorbildfunktion von Führungskräften

Wichtigkeit von Vorbildern in Erziehung und Wirtschaft

Zuletzt sei auf einen Gedanken hingewiesen, der unseres Erachtens eine große Rolle für die richtige Menschenführung spielt und den man auch bei Aristoteles wiederfindet: die Vorbildfunktion einer Führungskraft. Eine gute Führungskraft sollte sich ihrer Vorbildfunktion bewusst sein. Denken wir hierzu an den Bereich der Erziehung. Eltern und auch Lehrer sind Leitbilder, an denen sich Kinder orientieren. Was sie ihren Zöglingen versuchen inhaltlich zu vermitteln, sollte im Einklang mit dem stehen, was die Kinder an Verhaltensweisen von ihnen mitbekommen. Fordern Eltern ihre Kinder dazu auf, ehrlich zu sein, erleben diese aber immer wieder, wie sich Mutter und Vater gegenseitig anlügen, wird es für sie nicht verständlich sein, weshalb sie sich anders verhalten sollten. Vielmehr ahmen sie – bewusst oder unbewusst – das Verhalten ihrer Eltern und auch das ihrer Lehrer nach.

Hier können wir wieder auf Aristoteles zurückgreifen. Wie wir eben besprochen haben, spielt das Lernen durch Gewöhnung eine zentrale Rolle beim Erlernen gewisser Wertsysteme. So hat es nur einen begrenzten Nutzen, wenn die Eltern Ehrlichkeit von ihren Kindern fordern, diese aber nicht selbst leben. Die Kinder orientieren sich mit ihrem Verhalten an ihren Eltern, ahmen es nach und erlernen dadurch andere Werte als es die Lippenbekenntnisse ihrer Eltern fordern. Eltern sollten sich dessen bewusst sein und ihre Erziehungsziele und ihr Handeln aufeinander abstimmen.

Gleiches gilt im Arbeitsleben: Hier kann die Führungskraft eine Vorbildfunktion einnehmen. Mitarbeiter orientieren sich am Verhalten ihres Vorgesetzten. Wenn der Vorgesetzte beispielsweise Pünktlichkeit fordert, aber selbst permanent zu spät kommt, wird es für ihn schwierig, zu erklären, weshalb man als Angestellter pünktlich sein soll.

Im Idealfall wäre eine Führungspersönlichkeit also ein wahrhaft Tugendhafter im Aristotelischen Sinn. Dieser spielt eine Schüsselrolle, wie wir gesehen haben. Er ist eine Person, die alle Tugenden verinnerlicht hat und vorbildhaft lebt und handelt. All diejenigen, die sich noch im Lernprozess befinden, orientieren sich an dieser Person. Sie imitieren deren Verhalten, lernen dadurch durch Gewöhnung und werden letztendlich selbst tugendhaft. Der wahrhaft Tugendhafte ist also ein Vorbild für andere.

> **Führungskraft als wahrhaft Tugendhafter**

Eine Aristotelische Führungspersönlichkeit ist also eine vorbildhafte Person, die sich in ihrem Handeln an den Tugenden orientiert. Sie handelt und beurteilt situationsbezogen, aber insoweit dennoch verlässlich, als dass man sich ihres tugendhaften Charakters versichert sein kann. Auch geht es ihr darum, ihren Mitarbeitern tugendhaftes Verhalten nahe zu bringen. Dies geschieht zum einen, indem sie ihnen vorlebt, was sie erwartet, und zum anderen, indem sie ihnen Handlungsspielräume gibt. Des Weiteren befindet sie sich aber auch im Dialog mit ihren Mitarbeitern darüber, was die bestimmenden Werte, die Tugenden, sein sollen.

> **Zusammenfassung: Aristotelische Führungskraft**

7.3   Ein kleines Lexikon der Tugendethik

- **Areté**

Areté wird zumeist mit »Tugend« übersetzt, bedeutet aber eigentlich »Exzellenz«.

- **Aristotelischer Zirkel**

Der Aristotelische Zirkel bezeichnet eine Besonderheit der Aristotelischen Argumentation. Was es heißt, tugendhaft zu sein, wird darüber erklärt, wie der wahrhaft Tugendhafte handelt. Wer der wahrhaft Tugendhafte ist, wird aber aus unserem Verständnis von Tugenden herausgefiltert. Es gibt keine unabhängige Richtschnur, die bestimmt, was tugendhaft ist.

- **Begehrungsvermögen**

Das Begehrungsvermögen ist verantwortlich für unsere Neigungen und Wünsche. Es gehört zu den vernunftbegabten Seelenteilen. Es ist nicht an sich vernunftbegabt, kann aber der Vernunft gehorchen. Die sittlichen Tugenden leiten das Begehrungsvermögen.

- **Ergon**

»Ergon« kann als »Funktion« oder »spezifische Tätigkeit« übersetzt werden. Aristoteles geht davon aus, dass jedes Lebewesen eine für sich spezifische Tätigkeit bzw. Funktion hat.

- **Eudaimonia**

(gr.: eu – gut; daimon – Schicksal, Gottheit) »Eudaimonia« ist der altgriechische Begriff für Glück bzw. Glückseligkeit.

- **Glück/Glückseligkeit**

Glück/Glückseligkeit ist das höchste Gut, das, wonach alles menschliche Handeln letztendlich strebt.

- **Habitus**

Habitus bedeutet, eine Grundeinstellung zu haben und aus der heraus zu handeln, ohne groß darüber nachzudenken.

- **Höchstes Gut**

Alles menschliche Handeln strebt, so Aristoteles, nach einem höchsten Gut, nach einem Endziel. Es gibt nichts außer dem höchsten Gut, was der Mensch darüber hinaus noch anstreben könnte. Das höchste Gut des Menschen ist Glück oder Glückseligkeit.

- **Mitte**

Die Mitte ist das Charakteristikum der sittlichen Tugenden. Jede sittliche Tugend kann als Mitte zwischen zwei Extremen bestimmt werden. So ist der Mut die Mitte zwischen den Affekten der Furcht und dem Habitus der Feigheit auf der einen Seite und dem Affekt der Zuversicht und dem Habitus der Tollkühnheit auf der anderen Seite. Die Mitte ist immer relativ zu der betreffenden Person und der speziellen Situation zu bestimmen.

- **Seelenlehre**

Gemäß der Aristotelischen Seelenlehre ist die menschliche Seele unterteilt in den Sinn, das Begehrungsvermögen und den Verstand, wobei die letzteren beiden vernunftbegabt sind.

- **Sinn/sinnliches Vermögen**

Der Sinn oder das sinnliche Vermögen ist der Seelenteil, der nicht vernunftbegabt ist und für das vegetative Vermögen (Verdauung, Wachstum etc.) zuständig ist. Mit ihm korrespondieren keine Tugenden.

- **Sittliche Tugenden**

Die sittlichen Tugenden sind die Tugenden, die das Begehrungsvermögen in die richtige Bahn lenken. Sie zielen auf die Mitte zwischen zwei Extremen ab und werden durch Gewöhnung erlernt.

- **Teleologie**

(gr.: telos – Ziel/Zweck) Teleologie ist die Lehre, dass alle Lebewesen über eine für sie spezifische Tätigkeit verfügen, d.h. dass alles Leben zweckorientiert ausgerichtet ist.

- **Tugend**

Tugend bedeutet eigentlich Exzellenz und bestimmt die beste oder richtige Art, unsere vernunftbegabten Seelenteile zu gebrauchen.

- **Tugendethik**

Die Tugendethik fragt, was das gute Leben ist und wie man dieses erreicht. Sie geht davon aus, dass man dieses gute Leben führt, wenn man tugendhaft ist. Es geht nicht primär darum, zu bestimmen, was das moralisch richtige Handeln ist. Auch gibt es kein oberstes Handlungsprinzip, an dem man sein Handeln ausrichten kann.

- **Verstand**

Der Verstand ist an sich vernünftig. Die Verstandestugenden gehören zu diesem Seelenteil.

- **Verstandestugenden**

Die Verstandestugenden sind die Tugenden des Verstandes, d.h. besitzt man diese Tugenden, gebraucht man den Verstand auf die richtige Art und Weise. Sie können durch Belehrung angeeignet werden.

Die Ethik der Verantwortung

Hans Jonas

Abb. 8.1 Hans Jonas, © INTERFOTO / Friedrich

8

>> Handle nur so, dass die Wirkungen deiner Handlung verträglich sind mit der Permanenz menschlichen Lebens auf Erden (Jonas 2003, S. 36). <<

8.1   Darstellung der Ethik der Verantwortung Jonas'

In seinem Buch *Das Prinzip der Verantwortung* entwickelt Hans Jonas eine Ethik, die den Herausforderungen der modernen Technik begegnen kann. Eine solche ist notwendig, da sich seines Erachtens das Wesen menschlichen Handelns durch die Fortschritte der Technik grundlegend verändert hat. Menschliches Handeln kann tiefgreifende Auswirkungen auf die menschliche und außermenschliche Natur haben und sogar zur Vernichtung allen menschlichen Lebens führen. Eine Ethik sollte dieser Veränderung gerecht werden. So formuliert Jonas als oberstes Prinzip die Aufforderung, dass jede Handlung und deren Folgen mit einer dauerhaften Existenz menschlichen Handelns auf der Erde vereinbar sein solle, was auch als ökologischer Imperativ bezeichnet wird. Das bedeutet, dass der Mensch dafür verantwortlich ist, menschliches Leben zu erhalten und zu schützen und den Planeten zu bewahren. Dies ist eine Fernethik, da sie die Langzeitfolgen beachtet und so gesehen nachhaltiges Handeln fördert. Grundlegend hierfür ist die Verantwortung, die jeder Mensch als Mensch trägt. Wir sind für all das verantwortlich, worüber wir Macht haben, also auch für die dauerhafte Existenz menschlichen Lebens. Verantwortung empfindet nach Jonas jeder Mensch, da er die Verletzlichkeit dessen begreift, worüber er Macht hat. Dieses Verantwortungsgefühl motiviert ihn, das zu schützen, was er durch seine Handlungen zerstören könnte.

8.1.1   Biographische Notizen

Hans Jonas' Leben

Hans Jonas' Leben
Hans Jonas (■ Abb. 8.1) ist ein Philosoph des 20. Jahrhunderts, der die geschichtlichen Katastrophen dieses Jahrhunderts am eigenen Leib miterlebt hat. Sein Verdienst ist es, dass er gerade durch sein Hauptwerk *Das Prinzip der Verantwortung* auf die Gefahren der modernen Technik hinweist und versucht hat, eine Ethik zu entwickeln, welche diese Gefahren eindämmen könnte.
     Er wurde als Sohn jüdischer Eltern am 10. Mai 1903 in Mönchengladbach geboren. 1921 begann er sein Studium der Philosophie, Kunstgeschichte und Theologie zunächst in Freiburg, dann in Berlin, Heidelberg und Marburg, wo er 1928 seine Promotion abschloss. Zu seinen Dozenten gehörten unter anderem Edmund Husserl, Rudolf Bultmann und Martin Heidegger, von dem er sich

jedoch in späteren Jahren wegen dessen Haltung zum National-sozialismus distanzierte. Während seiner Studentenzeit entstand auch eine enge Freundschaft zu Hannah Arendt.

1933 wanderte er nach der Machtergreifung der Nationalso-zialisten nach London aus. Seine Mutter, die in Deutschland blieb, wurde ins Konzentrationslager Auschwitz deportiert und dort ermordet. Erst als Jonas 1945 wieder nach Deutschland zurück-kehrte, erfuhr er von ihrem Tod. 1934 zog er nach Jerusalem. Von 1940 bis 1945 war er Mitglied der britischen Armee und dort Teil der Jewish Brigade Group. Von 1948 bis 1949 diente er als Soldat der in der israelischen Armee.

1949 zog Jonas nach Kanada und arbeitet an der McGill University in Montreal und an der Carleton University in Ottawa. 1955 nahm er einen Ruf an die New School for Social Research in New York an. In den darauffolgenden Jahren folgten zahlreiche Gast-professuren an bedeutenden Universitäten.

Am 5. Februar 1993 verstarb Jonas. Schon zu Lebzeiten wurden Jonas zahlreiche Ehrungen zuteil, wie beispielsweise der Friedens-preis des Deutschen Buchhandels (1987) und das Große Bundesver-dienstkreuz (1987) (zur Biographie s. Böhler 2006; Wetz 1994).

Jonas konzentrierte sich zu Beginn seines philosophischen Schaffens auf religionsphilosophische Themen, wandte sich dann aber ethischen Überlegungen zu, wie diese Auswahl seiner Werke zeigt:

Gnosis und spätantiker Geist (Band I 1934; Band II 1954) Hierin setzt sich Jonas mit einer religiösen Bewegung des 2. Jahrhunderts nach Christus auseinander, der Gnosis, und deutet sie existentialistisch in Anlehnung an Heideggers Philosophie.

Jonas' Schriften (Auswahl)

Macht oder Ohnmacht der Subjektivität In diesem Buch argumentiert er – als Vorüberlegung zu seinem *Das Prinzip der Verantwortung* –, dass der Mensch der Herr seiner Handlungen ist. Im Zuge dessen be-schäftigt er sich zum einen mit dem Leib-Seele-Problem, einer in der Philosophie viel diskutierten Schwierigkeit: Sollte man von einer Du-alität von Körper und Geist bzw. Leib und Seele ausgehen? In welcher Beziehung steht das Geistige zum Körperlichen? Ist das Geistige letzt-endlich vollkommen durch das Körperliche erklärbar? Zum anderen setzt er sich mit dem Reduktionismus auseinander, einer Position, wonach alles Geistige vollkommen durch physische Vorkommnisse erklärt werden kann. Auch interessiert ihn der Determinismus, d.h. die Auffassung, dass es keinen freien Willen gibt. Jonas argumentiert für die Möglichkeit subjektiv motivierter Handlungen.

Das Prinzip Verantwortung (1979) *Das Prinzip der Verantwortung* ist Jonas' Hauptwerk und wurde als Antwort auf Ernst Blochs *Prinzip Hoffnung* geschrieben, in dem Bloch den technischen Fortschritt als

8

Segen interpretiert hatte. Jonas zeigt sich kritisch gegenüber dieser uneingeschränkten Zuversicht gegenüber der Technik. Er verweist auf die Gefahren und fordert, dass man diese eindämmt. Indem er an das Verantwortungsgefühl der Menschen appelliert und einen neuen Imperativ formuliert, der Nachhaltigkeit fordert, etabliert er eine Ethik, die bestehende Ansätze erweitern soll.

Technik, Medizin und Ethik – Zur Praxis des Prinzips der Verantwortung (1985) Hierin versucht Jonas, sein Prinzip der Verantwortung auf Beispiele aus dem Feld der Medizinethik bzw. Bioethik anzuwenden.

Wenden wir uns im Folgenden vertiefend Jonas' ethischen Überlegungen zu, welche er in *Das Prinzip Verantwortung* dargelegt.

8.1.2   Das veränderte Wesen menschlichen Handelns

Notwendigkeit einer neuen Ethik

Ausgangspunkt für Jonas' Überlegungen bildet die Feststellung, dass sich das Wesen menschlichen Handelns durch den rasanten technischen Fortschritt grundlegend geändert hat. Die bisherigen Ethiken wie jene, die wir in den vorhergegangenen Kapiteln exemplarisch dargestellt haben, werden diesen Veränderungen nicht gerecht, so Jonas, weshalb eine neue Ethik formuliert werden muss (◼ Abb. 8.2):

>> Spezifischer gefasst ist meine Behauptung, dass mit gewissen Entwicklungen unserer Macht sich das Wesen menschlichen Handelns geändert hat; und da Ethik es mit Handeln zu tun hat, muss die weitere Behauptung sein, dass die veränderte Natur menschlichen Handelns auch eine Änderung in der Ethik erforderlich macht (Jonas 2003, S. 15). **«**

verändertes Wesen menschlichen Handelns

Was meint Jonas damit, dass sich das Wesen menschlichen Handelns grundlegend verändert hat? In früheren Zeiten war der Spielraum menschlichen Handelns eng begrenzt. Schon vor Jahrtausenden entwickelte der Mensch zwar technische Möglichkeiten, um die Natur in seinem Sinne zu gestalten, jedoch war der Eingriff in dieselbe nur in engen Grenzen möglich. Die allgemeine Unveränderlichkeit der Natur blieb unangetastet, d.h. die menschlichen Eingriffe waren revidierbar und griffen nicht das Wesen der Natur an (s. Jonas 2003, S. 17 ff.).

Durch die rasante Entwicklung der Technik in den vergangenen zwei Jahrhunderten hat sich das Bild geändert. Der Mensch hat Mittel und Wege gefunden, die Natur und auch seine eigene Natur nachhaltig und grundlegend zu verändern und einzunehmen. Eine unberührte Natur außerhalb des menschlichen Wirkungsrahmens gibt es kaum mehr. Hinzu kommt, dass der Mensch mittlerweile über die Macht verfügt, die Natur grundlegend zu verändern oder gar die Welt zu zerstören. Veranschaulichen wir dies an Beispielen. Das wohl extremste ist, dass der Mensch durch die Entwicklung der Atombombe und die Verbreitung dieser über die Macht verfügt, die Welt und somit auch die Menschheit auszulöschen oder zumindest langfristig zu schädigen. Oder denken wir an die rasanten Fortschritte in der Genforschung. Wir sind heute in der Lage und werden es in Zukunft wahrscheinlich immer mehr sein, in den genetischen Schaltplan der Menschen und auch der Natur einzugreifen und diesen nachhaltig zu verändern. Allgemein gesprochen können menschliche Handlungen, unterstützt durch moderne Technik, Folgen von enormem Ausmaß annehmen, die teilweise nicht revidierbar sind.

Diesem neuen Wesen menschlichen Handelns werden die traditionellen Moraltheorien – Jonas bezieht sich hier hauptsächlich auf Kants Ethik (s. Werner 2003, S. 41) – nicht gerecht, so Jonas (s. Jonas 2003, S. 22 f.). Herkömmliche Moraltheorien kümmern sich darum, zwischenmenschliches Handeln zu regulieren. Diese Theorien sind anthropozentrisch, da sie sich auf das Zusammenleben der Menschen untereinander konzentrieren. Veranschaulichen wir diesen Gedanken am Beispiel von Kants Ethik. Denken wir hierzu an die zweite Formulierung des Kategorischen Imperativs zurück:

Anthropozentrik traditioneller Moraltheorien

>> Handle so, dass du die *Menschheit* sowohl in deiner Person eines jeden anderen jederzeit zugleich als Zweck niemals bloß als Mittel brauchtest (Kant 1961a, AA IV 429; unsere Hervorhebung) **«**

Hierin werden wir also dazu aufgefordert, Menschen niemals zu instrumentalisieren. Es ist jedoch keine Rede von Tieren oder der Natur im Allgemeinen. Diese haben bei Kant keinen moralischen Eigenwert. Dieser kommt bloß vernunftbegabten Wesen, also hauptsächlich Menschen, zu, die selbst moralisch handeln können (► Kap. 5.1.7 »Das Instrumentalisierungsverbot«).

Hinzu kommt, dass es den traditionellen Moraltheorien primär um die Regulierung von individuellem Handeln geht, d.h. sie versuchen Antworten auf die Frage zu geben: »Wie soll *ich* in dieser Situation handeln?«. Das veränderte Wesen menschlichen Handelns betont jedoch einen weiteren Aspekt. Die Macht, welche der Mensch sich verschafft hat, äußert sich nicht nur in individuellen Handlungen, sondern gerade in der Aufsummierung der Folgen individueller Handlungen. Denken wir an die Klimaerwärmung. Diese kann sicher nicht als Folge *einer* individuellen Handlung verstanden werden, sondern ist die Folge einer Vielzahl verschiedener individueller Handlungen. Daher sucht Jonas weniger nach einer individuellen Ethik, sondern nach einer Ethik, die in den politischen Bereich hineinreicht.

traditionelle Moraltheorien als individuelle Ethiken

Ein weiteres Merkmal bisheriger Ethiken ist, dass der Horizont ihrer Betrachtungen sowohl in räumlicher als auch in zeitlicher Hinsicht begrenzt ist. Dieser Aspekt ist eng mit dem ersten verbunden. Konzentriert man sich auf zwischenmenschliches Handeln, geht es (meist) um eine Handlung und deren Folgen auf unser direktes Gegenüber. Weitreichendere Konsequenzen werden ausgespart. Aber gerade diese weitreichenden Konsequenzen rücken für Jonas in den

Kurzfristigkeit traditioneller Moraltheorien

Verändertes Wesen menschlicher Handlungen	Anforderungen an eine neue Ethik
<ul><li>Die moderne Technik hat das Wesen menschlichen Handelns verändert</li><li>Der Mensch hat die Macht, seine eigene Natur und die außermenschliche Natur grundlegend zu verändern oder zu zerstören</li><li>Die Folgen unserer Handlungen sind global und langfristig</li><li>Handlungen werden kollektiv</li></ul>	<ul><li>Fernethik/Zukunftsethik: Globale und langfristige Folgen im Fokus</li><li>Weniger anthropozentrisch: Nicht nur Menschen, sondern auch die Natur hat ein moralisches Eigenrecht, d.h. sie muss beachtet und geschützt werden</li><li>Ausgerichtet auf kollektive Handlungen Bereich des Politischen</li></ul>

Abb. 8.2 Die Notwendigkeit einer neuen Ethik

8

Mittelpunkt. Durch die moderne Technik können unsere Handlungen Folgen haben, die sich über das sowohl räumlich als auch zeitlich Unmittelbare ausdehnen. Denken wir beispielsweise an die Wirtschaftskrise, die 2009 ihren Höhepunkt erreichte, und deren Auslöser. Durch die weltweite Vernetzung der Finanzmärkte war es überhaupt erst möglich, dass das Verhalten einzelner eine weltweite Krise ausgelöst hat. Oder denken wir an die Gentechnik. Ein heutiger Eingriff in das menschliche Erbgut kann Folgen haben, die zukünftige Generationen tangieren. Die bisherigen Ethiken können laut Jonas den Herausforderungen der veränderten Macht menschlichen Handelns nicht gerecht werden.

8.1.3   Der Fortbestand der Menschheit

Jonas begibt sich also auf die Suche nach einer Moraltheorie, die weniger anthropozentrisch, kollektiver und langfristiger ausgerichtet ist. Es geht ihm um eine sog. Fernethik bzw. Zukunftsethik. Jonas sieht diese als eine Erweiterung der bestehenden Ethiken. Sie soll dort ansetzen, wo diese keine Antworten auf dringliche Fragen mehr geben können (s. Werner 2003, S. 41).

Heuristik der Furcht

Zunächst müssen wir uns bewusst werden, welche Folgen unsere Handlungen haben könnten. Dabei geht es nicht um kurzfristige, sondern auch um langfristige Folgen. Hier kommt die sog. Heuristik der Furcht ins Spiel (s. Jonas 2003, S. 63). Heuristik bezeichnet allgemein die Kunst, zu den richtigen Entscheidungen und Erkenntnissen zu kommen, auch wenn das zugrunde liegende Wissen nicht vollständig ist. In unserem Falle ist das Wissen nicht vollständig, da wir kein vollständiges Wissen um die Folgen all unserer Handlungen haben. Es genügt aber, sich vorzustellen, welche Folgen sie haben *könnten*. Dadurch verdeutlichen wir uns, was auf dem Spiel steht. Indem wir uns dies klar machen, beginnen wir um das, was auf dem Spiel steht, zu fürchten, und dadurch wird uns bewusst, dass wir es schützen wollen. Das ist die Heuristik der Furcht.

Durch die neu gewonnene Macht des Menschen ist der Fortbestand der Menschheit gefährdet. Die Existenz der Menschheit kann auf dem Spiel stehen, und um sie müssen wir uns fürchten. Man denke beispielsweise an die Möglichkeit eines atomaren Weltkrieges – zur Entstehungszeit des *Prinzips der Verantwortung* eine beängstigend wahrscheinliche Bedrohung – oder an die Gefahren der Klimaerwärmung. Diese Aussicht erfüllt uns mit Furcht, und dadurch wird – intuitiv – das grundlegende Gebot der Zukunftsethik offenbar, was auch als ökologischer Imperativ bezeichnet wird. In Anlehnung an Kants Kategorischen Imperativ formuliert Jonas es folgendermaßen:

» Handle so, dass die Wirkungen deiner Handlung verträglich sind mit der Permanenz echten menschlichen Lebens auf Erden (Jonas 2003, S. 36). **«**

Ganz einfach formuliert kann man sagen, dass Jonas es als Grundprinzip seiner Ethik ansieht, dass die Erhaltung der Menschheit die grundlegende Pflicht ist, d.h. keine Handlung ist erlaubt, die die Existenz der Menschheit in Gefahr bringt.

ökologischer Imperativ: Existenzsicherung der Menschheit

Doch weshalb sollten wir diese Pflicht akzeptieren? Zunächst mag diese Frage verwundern. Es scheint selbstverständlich zu sein, dass jeder von uns leben und weiterleben möchte. Warum sollte also jemand die Auslöschung der Menschheit riskieren, wenn damit auch die eigene Existenz vernichtet würde?

Pflicht zur Existenzsicherung der Menschheit?

Das Problem entsteht dadurch, dass die Auslöschung bzw. der Bestand der Menschheit die eigene Existenz bzw. Nicht-Existenz nicht tangieren muss. Zum einen mag die Auslöschung der Menschheit nach meinen eigenen Tod passieren, zum anderen ist es denkbar, dass die Existenz der Menschheit nur gesichert wird, wenn mein eigenes Leben geopfert würde (s. Jonas 2003, S. 79). Ganz allgemein bedeutet die Pflicht, die Existenz der Menschheit aufrechtzuerhalten, bei Jonas nicht, dass es eine Pflicht gibt, das individuelle Leben aufrechtzuerhalten (s. Jonas 2003, S. 97).

Jonas muss auf anderem Wege begründen, weshalb die Existenz der Menschheit gesichert werden soll. Ein Argumentationsstrang, den er betrachtet, ist folgender: Die gesamte Natur ist seines Erachtens zweckmäßig organisiert (s. Jonas 2003, ► Kap. 3), womit er also eine Art teleologisches Weltbild vertritt (s. hierzu auch ► Kap. 6.1.3 »Glückseligkeit«). Der Mensch ist so beschaffen, dass er existieren kann. Dies trifft aber nicht nur auf den Menschen, sondern auf alles Lebendige zu. Dementsprechend mag man sagen, die Natur habe den Zweck der menschlichen Existenz oder generell der Existenz von Lebendigem. Sie ist so geartet, dass diese Zwecke erfüllt werden.

Allgemein gilt aber nicht, dass jeder Zweck wertvoll ist. Greifen wir hierzu folgende Analogie auf: Nur weil jemand Kinder quält, um sich daran zu erfreuen, bedeutet dies noch lange nicht, dass dies als Zweck – sich an der Qual von Kindern zu erfreuen – tatsächlich auch verfolgt werden sollte. Diesem Problem sind wir bereits begegnet, als wir auf Humes Gesetz eingegangen sind (▶ Kap. 4.1.2 »Deskriptive versus normative Theorien«): Aus einem Sein folgt kein Sollen. Übertragen auf den vorliegenden Kontext bedeutet dies: Auch wenn der Mensch existiert und die Natur so geschaffen ist, dass er existiert, lässt sich damit noch nicht begründen, dass der Mensch auch existieren sollte. Jonas muss also auf anderem Wege begründen, weshalb die Existenz des Menschen tatsächlich schützenswert ist.

8.1.4 Verantwortung

Verantwortung

Der Schlüssel zur Beantwortung der Frage, weshalb die Existenz des Menschen schützenswert ist, liegt für Jonas in dem Begriff der Verantwortung. Doch was bedeutet Verantwortung?

Zunächst einmal sagt man, dass man für seine Handlungen verantwortlich ist (s. Jonas 2003, S. 172 ff.). Diesem Gedanken liegt die Auffassung zugrunde, dass man die (kausale) Ursache seiner Handlungen ist. Man ist dafür verantwortlich, was man getan hat, oder anders formuliert: Man soll die Verantwortung für die Folgen seiner Handlungen übernehmen. Weiter gedacht ist man aber nicht nur für das verantwortlich, was man tut, sondern auch dafür, was man nicht tut. Man ist auch für sein »Nicht-Handeln« verantwortlich, wenn man sich dazu entscheidet, eine Handlung zu unterlassen. So gesehen kann man nur für eine bereits ausgeführte Handlung oder eben bewusst unterlassene Handlung Verantwortung übernehmen. Jonas spricht von einer Ex-post-facto-Rechnung, d.h. nachdem wir gehandelt haben, werden wir für die betreffende Handlung verantwortlich gemacht (s. Jonas 2003, S. 174).

Für Jonas ist ein anderer Aspekt der Verantwortung wichtiger: Natürlich sind wir für unsere Handlungen verantwortlich, aber wir sprechen auch so, dass wir für etwas verantwortlich sind. Wir übernehmen Verantwortung für einen anderen Menschen oder für ein Projekt. Dabei unterscheidet er grob zwischen zwei Arten von Verantwortung: elterliche (natürliche) und künstliche Verantwortung.

natürliche Verantwortung

Elterliche (natürliche) Verantwortung Die Ur-Form aller Verantwortung ist die elterliche Verantwortung:

>> Das Urbild aller Verantwortung ist die von Menschen für Menschen. […] und die Ur-Verantwortung der elterlichen Fürsorge hat *jeder zuerst* an sich selbst erfahren (Jonas 2003, S. 184 f.). «

Diese Form der Verantwortung bezeichnet Jonas als natürliche Verantwortung, da sie in der Natur des Menschen liegt. Jeder von uns hat diese Form der Verantwortung am eigenen Leibe erfahren, und sobald er selbst Kinder bekommt, wird er auf der aktiven Seite dieser Verantwortung stehen. Eltern sind dabei für ihre Kinder in dem Sinne verantwortlich, als dass diese – zumindest bis zu einem gewissen Alter – von der Fürsorge ihrer Eltern abhängig sind. Nach Jonas können Kinder nur dank ihrer Eltern existieren und nur mit deren Hilfe gut leben. Diese Art von Verantwortung beinhaltet also gewisse Forderungen an die Eltern, beispielsweise für das Wohlergehen ihrer Kinder zu sorgen, sie zu beschützen oder sie zu fördern. Das Besondere an dieser Verantwortung ist laut Jonas, dass sie unwiderruflich und unkündbar ist (s. Jonas 2003, S. 178).

Hiergegen mag man einwenden, dass dies doch offensichtlich nicht der Fall ist. Eltern geben ihre Verantwortung gegenüber ihren Kindern immer wieder ab. Denken wir beispielsweise an Eltern, die ihre Kinder verwahrlosen lassen. Hier ist jedoch Vorsicht geboten. Sicher verhalten sich die Eltern in diesen Fällen nicht verantwortlich. Das bedeutet aber nicht, dass sie nicht dennoch Verantwortung für ihre Kinder haben, auch wenn sie dieser nicht gerecht werden. In Analogie kann man sagen, dass auch wenn man sich nicht moralisch verhält, dennoch moralisch verpflichtet ist, sich richtig zu verhalten.

Einen Punkt scheint Jonas jedoch nicht berücksichtigt zu haben: Biologische Eltern können durchaus ihre elterliche Verantwortung abgeben, beispielsweise wenn sie ihre Kinder zur Adoption freigeben. Auch wenn sie danach noch deren biologische Erzeuger sind, sind sie doch nicht mehr für ihre Kinder als Eltern verantwortlich. Diese Aufgabe übernehmen dann die Adoptiveltern.

Künstliche Verantwortung Neben der natürlichen Verantwortung gibt es nach Jonas die künstliche Verantwortung. Unter künstlicher Verantwortung versteht er die Verantwortung, die man beispielsweise mit einem Amt übertragen bekommt. Denken wir an Führungskräfte in der Wirtschaft. Indem jemand zu einem Bereichsleiter ernannt wird, wird ihm die Verantwortung für die mit dieser Position verbundenen Aufgaben übertragen. Nimmt er den Posten an, akzeptiert er diese Verantwortung. Jonas beschreibt sie folgendermaßen:

>> Die »künstliche« Verantwortung, durch Erteilung und Annahme eines Auftrags instituierte, zum Beispiel die eines Amtes (aber auch die aus stillschweigender Vereinbarung oder aus Kompetenz sich ergebende), ist umschrieben durch die Aufgabe nach Inhalt und Zeit; die Übernahme enthält das Element der Wahl, von der ein Rücktritt möglich ist, wie auf der Gegenseite Entbindung von Pflicht. Wichtiger noch ist der Unterschied, dass hier die Verantwortung ihre verpflichtende Kraft von der Vereinbarung bezieht, deren Geschöpf sie ist, und nicht von der Selbstgültigkeit der Sache (Jonas 2003, S. 178 f.). **<<**

Unveräußerlichkeit elterlicher Verantwortung?

künstliche Verantwortung

Wichtig und im Unterschied zu der elterlichen Verantwortung ist dabei, dass man von dieser Verpflichtung zurücktreten oder von ihr wieder entbunden werden kann. Gäbe der Bereichsleiter seinen Posten auf, ist er nicht mehr für die mit diesem Posten verbundenen Aufgaben verantwortlich.

Verallgemeinert kann man für beide Formen der Verantwortung festhalten: Durch unsere Fähigkeit zu handeln, haben wir die Macht andere Menschen oder Dinge zu tangieren, zu verändern oder zu vernichten. Schlicht gesprochen haben wir Macht über sie. Die Macht bedeutet, dass wir für sie und ihr Wohlergehen verantwortlich sind oder wie Jonas schreibt:

» […] was heißt, dass meine Kontrolle da*über* zugleich meine Verpflichtung da*für* einschließt (Jonas 2003, S. 176). «

Verantwortung ist nicht reziprok. So charakterisiert ist Verantwortung kein wechselseitiges, d.h. kein reziprokes Verhältnis: Es gibt immer einen stärkeren Part, der verantwortlich ist, und einen schwächeren Part, für den der Andere verantwortlich ist. Der schwächere Part wird durch die Handlungen des Anderen tangiert und nimmt eine passive Rolle ein. Der Handelnde hat in dem Moment, in dem er handelt, Macht über den Anderen und ist dadurch für ihn verantwortlich. Besonders deutlich wird dies, wenn wir wieder an die elterliche Verantwortung denken. Die Kinder sind von den Eltern abhängig, sie sind in der schwächeren Position. Die Eltern als der machtvollere Part sind für ihre Kinder verantwortlich. Oder denken wir an eine Form der künstlichen Verantwortung. Der Vorgesetzte hat durch seine Position ein gewisses Machtpotenzial über seine Mitarbeiter, da er sie beispielsweise entlassen kann. Er ist aber zugleich auch für sie verantwortlich, d.h. er sollte sich um ihr Wohlergehen sorgen.

8.1.5 Die Verantwortung für die Möglichkeit der Verantwortung

Verantwortung für Verantwortung

Dass Menschen verantwortlich sein können, hilft nun auch das oberste Gebot der Zukunftsethik zu verstehen (s. Jonas 2003, S. 186). Zunächst einmal ist es ein Fakt, dass der Mensch Verantwortung haben kann, da er durch sein Handeln Macht über anderes Leben hat. Die Besonderheit dabei ist aber, dass Verantwortung immer eine Verpflichtung mit sich führt (s. Jonas 2003, S. 185). Dass wir verantwortlich sein *können*, bedeutet, dass wir es sein *sollen*. Wir sind dafür verantwortlich, dass es Verantwortung geben kann. Da nur Menschen verantwortlich sein können, folgt daraus, dass wir dafür verantwortlich sind, dass es menschliches Leben gibt. Dadurch erschließt sich das Grundgebot:

» Gegenüber alledem kommt die Existenz der Menschheit immer zuerst, gleichviel ob diese nach dem bisher Vollführten und seiner wahrscheinlichen Fortsetzung verdient: es ist die selbstverbindliche, immer transzendente Möglichkeit, die durch die Existenz offen gehalten werden muss. Eben die Wahrung dieser Möglichkeit als kosmische Verantwortung bedeutet Pflicht zur Existenz. Zugespitzt lässt sich sagen: die Möglichkeit, dass es Verantwortung gebe, ist die allem vorausliegende Verantwortung (Jonas 2003, S. 186). **«**

Mit dem Verweis auf die Verantwortung wird deutlich, wie Jonas' Zukunftsethik den obigen Forderungen an eine neue Ethik gerecht wird: Die Verantwortung erstreckt sich primär erst einmal auf die menschliche Existenz, da die zwischenmenschliche Verantwortung die Ur-Form bildet (s. Jonas 2003, S. 184 f.). Jedoch haben wir auch Macht über nicht-menschliches Leben und daher wird dieser auch ein moralischer Stellenwert eingeräumt, womit die vollkommene Anthropozentrik anderer Ethiken aufgehoben wird. Da wir auch über Tiere, die Natur, ja gar über den Planeten Macht haben, sind wir somit auch für sie verantwortlich. Sie haben einen moralischen Stellenwert als Objekte unserer Verantwortung. Auch wird deutlich, dass durch die Verantwortung ein langfristiger Horizont mit ins Spiel kommt. Wir haben die Verantwortung, Verantwortung zu ermöglichen, und dies beinhaltet eine langfristige Perspektive. Außerdem wird auch der kollektive Aspekt betont. Verantwortung bemisst sich an dem Machtspielraum. Entscheidungsträger mit größerer Macht haben dementsprechend eine größere Verantwortung.

> **Die Zukunftsethik ist langfristig, kollektiv und nicht anthropozentrisch.**

8.1.6 Das Gefühl der Verantwortung

Der Verweis auf die Verantwortung ist an einer weiteren Stelle wichtig. Denken wir hierzu zunächst an Kant zurück. Durch den Kategorischen Imperativ wird uns das moralische Gesetz verdeutlicht. Die Moral wird hier in objektiver Form dargestellt, d.h. es geht darum, was wir tun sollen. Neben der Frage, was die Moral zu tun fordert, gibt es auch die grundlegende Schwierigkeit, zu erklären, wie der einzelne Mensch dazu motiviert wird, moralisch zu handeln. Kants Antwort hierauf war die Achtung vor dem Sittengesetz: Indem der Mensch erkennt, dass eine Handlung moralisch richtig ist, wird ihm Achtung dafür abgerungen, und diese bildet die Triebfeder, d.h. die Motivation, zu handeln.

Auch Jonas muss erklären, woher die Motivation kommt, moralisch zu handeln. Seine Antwort ist: Weil wir uns verantwortlich fühlen, handeln wir entsprechend (s. Jonas 2003, S. 175). Das Gefühl der Verantwortung wird hervorgerufen, wenn wir sehen, wie verletzlich und vergänglich das ist, was wir mit unserem Handeln tangieren können (s. Jonas 2003, S. 166). Indem wir dies begreifen, fühlen wir uns für es verantwortlich und wollen es schützen (Heuristik der Furcht).

An dieser Stelle sei herausgestellt, dass Jonas' Verantwortungsgefühl auf einer vollkommen anderen Sichtweise aufbaut als Kants

> **Wir handeln moralisch, weil wir uns verantwortlich fühlen.**

Gefühl der Achtung. Bei Kant wird Achtung dadurch hervorgerufen, dass der Mensch – vage gesprochen – die Heiligkeit und Großartigkeit des moralischen Gesetzes erkennt. Bei Jonas im Gegensatz dazu erkennen wir Verletzlichkeit und die Vergänglichkeit.

8.1.7   Der Aufruf zur Vorsicht

Problem der Folgenabschätzung

Akzeptieren wir, dass wir für das, was wir mit unseren Handlungen beeinflussen können, verantwortlich sind. Wir müssen dessen Existenz und Wohlergehen schützen. Um dies zu tun, müssen wir dann nicht die Folgen all unserer Handlungen kennen? Schon wenn es darum geht, die kurzfristigen Folgen einer Handlung abzuschätzen, fällt uns dies schwer. Noch komplizierter wird es, wenn wir die langfristigen Folgen beachten sollen. Damit ist nicht gemeint, dass wir die Folgen von Handlungen gar nicht abschätzen können. Würden an unterschiedlichsten Orten auf der Welt gleichzeitig mehrere Atombomben gezündet, würde dies – mit ziemlich großer Wahrscheinlichkeit – zur Vernichtung der Menschheit führen. Bei vielen Handlungen wissen wir jedoch schlichtweg nicht, welche Folgen sie haben oder vermuten es nur. Wie geht nun Jonas' Ethik mit diesem Problem um? Das Problem entsteht, da es eine gewisse Asymmetrie zwischen unserem technischen Wissen und unserem Wissen um die Folgen gewisser Handlungen gibt. So können wir auf Basis des technischen Fortschritts Wirkungen hervorrufen, die wir nicht genau kennen. Daher ruft Jonas dazu auf, dass wir uns verstärkt Gedanken machen, welche Folgen eine Handlung hat.

Eine Folgenabschätzung einer Handlung bleibt immer nur eine Voraussage. Welche Wirkungen tatsächlich auftreten, unterliegt einer gewissen Unsicherheit. Daher arbeiten Voraussagen häufig mit Wahrscheinlichkeiten. Hier ergibt sich ein neues Problem. Wie sollen wir uns verhalten, wenn wir eine katastrophale Folge befürchten, jedoch zugleich annehmen, dass sie nur mit sehr geringer Wahrscheinlichkeit eintritt? Ist es dann nicht gerechtfertigt, dieses Risiko einzugehen? Laut Jonas ist es das nicht.

Problem der Wahrscheinlichkeit

Das Problem mit Wahrscheinlichkeiten, so Jonas, ist, dass wenn eine fatale Folge tatsächlich eintritt, es nicht mehr wirklich interessiert, ob sie sehr unwahrscheinlich war (s. Jonas 2003, S. 70 f.). Sie ist da und mit ihr ihre Zerstörungswut. Denken wir beispielsweise an die Explosion der Ölplattform von BP im Golf von Mexiko im Frühjahr 2010. Die Wahrscheinlichkeit, dass diese explodiert, war nicht sonderlich hoch, doch nachdem dieses Ereignis eingetreten ist, interessiert dies nicht mehr. Die Umweltkatastrophe ist da.

Unumkehrbarkeit eines Unglücks

Dieses Beispiel veranschaulicht einen zweiten Grund, weshalb Jonas an die Vorsicht appelliert. In vielen Fällen gibt es keine Möglichkeit, eine einmal in Gang gesetzte Handlung ungeschehen zu machen (s. Jonas 2003, S. 71 f.). Die Verschmutzung der Ozeane und die Beeinträchtigung des Lebensraums sind für Jahrzehnte gegeben, auch nachdem das Bohrloch versiegelt ist. Eine Fehlentscheidung mit fatalen Folgen ist häufig nicht ungeschehen zu machen.

Daher mahnt Jonas:

>> Es ist die Vorschrift, primitiv gesagt, dass der Unheilsprophezeiung mehr Gehör zu geben ist als der Heilsprophezeiung (Jonas 2003, S. 70). **«**

Damit verbunden ist ein anderer Gedanke: Er warnt davor, dass man sich von Heilsversprechungen blenden lässt und dadurch viel aufs Spiel setzt. Nur um etwas Gutes zu erreichen, dürfen wir nichts riskieren – schon gar nicht das Leben anderer Menschen oder zukünftiger Generationen. Anders verhält es sich, wenn es darum geht, ein Unglück abzuwehren. Da die Bedrohung akut ist, dürfen wir auch das Leben und die Interessen anderer beeinträchtigen, da größeres Unglück abgewehrt ist. In diesem Gedanken spiegelt sich ein altes ethisches Prinzip wieder, welches bereits bei Mill (▶ Kap. 6.1.6 »Handlungsutilitarismus versus Regelutilitarismus«) angesprochen wurde, dass es nämlich eine Asymmetrie zwischen Schaden-Vermeiden und Gutes-Tun gibt (s. Jonas 2003, S. 78 f.).

Vorsicht vor Heilsversprechungen

Zusammenfassend lässt sich sagen: Nach Jonas haben wir darüber Macht, was wir mit unserem Handeln tangieren können. Zugleich sind wir dafür verantwortlich. Da die Macht menschlichen Handelns sich durch die moderne Technik extrem ausgeweitet hat, wir also auf immer mehr in immer gravierenderem Ausmaße Einfluss nehmen können – dies geht soweit, dass der Mensch sich selbst und die Natur zerstören kann –, ist auch der Verantwortungsraum größer geworden. Diesen »worst case« vor Augen, sollte der Mensch besser Vorsicht walten lassen und das Bestehende schützen und bewahren, als es unkalkulierbaren Risiken auszusetzen. Der Mensch steht durch seine Möglichkeit zur Verantwortung in der Verantwortung, die menschliche Existenz nicht zu gefährden.

Zusammenfassung: Ethik der Verantwortung

Zusammenfassung

- Das Wesen menschlichen Handelns hat sich durch die moderne Technik grundlegend geändert, da der Mensch nun die Macht hat, tiefe Eingriffe in die Natur vorzunehmen und seine eigene Natur zu verändern oder sogar zu vernichten. Eine Ethik muss diesem veränderten Wesen Rechnung tragen können.
- Die neue Ethik muss weniger anthropozentrisch, langfristig und auf kollektive Handlungen ausgerichtet sein.
- Das grundlegende Gebot ist, die menschliche Existenz nicht zu gefährden.
- Da wir prinzipiell zur Verantwortung fähig sind, sind wir verantwortlich. (Oder kurz gefasst: Da wir verantwortlich sein *können*, *sollen* wir es auch sein.)
- Es gibt zwei Formen der Verantwortung: die natürliche, elterliche Verantwortung und die künstliche Verantwortung, die einem

übertragen wird und die man wieder abgeben kann bzw. die man wieder abgenommen bekommen kann.

- Worüber wir Macht haben, d.h. was wir mit unserem Handeln tangieren können, dafür sind wir verantwortlich.
- Wir sind für den Menschen, dessen Existenz und dessen Wohlergehen verantwortlich.
- Wir sind auch für die nicht-menschliche Natur verantwortlich.
- Die langfristigen Folgen einer Handlung sollten in den Fokus rücken. Wir haben eine Verantwortung für künftige Generationen.
- Vorsichtiges und umsichtiges Handeln ist geboten.

8.2 Was können wir von Jonas' Ethik der Verantwortung lernen?

Laut Jonas' Ethik der Verantwortung ist es das oberste Gebot, nichts zu tun, was die dauerhafte Existenz menschlichen Lebens in Gefahr bringen könnte. Grund hierfür ist, dass Menschen verantwortlich sein können und somit auch sein sollen. Was können wir von diesen Gedanken für die Frage nach der richtigen Führung lernen?

8.2.1 Aufruf zur Verantwortungsübernahme

Übernimm Verantwortung!

Der zentrale Punkt, den man von Jonas übernehmen kann, besteht in einem Aufruf zur Übernahme von Verantwortung. Da wir durch unser Handeln so vieles tangieren können, müssen wir hierfür Verantwortung übernehmen und verantwortlich handeln.

Elterliche Verantwortung

Eltern als Führungskräfte

Zu Beginn dieses Buches haben wir herausgestellt, dass wir uns mit Fragen der richtigen Führung vor allem im Bereich der Wirtschaft und der Bildung beschäftigen möchten (▶ Kap. 1.1 »Führen – eine Herausforderung«). Dabei denkt man im wirtschaftlichen Bereich an Führungskräfte wie Manager, Vorstandsvorsitzende oder Bereichsleiter und im Bildungssektor an Lehrer, Erzieher, Ausbilder oder Universitätsdozenten. Mit Jonas können wir noch einen Schritt zurückgehen: Eltern sind auch eine Art von Führungskräften: Sie führen ihre Kinder durch die ersten Jahre ihres Lebens und selbstverständlich stellt sich auch hier die Frage: Wie machen wir das richtig?

Verantwortung für Lebensfähigkeit des Kindes

Die primäre Verantwortung von Eltern ist es, ihre Kinder lebensfähig zu machen. Es geht nicht nur darum, ihre akuten Grundbedürfnisse zu stillen, sondern sie auf ihr kommendes Leben vorzubereiten. Natürlich spielt hier Bildung eine entscheidende Rolle. Aber auch neben der schulischen und beruflichen Ausbildung, die Eltern begleiten und ermöglichen sollten, geht es darum, dass man die Schwächen und Stärken der Kinder erkennt und sie entsprechend fordert und fördert. Hier ist unseres Erachtens eine Balance notwendig. Natür-

8.2 · Was können wir von Jonas' Ethik der Verantwortung lernen?

175   **8**

lich sollte man seinen Kinder etwas zutrauen und sie nicht in Watte packen. Forderungen zu definieren und zu erwarten, dass die Kinder diese erfüllen, ist wichtig. Das kann im Kleinen damit beginnen, dass man erwartet, dass sie im Haushalt mithelfen, als auch dass sie ihre Schulaufgaben erledigen. Dabei sollte es durchaus als selbstverständlich angesehen werden, dass sie diese erfüllen. Natürlich ist auch ein Lob notwendig. Auf der anderen Seite sollte man seine Kinder nicht überfordern und ihnen auch Freiräume lassen. Freiräume, während derer sie selbstständig Interessen entdecken und entwickeln können, wo sie aber auch Grenzen austesten können. Es nutzt wenig, wenn ein Kind durch Verbote eingeengt ist und sobald diese wegfallen, durch die plötzliche Freiheit überfordert ist.

Darüber hinaus ist es wichtig, dass man seinen Kindern ein gutes Selbstwertgefühl mitgibt. Selbst wenn ein Kind schulische Spitzenleistungen erbringt, sportlich aktiv ist, liest und Geige spielt, heißt das noch nicht, dass es selbstbewusst ist und Vertrauen in sich und seine Fähigkeiten hat. Lob und Anerkennung der Eltern spielen dabei eine wichtige Rolle. Lob sollte aber so ausfallen, dass es kein stupides und inhaltsleeres Lob ist. Ein Kind sollte wissen, warum es gelobt wird, und auch selbst merken, dass es stolz auf dieses sein kann. Wird es immer und jederzeit gelobt, verliert die Anerkennung an Wert. Wichtiger als ein Lob ist unseres Erachtens ein gutes Feedback an die Kinder. Wenn sie etwas falsch gemacht haben oder etwas besser machen können, sollten sie auf eine Art und Weise darauf hingewiesen werden, die ihnen zum einen hilft, sich in die richtige Richtung zu entwickeln, und zum anderen motiviert, ihr Verhalten zu verändern. Sein Kind brutal auszuschimpfen, wird langfristig weniger Erfolg bringen, als wenn man es natürlich scharf kritisiert, ihm aber zugleich zeigt, was es falsch gemacht hat, wie es es besser machen kann und dass man davon überzeugt ist, dass es es besser machen kann.

> **Verantwortung für Selbstwertgefühl des Kindes**

Eltern sollten es auch als ihre Pflicht ansehen, ihre Kinder zu verantwortungsvollen Menschen zu erziehen. Es hilft wenig, wenn diese Spitzenleistungen bringen und an sich glauben, dabei aber sozial rücksichtslos vorgehen. Sozialkompetenzen sind essenziell notwendig. Um mit Jonas zu sprechen, sind Eltern dafür verantwortlich, dass ihre Kinder später selbst Verantwortung übernehmen. Das Gefühl der Verantwortung sollten Kinder von ihren Eltern lernen, vor allen Dingen dadurch, dass diese sich verantwortungsvoll verhalten.

> **Verantwortung für Verantwortung der Kinder**

Die Verantwortung einer guten Führungskraft

Dies führt zum nächsten Punkt: Führungskräfte in Wirtschaft und im Bildungsbereich haben – um mit Jonas zu sprechen – künstliche Verantwortung übernommen. Für all das, worüber sie verbunden mit ihrer Position Macht haben, sind sie verantwortlich! Die Ausgangsfrage dieses Buches ist, was wir von Philosophen für die Frage nach der richtigen Menschenführung lernen können. Zusammengefasst kann man mit Jonas darauf antworten: Wenn dir Macht gegeben wird und diese Macht sich auch darauf erstreckt, dass du andere Menschen

> **Macht führt Verantwortung mit sich.**

anleiten sollst, dann bist du für diese verantwortlich. Du solltest erkennen, was für Auswirkungen dein Handeln für sie haben kann, und dadurch wirst du ihre Verletzlichkeit erkennen, was in dir sicher das Gefühl der Verantwortung hervorrufen wird.

Im Konkreten bedeutet das, dass Führungskräfte nicht nur dazu verpflichtet sind, den inhaltlichen Anforderungen ihres Postens gerecht zu werden, also beispielsweise eine gute Leistungen zu zeigen, Innovationen voranzutreiben und Qualität zu sichern, sondern sich auch für ihre Mitarbeiter und deren Wohlergehen verantwortlich zu zeigen. Diese Verantwortung umschließt im Besonderen die richtige Art der Mitarbeiterführung. Seine Mitarbeiter nicht anzuleiten oder gar einen destruktiven Führungsstil an den Tag zu legen, ist nicht mit einer verantwortlichen Führung vereinbar. Weitergedacht sind Führungskräfte auch für ihre Zulieferer, Kunden oder andere Stakeholder verantwortlich. Sie müssen sich immer fragen, welche Auswirkungen ihre Handlungen für diese hat und ob sie sie verantworten können.

Problem eines fehlenden Verantwortungsgefühls

Jedoch scheinen viele Menschen in Macht- und Führungspositionen diesen Gedanken nicht verinnerlicht zu haben. Es wirkt, als wäre ihnen ein entsprechendes Verantwortungsgefühl fremd. Weniger harsch formuliert mögen die Betroffenen sich selbst als verantwortungsbewusste Personen beschreiben, jedoch würde ein Außenstehender sie und ihr Verhalten nicht als verantwortungsvoll beschreiben. Ihr Verhalten mag egozentriert, lediglich auf den eigenen Vorteil bedacht und nur auf kurzfristige Konsequenzen ausgerichtet sein. Denken wir zum Beispiel an das Verhalten einiger Investmentbanker, die mit ihren Spekulationen die Instabilität eines gesamten Wirtschaftsraumes, wie der EU, in Kauf nehmen und dadurch die Beeinträchtigung des Lebens mehrerer Millionen Menschen.

Dies zeigt eine fundamentale Schwierigkeit in Jonas' Ansatz: Er geht davon aus, dass Menschen Verantwortung haben und ein entsprechendes Verantwortungsgefühl ausbilden können. Für viele Menschen gilt dies sicher, jedoch versagt sein Ansatz, wenn eine Person keine Verantwortung empfindet. Nun mag man ins Feld führen, dass diese Person Verantwortung empfindet, wenn sie sich nur bewusst macht, welche Folgen ihr Handeln haben kann. Das muss nicht der Fall sein. Teilweise sind die Folgen bekannt, werden aber nicht nur in Kauf genommen, sondern bewusst herbeigeführt. Denkt man an die Spekulationen an den Börsen im Jahre 2011, wird nicht nur in Kauf genommen, dass der europäische Wirtschaftsraum destabilisiert wird, sondern es wird bewusst darauf abgezielt, um einen persönlichen Nutzen daraus zu ziehen. Empfindet jemand in einer Situation keine Verantwortung oder beachtet diese nicht, mögen ihn Jonas' Gedanken und dessen Appell zur Verantwortungsübernahme nicht interessieren. Aber selbst wenn man dieses harte Urteil nicht teilen möchte, kann man doch häufig den Betroffenen zum Vorwurf machen, dass sie unreflektiert handeln und eben nicht bewusst über die Folgen ihrer Handlungen nachdenken.

Ein weiteres Problem ergibt sich für Jonas' Theorie: Das Maß der Verantwortung ist an den Handlungsspielraum bzw. die Macht einer Person gebunden. Je mehr Macht ich habe, desto mehr Verantwortung habe ich. Negativ formuliert heißt das aber: Je weniger Macht ich habe, desto weniger Verantwortung habe ich auch.

Problem des Gefühls des Nichtverantwortlichseins

Übertragen auf größere Institutionen mit unterschiedlichen Hierarchiestufen scheint das zu bedeuten, dass ein Mitarbeiter mit weniger Macht sich zurücklehnen kann: »Ich habe ja doch keine Macht, also bin ich auch nicht verantwortlich.« Dies kann dazu führen, dass wenig wünschenswerte Geisteshaltungen in Firmen gelebt werden, nach dem Motto »Kollege kommt gleich« oder »Ich bin nicht zuständig«. Weitergedacht kann dies zur Folge haben, dass Verantwortlichkeiten, die de facto bestehen, nicht mehr wahrgenommen werden, da man sich in so vielen anderen Bereichen machtlos fühlt. Es kann zu Verantwortungsdelegation oder -diffusion kommen oder im schlimmsten Fall gar zu pluralistischer Ignoranz im Sinne von »Wenn andere sich nicht darum kümmern, dann kann es so schlimm nicht sein, dann brauche ich mich auch nicht darum kümmern«.

So interpretiert wäre Jonas also eher schädlich, denn hilfreich. Man kann seine Gedanken jedoch auch positiv interpretieren: Als Führungsperson liegt es in meiner Macht, die Macht meiner Mitarbeiter so auszuweiten, dass sie entsprechende Verantwortung übernehmen können. Eine Führungskraft sollte dementsprechend darum bemüht sein, die Rahmenbedingungen so zu gestalten, dass der Mitarbeiter eigene Handlungsspielräume bekommt und ihm entsprechend seiner Fähigkeiten Verantwortlichkeiten übertragen werden. Dies ist eng mit dem bei Kant angesprochenen Gedanken der Mündigkeit und Autonomie verbunden (▶ Kap. 5.2.4 »Der Wertebaum nach Kant«). Indem ich meinem Mitarbeiter Mündigkeit gebe, gebe ich ihm zugleich Macht und damit auch Verantwortung. Es liegt also in der Verantwortung einer Führungsperson, die Rahmenbedingungen so zu schaffen, dass Verantwortung möglich ist, beispielsweise indem es zu Beteiligungen an Projekten kommt oder indem Probleme selbstverantwortlich da gelöst werden dürfen, wo sie anfallen.

Verantwortung, Verantwortung zu ermöglichen

Sicherlich haben die Grundprinzipien der Verantwortung von Jonas ihre Grenzen. Nicht alle Menschen wollen Verantwortung übernehmen, vor allem nicht dann, wenn sie dafür haftbar gemacht werden oder wenn sie sich überfordert fühlen oder wenn sie sehen, dass andere dieses besser machen können. Man sollte also den Reifegrad, die Fähigkeit und bedingt auch die Motivation des einzelnen Mitarbeiters berücksichtigen. Man sollte nichtsdestotrotz den Mitarbeitern schrittweise die positive Bedeutung von Verantwortung beibringen und ihnen sukzessive mehr Verantwortung übertragen.

Grenzen der Grundprinzipien der Verantwortung

Außerdem sei darauf hingewiesen, dass Macht bei Jonas nicht nur die Macht einer Hierarchiestufe bedeutet. Macht haben wir über all das, was wir mit unserem Handeln verändern können. Dementsprechend haben auch Mitarbeiter Macht, gerade wenn sie gemeinsam agieren. Man denke beispielsweise an die Gewerkschaften und deren

Verantwortung für das, was wir verändern können

bedeutende Möglichkeiten, Einfluss zu nehmen. Anders herum gedacht liegt es also auch in der Verantwortung der Mitarbeiter, sich zur
Wehr zu setzen und ihre Interessen auch zu vertreten, wenn sie dies
denn können. Jonas legitimiert also weder Nichtstun noch Wegschau-
en. Vielmehr muss man sich mit ihm fragen, was man prinzipiell verändern und bewegen kann.

Verantwortung sich selbst gegenüber

Verantwortung für sich selbst

Ein Aspekt, welchen Jonas in dieser Form nicht anspricht, der im
Kontext dieses Buches dennoch herausgestellt werden soll, ist der Gedanke der Verantwortung sich selbst gegenüber. Demnach sind wir
für all das verantwortlich, was wir mit unserem Handeln tangieren
können. Zweifelsohne sind das zunächst einmal wir selbst.

Jonas begründet die Pflicht zur Sicherung der menschlichen Existenz durch die Pflicht, Verantwortung zu ermöglichen. Brechen wir
diesen Gedanken auf ein einzelnes Individuum herunter, kann man
in Anlehnung an diesen Gedankengang argumentieren, dass jeder
Mensch dafür verantwortlich ist, dass er Verantwortung übernehmen
kann. Daher sollte man vermeiden, sich in Positionen zu begeben,
in welchen man keine Macht hat, quasi handlungsunfähig ist. Vielmehr ist jeder dazu aufgefordert, sich selbst Handlungsspielräume zu
eröffnen und sein eigenes Schicksal selbst in die Hand zu nehmen.
Man sollte sich immer fragen, was man unternommen hat bzw. unternehmen kann, damit man Verantwortung übernehmen kann. Jeder
sollte für sich selbst verantwortlich sein und sich für sich selbst verantwortlich fühlen. Dazu muss er – zumindest soweit möglich – wissen, wer er ist, wer er sein will, wohin er gehen will und worin seine
Fähigkeiten liegen. Weiß er dies, kann er sein Handeln entsprechend
ausrichten.

Wir betonen diesen Aspekt, da dadurch jeder Mensch dazu aufgefordert wird, aktiv zu sein. Man sollte sich nicht passiv hinter einem
anderen, den man für sich als verantwortlich betrachtet, verstecken.
Auch wenn mein Vorgesetzter für mich verantwortlich ist, entlässt
mich das nicht aus meiner Verantwortung für mich selbst, meine
Wünsche und Ziele. Hier fließt wieder der Gedanke der Mündigkeit
ein.

Allgemeine Anmerkungen zur Verantwortung

Verantwortung hat jeder.

Abschließend für diesen Abschnitt können wir Jonas' Grundgedanken allgemein zusammenfassen: Wir sind für all das, was wir mit
unserem Handeln beeinflussen können, verantwortlich. Dabei sei
nochmals betont, dass der Aspekt in den Hintergrund tritt, dass nur
der Mächtige oder Stärkere Verantwortung übernehmen kann. Sobald
wir handeln können, haben wir Macht (im positiven Sinne) und sind
dementsprechend verantwortlich. So sind wir verantwortlich für uns
selbst, aber natürlich auch für unsere Mitmenschen, seien es nun Familie, Freunde oder Mitarbeiter. Weitergedacht erstreckt sich die Ver-

antwortung auch auf die Natur, die Gesellschaft und deren Zukunft, soweit wir diese beeinflussen können.

Verantwortung haben wir aber nicht nur, wenn wir die Rolle einer Führungskraft übernehmen als Lehrer, Vorgesetzter oder Politiker. Als Wähler kann man beeinflussen, wer eine Wahl gewinnt und hat dadurch Verantwortung. Als Mitarbeiter ist man nicht passiv den Launen der Vorgesetzten ausgeliefert, sondern kann und muss sich wehren und ist somit verantwortlich. Diese Liste könnten wir weiter fortführen.

Aber ist es nicht bloß eine leere Forderung, man solle Verantwortung übernehmen? Was bedeutet dies genau? Befinde ich mich in einer konkreten Situation und nehme mir vor, dass ich Verantwortung übernehmen will, hilft mir das noch nicht weiter bei der Frage, wie ich denn nun genau handeln soll.

Jonas' Ethik stellt keine vollständige Moraltheorie dar. Wie bereits aufgezeigt, ist sie eine Erweiterung anderer ethischer Systeme, wie Kants oder Mills Ethik. Diese geben durch ihre obersten Prinzipien, wie den Kategorischen Imperativ oder das Nützlichkeitsprinzip, im Einzelfall konkrete Antworten darauf, wie man sich richtig verhalten soll. Folgen wir diesem Gedankengang, lässt sich die Forderung, Verantwortung zu übernehmen, auf die Forderung, moralisch zu handeln, zurückführen. Das Besondere an Jonas ist, dass er durch den Verantwortungsbegriff ein Verantwortungsgefühl als Motivation, moralisch zu handeln, ansieht.

Verantwortung und Moral

8.2.2 Ökologische Nachhaltigkeit

Neben diesen Überlegungen zur Verantwortung kann man von Jonas noch einen anderen wichtigen Aspekt mitnehmen: Wir haben gefragt, welche Werte bei welchem Philosophen begründet werden. Jonas kann sicher mit der Idee der Nachhaltigkeit verbunden werden. Er wendet sich ganz explizit gegen ein kurzfristiges Denken, welches auf den eigenen engsten Kreis beschränkt ist. Er stellt vielmehr das anspruchsvolle Konzept auf, dass wir global und langfristig denken sollen. Gerade Personen, die durch ihr Handeln solche langfristigen und globalen Folgen bewirken können, müssen in diesen Dimensionen denken.

Dabei geht es ihm gerade auch um eine ökologische Nachhaltigkeit. Er will weg von Betrachtungen, die sich ausschließlich auf den Menschen und dessen Wohlergehen konzentrieren. Da wir über die Natur Macht haben, sind wir für sie verantwortlich. Dies bedeutet, dass wir sie schützen und bewahren müssen, so Jonas.

Schutz der Umwelt

Nimmt man Jonas ernst, ist *jeder* Mensch dafür verantwortlich, die Umwelt zu schützen. Jeder einzelne Mitarbeiter eines Unternehmens, jeder Schüler, grundsätzlich alle müssen sich fragen: Wo schädigen wir die Umwelt? Wie schädigen wir sie? Können wir etwas dagegen unternehmen und wenn ja, was? Von der Forderung, die Umwelt zu schützen, sind aber auch Führungskräfte nicht ausgenommen. Ihre Handlungen und Entscheidungen haben oftmals weitreichende Folgen. So können sie beispielsweise in der Wirtschaft den Kurs ihres Unternehmens festlegen. Mit Jonas kann man von ihnen beispielsweise fordern, dass sie sich um umweltfreundliche Produkte und nachhaltige Produktionsmethoden bemühen. Glücklicherweise rückt heutzutage das Bewusstsein für den Umweltschutz immer mehr in den Fokus der Aufmerksamkeit. Viele Firmen werben damit, besonders »grün« zu sein. Diese Bemühungen müssen fortgesetzt werden, und Jonas bietet eine Begründung, warum dies so sein soll: Wir sind für die Natur und deren Bestehen verantwortlich. Dies ist der Fall, da wir mit unseren Handlungen in die Natur eingreifen können und sie nachhaltig schädigen können. Daher sind wir dafür verantwortlich, die Natur zu schützen.

8.2.3   Mahnung zur Vorsicht

kein unreflektierter Fortschrittsglaube

Zuletzt sei betont, dass Jonas zur Vorsicht mahnt. Er wendet sich gegen einen unreflektierten Fortschrittsglauben: Lieber zu vorsichtig zu sein als zu gutgläubig, so sein Credo. Wenn begründete Bedenken bestehen, sollte man diesen Gehör schenken und entsprechende Handlungen unterlassen.

Kritik an der Mahnung zur Vorsicht

Man mag hiergegen einwenden, immer auf Jonas zu hören sei nicht möglich, möchte man wirtschaftlichen Erfolg haben. Manchmal ist ein unternehmerisches Risiko notwendig, damit man erfolgreich und innovativ ist. Manchmal muss man uneingeschränkt an den Erfolg und die positiven Folgen eines Projektes glauben, damit es umgesetzt wird.

Dennoch sollte man Jonas' mahnende Stimme nicht vollkommen überhören. Man sollte nicht blind oder unvorsichtig in ein Projekt hineinrennen mit der naiven Hoffnung »Es wird schon nichts passieren« oder in dem Glauben »Unglücke passieren immer nur den Anderen«. Um es juristisch zu formulieren, sollte man nicht grob fahrlässig handeln. Es ist wichtig, sich auch die potenziellen negativen Folgen zu vergegenwärtigen und sich zu überlegen, ob man diese verantworten kann. Möchte man das Risiko dennoch eingehen, so sollte man Vorsichtsmaßnahmen für den unwahrscheinlichen Fall ergreifen. Denken wir beispielsweise an die Wirtschaftskrise, die 2009 ihren (vorläufigen) Höhepunkt erreichte. Hätte man das Prinzip der Vorsicht berücksichtigt, hätte diese nicht solche Ausmaße angenommen. Sorglosigkeit und Erfolgsarroganz bewirkten, dass man sich blind auf die Kräfte des Marktes verlassen hat, getreu dem Motto: »Was in der Vergangenheit gut ging, wird auch in der Zukunft gut gehen«.

Stimme der Vorsicht sollte gehört werden.

Es ist Aufgabe einer guten Führungskraft, dass sie Sorge trägt, dass die Stimme der Vorsicht nicht überhört wird. Sie muss dazu auffordern, dass Bedenken geäußert werden und diese diskutiert und evaluiert werden. Und sie sollte den Mut haben, ein Projekt auch dann noch abzusagen, wenn es weit vorangeschritten ist und große finanzielle Mittel bereits verbraucht sind, sollten die Bedenken zu groß werden. Man muss sich, so Jonas, immer vergegenwärtigen, was auf dem Spiel steht.

Zusammenfassend können wir sagen, dass eine Führungsperson im Sinne Jonas' eine Führungsperson ist, die sich ihrer Macht und somit auch ihrer Verantwortung bewusst ist und dementsprechend handelt. Ihr ist auch ihre Verantwortung bewusst, Strukturen so zu gestalten, dass auch ihre Mitarbeiter Verantwortung übernehmen können. Zugleich ist es eine Person, die in langfristigen und globalen Mustern denkt und sich gegen eine kurzfristige Gewinnmaximierung wehrt. Auch wird sie Bedenken ernst nehmen, da sie weiß, was auf dem Spiel steht.

Zusammenfassung: gute Führungskraft im Sinne Jonas'

8.3 Ein kleines Lexikon der Ethik der Verantwortung Jonas'

- **Anthropozentrische Ethik**

Unter einer anthropozentrischen Ethik kann man eine Ethik verstehen, der es primär um die Regulierung zwischenmenschlichen Verhaltens geht. Damit sind allein Menschen volle moralische Subjekte, d.h. nur ihnen kommen gewisse unbedingte moralische Rechte zu. Tiere oder die Natur fallen nur insoweit unter einen moralischen Schutz, als dass dies dem Menschen zuträglich ist.

- **Fernethik/Zukunftsethik**

Eine Fernethik bzw. Zukunftsethik ist eine Ethik, welche die Interessen zukünftiger Generationen mit in Betracht zieht.

- **Heuristik**

Heuristik bezeichnet eine Methode, wie man mit unzureichendem Wissen und in kurzer Zeit zu guten Antworten kommt.

- **Ökologischer Imperativ**

Als ökologischen Imperativ bezeichnet man in Anlehnung an Kants Kategorischen Imperativ das oberste Prinzip von Jonas' Ethik. Es lautet:

>> Handle so, dass die Wirkungen deiner Handlung verträglich sind mit der Permanenz echten menschlichen Lebens auf Erden (Jonas 2003, S. 36). <<

- **Verantwortung**

Verantwortung bedeutet nach Jonas, dass wir für die Existenz und das Wohlergehen desjenigen sorgen, was wir durch unser Handeln beeinträchtigen können. Die Urform der Verantwortung, die natürliche Verantwortung, ist die elterliche Verantwortung, die nicht veräußerbar ist. Die künstliche Verantwortung ist an eine bestimmte Aufgabe bzw. Position gebunden und wird einer Person übertragen. Sie kann man wieder abgeben bzw. sie kann einem wieder abgenommen werden.

- ■ **Verantwortungsgefühl**

Das Verantwortungsgefühl ist ein Gefühl, welches entsteht, wird man sich der Zerbrechlichkeit und Vergänglichkeit dessen bewusst, was man durch sein Handeln beeinflussen kann, und es führt dazu, dass man sich um es sorgt.

Vertragstheoretiker

Die Vertragstheoretiker

Einführung

9.1   Grundgedanken der Vertragstheorie

Der vorliegende Teil ist Ansätzen der sog. Vertragstheorie gewidmet. Ehe in den folgenden Kapiteln einige vertragstheoretische Ansätze im Detail betrachtet werden, sei zunächst der Grundgedanke hinter den Vertragstheorien herausgestellt.

politische Philosophie

Die vertragstheoretischen Ansätze sind in der praktischen Philosophie beheimatet. Auch wenn sie teilweise wichtige Gedanken zur Moralphilosophie beigetragen haben, zählt man sie zur politischen Philosophie. Eine typische Fragestellung der politischen Philosophie ist: Welche Staatsform ist die beste, oder anders formuliert, wie sollte der perfekte Staat aussehen? Schon Platon hat sich in seiner *Politea* (2010) mit diesen Problemen beschäftigt. Ein anderes wichtiges Problem der politischen Philosophie ist die Frage, wie staatliche Autorität legitimiert werden kann. An dieser Stelle setzen die vertragstheoretischen Theorien an.

Grundgedanke der Vertragstheorie

Der Grundgedanke der Vertragstheorie hierzu ist folgender: Würden alle Menschen, vorausgesetzt sie entscheiden vernünftig und frei, den Gesetzen und der staatlichen Autorität zustimmen, dann wäre diese legitimiert. Anders formuliert: Sie wäre legitimiert, wenn alle Menschen miteinander einen Vertrag abschließen würden, in welchem sie festlegen, wie sie regiert werden wollen und welche Gesetze gelten sollen. Solch einen Vertrag kann man als Gesellschaftsvertrag bezeichnen. In der Realität ist es nun so, dass solch ein Vertrag nicht tatsächlich abgeschlossen wird, und zwar aus ganz praktischen Gründen. Wenn man sich jedoch überlegt, wie staatliche Autorität und Gesetze gestaltet werden sollten, muss man sich immer fragen, ob die Menschen diesen in einem Gesellschaftsvertrag zustimmen würden. Kann man sich solch eine hypothetische Zustimmung vorstellen, erhalten sie ihre Legitimation.

Natur- bzw. Urzustand

Den Ausgangspunkt für diese vertragstheoretischen Überlegungen (◘ Abb. 9.1) bildet der sog. Natur- oder Urzustand. Dies ist ein hypothetischer Zustand, d.h. es wird nicht davon ausgegangen, solch einen Zustand hätte es in der Geschichte der Menschheit jemals gegeben. Bei ihm handelt es sich um einen Zustand, der durch das Fehlen staatlicher Autorität und Gesetze gekennzeichnet ist. Der erste Schritt der vertragstheoretischen Argumentation ist es, den Menschen in solch einen Naturzustand »hineinzuversetzen«, d.h. sich zu überlegen, wie die Menschen ohne staatliche Autorität und ohne Gesetze leben würden.

Eigentlich alle Autoren gehen davon aus, dass Menschen vernünftig handeln und denken und so auch Entscheidungen treffen. Darüber hinaus sind im Naturzustand alle Menschen gleichermaßen frei und gleich – abgesehen von durch die Natur bestimmten Ungleichheiten –, da es ja noch keine gesellschaftlichen oder politischen Strukturen gibt, die Ungleichheiten bedingen können.

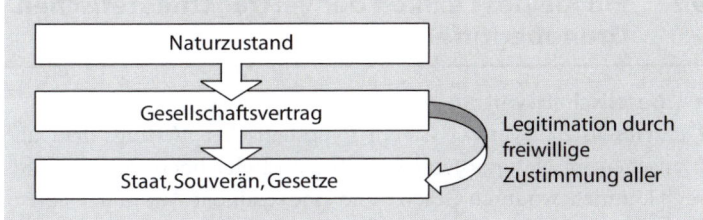

Abb. 9.1 Argumentationsschritte Vertragstheorie

Der zweite Schritt der vertragstheoretischen Argumentation besteht darin, sich zu überlegen, wie die Menschen diesen Naturzustand beenden können. Hierzu müssen sie sich auf Gesetze und staatliche Strukturen einigen. Diese müssen so gestaltet sein, dass alle Menschen diesen (freiwillig) zustimmen würden. Dies ist wichtig, da nur unter dieser Voraussetzung diese Gesetze und Strukturen eine Legitimation erhalten können.

Hat man diese gefunden, schließen (in der hypothetischen Überlegung) alle Menschen untereinander einen Vertrag ab, in dem sie sich auf diese Gesetze einigen, den sog. Gesellschaftsvertrag. Durch diesen werden die Gesetze und die staatliche Struktur legitimiert, denn jeder Mensch hat freiwillig dem Vertrag zugestimmt. Es ist Aufgabe jeder einzelnen Vertragstheorie, zu begründen, warum sich die Menschen gerade auf diese und keine anderen Gesetze einigen würden. Somit bilden die staatlichen Strukturen den Endpunkt der Argumentation.

Gesellschaftsvertrag

Es ist nochmals herauszustellen, dass der Natur- bzw. Urzustand ein hypothetischer Zustand ist. Würde die Legitimation tatsächlich von einem realen Vertrag in der Vergangenheit abhängen, würde die Theorie unglaubhaft werden und an Schlagkraft verlieren. Es geht nicht darum, ob es tatsächlich einen solchen Vertrag gegeben hat, sondern ob es einen solchen Vertrag geben *könnte*. Würden die Menschen den Gesetzen und Strukturen eines Staates zustimmen? Die Legitimation hängt von dieser hypothetischen Zustimmung aller ab. Ist sie nicht denkbar, kann es keine Legitimation geben.

Der Natur- bzw. Urzustand ist ein hypothetischer Zustand.

Im Folgenden werden wir beispielhaft drei Theorien herausgreifen, zum einen die beiden klassischen Theorien von Hobbes (1970) und Rousseau (1977) und zum anderen die zeitgenössische Theorie von Rawls (1979). Neben diesen Autoren sind andere bekannte vertragstheoretische Ansätze die Theorien von John Locke (2008) und die moderne Variante von David Gauthier (1986).

Vertragstheoretiker

9.2   Ein kleines Lexikon der vertragstheoretischen Grundbegriffe

- **Gesellschaftsvertrag**

Der Gesellschaftsvertrag ist ein hypothetischer Vertrag, dem alle Menschen im Naturzustand freiwillig und gleichberechtigt zustimmen könnten, wodurch Gesetze und eine staatliche Autorität etabliert und legitimiert werden.

- **Naturzustand/Urzustand**

Der Naturzustand ist ein hypothetischer Zustand, bei welchem man sich überlegt, wie die Menschen leben würden, gäbe es keine Gesetze und keinen Staat, der über die Einhaltung der Gesetze wacht.

- **Souverän**

Als Souverän bezeichnet man den bzw. die Inhaber der Staatsgewalt. In Monarchien ist dies der Monarch, in einer Republik das Volk.

- **Vertragstheorie**

Die Vertragstheorie bezeichnet eine Gruppe von Theorien der politischen Philosophie, die davon ausgehen, dass ein Staat durch einen Gesellschaftsvertrag etabliert werden kann und die Regierung durch diesen Vertrag ihre Legitimität erhält.

Die Vertragstheorie

Thomas Hobbes

>> Ich übergebe mein Recht, mich selbst zu beherrschen, diesem Menschen oder dieser Gesellschaft unter der Bedingung, dass du ebenfalls dein Recht über dich ihm oder ihr abtrittst (Hobbes 1970, S. 155). **«**

10.1   Darstellung der Vertragstheorie Hobbes'

Thomas Hobbes kann als der Begründer der Vertragstheorie angesehen werden. Der Grundgedanke dieser Theorie ist folgender: Staatliche Autorität und Gesetze können dadurch legitimiert werden, wenn sie so gestaltet werden, dass alle Menschen ihnen freiwillig zustimmen würden. Diese Zustimmung erfolgt, da eine etablierte staatliche Autorität und Gesetze im Interesse jedes Einzelnen liegen. Hierzu versetzt Hobbes die Menschen hypothetisch in einen Naturzustand, d.h. einen Zustand, wo es keine Gesetze, keine Moral und keine oberste regelnde Instanz gibt. In solch einem Zustand würden sich – nach Hobbes – die Menschen gegenseitig bekriegen, es würde ein Krieg aller gegen alle herrschen, und niemand wäre sich seines Lebens sicher, da der Mensch von Natur aus ein rein egoistisches Wesen ist. Jedem Einzelnen wäre daran gelegen, diesem Naturzustand zu entkommen. Dies gelingt, wenn sich alle Menschen an gewisse Gesetze halten, die das Zusammenleben regeln und friedlich gestalten, die sog. natürlichen Gesetze. Nach Hobbes hält sich aber niemand an Gesetze, wenn es keine Instanz gibt, die auf die Einhaltung der Gesetze achtet. Somit wird eine solche Instanz, ein Staat, benötigt. Um dem Naturzustand zu entkommen, einigen sich die Menschen auf Gesetze und etablieren zugleich eine staatliche Autorität. Sie schließen miteinander einen Gesellschaftsvertrag. Das Besondere an der Theorie von Hobbes ist, wie er moralisches Handeln und das Gelten moralischer Vorschriften aus dem Eigeninteresse jedes Einzelnen herleitet.

Thomas Hobbes' Leben

10.1.1   **Biographische Notizen**

Abb. 10.1 Thomas Hobbes,
© picture-alliance / maxppp

Thomas Hobbes' Leben
Thomas Hobbes (◘ Abb. 10.1) ist bis heute einer der wichtigsten Denker der politischen Philosophie. Er entwickelte die Idee des Gesellschaftsvertrages, eines Vertrages, in welchem alle Menschen ihre Kräfte freiwillig vereinigen und somit einen Staat bilden. Der Gedanke des Gesellschaftsvertrages wurde von anderen einflussreichen Philosophen, wie beispielsweise Jean-Jacques Rousseau, aufgenommen und weiterentwickelt. Bekannt ist Hobbes auch für sein äußerst pessimistisches Menschenbild. Sein Ausspruch »Homo homini lupus est« – »Der Mensch ist dem Menschen ein Wolf« (Hobbes 1994, S. 69) spiegelt diese Auffassung

wider. Teil dieses Menschenbildes ist auch die Überzeugung, der Mensch könne lediglich aus Eigeninteresse heraus handeln. Gerade unter dieser Voraussetzung ist es spannend zu sehen, wie es Hobbes dennoch gelingt, Moral zu etablieren.

Thomas Hobbes wurde am 5. April 1588 im englischen Malmesbury als Sohn eines einfachen Landpfarrers und einer Bauerntochter geboren. Hobbes war ein begabtes Kind, welches im Alter von vier Jahren lesen und schreiben lernte, mit acht auf eine Privatschule kam und mit 14 Jahren an der Universität Oxford Logik und Physik zu studieren begann. 1608 verließ er die Universität mit einem Bachelor-Abschluss und einer ausgeprägten Abneigung gegen die an der Universität gelehrte Philosophie.

Er fand eine Anstellung als Hauslehrer bei der adeligen Familie Cavendish, die er ein Leben lang behalten sollte. Diese Arbeit gab ihm Gelegenheit, mehrmals gemeinsam mit seinen jeweiligen Schützlingen auf den Kontinent zu reisen. Dort machte er Bekanntschaft mit einigen großen Denkern seiner Zeit: mit dem Theologen und Mathematiker Abbé Mersenne, dem Philosophen René Descartes und dem Mathematiker und Philosophen Pierre Gassendi. Auf der Insel arbeitete er für einige Zeit (1621) als Francis Bacons Sekretär.

Sein Leben blieb von den politischen Unruhen des 17. Jahrhunderts nicht unberührt. Gerade die politischen Umwälzungen in England waren prägend. Als der Konflikt zwischen Karl I. und dem Parlament sich verstärkte, unterstützte Hobbes in einer seiner Schriften die Position von Karl I. Er verteidigte die absolutistische Herrschaftsform. Daraufhin musste er 1640 nach Frankreich fliehen. Vom Exil aus verfolgte er die politischen Ereignisse in seiner Heimat. Nach über zehn Jahren konnte Hobbes nach England zurückkehren. Am 4. Dezember 1679 verstarb Hobbes in Hardwick, auf dem Anwesen seiner Gönner, der Familie Cavendish (zur Biografie s. Nachwort zu Hobbes 1970).

Hobbes' Werk konzentriert sich hauptsächlich auf den Bereich der Moral- bzw. politischen Philosophie, wie auch diese Auswahl seiner wichtigsten Schriften zeigt:

The Elements of Law Natural and Politic (dt.: Die Elemente des natürlichen und politischen Gesetzes, 1640) In diesem Werk entwickelt Hobbes erstmals die Gedanken, die durch sein Hauptwerk *Leviathan* bekannt wurden. Hierin behandelt er zum einen die menschliche Natur (*Human Nature*) und zum anderen widmet er sich der Staatstheorie (*De Corpore Politico*).

Elementa Philosophiae Hobbes beabsichtigte, in der Trilogie *Elementa Philosophiae* seine Philosophie systematisch zu präsentieren. Die

Hobbes' Schriften (Auswahl)

politischen Entwicklungen führten jedoch dazu, dass er sich dazu genötigt fühlte, den dritten Teil *De Cive* vorzuziehen.

— *De Corpore* (1655): Lehre von der körperlichen Substanz
— *De Homine* (1658): Lehre vom Menschen im Naturzustand
— *De Cive* (1642): Lehre vom Menschen in der Gesellschaft

Leviathan (1651) *Leviathan* ist das Hauptwerk Hobbes'. Unterteilt ist das Werk in zwei Bücher. Im ersten Buch *Vom Menschen* setzt sich Hobbes mit der Natur des Menschen auseinander und entwickelt ein sehr mechanistisches Menschenbild. Auch überlegt er sich, wie der Mensch sich im Naturzustand verhält und zeichnet das Bild eines rein egoistischen Wesens. Des Weiteren stellt er dar, was die natürlichen Gesetze sind. Diese lassen sich mit der goldenen Regel zusammenfassen. Im zweiten Teil *Vom Staat* verweist er auf die Notwendigkeit eines Staates und weshalb dieser durch einen Gesellschaftsvertrag begründet werden sollte, um dann die Aufgaben und Rechte des Staates und des Staatsoberhauptes zu besprechen. Hier tut er sich besonders durch seine vehemente Verteidigung einer absolutistischen Monarchie hervor.

Behemoth (1680) In *Behemoth* beschreibt Hobbes die Epoche des englischen Bürgerkriegs und analysiert diesen als Beispiel für ein Leben im Naturzustand.

Im Folgenden wollen wir uns auf einen Ausschnitt aus Hobbes' Gedankenwelt konzentrieren, seiner Lehre vom Naturzustand und wie der Gesellschaftsvertrag diesen beenden kann.

10.1.2 Moral und Eigeninteresse

das Problem: Eigeninteresse und moralische Forderungen

In der philosophischen Ethik stellt sich immer wieder ein Problem: Wie kann ich Menschen zu moralischem Handeln motivieren? Diese Schwierigkeit entsteht, da moralische Handlungen sich oftmals dadurch auszeichnen, dass sie dem (kurzfristigen) Eigeninteresse des Handelnden zuwiderlaufen. Warum soll ich beispielsweise kein Geld aus der Kasse meines Unternehmens stehlen, wenn ich dieses Geld dringend benötige? Verschärft wird dieses Problem, wenn man des Weiteren annimmt, dass Eigeninteresse das einzige Handlungsmotiv für den Menschen darstellt, d.h. dass Menschen nur aus rein egoistischen Motiven handeln können. Wie soll man auf dieser Basis erklären, dass ich kein Geld aus der Firmenkasse nehmen soll?

Genau mit diesem Problem sieht sich auch Thomas Hobbes konfrontiert. Wie kann man moralisches Handeln, das dem Eigeninteresse zuwiderlaufen kann, unter der Voraussetzung etablieren, der Mensch könne nur aus Eigeninteresse heraus handeln? Die Antwort ist naheliegend und dennoch verwunderlich: Man zeigt, dass moralisches Handeln alles im allem dem Eigeninteresse am zuträglichsten ist, auch wenn es im Einzelfall und kurzfristig betrachtet nicht so scheinen mag. Wie gelingt es Hobbes, Moral auf der Basis des Egoismus aufzubauen?

Grob skizziert argumentiert er wie folgt: Startpunkt bildet sein pessimistisches Menschenbild, welches davon ausgeht, dass jeder Mensch allein aus egoistischen Motiven heraus handelt. Dann überlegt er sich, was passieren würde, wenn man den Menschen keine moralischen Normen und Gesetze geben würde. Er versetzt sie somit in den sog. Naturzustand. Dieser ist so charakterisiert, dass es in ihm keine Gesetze und vor allen Dingen auch keine obere Gewalt gibt, die über die Einhaltung der Gesetze wachen könnte. Im Naturzustand zu leben, wünscht sich nach Hobbes niemand, weil ein Krieg aller gegen alle herrscht und niemand sich seines Lebens sicher ist. Also erkennt man, dass man Gesetze benötigt, die das Zusammenleben regeln. Diese Gesetze sind die sog. natürlichen Gesetze, die sich unter der goldenen Regel zusammenfassen lassen. Solange es aber keine Garantie dafür gibt, dass mein Gegenüber sich an die Gesetze hält, solange sehe ich es auch nicht ein, warum ich mich an sie halten soll. Damit also die Gesetze Wirkung zeigen, braucht es eine oberste Gewalt, die dafür sorgt, dass die Gesetze eingehalten werden und die notfalls die Nichteinhaltung unter Strafe stellt. Solch eine oberste Gewalt wird dadurch etabliert, dass alle Menschen untereinander einen Vertrag zugunsten eines Dritten – das kann eine einzelne Person oder eine Gruppe von Personen sein – abschließt, in dem sie ihre Kräfte diesem übertragen. Dies ist der sog. Gesellschaftsvertrag. Dadurch entsteht ein Staat, der alle Vertragsteilnehmer umfasst, und es wird ein Staatsoberhaupt bestimmt, nämlich dasjenige, dem die Gewalt zugesprochen wurde. Die Aufgabe dieses Staatsoberhauptes ist es, die allgemeine Sicherheit und das Wohlergehen der Bürger sicherzustellen, indem es über die Einhaltung der Gesetze wacht. Jeder Einzelne fürchtet die Macht des Staates und hält sich deswegen an die Gesetze.

Es ist folglich im doppelten Interesse jedes Einzelnen, sich an die Gesetze zu halten: Zum einen würde er bestraft werden, wenn er es nicht tun würde, und zum anderen würde ohne die Gesetze der Naturzustand herrschen, was niemand möchte, da dort das eigene Leben bedroht ist. Soweit Hobbes' Argumentation im Schnelldurchlauf. Wenden wir uns im Folgenden den einzelnen Schritten im Detail zu.

Überblick über Hobbes' Argumentationsstrategie

10.1.3 Der Mensch im Naturzustand

Beginnen wir mit Hobbes' Menschenbild. Als Kind seiner Zeit ist Hobbes fasziniert von den neuen naturwissenschaftlichen Erkenntnissen, welche er auf sein Menschenbild überträgt, das als mechanistisch bezeichnet werden kann. Er bestreitet beispielsweise den freien Willen des Menschen (s. Hobbes 1970, S. 47 ff.): Entscheidungen sind für ihn nichts weiter als das Ergebnis einer Folge von Verlangen und Abneigungen, die in einem Tun münden. Verlangen versteht er als

Hobbes' Menschenbild

Streben nach etwas, was wir haben wollen, und Abneigung als Streben von etwas weg, was wir nicht haben wollen. Wir streben nach etwas, wenn wir es in der Vergangenheit als angenehm empfunden haben, und wir vermeiden etwas, was wir als schädlich kennengelernt haben oder was uns fremd ist. Wenn wir nach etwas streben, nennen wir es gut, wenn wir etwas vermeiden, nennen wir es böse. Die Bezeichnungen »gut« und »böse« beruhen also auf unseren Neigungen. Streben nach etwas Gutem und Abneigung gegen etwas Böses sind für Hobbes die einzigen Handlungsmotive. Wenn ich etwas will, dann halte ich es für gut. Ich strebe nicht nach etwas, was ich nicht möchte. Daher kommt die Auffassung, dass der Mensch nach Hobbes nur egoistisch handeln kann, was auch als (psychologischer) Egoismus bezeichnet wird.

Dies lässt an den »homo oeconomicus« denken. Der »homo oeconomicus« (der rein wirtschaftlich denkende Mensch) bezeichnet das Bild eines Menschen, von dem mache ökonomische Theorien ausgehen. Er handelt aus rein egoistisch-rationalen Motiven heraus. Es geht ihm lediglich darum, seinen wirtschaftlichen Gewinn zu steigern.

Wie verhält sich nun solch ein Mensch, wenn es keine Gesetze gibt, die sein Handeln lenken, und keine oberste Gewalt, die darüber wacht, dass die Gesetze eingehalten werden? Wie verhält sich der Mensch im Naturzustand?

der Mensch im Naturzustand: Krieg aller gegen alle

Im Naturzustand befindet sich nach Hobbes der Mensch in einem Krieg aller gegen alle (◘ Abb. 10.2) (s. Hobbes 1970, ▶ Kap. 13). Krieg wird von Hobbes definiert als ein Zustand, in dem die Menschen Gewalt prinzipiell mit Gewalt beantworten (s. Hobbes 1970, S. 115). Warum befinden sich die Menschen im Naturzustand in solch einem Krieg und welche Auswirkungen hat dieser?

drei Konfliktursachen im Naturzustand

Alle Menschen sind von Natur aus ähnlich begabt, so Hobbes (s. Hobbes 1970, S. 112 f.). Was der eine mehr an körperlicher Stärke hat, kompensiert der andere durch geistige Überlegenheit. Hinsichtlich ihrer geistigen Fähigkeiten empfinden sich die Menschen ihrem Gegenüber mindestens gleichgestellt, wenn nicht sogar überlegen. Dank dieser Gleichheit der Fähigkeiten geht jeder Mensch davon aus, seine Wünsche könnten befriedigt werden. Dies würde kein Problem darstellen, wenn es genügend Ressourcen gäbe. Jedoch sind die Ressourcen zu knapp, so dass nicht alle Menschen bekommen, was sie sich wünschen. Es entsteht Konkurrenz, ein Wettbewerb um das gleiche Gut beginnt. Dies stellt die erste Konfliktquelle dar.

Als zweite Konfliktquelle identifiziert Hobbes die Verteidigung. Hat sich jemand etwas angeeignet, möchte er es verteidigen. Es geht ihm um persönliche Sicherheit und Wohlfahrt. Da aber die Ressourcen zu knapp ausfallen, streben andere nach dem, was man sich angeeignet hat, was wiederum zum Konflikt führt.

Die dritte Konfliktursache sieht Hobbes im Streben des Menschen nach Ruhm bzw. nach Schutz des guten Rufs. Ist man um seine gesell-

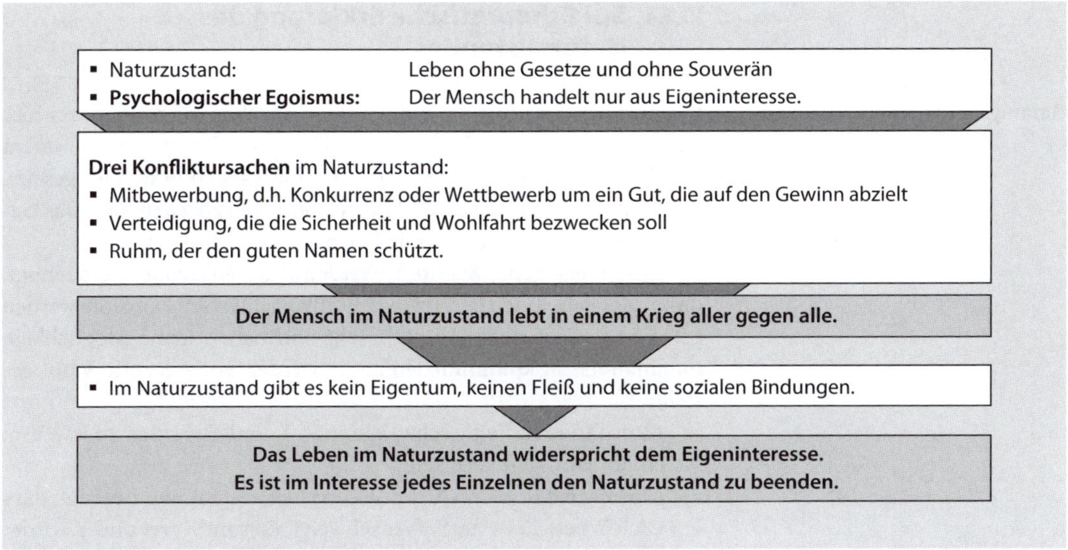

- Naturzustand: Leben ohne Gesetze und ohne Souverän
- **Psychologischer Egoismus:**   Der Mensch handelt nur aus Eigeninteresse.

Drei Konfliktursachen im Naturzustand:
- Mitbewerbung, d.h. Konkurrenz oder Wettbewerb um ein Gut, die auf den Gewinn abzielt
- Verteidigung, die die Sicherheit und Wohlfahrt bezwecken soll
- Ruhm, der den guten Namen schützt.

Der Mensch im Naturzustand lebt in einem Krieg aller gegen alle.

- Im Naturzustand gibt es kein Eigentum, keinen Fleiß und keine sozialen Bindungen.

**Das Leben im Naturzustand widerspricht dem Eigeninteresse.
Es ist im Interesse jedes Einzelnen den Naturzustand zu beenden.**

Abb. 10.2 Der Mensch im Naturzustand

schaftliche Stellung besorgt, so reagiert man sehr empfindlich auf die kleinsten Anzeichen, dass das Gegenüber die eigene Stellung missachtet. Dies führt wiederum zu Streitigkeiten (s. Hobbes 1970, S. 115).

Diese drei Konfliktquellen führen zum Krieg aller gegen alle, welcher das Leben der Menschen unerträglich werden lässt. Die Menschen befinden sich in ständiger Unsicherheit. Ihr Leben und ihr »Eigentum« werden fortwährend bedroht. Daher entwickeln sie keinen Fleiß und keine Ambitionen, etwas zu für sich aufzubauen. Alles, was sie erschaffen, kann ihnen jederzeit wieder genommen werden. Da die Menschen sich im Naturzustand dauernd misstrauen, können sich auch nur schwer soziale Bindungen entwickeln. Kurz zusammengefasst führen sie im Naturzustand:

Ein Leben im Naturzustand liegt nicht im Eigeninteresse.

》 […] ein einsames, kümmerliches, rohes und kurz dauerndes Leben (Hobbes 1970, S. 116). 《

Das Leben im Naturzustand ist aber keines, wonach der Mensch strebt. Er möchte sein Leben sichern und nicht mit fortwährender Todes- oder Existenzangst leben. Er wünscht sich ein angenehmes Leben, das an Wohlstand geknüpft ist, und möchte seinen Platz in der Gemeinschaft einnehmen. Der Naturzustand wird von den Menschen nicht als wünschenswerter Zustand angesehen. Es liegt im Interesse des Menschen, dem Naturzustand zu entkommen.

10.1.4 Spieltheoretische Erklärung des Naturzustandes

Gefangenendilemma

Um Hobbes' Strategie am einfachsten verstehen zu können, sei hier das sog. Gefangenendilemma erwähnt, ein Gedankenexperiment aus der Spieltheorie. Die Spieltheorie hat es sich zum Ziel gesetzt, menschliche Handlungen und Entscheidungen zu verstehen. Das Gefangenendilemma hat folgende Form:

Zwei Gefangene, X und Y, werden des Bankraubes verdächtigt, ohne dass man ihnen den Raub definitiv nachweisen kann. Sie werden getrennt voneinander untergebracht und haben keine Möglichkeit, miteinander zu kommunizieren. Sie werden vor folgende Wahl gestellt:

- **Alternative A:** Beide schweigen und X und Y werden zu jeweils einem Jahr Haft verurteilt.
- **Alternative B:** Wenn X das Verbrechen gesteht und bezeugt, dass auch Y beteiligt war, Y aber schweigt, kommt X frei und Y wird für 20 Jahre inhaftiert.
- **Alternative C:** Wenn Y das Verbrechen gesteht und bezeugt, dass auch X beteiligt war, X aber schweigt, kommt Y frei und X wird für 20 Jahre inhaftiert.
- **Alternative D:** Wenn X und Y aber beide gestehen, so bekommen beide fünf Jahre Haft.

Wie sollen sich die beiden verhalten? Für jeden einzeln betrachtet wäre Alternative B bzw. C am wünschenswerten. Da aber beide so kalkulieren, werden wahrscheinlich beide gestehen und somit zu fünf Jahren Haft verurteilt. Alternative D ist aber schlechter als Alternative A, wo jeder nur für ein Jahr einsitzen muss. Alternative A würde bedeuten, dass beide Parteien schweigen. Entschließt sich einer der beiden zu schweigen, geht er das Risiko ein, dass der Andere redet, womit er bei Alternative B bzw. C landen würde und für 20 Jahre inhaftiert würde. Diese Alternative möchte jeder der beiden vermeiden, so dass beide Parteien lieber gestehen und für fünf Jahre ins Gefängnis gehen. Soweit die ursprüngliche Version des Gefangendilemmas.

Bedenkt man den Nutzen beider Seiten, wäre Alternative A für beide Parteien die zweitbeste Lösung, wohingegen Alternative D nur die drittbeste ist. Also wäre es ratsam, wenn beide miteinander kooperieren würden. Dies würde bedeuten, dass beide schweigen und darauf vertrauen, dass der Andere genauso kalkuliert wie sie selbst.

Diese Überlegungen kann man auch folgendermaßen veranschaulichen (◘ Abb. 10.3): Sowohl X als auch Y hierarchisieren die unterschiedlichen Alternativen, wobei 1 die größte Präferenz und 4 die niedrigste ausdrückt.

Anhand dieser Abbildung ist ersichtlich, dass Alternative A für beide die beste Alternative ist, wenn sie die Präferenzen des jeweils Anderen und dessen entsprechende Überlegungen in Betracht ziehen.

	A	B	C	D
X	2	1	4	3
Y	2	4	1	3

◻ **Abb. 10.3** Spieltheoretische Überlegungen

Wie helfen diese spieltheoretischen Überlegungen beim Verständnis des Naturzustandes und der Möglichkeit, diesen zu beenden? Ebenso wie bei den beiden Gefangenen hofft auch im Naturzustand jeder, den größten Vorteil für sich selbst zu erreichen. Da sich aber jeder so verhält, gelangt man zu Alternative D, oder, übertragen auf den Naturzustand, zu einem Krieg aller gegen alle. Weil es keinerlei Sicherheiten im Naturzustand gibt, wagt niemand auf das aggressive Verhalten zu verzichten, da man ansonsten Gefahr läuft, mit dem Tod bezahlen zu müssen. Ebenso wie bei dem Gefangenendilemma steht auch im Naturzustand eine Möglichkeit offen, nämlich die der Kooperation. Während Kooperation im Falle des Gefangendilemmas bedeutet, dass beide Parteien schweigen, bedeutet sie im Naturzustand, dass man sich um Frieden bemüht, also versucht, den Krieg aller gegen alle zu beenden. Hobbes fasst diesen Gedanken in der sog. Vorschrift der Vernunft zusammen:

>> Suche Frieden, solange nur die Hoffnung darauf besteht; verschwindet diese, so schaffe dir von allen Seiten Hilfe und nutze sie; dies steht dir frei (Hobbes 1970, S. 119). **«**

Vorschrift der Vernunft

10.1.5 Naturrecht und natürliche Gesetze

Die Vorschrift der Vernunft unterteilt sich in zwei Teile. Der erste ist das sog. Naturrecht, das im Nachsatz ausgedrückt wird. Man darf sich Hilfe beim Überleben suchen, und ist das eigene Überleben in Gefahr, darf man sich verteidigen. Das Naturrecht besagt konkret:

Naturrecht

>> Jeder ist befugt, sich durch Mittel und Wege aller Art selbst zu verteidigen (Hobbes 1970, S. 119). **«**

Das Naturrecht umfasst unser Recht, unser Leben zu verteidigen. Dieses Recht können wir nicht veräußern. Es stellt sich aber die Frage, welche Mittel wir dafür verwenden, um uns am Leben zu erhalten. Im Naturzustand muss uns hierzu jedes Mittel recht sein. Sind wir aber um Kooperation bemüht und suchen wir Frieden, müssen wir unsere Handlungsoptionen einschränken. Anreiz für diesen Verzicht bildet das Wissen, dass ein Leben im Frieden wünschenswerter ist als eines im Naturzustand.

natürliche Gesetze

Aus der Erkenntnis, dass ein friedliches Leben zum eigenen Vorteil gereicht, erklärt sich die zweite Komponente der Vorschrift der Vernunft. Diese bezeichnet Hobbes als erstes natürliches Gesetz:

>> Suche Frieden und jage ihm nach (Hobbes 1970, S. 119). **«**

Neben diesem ersten natürlichen Gesetz formuliert Hobbes 18 weitere natürliche Gesetze(▶ Kap. 10.4 »Anhang: Übersicht Natürliche Gesetze«), die allesamt das gemeinsame Leben der Menschen ordnen und regeln sollen. So wird beispielsweise gefordert, dass man sein Handeln auf andere abstimmt, Verträge hält, andere nicht unnötig provoziert usw. Laut Hobbes kann man sie unter der goldenen Regel zusammenfassen:

>> […] was die natürlichen Gesetze fordern, wie z.B. Gerechtigkeit, Billigkeit und kurz, *anderen das zu tun, was wir wünschen, dass es uns von anderen geschehe* […] (Hobbes 1970, S. 151). **«**

Die natürlichen Gesetze ergeben sich aus vernünftigen Überlegungen und haben zur Absicht, das Zusammenleben der Menschen zu regeln, so dass die Sicherheit jedes Einzelnen gewährleistet ist und sie sich eine gute Lebensgrundlage schaffen können.

10.1.6 Notwendigkeit eines Staates

Notwendigkeit einer überwachenden Instanz

Auch wenn man die natürlichen Gesetze formuliert hat, ist ein grundlegendes Problem noch nicht gelöst: Werden die Gesetze berücksichtigt, können die Menschen dem Naturzustand entkommen. Hierzu brauchen sie aber die Sicherheit, dass auch die Anderen sich an die Gesetze halten. Halte nur ich mich an die Gesetze, mein Gegenüber aber nicht, bringe ich mich selbst in eine schlechtere Position. Wiederum kann man die Analogie zum Gefangenendilemma aufgreifen: Letztendlich wäre es für beide Gefangene besser, würden sie schweigen. Wenn aber nur einer der beiden schweigt, wird derjenige, der nichts sagt, zu 20 Jahren Haft verurteilt. Da keiner dieses Risiko eingehen möchte, werden beide gestehen, womit sie jeweils fünf Jahre einsitzen. Übertragen auf den Naturzustand bedeutet das: Halte ich mich an die Gesetze, während mein Gegenüber dies nicht tut, laufe ich Gefahr, ermordet, bestohlen oder meiner Ehre beraubt zu werden. Um diesem Risiko zu entkommen, halte ich mich (vorsichtshalber) selbst nicht an die Gesetze.

Rolle der Furcht

Durch diese Erklärung wird ein wichtiger Gedanke von Hobbes deutlich: die Schlüsselrolle, die die Furcht spielt (s. Hobbes 1970, S. 151). Die Furcht vor den Folgen, wenn ich mich an die Gesetze halte, mein Gegenüber aber nicht, bestimmt mein Handeln. Zwar wünsche ich mir, dass alle sich an die Gesetze halten, doch solange ich keine Sicherheit habe, gehe ich kein Risiko ein. Der Ausweg besteht darin, dass eine Instanz geschaffen wird, die mir diese Sicherheit gibt, eine Instanz, die die Gesetzesübertretungen ahndet. Dadurch verändert sich die Situation: Ich habe nun die Sicherheit, dass sich die Anderen daran halten. Gesetzesverstöße werden bestraft. Die Furcht hat eine andere Stelle eingenommen. Jeder fürchtet sich nun davor, was passiert, wenn er sich nicht an die Gesetze hält.

Diese Erklärung offenbart einen weiteren wichtigen Aspekt von Hobbes' Theorie: Es gibt nicht so etwas wie eine intrinsische Motivation, sich an Gesetze bzw. die Moral zu halten. Einige Theorien, wie Kants Ethik, gehen im Gegensatz dazu davon aus, dass wir uns an die Moral halten, weil wir erkennen, dass eine Handlung moralisch gefordert ist. Laut Hobbes ist die Motivation zu moralischem Handeln rein extrinsisch, d.h. die Anreize liegen außerhalb der moralischen Theorie (s. Darwall 1998, S. 139). Ich handle moralisch aus zwei Gründen:

— Ich erkenne, dass das Fehlen der Moral einen Naturzustand zur Folge hätte, etwas, was ich um alles in der Welt verhindern möchte.
— Ich fürchte mich vor den Konsequenzen, wenn ich nicht moralisch handeln würde.

rein extrinsische Motivation

Damit die Gesetze tatsächlich eingehalten werden, benötigt man also eine Instanz, die darüber wacht. Doch wie kann solch eine Instanz geschaffen werden? Die Antwort hierauf gibt der Gesellschaftsvertrag (◘ Abb. 10.4). Der Gedanke ist folgender: Die Menschen erkennen, dass sie eine Gewalt benötigen, die über die Einhaltung der Gesetze wacht und somit den Naturzustand aufhebt. Deswegen schließen alle Menschen freiwillig untereinander einen Vertrag mit folgendem Wortlaut:

Gesellschaftsvertrag

» Ich übergebe mein Recht, mich selbst zu beherrschen, diesem Menschen oder dieser Gesellschaft unter der Bedingung, dass du ebenfalls dein Recht über dich ihm oder ihr abtrittst (Hobbes 1970, S. 155). «

Dieser Vertrag ist also ein Vertrag zugunsten eines Dritten, dem das Recht, über sich selbst zu herrschen, übertragen wird, d.h. man räumt diesem das Recht ein, Verstösse gegen die Gesetze zu ahnden. Der Grund, warum man auf dieses doch so fundamentale Recht verzichtet, ist eben die Einsicht, dass man nur dann das Leben führen kann, das man sich wünscht.

Durch diesen Vertrag entsteht ein Staat oder ein Gemeinwesen. Die Vertragsschließenden sind Bürger dieses Staates. Hobbes bezeichnet diesen Staat als den großen Leviathan oder sterblichen Gott (s. Hobbes 1970, S. 155). Mit dem »Leviathan« bezieht sich Hobbes auf ein der jüdisch-christlich Mythologie entstammendes Seeungeheuer, dessen Macht der Mensch hilflos ausgeliefert ist. Er definiert ihn wie folgt:

Leviathan

Einhaltung der natürlichen Gesetze beendet den Naturzustand	Oberste Gewalt wacht über die Einhaltung der Gesetze
▪ Naturrecht ▪ Natürliche Gesetze, subsumierbar unter der Goldenen Regel	▪ Gibt es keine oberste Gewalt, die über die Einhaltung der Gesetze wacht, werden diese nicht eingehalten. ▪ Die oberste Gewalt muss selbst unabhängig sein.

Gesellschaftsvertrag
»Ich übergebe mein Recht, mich selbst zu beherrschen, diesem Menschen oder dieser Gesellschaft unter der Bedingung, dass du ebenfalls dein Recht über dich ihn oder ihr abtrittst.« (Hobbes, Leviathan 1970, 155).

◘ **Abb. 10.4** Der Gesellschaftsvertrag bei Hobbes

10

>> Staat ist eine Person, deren Handlungen eine große Menge Menschenkraft der gegenseitigen Verträge eines jeden mit einem jeden als ihre eigenen ansehen, auf dass diese nach ihrem Gutdünken die Macht aller zum Frieden und zur gemeinschaftlichen Verteidigung anwende (Hobbes 1970, S. 155 f.). <<

Aufgabe eines Staates ist also die Macht, die ihm übertragen wurde, zum Schutz und zum Wohlergeben seiner Untertanen zu nutzen.

10.1.7 Staatsoberhaupt

Staatsoberhaupt

Der Staat, so wie er eben definiert wurde, ist zunächst ein sehr abstraktes Gebilde. Die Formulierung des Gesellschaftsvertrages zeigt jedoch, dass dieser immer zugunsten einer einzelnen Person oder Personengruppe abgeschlossen wird, welche das Staatsoberhaupt darstellt und somit den Staat personifiziert.

Das Staatsoberhaupt ist selbst nicht durch einen Vertrag an seine Untertanen gebunden. Ein Grund, den Hobbes hierfür anführt, ist folgender: Ist das Staatsoberhaupt nicht an den Vertrag gebunden, kann es seine Aufgabe erfüllen, über die Einhaltung der Gesetze zu wachen. Wenn es selbst an den Vertrag gebunden wäre, gäbe es niemanden, der darauf achtet, dass das Staatsoberhaupt selbst die Gesetze einhält. Dadurch räumt Hobbes dem Staatsoberhaupt äußerst weitreichende Befugnisse ein und den Bürgern nur einen kleinen Spielraum, um gegen die Staatsgewalt nach dem Vertragsschluss aufzubegehren. Die einzige Rechtfertigung, die Staatsgewalt zu stürzen, ergibt sich nach Hobbes, wenn sie ihrer eigentlichen Aufgabe, nämlich die Bürger zu schützen, nicht gerecht wird (s. Hobbes 1970, S. 197).

Hobbes' Plädoyer für den Absolutismus

Hobbes plädiert für die absolutistische Monarchie als beste Staatsform. Dies begründet er wie folgt (s. Hobbes 1970, S. 169 f.): Erstens sei das öffentliche Wohl in einer Monarchie am besten gesichert, da es im Eigeninteresse des Monarchen liege, ein wohlhabendes Volk zu haben, da er nur dadurch selbst wohlhabend und machtvoll sein könne. Zweitens könne ein Monarch immer externe Ratgeber aufsuchen, die ihn ohne eigene Karriereüberlegungen die Meinung sagten, während in einer Republik die Volksversammlung nur sich selbst als Ratgeber hätte, von der viele unerfahren in Aufgaben der Staatsführung wären und sich in rhetorischen Spitzfindigkeiten verstricken würden. Drittens sei die Unbeständigkeit der Entscheidungen, wenn diese nur von einer Person, nämlich dem Monarchen, getroffen würden, geringer, als wenn viele entscheiden würden. Viertens könne ein Monarch sich nicht mit sich selbst im Streit befinden, anders als wenn es viele Personen und Parteien gibt. Ein kurzer Blick auf diese Begründungen genügt, um zu erkennen, auf was für wackligen Beinen sie stehen. Unabhängig davon verwundert Hobbes' Verteidigung des Absolutismus aus heutiger Sicht. Wichtig ist jedoch, dass seine Konzeption eines Gesellschaftsvertrages auch auf andere Regierungsformen, wie die Aristokratie oder Demokratie, anwendbar ist, nämlich genau dann, wenn die Macht mehreren Personen übertragen wird.

Abschließend kann man festhalten: Es gibt sicher Philosophen, denen mehr Sympathie entgegengebracht wird als Hobbes. Sein pessimistisches Menschenbild, seine Schilderung eines Krieges aller gegen alle und die Überzeugung, der Mensch handle nur dann, wenn er sich vor der Alternative fürchtet, ist kein schmeichelhaftes Bild des Menschen, vielleicht aber ein erschreckend realistisches. Auch sein Plädoyer für eine absolutistische Monarchie befremdet aus heutiger Sicht. Nichtsdestotrotz gelingt es ihm, moralisches Handeln auch auf der Basis solch eines pessimistischen Menschenbildes aufzubauen und vor allen Dingen zu zeigen, warum es sich lohnt, moralisch zu handeln.

Zusammenfassung: Moral begründet auf Eigeninteresse

Zusammenfassung

- Das einzige Handlungsmotiv, welches wir dem Menschen zuschreiben können, ist sein Eigeninteresse. Der Mensch handelt nur aus rein egoistischen Motiven.
- Gibt es keine Gesetze und keine Gewalt, die über die Einhaltung der Gesetze wachen, befindet sich der Mensch im Naturzustand. Im Naturzustand herrscht ein Krieg aller gegen alle, da jeder ein Recht auf alles hat.
- Damit der Mensch nicht im Naturzustand lebt, braucht es Gesetze und eine Gewalt, die über die Einhaltung der Gesetze wacht.
- Der Gesellschaftsvertrag bezeichnet einen (hypothetischen) Vertrag, den alle Menschen freiwillig untereinander abschließen, in welchem ein jeder zusichert, sein Recht, sich selbst zu beherrschen, auf eine dritte Person oder Personengruppe zu übertragen. Hierdurch wird ein Staatsoberhaupt benannt.
- Das Staatsoberhaupt vereinigt in sich die gesamte Kraft des Staates und wacht über die Einhaltung der Verträge und Gesetze.

10.2   Was können wir von Hobbes' Vertragstheorie lernen?

Rekapitulieren wir Hobbes' Theorie: Hobbes entwickelt einen vertragstheoretischen Ansatz zur Begründung der Legitimation von staatlichen Gesetzen und Autorität. Er geht davon aus, der Mensch handle nur aus Eigeninteresse. Würden solche rein egoistischen Menschen nun ohne Gesetze und staatliche Autorität (Naturzustand) zusammenleben, befänden sie sich in einem Krieg aller gegen alle. Es läge im Interesse jedes Einzelnen, diesen Zustand zu beenden. Hobbes' Lösung ist der Gesellschaftsvertrag: Alle Menschen schließen untereinander einen Vertrag zugunsten eines Dritten, der über die Einhaltung von Gesetzen wacht. Durch den Vertrag werden also staatliche Autorität und die Gesetze legitimiert, da jeder vernünftige und egoistisch motivierte Mensch ihnen zustimmen müsste. Was können wir von dieser Theorie für die Frage nach der richtigen Menschenführung lernen?

10.2.1   Der Umgang mit purem Eigeninteresse

Folgt man Hobbes' Argumentation, erkennt man, dass moralisches Verhalten bzw. Verhalten, welches sich an Regeln orientiert, dem langfristigen Eigeninteresse zuträglich ist. Im ersten Moment erscheint diese These kontraintuitiv. Wir gehen häufig davon aus, Regeln würden unseren Handlungsspielraum so einschränken, dass wir nicht mehr die Handlung wählen können, die unserem Eigeninteresse am zuträglichsten ist. Hobbes fordert aber dazu auf, sich zu überlegen, was passieren würde, wenn es keine Regeln geben würde. In solch einem Fall würden die Menschen, so Hobbes, in einer chaotischen und gewaltbereiten Situation leben. Es ist zweifelhaft, ob solch ein Zustand im Interesse irgendeines Menschen liegen würde. Die meisten Menschen würden sich wünschen, dieser Situation zu entkommen.

langfristiges und kurzfristiges Eigeninteresse

Lebt man nun aber in einer Gemeinschaft, in der Regeln gelten und sich die Mehrzahl der Menschen an diese hält, sind Situationen denkbar, in denen ein Regelbruch im eigenen Interesse liegen kann. Warum sollte man in solchen Momenten dazu motiviert sein, sich trotzdem an die Regeln zu halten? Hobbes verweist hier auf die Unterscheidung zwischen kurz- und langfristigem Interesse. So liegt ein Regelbruch zwar vielleicht im kurzfristigen Interesse eines Menschen, jedoch nicht im langfristigen. Langfristig gedacht sollte jeder Mensch erkennen, dass Regeln und die Einhaltung der Regeln in seinem Interesse liegen.

das Trittbrettfahrerproblem

In diesem Zusammenhang sollte das Trittbrettfahrerproblem angesprochen werden: Wie kann man verhindern, dass Menschen, wenn keine oder nur eine sehr geringe Gefahr besteht, entdeckt zu werden, sich nicht an die Gesetze halten? Solange die Gefahr besteht, in den Naturzustand zu fallen, haben wir einen Grund, uns an Regeln zu halten. Wir haben das »worst case«-Szenario vor Augen. Problematisch wird es jedoch, wenn man in einem gut etablierten Staat lebt. Für den Einzelnen wäre es am besten, wenn er die Vorteile eines geregelten Zusammenlebens genießen könnte, ohne sich selbst an die Regeln halten zu müssen. In einem Staat, in dem das Staatsoberhaupt über die Einhaltung der Gesetze wacht, ist solch ein Verhalten auf Dauer nicht möglich. Trotzdem kann es immer wieder zu Situationen kommen, in denen eine Gesetzesübertretung möglich ist und wahrscheinlich unentdeckt bleibt. Wenn wir nur aus Eigeninteresse heraus handeln, warum sollten wir uns in solchen Situationen an die Regeln halten? Wir haben weder zu befürchten, dass das Gesamtsystem zusammenbricht, noch dass wir bestraft werden. Habe ich beispielsweise eine Möglichkeit gefunden, unbemerkt Steuern zu hinterziehen, warum sollte ich es unterlassen?

Das Trittbrettfahrerproblem entsteht bei anderen Theorien nicht im gleichen Maße. Das Problem besteht nicht darin, dass Menschen sich unter Umständen nicht an Regeln halten, sondern darin, dass man auf Basis von Hobbes' Theorie keine Handhabe hat, zu erklären, warum sie sich in diesen besonderen Fällen daran halten sollten. Bei einer Theorie wie der von Kant gibt es dieses Problem nicht. Wir sind an den Kategorischen Imperativ auch dann gebunden, wenn die entsprechende Handlung unserem Eigeninteresse zuwider laufen würde, und auch dann, wenn ein Fehlverhalten nicht auffallen würde.

Man kann versuchen, dieses Problem auf unterschiedlichem Weg zu lösen. Erstens kann man die Kontrollmechanismen effektiver gestalten, so dass die Wahrscheinlichkeit, dass eine Gesetzesübertretung unbemerkt bleibt, geringer wird. Natürlich wird man keine hundertprozentige Kontrolle etablieren können. Ein aus absoluter Kontrolle resultierender Überwachungsstaat wäre auch kaum wünschenswert. Steigt aber die Wahrscheinlichkeit, dass ein Vergehen erkannt und auch geahndet wird, hat dies abschreckende Wirkung. Eine andere Möglichkeit, die mit der Erhöhung der Kontrollen einhergeht, besteht in der Verschärfung der Strafen. Selbst wenn es im Einzelfall nicht wahrscheinlich ist, dass das Vergehen erkannt wird, mag eine extrem hohe Strafe, wenn es dennoch ans Licht käme, ebenfalls abschrecken.

Jedoch sind nicht alle Bereiche menschlichen Lebens effektiv kontrollierbar, und dementsprechend kann Fehlverhalten überhaupt nicht geahndet werden. Denken wir beispielsweise an den Internet-Handel. Hier gibt es ein florierendes kriminelles oder beinahe kriminelles Geschäft. Waren, die bestellt werden, werden nicht geliefert, die Beträge jedoch abgebucht; Geschäftsbedingungen werden kurzfristig falsch angezeigt, so dass teure Abos verkauft werden, usw. Man mag denken, dass die betreffenden Firmen sich letztendlich selbst schaden, da sie durch dieses Verhalten keine langfristigen Kundenbindungen aufbauen. Jedoch scheinen viele dieser Firmen an keinen langfristigen Geschäftsbeziehungen interessiert zu sein, geht es ihnen doch nur um einen kurzfristigen Gewinn. Sobald sich ihr »Geschäftsmodell« nicht mehr rentiert, verschwinden diese Firmen. Da sie aber über das

Kontrolle und Strafe als Lösungsstrategie des Trittbrettfahrerproblems

Kritik am Lösungsvorschlag

Internet agieren, fällt es besonders schwer, sie strafrechtlich zu belangen. Das Medium Internet vereinfacht es den Betreibern, anonym zu bleiben, und demnach ist eine Strafverfolgung (fast) unmöglich.

Aber selbst wenn man von der Problematik absieht, dass Kontrollen nicht immer durchführbar sind, kann man durch engmaschigere Kontrollen und/oder strengerer Strafen das Trittbrettfahrerproblem nicht vollkommen beheben. Manchmal mag es gerade den Reiz auszumachen, dass man mit seinem Fehlverhalten entdeckt werden könnte. Mancher mag diese Art von Nervenkitzel und genießt ein Überlegenheitsgefühl, wenn er unentdeckt blieb. Auch müssen extreme Strafen keine ausreichende Abschreckung sein, wie die Todesstrafe zeigt: Eine extremere Strafe mag es nicht geben, und dennoch werden in Ländern, in denen die Todesstrafe ausgeführt wird, immer noch unverändert Verbrechen begangen, die mit ihr geahndet werden. Eine Erklärung hierfür mag sein, dass viele mit der Todesstrafe geahndete Straftaten impulsiv und ungeplant ausgeführt werden.

Grenzen der Lösbarkeit des Trittbrettfahrerproblems

In der Psychologie geht man davon aus, dass Menschen altruistisch handeln können, auch wenn umstritten ist, ob in diesen Fällen nicht immer auch ein Funken Eigeninteresse mitschwingt. Sicher unterscheiden sich Menschen aber darin, inwieweit sie sich von rein egoistischen oder von altruistischen Motiven antreiben lassen. Es mag Menschen geben, die meistens nur aus Eigeninteresse heraus handeln. Von Hobbes kann man nun Anregungen übernehmen, wie man mit Menschen umgeht, die hauptsächlich aus egoistischen Motiven heraus handeln. Es ist wichtig, ihnen klare Grenzen aufzuzeigen und Regeln vorzugeben. Auch wenn es schön und oftmals der Kreativität und Innovationskraft zuträglich ist, offene Arbeitsumfelder zu schaffen, kann es für bestimmte Bereiche und Mitarbeiter notwendig sein, ihnen ein klar umgrenztes Arbeitsfeld, in welchem Fehlverhalten auch mit Sanktionen verbunden ist, aufzuzeigen. In solch einem Arbeitsumfeld sollte Fehlverhalten dementsprechend geahndet und sanktioniert werden. Nun wurde darauf hingewiesen, dass Kontrollen und damit verbundene Sanktionen nicht immer anwendbar und erfolgversprechend sind. Daher ist es realistisch, anzunehmen, dass man mit diesen Maßnahmen rein egoistisch motivierte Menschen nicht immer zu regelkonformem Handeln, das ihren eigenen Interessen widerspricht, bewegen kann. Nichtsdestotrotz bietet es eine Möglichkeit, wie man entsprechendes Verhalten doch begünstigen kann.

10.2.2 Die Notwendigkeit von klaren Grenzen

Klare Regeln sind notwendig.

Dies führt zum nächsten Aspekt: Von Hobbes können wir lernen, wie wichtig und notwendig klare Regeln und Grenzen sind. Eine vollkommen unregulierte Struktur funktioniert meist nicht. Sobald mehrere Menschen miteinander interagieren, sind Regeln notwendig. Diese sollten so gestaltet sein, dass alle Beteiligten ihnen prinzipiell zustimmen könnten.

Diese Erkenntnis von Hobbes sieht man in der Realität häufig bestätigt. Die Finanzkrise, die im Jahre 2008 begann, kann man unter anderem so interpretieren, dass eine fehlende Regulation der Finanzmärkte dazu beigetragen hat, dass es zu ihr kam. Sicher überspitzt formuliert kann man im Sinne Hobbes' kritisieren, dass der Kapitalmarkt häufig einer Art Naturzustand gleicht. Es fehlen klare und ausreichende Regeln, und wenn es sie gibt, dann fehlt ein effektives Überwachungssystem. Diese Schwachstellen können ausgenutzt werden, um den eigenen Profit zu maximieren.

Diesen Gedanken kann man auf Firmen übertragen. Natürlich können Führungskräfte und ihre Mitarbeiter über viele Regeln nicht selbst entscheiden. Viele Regeln sind beispielsweise gesetzlich vorgegeben. Dennoch gibt es auch in Unternehmen Gestaltungsspielräume. So können sich einzelne Abteilungen ihre eigenen Regeln aufstellen, die beispielsweise den Arbeitsethos betreffen. Die Aufgabe einer guten Führungskraft besteht darin, diesen Prozess anzustoßen und anzuleiten. Eine Führungskraft kann Vorschläge für solche Regeln erarbeiten und ihrer Arbeitsgruppe zur Diskussion vorlegen, oder aber sie kann einen Prozess mit der Gruppe moderieren, in welchem solche Regeln diskutiert und festgelegt werden.

10.2.3 Führungskräfte als Schiedsrichter

Eine Besonderheit der Hobbesschen Vertragstheorie ist, dass die Menschen untereinander einen Vertrag zugunsten eines Dritten, nämlich des Staatsoberhauptes, abschließen. Ein solches Staatsoberhaupt steht außerhalb des Vertragsrahmens und ist nicht vertraglich gebunden. Der Hintergedanke dabei ist, dass man eine Gewalt benötigt, die unabhängig und unparteiisch über die Einhaltung der Regeln wacht, also eine Art Schiedsrichter. Unabhängig von der Frage, ob das Staatsoberhaupt tatsächlich vertraglich nicht gebunden sein sollte, ist doch der Gedanke des Schiedsrichters wichtig. Häufig sollte eine gute Führungskraft eine ähnliche Rolle einnehmen.

Schiedsrichterrolle von Führungskräften

Beispiel: Regeln einer Schulklasse
Denken wir an ein Beispiel aus dem Schulalltag: Eine Klasse beschließt zu Beginn eines Schuljahres einen Verhaltenskodex. Die Kinder diskutieren unter Anleitung des Lehrers darüber, welche Regeln gelten sollen, und stellen Gebote auf wie »Lasse deinen Klassenkameraden oder deine Klassenkameradin ausreden« oder »Ich melde mich, ehe ich etwas zum Unterricht beitrage«. Diese Regeln pinnen sie an die Wand. Es wäre erfreulich, würde dies genügen, damit die Regeln eingehalten werden, wenn die Kinder sich untereinander selbst regulieren würden. Wahrscheinlicher ist jedoch, dass der Lehrer darauf achten muss, dass die Regeln eingehalten werden, und Verstöße ahnden muss. Nur dann gibt er jedem in der Klasse die Sicherheit, nicht in eine

benachteiligte Situation zu kommen, wenn er sich an die Regeln hält, also beispielsweise kein Gehör zu finden, wenn er sich erst meldet und dann redet. Wichtig für die allgemeine Akzeptanz der Regeln ist, dass der Lehrer den Kindern diese nicht diktiert hat, sondern sie sich selbst auf diese geeinigt haben.

Eine Führungskraft sollte auch als Schiedsrichter angerufen werden können. Denken wir wieder an die Schulsituation! Ein Lehrer sollte solch eine Vertrauensperson sein, dass Schüler ihn in Konfliktfällen konsultieren können und er den Streit schlichtet. Auch wenn der Lehrer seine Schüler sehr aufmerksam beobachtet, wird er manchen Konflikt übersehen und somit kann er dann auch nicht regelnd eingreifen. Wenn die Schüler ihn aber auch in solchen Fällen um Hilfe bitten können, haben sie die Sicherheit, dass der Lehrer sie auch dann unterstützt, wenn er den Konfliktfall selbst nicht mitbekommen hat.

Zusammenfassung: Hobbessche Führungskraft

Zusammenfassend kann man als Führungskraft von Hobbes lernen, dass klare Regeln wichtig sind und man als Führungskraft die Aufgabe hat, deren Einhaltung sicher zu stellen. Im Idealfall sollte man eine Schiedsrichterposition einnehmen.

10.3 Ein kleines Lexikon der Hobbesschen Vertragstheorie

▪ Gefangenendilemma

Das Gefangenendilemma ist ein spieltheoretisches Gedankenexperiment: Zwei Gefangene werden des Bankraubs verdächtigt, ohne dass man ihnen den Raub definitiv nachweisen kann. Ohne dass sie miteinander kommunizieren können, werden sie vor folgende Wahl gestellt:

Wenn beide schweigen, werden sie zu einem Jahr Haft verurteilt. Wenn der Eine den Raub und die Beteiligung des Anderen gesteht, während dieser schweigt, bekommt der, der nichts sagt, 20 Jahre Haft, und der Geständige kommt frei. Gestehen beide, kommen beide für fünf Jahre ins Gefängnis.

Für den Einzelnen wäre es am besten, er würde reden und der Andere schweigen, weshalb wahrscheinlich beide reden werden, um der Höchststrafe zu entgehen. Die kooperative Strategie (beide schweigen) wäre die zweitbeste. Diese Wahl kann allerdings nur bei beidseitigem Vertrauen zum Erfolg führen.

▪ Gesellschaftsvertrag

Der Gesellschaftsvertrag ist ein Vertrag, den eine Gruppe von Menschen freiwillig untereinander zugunsten eines Dritten – dies kann eine einzelne Person oder eine Gruppe von Personen sein – abschließt, um diesem ihre Kräfte übertragen. Dadurch entsteht ein Staat, der alle Vertragsteilnehmer umfasst, und ein Staatsoberhaupt, nämlich derjenige, dem die Gewalt zugesprochen wurde. Wortlaut des Gesellschaftsvertrages bei Hobbes ist:

>> Ich übergebe mein Recht, mich selbst zu beherrschen, diesem Menschen oder dieser Gesellschaft unter der Bedingung, dass du ebenfalls dein Recht über ihn oder ihr abtrittst (Hobbes 1970, S. 155). «

- **Leviathan**

Der Staat wird bei Hobbes als Leviathan oder sterblicher Gott bezeichnet. Er definiert ihn wie folgt:

>> Staat ist eine Person, deren Handlungen eine große Menge Menschenkraft der gegenseitigen Verträge eines jeden mit einem jeden als ihre eigenen ansehen, auf dass diese nach ihrem Gutdünken die Macht aller zum Frieden und zur gemeinschaftlichen Verteidigung anwende (Hobbes 1970, S. 155 f.). «

- **Natürliche Gesetze**

Die natürlichen Gesetze ergeben sich aus vernünftigen Überlegungen, unter welchen Voraussetzungen ein Zusammenleben von Menschen funktioniert, so dass dem Einzelnen unter der Voraussetzung, dass er in einer Gemeinschaft lebt, das bestmögliche Leben ermöglicht wird. Hobbes listet 19 natürliche Gesetze auf (▶ Kap. 10.4 »Anhang: Übersicht Natürliche Gesetze«).

- **Naturrecht**

Das Naturrecht beinhaltet das Recht, das eigene Leben zu verteidigen:

>> Jeder ist befugt, sich durch Mittel und Wege aller Art selbst zu verteidigen (Hobbes 1970, S. 119). «

Dieses Recht ist unveräußerbar, d.h. man kann es nicht freiwillig abgeben, noch kann es einem abgesprochen werden.

- **Psychologischer Egoismus**

Der psychologische Egoismus geht davon aus, dass das einzige Handlungsmotiv des Menschen Eigeninteresse ist und sein kann.

- **Vorschrift der Vernunft**

Die Vorschrift der Vernunft lautet:

>> Suche Frieden, solange nur die Hoffnung darauf besteht; verschwindet diese, so schaffe dir von allen Seiten Hilfe und nutze sie; dies steht dir frei (Hobbes 1970, S.119). «

10.4   Anhang: Übersicht Natürliche Gesetze

- »Suche Frieden und jage ihm nach (Hobbes 1970, S. 119).«
- »Sobald seine Ruhe und Selbsterhaltung gesichert ist, muss auch jeder von seinem Rechte aus alles – vorausgesetzt, dass andere dazu auch bereit sind – abzugehen und mit der Freiheit zufrieden sein, die er den übrigen eingeräumt wissen will (Hobbes 1970, S. 119).«
- »Vertragliche Abkommen müssen erfüllt werden (Hobbes 1970, S. 129).«
- »Wer eine Wohltat unverdient empfängt, muss danach streben, dass der Wohltäter sich nicht genötigt sehe, seine erwiesene Wohltat zu bereuen (Hobbes 1970, S. 135).«
- »Jeder werde dem anderen nützlich (Hobbes 1970, S. 135 f.).«
- »Jeder muss Beleidigungen vergeben, sobald der Beleidiger reuevoll darum bittet und er selbst für die Zukunft sicher ist (Hobbes 1970, S. 136).«
- »Bei jeder Rüge muss auf die Größe nicht des vorhergegangenen Übels, sondern des zu erhoffenden Guten Rücksicht genommen werden (Hobbes 1970, S. 136 f.).«
- »Niemand darf durch Tat, Wort, Miene oder Gebärde Verachtung oder Hass gegen jemanden zeigen (Hobbes 1970, S. 137).«
- »Alle Menschen sind von Natur untereinander gleich (Hobbes 1970, S. 138).«
- »Bei einem Friedensschluss darf niemand ein Recht für sich verlangen, welches er dem anderen nicht zugestehen will (Hobbes 1970, S. 138).«
- »So muss er [...] unparteiisch sein (Hobbes 1970, S. 138).«
- »Alles Unteilbare muss gemeinschaftlich genutzt werden, und zwar, wenn es an sich möglich ist und die Größe es erlaubt, ohne alle Einschränkungen; sonst aber muss dabei auf die Anzahl der Teilnehmer und das Verhältnis Rücksicht genommen werden (Hobbes 1970, S. 138).«
- »Jedes alleinige Recht oder – wenn das Recht des Gebrauchs unter mehreren wechseln soll – der erste Besitz desselben muss durch das Los bestimmt werden (Hobbes 1970, S. 139).«
- »Alles, was weder geteilt noch gemeinschaftlich benutzt werden kann, fällt [...] entweder dem ersten Besitzer oder dem Erstgeborenen durch das natürliche Los zu (Hobbes 1970, S. 139).«
- »Friedensvermittler müssen sicher kommen und gehen dürfen (Hobbes 1970, S. 139).«
- »[...] sich den Urteilsspruch des Richters gefallen zu lassen (Hobbes 1970, S. 139).«
- »Es kann keiner in seiner eigenen Sache Richter sein (Hobbes 1970, S. 139).«
- »Der kann nicht als Richter genommen werden, welcher aus dem Siege der einen Partei Vorteil, Ehre oder sonst etwas Erwünschtes für sich erwarten kann (Hobbes 1970, S. 139).«
- »Jeder Streit muss über eine Sache durch Zeugenaussage entschieden werde (Hobbes 1970, S. 140).«

Der Gesellschaftsvertrag

Jean-Jacques Rousseau

11

» Gemeinsam stellen wir alle, jeder von uns seine Person und seine ganze Kraft unter die oberste Richtschnurr des Gemeinwillens, und wir nehmen, als Körper, jedes Glied als untrennbaren Teil des Ganzen auf (Rousseau 1977, S. 18). «

11.1 Darstellung des Gesellschaftsvertrages Rousseaus

Jean-Jacques Rousseau ist einer der einflussreichsten Denker der europäischen Geschichte, und seine politische Philosophie ist untrennbar mit der französischen Revolution verbunden. Er geht davon aus, alle Menschen seien von Natur aus gleichermaßen frei. Ebenso liege es in der Natur des Menschen, zum eigenen Wohl zu handeln, aber auch Mitleid für andere zu empfinden, wodurch ein natürliches Gleichgewicht beider Handlungsmotive geschaffen ist. Die Kernfrage seiner politischen Philosophie ist, wie Menschen sich politisch vereinigen können, ohne dass der Einzelne seine Freiheit verliert. Die Antwort liefert der sog. Gesellschaftsvertrag. Die Grundidee ist, dass alle Menschen, die sich zu einer Gesellschaft zusammenschließen wollen, miteinander freiwillig einen Vertrag schließen, in dem sie ihre persönlichen Kräfte unter die Richtschnur des Gemeinwillens stellen, welcher auf das Gemeinwohl abzielt. Da jeder einzelne Vertragspartner ist, wird niemand unfreiwillig unterworfen. Die Gemeinschaft der Vertragschließenden ist der Souverän, d.h. derjenige, der sagt, was gewollt wird und was nicht, was wiederum im Gemeinwillen zum Ausdruck kommt. Die Regierung, welcher Form sie auch sein mag, hat nur zum Zweck den Gemeinwillen umzusetzen. Ihr steht es nicht zu, andere zu unterdrücken, da dadurch der Gemeinwille verletzt würde. Es käme zu einem Vertragsbruch, wodurch der Gesellschaftsvertrag aufgehoben wird. Der Gesellschaftsvertrag stellt also die Möglichkeit dar, wie sich Menschen gesellschaftlich vereinen können, ohne ihre natürliche Freiheit zu verlieren.

Jean-Jacques Rousseaus Leben

11.1.1 Biographische Notizen

Jean-Jacques Rousseaus Leben

Jean-Jacques Rousseaus (☐ Abb. 11.1) Werk kann als Beweis dafür angesehen werden, dass philosophische Schriften reale Auswirkungen von enormem Ausmaß haben können, gilt er doch als der geistige Vordenker der französischen Revolution. Sein *Gesellschaftsvertrag* ist eines der einflussreichsten Werke jener Zeit. Als sichtbares Zeichen dieser Verbindung wurden seine sterblichen Überreste am 11. Oktober 1784 von den Revolutionären in das Panthéon überführt, wo sie heute noch liegen.

☐ **Abb. 11.1** Jean-Jacques Rousseau, © INTERFOTO / Mary Evans

Geboren wurde Rousseau am 28. Juni 1712 in Genf. Nach dem frühen Tod seiner Mutter und der Flucht seines Vaters aus Genf – dieser hatte einen Offizier bei einer Auseinandersetzung verletzt, weshalb ihm eine Gefängnisstrafe drohte –, wurde er in die Obhut seines Onkels gegeben. Als er 16 war, fand er eines Tages die Stadttore bereits verschlossen vor und begab sich spontan auf Wanderschaft. Dies war der Beginn eines unsteten Lebens, das ihn durch ganz Frankreich und nach Italien führen sollte.

In den ersten Jahren seiner Wanderschaft war Madame de Warens ein Fixpunkt in seinem Leben. Sie unterstützte ihn finanziell, beeinflusste seine intellektuelle Entwicklung und war seine Liebhaberin. Während dieser Zeit entdeckte Rousseau seine Liebe für die Musik, begann sich hauptsächlich autodidaktisch weiterzubilden und arbeitete bald als Musiklehrer.

1742 verließ er Madame de Warens, zog nach Paris und versuchte sich dort als Komponist. Nach einer kurzen Zeit in Venedig kehrte er nach Paris zurück, wo er Thérèse Levasseur, eine ungebildete Magd, kennenlernte. Nach mehrjähriger wilder Ehe heiratete er sie 1768 schließlich. Das Paar hatte insgesamt fünf Kinder, die sie aber – angeblich wegen ihrer finanziellen Lage – in Findelhäuser brachten. Hierfür wurde Rousseau, der vor allen Dingen durch sein pädagogisches Werk *Émile* bekannt wurde, schon von Zeitgenossen hart kritisiert.

Die Jahre zwischen 1752 und 1762 bildeten die produktivste Phase für Rousseaus Schaffen. Er arbeitete als Literat, Komponist und nicht zuletzt als Philosoph. Seine undogmatische Haltung zur Religion brachte ihm 1762 eine Haftstrafe ein, woraufhin Rousseau fliehen musste und erst 1770 nach Paris zurückkehrte. In den dazwischenliegenden Jahren entwickelte er eine psychische Störung, die sich durch Depressionen, Verfolgungswahn und Angstzustände äußerte.

Die letzte Station in Rousseaus Leben war Ermenoville, wo er als Hauslehrer arbeiten wollte. Kurz nach seiner Ankunft verstarb er am 2. Juli 1778. Er wurde auf der Pappelinsel des Schlosses beigesetzt, welche heute eine Art Wallfahrtsort ist (zur Biographie s. Nachwort zu Rousseau 1977).

Wenden wir uns Rousseaus wichtigsten literarischen und philosophischen Werken zu:

Discours sur les sciences et les arts (dt.: Abhandlung über die Wissenschaften und die Künste, 1749) Dieses Werk wird auch schlicht »erster Diskurs« genannt. Es beantwortet die Preisfrage der Académie von Dijon »Hat die Wiederherstellung der Wissenschaften und Künste dazu beigetragen, die Sitten zu reinigen?« und stellt Rousseaus Durchbruch in akademischer Hinsicht dar, da er den Wettbewerb gewann.

Rousseaus Schriften (Auswahl)

Seine These, dass die nach Luxus strebende europäische Gesellschaft ihre Sitten verliert, sorgte für lebhafte Diskussionen.

Discours sur l'origine et les fondements de l'inégalité parmi les hommes (dt.: Abhandlung über den Ursprung und die Grundlagen der Ungleichheit unter den Menschen, kurz: Abhandlung über die Ungleichheit; 1753, 1755) Mit seinem zweiten Diskurs nimmt Rousseau erneut an einem Preisausschreiben der Académie teil. Dieses Mal ist die Frage, was der Ursprung und die Grundlage der Ungleichheit unter den Menschen sei. Auch wenn er nicht gewinnt, ist das Werk heute eines seiner einflussreichsten und bildet die Grundlage für den späteren *Gesellschaftsvertrag*. Rousseau beschreibt die Natur des Menschen, indem er den Menschen (hypothetisch) in den sog. Naturzustand versetzt, wo der Mensch ohne jegliche Zivilisation lebt. Daran schließen sich die Überlegungen an, wie es dazu kam, dass die Menschen sich politisch vereinigten und den Weg für gesellschaftliche Ungleichheiten ebneten.

Julie ou la Nouvelle Héloïse (dt.: Julie oder die neue Heloise, 1761) *Julie* ist Rousseaus größter literarischer Erfolg. Der Briefroman, in dem die unglückliche Liebe zwischen dem bürgerlichen Hauslehrer Saint-Preux und der schweizerischen Adeligen Julie d'Étanges beschrieben wird, wurde durch seine gefühlvolle Darstellung begeistert aufgenommen und beeinflusste beispielsweise Goethes *Die Leiden des jungen Werthers*.

Émile (dt.: Emile oder über die Erziehung, 1762) *Émile* ist Rousseaus pädagogisches Hauptwerk. Die Frage ist, wie man Kinder erziehen soll, damit sie zum einen als Erwachsene in der Gesellschaft bestehen können, ohne persönlich zu leiden, und zum anderen in der Lage sind, den Gesellschaftsvertrag zu schließen.

Du contrat social ou principes du droit politique (dt.: Vom Gesellschaftsvertrag oder Prinzipien des Staatsrechtes, kurz: Gesellschaftsvertrag, 1762) Der *Gesellschaftsvertrag* ist das Hauptwerk Rousseaus. Die Grundfrage ist, wie es gelingen kann, dass Menschen sich zu einer politischen Gemeinschaft zusammenschließen können, ohne ihre eigene Freiheit aufzugeben. Die Antwort hierauf stellt der sog. Gesellschaftsvertrag dar.

Les Confessions (dt.: Die Bekenntnisse, 1782) Die *Bekenntnisse* sind Rousseaus autobiographisches Werk, welches posthum veröffentlicht wurde.

Im Folgenden soll Rousseaus politische Theorie dargestellt werden. Dabei wird der Fokus zum einen auf seine Vorstellung des Naturzustands und somit auf seine Auffassung der Natur des Menschen gelegt und zum anderen auf seine Lehre von dem Gesellschaftsvertrag.

11.1.2 Der Mensch im Naturzustand

Um Rousseaus politische Philosophie verstehen zu können, ist es ratsam, bei seiner Lehre von der Natur des Menschen anzusetzen oder, genauer gesagt, bei seiner Beschreibung des Naturzustandes der Menschen. Diese Überlegungen findet man in seiner *Abhandlung über die Ungleichheit,* deren Ausgangsfrage ist, was der Ursprung der Ungleichheit zwischen den Menschen sei.

Für Rousseau gibt es zwei Arten von Ungleichheit: zum einen die natürliche oder physische und zum anderen die gesellschaftliche oder politische Ungleichheit (s. Rousseau 1998, S. 31). Die natürliche Ungleichheit zeigt sich beispielsweise in der unterschiedlichen physischen Stärke der Menschen. Dies ist etwas, was uns von Natur aus zukommt und worüber wir keine weiteren Überlegungen anstellen müssen. Anders verhält es sich mit der gesellschaftlichen Ungleichheit. Diese äußert sich beispielsweise in den unterschiedlichen Privilegien der Menschen. Rousseaus Ausgangsfrage ist es, wie es zu solch einer politischen Ungleichheit kommen konnte und worin diese legitimiert wird.

zwei Arten von Ungleichheit

Durch folgendes Vorgehen will er der Antwort näherkommen. Betrachten wir den Menschen und abstrahieren all dasjenige, was mit dem gesellschaftlichen Zusammenleben und der politischen Ordnung zusammenhängt: Versuchen wir uns vorzustellen, wie der Mensch leben würde, gäbe es keine Zivilisation. Die Beschreibung des daraus resultierenden Zustandes ist die Beschreibung des Naturzustandes. In dieser Bezeichnung schwingt implizit die Annahme mit, dass der Mensch von Natur aus nicht in einer Gesellschaft lebt, sondern dass das politische Leben den Menschen von seiner Natur entfernt. Folgt man dieser Annahme, ist davon auszugehen, dass durch die Abstraktion aller zivilisatorischen Elemente, d.h. indem man sich den Naturzustand vorstellt, die eigentliche menschliche Natur erkennbar wird. Ehe wir uns nun überlegen, wie solch ein Naturzustand im Detail aussehen könnte, ist nochmals wichtig zu betonen: Man sollte nicht annehmen, es hätte den Naturzustand jemals gegeben. Es handelt sich lediglich um eine hypothetische Überlegung (▶ Kap. 9.1 »Einführung in die Grundgedanken der Vertragstheorie«).

der Mensch im Naturzustand

Wie beschreibt Rousseau den Menschen im Naturzustand? Er zeichnet folgendes Bild:

》Schließen wir daraus, dass der Wilde ohne Gewerbefleiß, ohne Sprache, ohne Wohnstätte, ohne Krieg und ohne jedes Bedürfnis nach seinen Mitmenschen sowie ohne jede Begierde diesen zu schaden, vielleicht sogar ohne jemals irgendeinen von ihnen einzeln wiederzuerkennen, in den Wäldern umherschweifend, dabei wenigen Leidenschaften unterworfen und sich selbst genügend, nur die Gefühle und Erkenntnisse hatte, die für diesen Zustand geeignet wäre; dass er nur seine wirklichen Bedürfnisse verspürte, nur das ansah, was zu sehen ihm von Interesse schien, und dass seine Intelligenz keine größeren Fortschritte machte als seine Eitelkeit. Wenn er zufällig eine Erfindung machte, vermochte er sie um so weniger mitzuteilen, als er nicht einmal seine Kinder kannte. Jede Kunstfertigkeit ging mit ihrem Erfinder unter. Es gab weder Erziehung noch Fortschritt; die Generationen folgten nutzlos aufeinander; und indem jede von demselben Punkt ausging, verflossen die Jahrhunderte in der ganzen Rohheit der ersten Zeiten; die Gattung war schon gealtert, doch der Mensch blieb immer noch Kind (Rousseau 1998, S. 69). **«**

Folgt man dieser Beschreibung, lebt der Mensch ohne Zivilisation, also ohne dauerhafte zwischenmenschliche Beziehungen in freier Wildbahn. Er ist wie ein Tier, vielleicht vielseitiger begabt, aber sein Verstand ist noch nicht ausgebildet. Da er allein lebt, braucht er keine Sprache zur Verständigung, und da er im Einklang mit der Natur lebt, benötigt er keine großen Kunstfertigkeiten, die er auch nicht an die nächste Generation weitergeben könnte. Es ist also ein recht selbstgenügsames Leben, welches der Mensch führt. Soweit zur Beschreibung der Situation, doch was lernen wir daraus? Was hilft uns der Naturzustand?

drei Lehren aus dem Naturzustand

Drei Lehren folgen aus dem Naturzustand (◼ Abb. 11.2). Erstens ist der Mensch von Natur aus weder gut noch böse. Thomas Hobbes – wie wir gesehen haben – ist bekannt für seine These, der Mensch sei von Natur aus »böse«. Rousseau hält diese gesamte Diskussion im gewissen Sinne für fehlplatziert:

» Es scheint zunächst, dass der Mensch in diesem Zustand, da sie untereinander keinerlei Art moralisch-gesellschaftlicher Beziehung oder bewusster Pflichten hatten, weder gut noch böse sein konnten und weder Laster noch Tugend hatten; […] (Rousseau 1998, S. 59). **«**

Im Naturzustand leben die Menschen ohne dauerhafte zwischenmenschliche Beziehungen. Unsere Beurteilung, etwas sei gut oder böse, setzt aber gerade bei solchen zwischenmenschlichen Kontakten an. Gibt es keine Gesellschaft, ist es sinnlos, von gut oder böse zu sprechen. Hier erkennt man eine starke philosophische These: Moral entsteht erst in und mit einer Gesellschaft, und es gibt sie nicht von Natur aus.

Die zweite wichtige Erkenntnis ist, welche Handlungsmotive wir dem Menschen von Natur aus zuschreiben können. Man kann dem Menschen nach Rousseau zwei grundlegende Handlungsmotive zuschreiben. Das erste Handlungsmotiv mag wenig überraschen: Der Mensch ist auf sein eigenes Wohlbefinden und seine Selbsterhaltung bedacht. Man kann dies als egoistisches Handlungsmotiv beschreiben. Dass der Mensch aus dieser Motivation heraus handelt, scheint unbestritten. Viele gehen sogar davon aus, dass dies die einzige Motivation ist, die den Menschen antreibt. Dies verneint Rousseau aber vehement. Er schreibt dem Menschen ein zweites Handlungsmotiv zu: das Handeln aus Mitleid. Der Mensch habe einen natürlichen

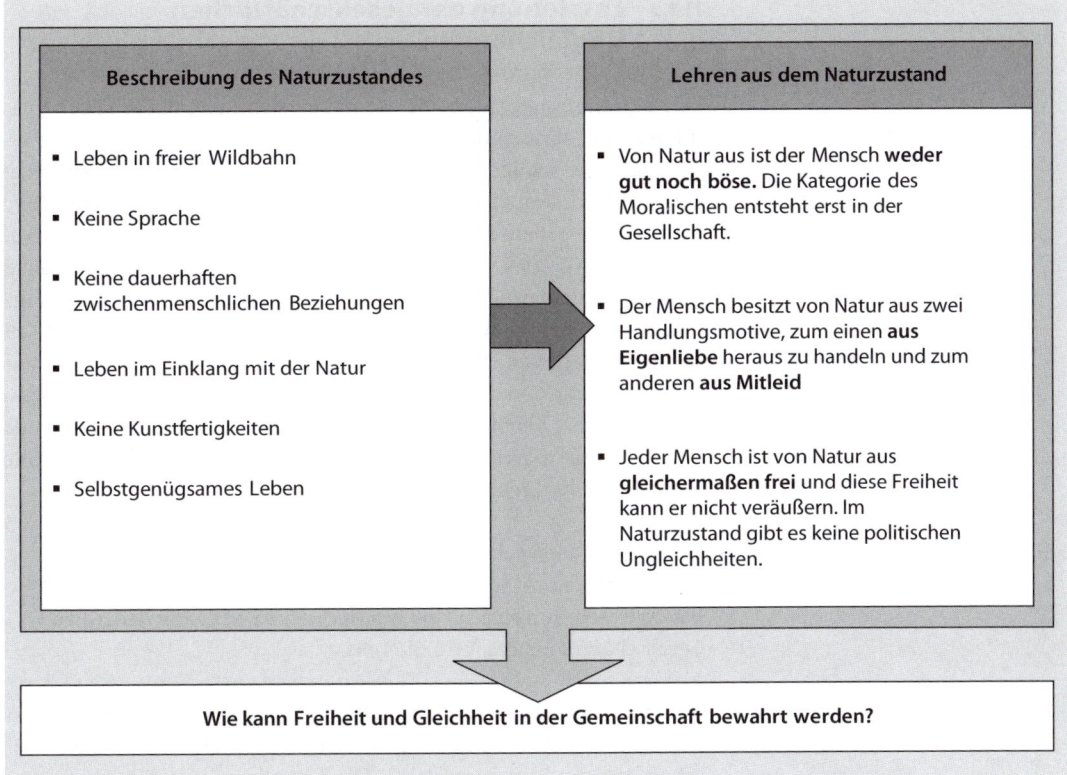

Beschreibung des Naturzustandes

- Leben in freier Wildbahn

- Keine Sprache

- Keine dauerhaften zwischenmenschlichen Beziehungen

- Leben im Einklang mit der Natur

- Keine Kunstfertigkeiten

- Selbstgenügsames Leben

Lehren aus dem Naturzustand

- Von Natur aus ist der Mensch **weder gut noch böse.** Die Kategorie des Moralischen entsteht erst in der Gesellschaft.

- Der Mensch besitzt von Natur aus zwei Handlungsmotive, zum einen **aus Eigenliebe** heraus zu handeln und zum anderen **aus Mitleid**

- Jeder Mensch ist von Natur aus **gleichermaßen frei** und diese Freiheit kann er nicht veräußern. Im Naturzustand gibt es keine politischen Ungleichheiten.

Wie kann Freiheit und Gleichheit in der Gemeinschaft bewahrt werden?

◻ **Abb. 11.2** Der Mensch im Naturzustand bei Rousseau

Widerwillen, andere fühlende Wesen leiden oder sterben zu sehen. Das Mitleid spielt im Naturzustand eine besondere Rolle:

» Das Mitleid veranlasst uns, ohne zu überlegen demjenigen Hilfe zu leisten, den wir leiden sehen; es vertritt im Naturzustand die Stelle der Gesetze, der Sitten und der Tugend, […] (Rousseau 1998, S. 64). **«**

Auch wenn Moral im Naturzustand nicht existiert, bringt das Mitleid die Menschen dazu, so zu handeln, wie wir aus unserer zivilisierten Perspektive heraus moralisches Handeln beschreiben würden.

Eine dritte grundlegende Erkenntnis des Naturzustandes ist, dass in diesem Zustand alle Menschen gleichermaßen frei und gleich sind. Im Naturzustand gibt es keine Gewalten, die die individuellen Freiheiten des Menschen einschränken könnten, und abgesehen von natürlichen Ungleichheiten gibt es keine politischen Ungleichheiten, da es eben noch keine Gesellschaft gibt. Die entscheidende Frage für Rousseau ist, wie das Leben in einer Gemeinschaft mit der individuellen Freiheit vereinbar ist.

11.1.3 Entstehung der gesellschaftlichen Ungleichheiten

Wie kommt es aber, dass die Menschen sich nicht dauerhaft im Naturzustand befinden, sondern sich zu einem gesellschaftlichen Gebilde zusammenschließen? In seiner *Abhandlung über die Ungleichheit* zeichnet Rousseau folgendes Bild (s. Rousseau 1998, Teil 2; ◘ Abb. 11.3): Schrittweise gaben die Menschen ihr vollkommen isoliertes Leben auf und gewöhnten sich an die Gesellschaft der Anderen, vor allen Dingen an ihr familiäres Leben. Sie begannen eine Sprache zu entwickeln, sesshaft zu werden und Ackerbau zu betreiben. Mit der Zeit spezialisierten sie sich in ihrer Arbeit immer weiter, wodurch es zur Arbeitsteilung kam. Durch all dies verloren die Menschen ihre Unabhängigkeit. Sie benötigten die Hilfe des Anderen. Der entscheidende Schritt auf dem Weg zur Vergesellschaftung der Menschen stellt die Entstehung des Eigentums dar:

Reichtum und Armut

» Der erste, der ein Stück Land eingezäunt hatte und auf den Gedanken kam, zu sagen »Das ist mein« und der Leute fand, die einfältig genug waren, ihm zu glauben, war der wahre Begründer der zivilen Gesellschaft (Rousseau 1998, S. 74). «

Indem Eigentum geschaffen wurde, war die Möglichkeit gegeben, dass der Eine mehr besitzen konnte als der Andere: Der Unterschied zwischen arm und reich entstand. Die Entstehung des Eigentums war auch dafür verantwortlich, dass Begriffe wie Gerechtigkeit aufkamen. In der Phase der Entstehung der Gesellschaft konnte zwar jemand ein Eigentum für sich beanspruchen, doch war es äußerst schwierig, dieses dauerhaft zu halten, da andere es ihm streitig machten. Einem Reichen, so Rousseau, kam schließlich der Gedanke, dass man die Angreifer doch am besten bändigen könnte, wenn man sie dazu brächte, sein eigenes Eigentum zu verteidigen, anstelle es anzugreifen. Er schlug eine Vereinigung vor, angeblich um die Schwachen zu schützen und das Zusammenleben zu regeln, welcher alle zustimmten:

» So war, oder so muss der Ursprung der Gesellschaft und der Gesetze gewesen sein, die dem Schwachen neue Fesseln anlegten und dem Reichen neue Kräfte gaben, die unwiederbringlich die natürliche Freiheit zerstörten, das Gesetz des Eigentums und der Ungleichheit für immer festlegten, aus einer geschickten Usurpation ein unwiderrufliches Recht machten und für den Gewinn einiger Ehrgeiziger fortan das gesamte Menschengeschlecht der Arbeit, der Knechtschaft und dem Elend unterwarfen (Rousseau 1998, S. 93). «

Macht und Schwäche

Nachdem das Eigentumsrecht eingeführt wurde, entsteht für Rousseau in einem zweiten Schritt das sog. Magistratenamt, d.h. es bildet sich eine politische Führungsmannschaft. Nun gibt es Schwache und Mächtige.

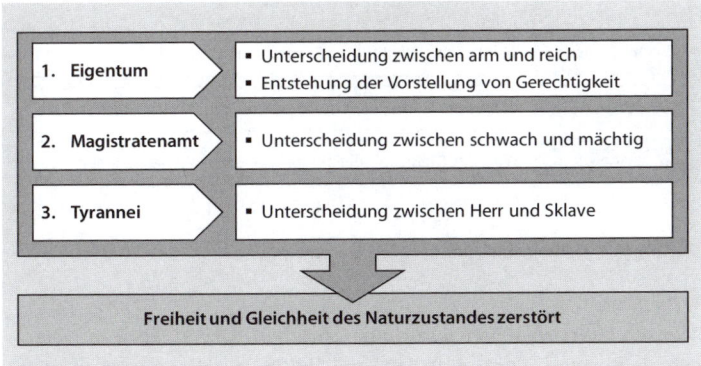

☐ **Abb. 11.3** Entstehung der Ungleichheiten

In einem dritten Schritt entwickelt sich die politische Ordnung hin zu einer Tyrannei, und der Unterschied zwischen Herr und Sklave wird eingeführt. Dies führt, so Rousseau, dazu, dass die Kategorien zwischen gut und böse wieder aufgehoben werden, da die politische Ordnung zerstört wird.

Herr und Sklave

11.1.4 Der Gesellschaftsvertrag

Diese Beschreibung der Entwicklung der zivilen Gesellschaft findet sich in der *Abhandlung über die Ungleichheit*. Für Rousseau entspricht das Beschriebene nicht dem Idealzustand. So stellt er zu Beginn seines *Gesellschaftsvertrages* ernüchtert fest:

» Der Mensch ist frei geboren und überall liegt er in Ketten (Rousseau 1977, S. 5). **«**

Die philosophisch interessante Frage ist, wie eine Gesellschaft beschaffen sein *müsste*, damit sie für alle Menschen wünschenswerter wäre. Für Rousseau ist der Gesellschaftsvertrag die Lösung für die Frage, wie man das Zusammenleben der Menschen gestalten soll. Wie kann es gelingen, dass der Einzelne seine Freiheit nicht verliert und sich dennoch mit anderen Menschen zusammentut, um sich somit gemeinsam zu verteidigen?

Wie kann die Freiheit bewahrt werden?

Mit dem Gesellschaftsvertrag schließen alle Menschen miteinander einen Vertrag, indem sie vereinbaren, dass jeder Einzelne seine gesamte Kraft zum Wohle der Gemeinschaft einsetzt und die Gesellschaft schützt. Jeder Einzelne stimmt diesem Vertrag aus freiem Willen zu. Wenn zum Wohle aller gehandelt wird, dann geschieht das in seinem Interesse, denn er selbst hat dem Vertrag zugestimmt. So gesehen kann er frei bleiben, da er sich nur denjenigen Gesetzen unterwirft, die er selbst durch seinen Vertragsschluss gewollt hat. Wenn der Vertrag verletzt wird, dann wird er ungültig, und jeder einzelne

Gesellschaftsvertrag

Gemeinwille	Zielt auf das Wohl für die Gemeinschaft ab.
Sonderwille	Wille einer Partei, die auf ihr eigenes Wohl bedacht ist.
Gesamtwille	Wille der Mehrzahl, die auf ihr eigenes Wohl bedacht sind.

◻ **Abb. 11.4** Gemeinwille, Sonderwille, Gesamtwille

Mensch kehrt zu seiner natürlichen Freiheit zurück. Hat der Vertrag jedoch Bestand, dann gibt der Einzelne zwar seine natürliche Freiheit auf, gewinnt jedoch die bürgerliche Freiheit. Ja, indem er dem Gesellschaftsvertrag zustimmt, wird er zum Bürger eines Volkes. Der Wortlaut des Gesellschaftsvertrages ist:

» Gemeinsam stellen wir alle, jeder von uns seine Person und seine ganze Kraft unter die oberste Richtschnur des Gemeinwillens, und wir nehmen, als Körper, jedes Glied als untrennbaren Teil des Ganzen auf (Rousseau 1977, S. 18). «

11.1.5 Gemeinwille versus Sonderwille

Gemeinwille, Sonderwille, Gesamtwille

Die Frage, die automatisch aufkommt, wenn man diese Formulierung liest, ist, was man unter dem Gemeinwillen (»volonté générale«) zu verstehen hat und wie man ihn erkennt. Rousseau unterscheidet den Gemeinwillen von dem Sonderwillen und dem Gesamtwillen (◻ Abb. 11.4).

Der Gemeinwille hat das öffentliche Wohl, d.h. das Wohlergehen der Gemeinschaft, zum Ziel. Rousseau beschreibt ihn als:

» […] einen einzigen Willen, der auf die gemeinsame Erhaltung und das allgemeine Wohlergehen abzielt (Rousseau 1977, S. 112). «

Er kann sich dabei von den sog. Sonderwillen, d.h. den Absichten der einzelnen Bürger, unterscheiden. Es kann beispielsweise im Sinne des Gemeinwillens sein, dass Steuern gezahlt werden, auch wenn dies meinem persönlichen Sonderwillen widerspricht. Auch muss der Gemeinwille nicht gleichzusetzen sein mit dem sog. Gesamtwillen, dass heißt der Absicht, die die Mehrzahl der Menschen favorisiert. Denken wir hierzu beispielsweise an eine Gesellschaft, in der es eine Minderheit gibt. Die Mehrheit der Menschen ist gegen eine Aktion, die der Minderheit zugute kommen würde. Es ist aber im Sinne des Gemeinwohls, dass diese Aktion geschieht.

Erkennen des Gemeinwillens

Der Gemeinwille zielt also auf das Gemeinwohl ab. Doch wie kann man diesen Gemeinwillen erkennen? Rousseau verweist hier auf einen grunddemokratischen Gedanken, nämlich den der Abstimmung

(s. Rousseau 1977, S. 114). Um den Gemeinwillen zu erkennen, muss man über den Gemeinwillen abstimmen. Dabei ist es wichtig, dass die Wähler sich bewusst sind, dass es sich um die Frage nach dem Gemeinwillen und nicht nach ihrem persönlichen Sonderwillen handelt. So gesehen ist es ein recht anspruchsvolles Konzept, welches Rousseau erarbeitet. Wichtig hierbei ist: Er geht nicht davon aus, dass diese Abstimmungen immer zum richtigen Ergebnis führen, jedoch dass es prinzipiell möglich ist, dass man den Gemeinwillen über Abstimmungen erkennt. Um zu einer Entscheidung zu kommen, reicht für ihn dann die Mehrheitsentscheidung aus, auch wenn im Grunde Einstimmigkeit herrschen müsste, nämlich wenn alle Menschen tatsächlich im Sinne des Gemeinwohls entscheiden würden.

11.1.6 Souverän und Regierung

Der Gedanke des Gemeinwillens und der Wahlen bringt uns zu dem nächsten wichtigen Punkt, dem Souverän. Indem die Menschen miteinander den Gesellschaftsvertrag abschließen, entsteht das Volk, dessen Bürger sie sind. Dieses Volk ist zugleich der Souverän, d.h. derjenige, der die Gewalt in sich vereint, denn der Gemeinwille ist der Wille des Volkes oder des Souveräns. So gesehen befindet sich jede Person in einer gewissen Doppelposition. Zum einen ist sie eine Privatperson mit einem Sonderwillen. Zum anderen ist sie durch ihre Zustimmung zum Gesellschaftsvertrag Teil des Souveräns geworden und somit ist der Gemeinwille auch ihr eigener Wille.

Das Volk ist der Souverän.

Welche Rolle spielt nun die Regierung in diesem Modell (s. Rousseau 1977, S. 61 ff.)? Zunächst ist es wichtig, festzuhalten, dass die Regierung nicht mit dem Souverän zusammenfällt. Rousseau veranschaulicht die Rolle der Regierung anhand des Bildes einer Handlung. Ist eine Handlung frei, gibt es zwei Ursachen hierfür. Zum einen ist da die Absicht hinter der Handlung und zum anderen die Ausführung der Handlung. Der Souverän ist für die Absicht hinter staatlichen Handlungen zuständig und die Regierung für die Ausführung dieser, weshalb sie auch Exekutive heißt. Dies zu verstehen ist entscheidend für das Selbstverständnis der Regierenden.

Regierung

Damit wird aber die Frage aufgeworfen, welche Form der Regierung am geeignetsten ist. Rousseau unterscheidet drei Formen von Regierungen anhand der an ihr beteiligten Anzahl von Personen (s. Rousseau 1977, S. 70 ff.). Bei der Demokratie fällt die Exekutive mit der Legislative zusammen, d.h. letztendlich ist das Volk bzw. die Volksversammlung zugleich der Regent. Bei der Aristokratie regiert nur eine kleine Anzahl von Personen und bei der Monarchie nur einer, nämlich der Monarch.

Damit eine Demokratie wirklich funktionieren kann, setzt Rousseau folgende Bedingungen fest (s. Rousseau 1977, S. 73): Erstens darf der Staat nicht allzu groß sein, damit sich das gesamte Volk einfach versammeln kann. Zweitens sollte es keine großen Unstimmigkeiten

Demokratie

innerhalb des Volkes hinsichtlich ihrer Sitten geben, da man sonst zu keiner Einigung kommt. Drittens dürfen die gesellschaftlichen Unterschiede nicht allzu groß sein, da ansonsten die Gleichheit aller Beteiligten bei der Entscheidungsfindung in Gefahr gerät. Sind diese Voraussetzungen gegeben, kann eine Demokratie erfolgreich sein, jedoch verlangt sie vom Einzelnen dennoch sehr viel ab. Jeder Einzelne muss zum Regieren geeignet sein. So beschließt Rousseau seine Überlegungen mit den Worten:

» Wenn es ein Volk von Göttern gäbe, würde es sich demokratisch regieren. Eine so vollkommene Regierung paßt für den Menschen nicht (Rousseau 1977, S. 74). «

Aristokratie

Bei der Aristokratie sind drei Unterformen zu unterscheiden (s. Rousseau 1977, S. 75): erstens die natürliche, bei der sich die Stärksten durchsetzen; zweitens die gewählte, bei der die Volksvertreter gewählt werden; drittens die erbliche, bei der die Regierungsmannschaft ihre Stellung an ihre Nachkommen weitervererbt. Die erste Form ist für Rousseau nur für primitive bzw. natürliche Stämme geeignet, die letztere sieht Rousseau als die schlechteste an, da die Erbfolge nicht sicherstellt, dass die fähigsten Personen regieren. Als beste Variante betrachtet er die gewählte Aristokratie, da sie primär allen offen steht und sich hoffentlich die geeignetsten Köpfe durchsetzen.

Die Vorteile der Aristokratie sind nach Rousseau, dass durch die begrenzte Anzahl der an der Macht Beteiligten das Regieren einfacher ist und ein Staat nach außen besser repräsentiert wird (s. Rousseau 1977, S. 75 f.). Er warnt, dass eine bestimmte Größe des Staates nicht überschritten werden sollte, weil sonst die Gefahr von Separationsbewegungen entsteht. Die Bürger eines so regierten Staates ruft er dazu auf, dass der Reiche Mäßigung zeigt und der Arme Einschnitte akzeptiert.

Monarchie

Bei der Monarchie ist die Macht auf einer Person vereint, was durchaus von Vorteil sein kann. Rousseau sieht jedoch die große Gefahr des Machtmissbrauches (s. Rousseau 1977, S. 77).

» Aber wenn es keine Regierung gibt, die mehr Kraft hat, so gibt es auch keine, wo der Sonderwille mehr Macht hat und alle anderen leichter beherrscht […] (Rousseau 1977, S. 77). «

Er sieht die (reale) Gefahr, dass es dem Monarchen nicht darum geht, den Gemeinwillen umzusetzen, sondern nur seinen Sonderwillen. Außerdem gibt er zu bedenken, dass in einer Monarchie nicht die Fähigsten an Einfluss gewinnen, sondern die, die sich am Hofe am besten verkaufen können (s. Rousseau 1977, S. 79). Zuletzt sieht er das Nachfolgeproblem als gravierend an (s. Rousseau 1977, S. 80 f.): Sobald ein Monarch abdankt oder stirbt, entsteht die Schwierigkeit, einen passenden Thronfolger zu finden, während in Demokratien und auch in Aristokratien keine solche Diskontinuität auftritt.

11

Rousseau betont, man könne keine allgemeine Aussage darüber machen, welche Regierungsform die richtige sei, da es immer auf das regierte Volk ankommt (s. Rousseau 1977, S. 85). Dennoch wird seine Vorliebe für eine gewählte Aristokratie deutlich, die auch am ehesten den heutigen europäischen Regierungsformen entspricht.

Zusammenfassung
- Jeder Mensch ist von Natur aus gleichermaßen frei, und diese Freiheit kann er nicht veräußern.
- Der Mensch besitzt von Natur aus zwei Handlungsmotivationen, zum einen die Eigenliebe und zum andern das Mitleid.
- Von Natur aus ist der Mensch weder gut noch böse. Die Kategorie des Moralischen entsteht erst in einer Gesellschaft.
- Der Gesellschaftsvertrag ist ein (hypothetischer) Vertrag aller Bürger untereinander, in dem sie sich freiwillig verpflichten, ihre Kräfte für das Gemeinwohl einzusetzen. Hierdurch entsteht eine Gesellschaft.
- Der Gemeinwille ist der Wille, der auf das Gemeinwohl abzielt. Er ist der leitende Wille eines Staates.
- Das Volk ist der Souverän.
- Die Regierung führt den Gemeinwillen aus.

11.2 Was können wir von Rousseaus Gesellschaftsvertrag lernen?

Ebenso wie Hobbes vertritt auch Rousseau einen vertragstheoretischen Ansatz. Im Unterschied zu Hobbes geht er jedoch davon aus, der Mensch könne sowohl aus Eigeninteresse als auch aus Mitleid heraus handeln. In seiner Charakterisierung des Naturzustandes ist es essentiell wichtig, dass alle Menschen gleichermaßen frei und gleich sind. Er sucht nach einer Gesellschaftsform und Legitimation derselben, die dieser grundlegenden Freiheit und Gleichheit gerecht werden und diese bewahren. Seine Antwort darauf ist der Gesellschaftsvertrag, den alle Menschen untereinander abschließen. In diesem Vertrag vereinbaren sie, dass sie zusammen den Gemeinwillen, der auf das Gemeinwohl abzielt, verwirklichen wollen. Die Regierung selbst ist bei Rousseau vertraglich gebunden, und ihre Aufgabe ist es, den Gemeinwillen umzusetzen, der wiederum vom Souverän, dem Volk, bestimmt wurde. Welche Anregungen bekommt eine Führungskraft von Rousseau?

11.2.1 Der Vertragsgedanke

Ein Aspekt, welchen man von Rousseau mitnehmen kann, ist der Vertragsgedanke: Alle Menschen schließen untereinander einen Vertrag

Vertrag der Führungskraft mit den Mitarbeitern, Schülern und Studenten

ab, in welchem sie die Grundregeln festlegen. Die politische Führungskraft ist – anders als bei Hobbes – ebenfalls an den Vertrag gebunden. Diesen Gedanken kann man auf jegliche Art von Führung übertragen. Man kann sich vorstellen, es gäbe einen Vertrag zwischen der Führungskraft und denjenigen, für die sich verantwortlich ist. Damit sind beide Seiten an den Vertrag gebunden.

Im vorherigen Kapitel haben wir den Lehrer erwähnt, der seine Schüler zu Beginn des Schuljahres bittet, sich auf Verhaltensregeln zu einigen (▶ Kap. 10.2.3 »Führungskräfte als Schiedsrichter«). Stellen wir uns vor, der Lehrer bringt sich hier selbst ein, und alle gemeinsam vereinbaren den »Vertrag Klasse xy«. Hierin legen sie nicht nur fest, welche Regeln gelten, sondern auch, wie sie geahndet werden sollen und wer dafür verantwortlich ist, darauf zu achten, dass sie eingehalten werden. Die Klasse mag beispielsweise den Lehrer und den Klassensprecher als »Regierung« einsetzen, die auf die Umsetzung der Regeln achtet. Es ist anzunehmen, dass sich die Klasse durch solch ein Verfahren eher und besser an die Regeln halten wird als wenn der Lehrer diese ihnen vorsetzt. Sie selbst haben die Regeln festgelegt, was diesen (wahrscheinlich) eine größere Wirksamkeit gibt.

impliziter psychologischer Vertrag

Interessanterweise findet man in der Psychologie einen ähnlichen Gedanken, den des impliziten Vertrages (◘ Abb. 11.5). Zwischen Mitarbeiter und Unternehmen besteht ein impliziter Vertrag, in welchem die Erwartungen der Mitarbeiter und der Organisation festgehalten werden. Werden die Erwartungen der Mitarbeiter nicht erfüllt, kann es zu wenig wünschenswerten Effekten kommen, wie zum Beispiel der inneren Kündigung, Aggression oder aber der Suche nach einem neuen Arbeitgeber.

Das Problem ist nun, dass es sich meistens um einen *impliziten* Vertrag handelt. Anders als der Arbeitsvertrag handelt es sich um eine oftmals unausgesprochene Grundannahme. Von einer guten Führungskraft kann man erwarten, dass sie diese impliziten Erwartungen beider Seiten explizit benennt. Zum einen sollte sie vermitteln, was die Organisation erwartet, damit der Mitarbeiter sich danach richten kann, und zum anderen sollte sie in Erfahrung bringen, was dem Mitarbeiter wichtig ist. Erst wenn sie die Erwartungen des Mitarbeiters kennt, kann sie diese erfüllen. Ist dies nicht möglich, sollte sie überzogene Vorstellungen korrigieren. Wenn der implizite Vertrag offengelegt wird und man sich auf ihn geeinigt hat, hat er eine wichtige bindende Wirkung.

11.2.2 Der Wert der Mitbestimmung

Mitbestimmungsmöglichkeiten

Ein weiterer wichtiger Gedanke bei Rousseau ist der Wert der Mitbestimmung, oder anders formuliert die demokratische Struktur des Staates. Rousseau ist der Überzeugung, dass Menschen von Natur aus gleichermaßen frei und gleich sind und dass dies so gut wie möglich bewahrt werden sollte. Dies kann für ihn nur geschehen, indem

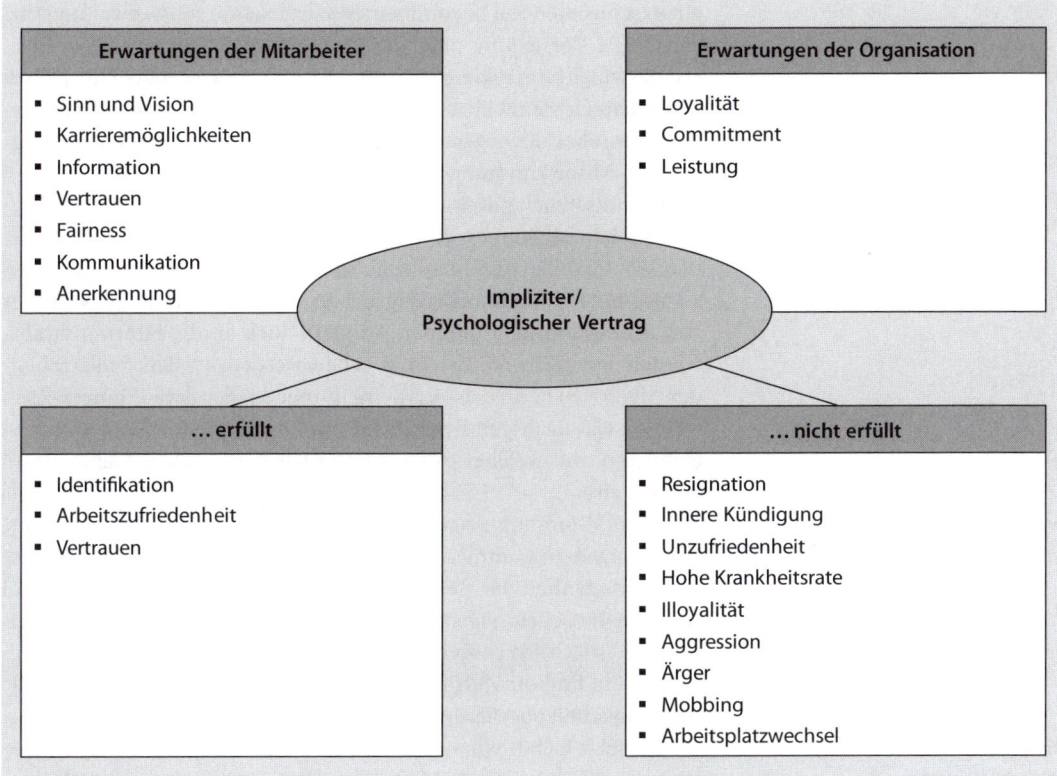

□ Abb. 11.5 Impliziter psychologischer Vertrag

der Einzelne ein politisches Mitbestimmungsrecht bekommt. Diesen Gedanken kann man auch auf Firmen, Schulen oder Universitäten übertragen. In vielen Schulen und Universitäten gibt es beispielsweise solch ein Mitbestimmungsrecht durch Schülermitverwaltungen oder Allgemeinen Studierendenausschüsse (AStAs). Auch in Unternehmen wird durch den Betriebsrat und durch Gewerkschaften eine Mitbestimmung der Mitarbeiter ermöglicht.

Durch diese Möglichkeiten der Mitbestimmung können Schüler, Studenten oder Angestellte sich Gehör verschaffen. Sie können auf Probleme bzw. Wünsche hinweisen, die man als Lehrer, Dozent oder Führungskraft in der Wirtschaft nicht beachtet, entweder weil man sie nicht beachten will oder sie gar nicht wahrnimmt. Auch ist es dadurch möglich, eigene Anliegen mit Nachdruck zu vertreten. Diese Art von Mitbestimmung ist wichtig, damit bei Entscheidungen alle Seiten betrachtet werden und man zu dem bestmöglichen Ergebnis für alle Beteiligten kommt. Auch wenn eine Führungskraft ernsthaft darum bemüht ist, den Gemeinwillen zu erkennen, mag sie darin scheitern, wenn sie nicht unterschiedlichste Standpunkte hört.

An dieser Stelle soll nicht verschwiegen werden, dass Mitbestimmungsmöglichkeiten teilweise missbraucht werden und dadurch

verantwortungsvolle Mitbestimmung

einen schlechten Ruf bekommen. Manche Schülermitverwaltung versucht eine Vorstellung durchzusetzen, die vielleicht einen extremen Sonderwillen einer kleinen Gruppe von Schülern darstellt, jedoch nicht dem Gemeinwillen der Schule entspricht. Dies kann sicher vorkommen, aber deswegen sollte man nicht die grundsätzliche Richtigkeit von Mitbestimmungsmöglichkeiten in Zweifel ziehen.

Grundsätzlich gilt: Man muss die Sensibilität auf allen Seiten dafür erhöhen, worum es wirklich geht. Es geht nicht darum, den eigenen Sonderwillen durchzusetzen, sondern darum, den Gemeinwillen zu ermitteln. Die Aufforderung richtet sich nicht nur an die Vertreter von Mitbestimmungsgremien, sondern auch an die Führungskräfte, wie wir im nächsten Abschnitt sehen werden. In den entsprechenden Sitzungen kann beispielsweise immer wieder darauf hingewiesen werden, was das eigentliche Ziel ist, um dadurch eine Denkkultur zu etablieren, mit welcher es ganz natürlich wird, an das Gemeinwohl zu denken.

positive Effekte der Mitbestimmung

Mitbestimmung ist aber nicht nur wichtig, um zu besseren Entscheidungen zu kommen, sondern auch weil sie positive Effekte auf die Zufriedenheit der Beteiligten haben kann. Dass man das Gefühl hat, den Entscheidungen der Vorgesetzen bzw. Lehrer und Dozenten nicht machtlos ausgeliefert zu sein, erhöht sicher das Zugehörigkeitsgefühl und die Zufriedenheit, was sich wiederum positiv auf die Arbeitsqualität auswirken kann.

nicht institutionalisierte Mitbestimmung

Bis jetzt haben wir uns auf Beispiele institutionalisierter Mitbestimmung konzentriert. Mitbestimmung ist aber auch in kleinem Rahmen möglich und sollte es auch sein. Ein Lehrer sollte versuchen, seine Schüler, wenn möglich, an Entscheidungen teilhaben zu lassen. Damit ist nicht gemeint, dass seine Schüler den Lehrplan in Frage stellen dürfen oder die Notenvergabe beeinflussen. Es gibt genügend Punkte, bei denen die Schüler dennoch mitentscheiden können: Wohin geht die nächste Klassenfahrt? Wie gestalten wir das Klassenzimmer? Sollen außerfachliche Aktivitäten gestartet werden? Bereits in der Schule an Mitbestimmung herangeführt zu werden und dort auch zu lernen, was verantwortungsvolle Mitbestimmung ist, ist unseres Erachtens besonders wichtig, denkt man daran, dass die Schüler später allesamt das Wahlrecht bekommen.

11.2.3 Die Aufgabe und das Selbstverständnis einer Führungskraft

Gemeinwille als Richtschnur

Gerade wurde gefordert, dass im Rahmen einer Mitbestimmung der Fokus auf dem Gemeinwohl liegen sollte. Dies gilt aber auch umgekehrt für Führungspersonen. Politisch Verantwortliche sind für Rousseau letztendlich nichts anderes als die Vollstrecker des Gemeinwillens. Es geht nicht darum, in einer Machtposition die eigenen Interessen oder die der Führungsmannschaft umzusetzen. Verallgemeinert kann man sagen: Aufgabe einer Führungskraft ist es, den Gemeinwillen umzusetzen, der sich aus dem Wohl aller Beteiligter ergibt. Sie sollte demnach stets darum bemüht sein, zu erkennen, was im Sinne des Gemeinwilles ist und sich dementsprechend verhalten.

Als extreme Negativbeispiele hierfür mögen einem die Vorstände einiger Investmentbanken in den Sinn kommen. Auch wenn durch das verantwortungslose Verhalten ihrer Institutionen die größte, globale Wirtschaftskrise seit dem Zweiten Weltkrieg ausgelöst wurde, und die Institutionen hohe Staatsbeihilfen bekommen haben, um wieder geschäftsfähig zu werden, schockierten Mitte 2010 Meldungen die Öffentlichkeit, erneut würden Boni im Millionenbereich an die Vorstände ausgezahlt. Unabhängig davon, dass solch ein Verhalten ziemlich unklug im Hinblick auf das öffentliche Ansehen ist, scheint es doch so, als ob die Vorstände lediglich ihren Sonderwillen, der auf hohe persönliche Gewinne abzielt, im Sinn haben.

Oder denken wir an einen Lehrer, der sein gesamtes Verhalten danach ausrichtet, wie er möglichst viel Freizeit, möglichst wenig Vor- und Nachbereitungszeit für seine Stunden und möglichst wenig Stress während dieser erreichen kann. Grundsätzlich mag dieses Streben nicht schlecht sein, jedoch verwendet er uraltes Unterrichtsmaterial, ist resistent gegenüber neuen Unterrichtsmethoden und geht nicht auf die Bedürfnisse und Wünsche seiner Schüler ein bzw. nur insoweit, als sie mit seiner Freizeitoptimierung zusammenpassen. Ein solches Verhalten kann nicht dem Gemeinwohl entsprechen.

Eine Führungskraft, die sich von diesen »schwarzen Schafen« unterscheidet und die es als ihre Aufgabe begreift, den Gemeinwillen umzusetzen, mag auch ein bestimmtes Selbstbild haben: Sie begreift sich nicht als etwas Besseres, ist Teil einer Gemeinschaft und hat die verantwortungsvolle Aufgabe inne, im Sinne aller zu handeln und zu entscheiden. Dieses Selbstverständnis sollte sie nach außen tragen. Arroganz, Ignoranz und vergleichbare Eigenschaften wird sie demnach nicht ihren Mitarbeitern gegenüber zeigen, was sicher wünschenswert ist.

Zusammenfassend kann man festhalten: Eine Führungskraft, welche sich von Rousseau inspirieren lässt, begreift sich als Teil einer Gemeinschaft und als Vollstrecker des Gemeinwillens. Hierzu ist sie bemüht, wann immer es möglich und sinnvoll ist, demokratische Strukturen zu ermöglichen.

Negativbeispiele

Positivbeispiel

Zusammenfassung: Rousseausche Führungskraft

11.3 Ein kleines Lexikon des Gesellschaftsvertrages Rousseaus

■ **Gemeinwille (»volonté générale«)**
Der Gemeinwille richtet sich auf das Wohlergehen der Gemeinschaft:

» [...] einen einzigen Willen, der auf die gemeinsame Erhaltung und das allgemeine Wohlergeben abzielt (Rousseau 1977, S. 112). «

Er ist die oberste Richtschnurr des politischen Handelns.

- **Gesamtwille (volonté de tous)**
Der Gesamtwille ist der Wille der Mehrheit der Menschen. Er kann vom Gemeinwillen verschieden sein.

- **Gesellschaftsvertrag**
Der Gesellschaftsvertrag ist ein Vertrag, den eine Gruppe von Menschen freiwillig untereinander abschließt und in welchem diese ihre Kräfte vereinigen, um dadurch im Sinne des Gemeinwillens (Gemeinwohls) handeln zu können. Dadurch entsteht ein Staat, der alle Vertragsteilnehmer umfasst. Wortlaut des Gesellschaftsvertrages bei Rousseau ist:

>> Gemeinsam stellen wir alle, jeder von uns seine Person und seine ganze Kraft unter die oberste Richtschnur des Gemeinwillens, und wir nehmen, als Körper, jedes Glied als untrennbaren Teil des Ganzen auf (Rousseau 1977, S. 18). «

- **Natürliche Ungleichheit**
Die natürliche Ungleichheit besteht in der Verschiedenheit der Menschen, welche sie von Geburt aus haben, wie beispielsweise unterschiedlicher Größe, Stärke oder Intelligenz.

- **Politische Ungleichheit**
Die politische Ungleichheit beruht auf den politischen Gegebenheiten. Durch Eigentum entsteht die politische Ungleichheit zwischen Armen und Reichen; durch das Magistratenamt die zwischen Schwachen und Mächtigen; durch die Tyrannei die zwischen Herren und Sklaven.

- **Sonderwille**
Der Sonderwille ist der Wille einer einzelnen Person oder einer Gruppe von Personen. Er kann vom Gemeinwillen verschieden sein.

- **Souverän**
Indem eine Gruppe von Menschen miteinander den Gesellschaftsvertrag abschließt, entsteht ein Volk, dessen Bürger sie sind. Dieses Volk ist zugleich der Souverän, d.h. derjenige, welcher die Gewalt in sich vereint.

Gerechtigkeit als Fairness

John Rawls

» Der intuitive Gedanke ist der, dass die Gesellschaftsordnung nur dann günstigere Aussichten für Bevorzugte einrichten und sichern darf, wenn das den weniger Begünstigten zum Vorteil gereicht (Rawls 1979, S. 96). «

12.1   Darstellung der Theorie der Gerechtigkeit Rawls'

John Rawls bezeichnet seine Theorie der Gerechtigkeit als »Gerechtigkeit als Fairness«, denn in einer fairen Ausgangssituation entscheidet man über die Grundsätze der Gerechtigkeit. Diese ist – in der Tradition der Vertragstheoretiker – der Natur- bzw. Urzustand. Hier müssen wir uns die Menschen hinter einem Schleier des Nichtwissens denken, d.h. sie sind im Unwissen darüber, welche gesellschaftliche Position sie einnehmen, welcher gesellschaftlichen und wirtschaftlichen Klasse sie angehören und auch darüber, welche natürlichen Anlagen sie besitzen. In diesem Zustand des Nichtwissens muss nun die Entscheidung über die Grundsätze der Gerechtigkeit gefällt werden. Laut Rawls werden zwei Grundsätze ausgewählt, zum einen der Grundsatz der größtmöglichen gleichen Freiheit und zum anderen ein Grundsatz, der das Unterschiedsprinzip und das Prinzip der (fairen) Chancengleichheit umfasst. Gemäß dem Grundsatz der größtmöglichen gleichen Freiheit werden jedem Menschen das gleiche Maß an Grundfreiheiten zugestanden, die man ihm nicht mehr absprechen kann. Der zweite Grundsatz richtet sich auf die Verteilung von sozialen und wirtschaftlichen Ungleichheiten. Das Unterschiedsprinzip besagt, dass eine Ungleichverteilung von Gütern nur dann gerechtfertigt ist, wenn sie dem schwächsten Glied zuträglich ist. Der Grundsatz der Chancengleichheit fordert, dass Ämter und Positionen in einer Gesellschaft gemäß der Chancengleichheit für alle offen stehen und nicht an gesellschaftliche Klassen gebunden sein dürfen.

John Rawls' Leben

12.1.1 Biographische Notizen

John Rawls' Leben
John Rawls (◘ Abb. 12.1) ist ein bekannter und einflussreicher Philosoph der politischen und Moralphilosophie der zweiten Hälfte des 20. Jahrhunderts. Sein Hauptwerk *A Theory of Justice* galt schon kurze Zeit nach seinem Erscheinen als ein Standardwerk der politischen Philosophie. Hierin vertritt er die Position des egalitären Liberalismus, der Auffassung, dass Gerechtigkeit über Gleichheit bestimmt werden sollte.

◘ **Abb. 12.1** John Rawls, © Jane Reed, Harvard Staff Photographer

12

Rawls wurde am 21. Februar 1921 als Sohn eines Steueranwaltes und einer Frauenrechtlerin in Baltimore in den USA geboren. Nach Abschluss seiner Schulausbildung studierte er von 1939 bis 1943 an der renommierten Princeton University Philosophie und schloss mit einem Bachelor of Arts sein Studium ab. Im Anschluss an seine Ausbildung trat er ins Militär ein und kämpfte als Soldat im Zweiten Weltkrieg. Er lehnte die Offizierslaufbahn wegen seinen Kriegserfahrungen ab: Er hatte Hiroshima nach dem Abwurf der Atombombe besucht. Nach dem Krieg, von 1946 bis 1950, promovierte er an der Princeton University in Moralphilosophie. 1949 heiratete er Margret Fox. Nach unterschiedlichen Lehr- und Forschungstätigkeiten, u.a. an der University of Oxford, an der Cornell University und am Massachusetts Institute of Technology, trat er 1962 eine Professur an der Harvard University an, wo er bis zu seiner Pensionierung im Jahre 1991 blieb. Am 24. November 2002 verstarb Rawls, nachdem er in den vorhergehenden Jahren mehrere Schlaganfälle erlitten hatte, in Lexington, Massachusetts (zur Biographie s. Gale 2005–2006, biographybase 2004).

In seinen Werken setzt sich Rawls hauptsächlich mit der politischen Philosophie bzw. mit der Ethik auseinander:

Rawls' Schriften (Auswahl)

A Theory of Justice (dt.: Eine Theorie der Gerechtigkeit, 1971) *A Theory of Justice* gilt als Rawls' Hauptwerk. Hierin erarbeitet er seine Theorie der Gerechtigkeit als Fairness, die klassische vertragstheoretische Gedanken aufgreift. Hierdurch rechtfertigt er zwei Gerechtigkeitsgrundsätze.

Political Liberalism (dt.: Politischer Liberalismus, 1993) In *Political Liberalism* werden die Gedanken der *Theory of Justice* weiterentwickelt. Es geht darum, wie eine Gesellschaft mit ganz unterschiedlichen Vorstellungen des persönlich Guten sowie unterschiedlichen religiösen und weltanschaulichen Überzeugungen funktionieren kann. Hierbei ist es wichtig, dass sich die Regierung neutral hinsichtlich dieser unterschiedlichen Auffassungen verhält und man davon unabhängige Grundsätze findet.

The Law of Peoples (dt.: Das Völkerrecht, 1999) In diesem Werk beschäftigt sich Rawls mit internationalen Beziehungen. Er versucht, ein Völkerrecht auf Basis seiner Gerechtigkeitstheorie zu entwickeln.

Lectures on the History of Moral Philosophy (dt.: Geschichte der Moralphilosophie, 2000) *Lectures on the History of Moral Philosophy* ist eine Sammlung von Vorlesungen, die Rawls in Harvard über Moralphilosophie gehalten hat.

Justice as Fairness: A Restatement (dt.: Gerechtigkeit als Fairness: Ein Neuentwurf, 2001) Wie der Titel dieses Buches schon vermuten lässt, greift das Buch nochmals die Gerechtigkeitstheorie auf, modifiziert und ergänzt diese.

Im Folgenden wollen wir einen Blick auf Rawls' Theorie der Gerechtigkeit werfen, so wie er sie in seiner *A Theory of Justice* erarbeitet.

12.1.2   Zwei Grundsätze der Gerechtigkeit

Gerechtigkeitsgrundsätze in einer Gesellschaft

Rawls entwickelt eine Theorie der Gerechtigkeit, d.h. er erarbeitet Grundsätze der Gerechtigkeit und begründet sie. Diese legen fest, wie Rechte und Pflichten und die Erträge einer gesellschaftlichen Zusammenarbeit unter den Mitgliedern einer Gesellschaft verteilt werden sollen (s. Rawls 1979, S. 23). Es geht also um die Verteilung der sog. nicht-natürlichen Grundgüter, im Unterschied zu den natürlichen Grundgütern. Natürliche Grundgüter sind beispielsweise Gesundheit, Lebenskraft, Intelligenz und Phantasie (s. Rawls 1979, S. 83). Die nicht-natürlichen Grundgüter umfassen beispielsweise Rechte, Freiheiten, Chancen sowie Einkommen und Vermögen. Es ist sinnvoll, anzunehmen, jeder vernünftige Mensch würde sich nicht-natürliche Grundgüter wünschen unabhängig von seinem individuellen Lebensplan. Wie sie verteilt werden, wird von gesellschaftlichen Institutionen geregt. Unter gesellschaftlichen Institutionen versteht er die Verfassung und die wirtschaftlichen und sozialen Verhältnisse. In seiner Theorie der Gerechtigkeit beschreibt er somit, wie eine gerechte Verfassung und ein gerechtes Sozial- und Wirtschaftssystem aussehen sollte (s. Rawls 1979, S. 23).

Rawls geht es zunächst einmal um die Gerechtigkeit innerhalb einer Gesellschaft und nicht um die Gerechtigkeit binnen verschiedener Völker (s. Rawls 1979, S. 24). Auch möchte er kein Moralsystem aufbauen, das das Verhalten eines jeden Individuums regelt. Zwar haben die Grundsätze der Gerechtigkeit auch Auswirkungen auf das Verhalten eines jeden Einzelnen, in dem Sinne, dass ihm Rechte und Pflichten zugeschrieben werden, doch es geht ihm nicht primär um die Beschreibung des gerechten Handelns eines Individuums.

Werfen wir also zunächst einmal einen Blick auf die Grundsätze der Gerechtigkeit. Rawls formuliert zwei Grundsätze, zum einen den Grundsatz der größtmöglichen Freiheit und einen zweiten Grundsatz, der sich in das Unterschiedsprinzip und den Grundsatz der (fairen) Chancengleichheit unterteilt. Der erste Grundsatz regelt die Verteilung der Grundfreiheiten unter den Menschen und besagt:

erster Grundsatz der Gerechtigkeit

» Jedermann hat gleiches Recht auf das umfangreichste Gesamtsystem gleicher Grundfreiheiten, das für alle möglich ist (Rawls 1979, S. 336). «

12

Der zweite Grundsatz fokussiert sich auf die Verteilung von sozialen und wirtschaftlichen Ungleichheiten und lautet:

>> Soziale und wirtschaftliche Ungleichheiten müssen folgendermaßen beschaffen sein:
1. sie müssen unter Einschränkung des gerechten Spargrundsatzes den am wenigsten Begünstigten den größtmöglichen Vorteil bringen, und
2. sie müssen mit Ämtern und Positionen verbunden sein, die allen gemäß fairer Chancengleichheit offenstehen (Rawls 1979, S. 336). **«**

zweiter Grundsatz der Gerechtigkeit

Die beiden Grundsätze stehen in einer lexikalischen Ordnung zueinander (s. Rawls 1979, S. 82). Eine lexikalische Ordnung zweier Grundsätze bedeutet, dass sie in einem hierarchischen Verhältnis zueinander stehen. Der übergeordnete Grundsatz darf niemals zugunsten des untergeordneten verletzt werden. Bei den obigen Grundsätzen ist der erste dem zweiten lexikalisch vorgeordnet. Grob formuliert bedeutet dies: Einem Menschen dürfen seine Grundfreiheiten nicht zugunsten wirtschaftlicher oder sozialer Vorteile abgesprochen werden (s. Rawls 1979, S. 82).

lexikalische Ordnung

12.1.3 Der Grundsatz der größtmöglichen gleichen Freiheit

Der erste der beiden Grundsätze besagt, dass jedem Menschen so viele Grundfreiheiten wie nur möglich zugesprochen werden sollen. Zunächst stellt sich die Frage, was diese Grundfreiheiten überhaupt sind. Rawls listet folgende Grundfreiheiten auf:

Grundfreiheiten

>> Wichtig unter ihnen sind die politische Freiheit (das Recht, zu wählen und öffentliche Ämter zu bekleiden) und die Rede- und Versammlungsfreiheit, die Gewissens- und Gedankenfreiheit; die persönliche Freiheit, zu der der Schutz vor psychologischer Unterdrückung und körperlicher Misshandlung und Verstümmelung gehört (Unverletzlichkeit der Person); das Recht auf persönliches Eigentum und der Schutz vor willkürlicher Festnahme und Haft, […] (Rawls 1979, S. 82). **«**

Diese Freiheiten sollen jedem Menschen gemäß dem ersten Gerechtigkeitsgrundsatz also gleichermaßen zukommen.

Folgt man dem ersten Grundsatz, werden die Grundfreiheiten allein dadurch begrenzt, dass jedem Menschen die gleichen Grundfreiheiten zukommen sollen, und diese Bedingung kann zu einer Eingrenzung der Freiheit jedes Einzelnen führen. Man kann sich diesen Gedanken schön an zwei überlappenden Kreisen verdeutlichen. Je-

Verteilung der Grundfreiheiten

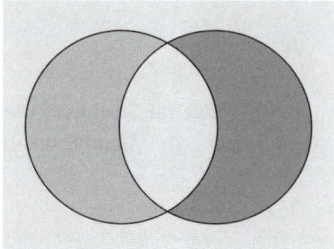

◼ Abb. 12.2 Veranschaulichung – Freiheiten

der Kreis steht für den Bereich von möglichen Grundfreiheiten eines Menschen. Gäbe es nur diesen einen Menschen, könnte er den ganzen Kreis für sich beanspruchen. Da sich die beiden Kreise überschneiden, werden die Grundfreiheiten des einen von denen des anderen beschränkt. Jedem Menschen stehen nur so viele Grundfreiheiten zu, wie das mit dem gleichen Maß an Grundfreiheiten für den anderen vereinbar ist (◼ Abb. 12.2).

12.1.4 Das Unterschiedsprinzip

Unterschiedsprinzip

Der zweite Grundsatz ist, wie bereits erwähnt, in zwei Teile unterteilt. Der erste Teil wird als das Unterschiedsprinzip bezeichnet. Es besagt, dass soziale oder wirtschaftliche Ungleichheiten nur dann gerecht sind, wenn sie zum Vorteil der in der Gesellschaft am schlechtesten Gestellten gereichen. (Wir lassen zunächst den Gedanken des gerechten Spargrundsatzes außen vor.) Dieses Prinzip stellt einen der umstrittensten Aspekte der Theorie Rawls' dar.

Jedem das Gleiche

Zunächst einmal mag verwundern, warum in einem Grundsatz der Gerechtigkeit überhaupt von sozialen und wirtschaftlichen Ungleichheiten die Rede ist. Wie kann denn eine Ungleichheit gerecht sein? Ist die gerechteste Verteilung nicht die, in der alle das Gleiche bekommen? Diesen Gedanken kann man mit »Jedem das Gleiche« zusammenfassen.

Jedem nach seinen Bedürfnissen

In der Tat ist dies eine intuitiv plausible Auffassung von Gerechtigkeit. Bei genauerer Betrachtung gerät sie ins Wanken. Was ist, wenn einer mehr Bedürfnisse hat als ein Anderer? Sollten Eltern, die für ihre Kinder finanziell aufkommen müssen, nicht eine steuerliche Entlastung im Vergleich zu einem Alleinstehenden erhalten? Dieser Gedanke wird in der Gerechtigkeitsidee »Jedem nach seinen Bedürfnissen« erfasst.

Jedem nach seinen Leistungen

Wie verhält es sich aber, wenn jemand hart und viel arbeitet? Sollte er dann nicht besser entlohnt werden als jemand, der weniger arbeitet? Ist es nicht gerecht, Leistungen zu honorieren? Dies würde sich dann in der Gerechtigkeitsidee »Jedem nach seinen Leistungen« widerspiegeln.

dynamische Prozesse

Diese Überlegungen zeigen, dass eine absolut gleiche Verteilung nicht immer dem entspricht, was wir intuitiv als gerecht empfinden. Rawls bezieht in seiner Theorie dynamische Prozesse mit ein: Stellen wir uns vor, alle Menschen wären wirtschaftlich gleichgestellt. Ein Zustand, den wir durchaus als gerecht bezeichnen könnten. Nun sehen wir es als wünschenswert an, wenn der wirtschaftliche Zustand von Menschen sich verbessert. Wie kann er sich verbessern? Indem sich beispielsweise die Produktivität erhöht. Dabei kann es dazu kommen, dass eine Partei wirtschaftlich besser gestellt wird als eine andere, was wir als ungerecht empfinden könnten. Der entscheidende Gedanke ist jedoch: Warum sollte es ungerecht sein, wenn eine Partei wirtschaftlich besser gestellt ist als eine andere, wenn es auch jener dadurch besser geht als zuvor?

Solch ein Gedanke lässt, so Rawls, an das Pareto-Optimum denken (s. Rawls 1979, S. 88 ff.). Dies bezeichnet einen Zustand der Güterverteilung, in dem es nicht möglich ist, eine Partei besser zu stellen, ohne eine andere Partei schlechter zu stellen. Nehmen wir eine feste Anzahl von Gütern an, sagen wir, 10 Güter und zwei Parteien A und B. Partei A und B besitzen jeweils 5 Güter. Da die Gütermenge stabil ist, ist dieser Zustand pareto-optimal, denn keine der Parteien kann etwas dazugewinnen, ohne dass dies zum Nachteil für die andere Partei wird. Das Pareto-Optimum zeichnet aber nicht nur einen Zustand als pareto-optimal aus. Wenn Partei A 7 Güter und Partei B nur 3 hat, dann ist auch dieser Zustand pareto-optimal, denn Partei B kann nur dann etwas dazugewinnen, wenn Partei A etwas verliert.

Dies zeigt, dass das Pareto-Optimum nicht dazu geeignet ist, als Gerechtigkeitsprinzip zu dienen (s. Rawls 1979, S. 92). Veranschaulichen wir dies am Beispiel einer Gesellschaft, in der es Sklaven gibt. Die Abschaffung der Sklaverei kann dazu führen, dass die Sklavenhalter sozial und wirtschaftlich schlechter gestellt werden. Würde allein das Pareto-Optimum gerechte Zustände auszeichnen, dann wäre die Abschaffung der Sklaverei nicht gerecht, eine absurde Konsequenz.

Auch wenn wir dynamische Überlegungen mit ins Bild nehmen, bewährt sich das Pareto-Optimum als Gerechtigkeitsprinzip nicht. Denken wir dazu wieder an die Sklavenhaltergesellschaft und nehmen an, dass wirtschaftliche und soziale Güter anwachsen oder abnehmen können. Auch so können wir uns eine Situation denken, in der durch die Abschaffung der Sklaverei die Güter stark anwachsen, aber dennoch die ehemaligen Sklavenhalter sozial und wirtschaftlich schlechter gestellt sind (s. Rawls 1979, S. 91).

Diese Überlegungen weisen den Weg hin zu Rawls' Unterschiedsprinzip:

Pareto-Optimum

Begründung des Unterschiedsprinzips

» Der intuitive Gedanke ist der, dass die Gesellschaftsordnung nur dann günstigere Aussichten für Bevorzugte einrichten und sichern darf, wenn das den weniger Begünstigten zum Vorteil gereicht (Rawls 1979, S. 96). «

Denken wir beispielsweise an folgende Gesellschaft: Wir haben eine gesellschaftliche Gruppe, die wirtschaftlich besser gestellt ist. Dadurch kann sie Fabriken bauen, schafft Arbeitsplätze und engagiert sich sozial. Durch ihre wirtschaftliche Besserstellung hilft sie den Benachteiligten. Diese finden bei ihr Arbeit und profitieren von den sozialen Einrichtungen. Die wirtschaftliche Ungleichheit scheint gerecht, da sie jedermann zum Vorteil gereicht.

Wenn nun aber die wirtschaftlich dominierende gesellschaftliche Gruppe ihre Position weiter ausbauen will und dazu Mittel wählt, die die Schwächeren benachteiligt, wie zum Beispiel massiven Stellenabbau, dann ist dies, nach Rawls, nicht gerecht. Andererseits, wenn sie ihre Position verbessert, dies aber so geschieht, dass die schwächste Gruppe dadurch nicht benachteiligt wird, beispielsweise durch effizienteres Arbeiten, kann dies gerecht sein.

Rawls geht davon aus, man könne Gesellschaften grob in Klassen unterteilen. Die Klassen unterscheiden sich nicht hinsichtlich der Grundfreiheiten, die ihren Angehörigen zugewiesen werden (siehe erster Gerechtigkeitsgrundsatz), sondern hinsichtlich ihrer Einkommens- und Vermögensverteilung. Hier nimmt er eine grobe Einteilung vor (s. Rawls 1979, S. 119). Nun wird im Unterschiedsprinzip der Vergleich zwischen Angehörigen unterschiedlicher gesellschaftlicher Klassen gezogen. Dies bedeutet, dass man sich eigentlich auf typische Vertreter dieser Gruppen konzentriert, die sog. repräsentativen Personen (s. Rawls 1979, S. 85). Der Vergleich geschieht zwischen den repräsentativen Personen der am besten und der am schlechtesten gestellten Gruppe. Dabei ist die implizite (kontrovers diskutierbare) Annahme, dass sich die Aussichten anderer gesellschaftlicher Gruppen ebenfalls verbessern, wenn die am schlechtesten gestellte profitiert.

gerechter Spargrundsatz

Bei der bisherigen Betrachtung des Unterschiedsprinzips wurde die Einschränkung des gerechten Spargrundsatzes außen vor gelassen. Rawls sagt, dass soziale und gesellschaftliche Ungleichheiten nur dann als gerecht angesehen werden können, wenn sie den am schlechtesten Gestellten den größtmöglichen Vorteil bringen, solange der gerechte Spargrundsatz berücksichtigt wird (s. Rawls 1979, S. 336). Was hat man darunter zu verstehen?

Durch den Verweis auf den Spargrundsatz fließt der Gedanke der »Generationengerechtigkeit« mit in die Gerechtigkeitsgrundsätze ein. Die Art und Weise unseres heutigen Verhaltens hat Auswirkungen auf das Leben von künftigen Generationen , ebenso wie das Verhalten von früheren Generationen unser Leben beeinflusst. Wenn wir uns nur auf eine Generation konzentrieren und deren wirtschaftliche Situation bedenken, kann eine bestimmte Verteilung gerecht erscheinen, die aber dazu führt, dass keine Mittel mehr für kommende Generationen übrig bleiben. Befolgt man den Spargrundsatz, wird dies verhindert:

>> Wenn alle Generationen (außer vielleicht den früheren) Gewinn haben sollen, müssen sich die Beteiligten offenbar auf einen Spargrundsatz einigen, der dafür sorgt, dass jede Generation ihren gerechten Teil von ihren Vorfahren empfängt und ihrerseits die gerechten Ansprüche ihrer Nachfahren erfüllt (Rawls 1979, S. 322). <<

Der Spargrundsatz verpflichtet jede Generation also dazu, einen gewissen Anteil ihres Gewinns für künftige Generationen anzusparen. Wie viel dies ist, kann nicht definitiv festgelegt werden, sondern hängt von der jeweiligen Situation der Gesellschaft ab (s. Rawls 1979, S. 322 ff.).

Ein Beispiel, wo dieser Spargrundsatz verletzt wird, sind die stetig wachsenden und schon jetzt extrem hohen Staatsverschuldungen. Damit es der heutigen Generation gut geht, lässt man das Staatsdefizit immer größer werden. Dabei wird billigend in Kauf genommen, dass die künftige Generation diese Schuldenlast abtragen muss, ohne selbst wirklich davon zu profitieren.

Zusammenfassend kann man also sagen, das Unterschiedsprinzip weist soziale und wirtschaftliche Ungerechtigkeiten dann als gerecht aus, wenn sie dem schwächsten Glied den meisten Vorteil bringen, unter Einschränkung des Spargrundsatzes, also der Generationengerechtigkeit.

12.1.5 Grundsatz der (fairen) Chancengleichheit

Der zweite Teil des zweiten Grundsatzes, der Grundsatz der (fairen) Chancengleichheit, konzentriert sich auf die Vergabe von Ämtern und Positionen innerhalb der Gesellschaft. Er besagt, dass sie gemäß einer fairen Chancengleichheit allen offen stehen sollen. Jeder sollte grundsätzlich die Möglichkeit haben, sich für ein Amt bzw. für eine Position zu bewerben. Um eine Position zu besetzen, muss es einen Auswahlprozess geben. Hier spielt Verfahrensgerechtigkeit eine Rolle:

Chancengleichheit

> [...Es] liegt reine Verfahrensgerechtigkeit vor, wenn es keinen unabhängigen Maßstab für das richtige Ergebnis gibt, sondern nur ein korrektes oder faires Verfahren, das zu einem ebenso korrekten oder fairen Ergebnis führt, welcher Art es auch sei, sondern das Verfahren ordnungsgemäß angewandt wurde (Rawls 1979, S. 107). «

Veranschaulichen wir dies an einem Beispiel: In der Schule werden Einzelreferate verteilt, und zwei Schüler möchten über dasselbe Thema referieren. Die Schüler können sich nicht untereinander einigen, so dass der Lehrer per Los eine Entscheidung trifft. Diese Entscheidung ist ein Beispiel für eine reine Verfahrensgerechtigkeit: Der Lehrer hat ein faires Mittel gewählt, um das Referatsthema zu verteilen. Übertragen auf die Besetzung der Ämter bedeutet dies: Wir können uns ein faires Verfahren überlegen, wie die Ämter vergeben werden sollen. Wenn ein transparentes und faires Verfahren angewandt wird, dann ist sichergestellt, dass ein faires Ergebnis dabei herauskommt. Rawls fasst diesen Gedanken wie folgt zusammen:

> Der Grundsatz der fairen Chance hat die Aufgabe, das System der Zusammenarbeit zu einem der reinen Verfahrensgerechtigkeit zu machen (Rawls 1979, S. 108). «

12.1.6 Urzustand und der Schleier des Nichtwissens

Soweit zur Vorstellung der beiden Gerechtigkeitsgrundsätze! Die entscheidende Frage ist nun, warum genau diese beiden die richtigen Grundsätze sein sollen. Rawls verfolgt hierzu folgende Strategie: Er versucht zu zeigen, dass in einer fairen Ausgangslage genau diese Grundsätze gewählt würden. Damit diese Argumentationsstrategie erfolgreich ist, müssen drei Begründungsschritte vollzogen werden:

faire Ausgangslage

Zum einen muss eine Ausgangssituation beschrieben werden, die man als fair bezeichnen kann. Zum zweiten muss man erklären, weshalb man sich in dieser Lage für die obigen Grundsätze entscheiden würde. Drittens sollte begründet werden, weshalb man andere mögliche Gerechtigkeitsgrundsätze nicht wählen würde.

Urzustand bei Rawls

Den Ausgangspunkt für die Argumentation, der diesen drei Forderungen gerecht wird, bildet der Urzustand, der die Idee des Naturzustandes der klassischen Vertragstheorien aufgreift. Das entscheidende Merkmal dieses Zustandes, welches ihn auch zu einer fairen Ausgangslage für die Entscheidung über den richtigen Gerechtigkeitsgrundsatz werden lässt, ist der Schleier des Nichtwissens, hinter dem sich alle Menschen im Urzustand befinden (s. Rawls 1979, S. 159 ff.). Die Menschen sind im Unwissen darüber, welche Position sie in der Gesellschaft einnehmen, welcher sozialen Klasse sie angehören und auch darüber, welche natürlichen Talente und Anlagen sie besitzen, d.h. sie wissen nicht, ob sie intelligent oder sportlich oder gutaussehend sind. Auch wissen sie nicht, welche Pläne sie in ihrem Leben verfolgen, d.h. sie kennen ihren Lebensplan nicht, wissen aber, dass sie irgendeinen solchen Plan verfolgen. Rawls geht davon aus, dass jeder Mensch einen Lebensplan hat, d.h. einen langfristigen Plan, was er in seinem Lebensumfeld vernünftiger Weise erreichen kann. Das Wohl und die Zufriedenheit der Menschen hängen von der Erfüllung dieses Planes ab. Es gibt für jeden Menschen nur einen vernünftigen Lebensplan, aber ganz unterschiedliche Pläne für verschiedene Personen. Es ist ihnen unbekannt, ob sie viel oder wenig Risiko eingehen mögen oder ein optimistischer oder pessimistischer Mensch sind oder zu welcher Zeit sie leben. Verallgemeinernd gesprochen sind die Menschen im Urzustand im Unwissen über all die speziellen Tatsachen, die ihr persönliches Leben ausmachen. Kenntnis haben die Menschen nur von allgemeinen Zusammenhängen. So wissen sie beispielsweise, dass ihre Gesellschaft so geschaffen ist, dass Gerechtigkeitsgrundsätze angewendet werden können.

Weitere Charakterisierungen des Urzustandes sind wichtig: Erstens sind im Urzustand alle Menschen gleich und frei, d.h. jeder Mensch kann eine Entscheidung treffen, die genauso viel zählt wie die seines Gegenübers (s. Rawls 1979, S. 36). Zweitens sind die Menschen vernünftig und können somit vernünftige Entscheidungen treffen (s. Rawls 1979, S. 166). Ein vernünftiger Mensch – so Rawls – ist in der Lage, seine Präferenzen zu ordnen und dann die geeigneten Mittel für eine Verwirklichung seiner Wünsche zu finden (s. Rawls 1979, S. 31). Drittens sind die Menschen desinteressiert in dem Sinne, dass sie sich nicht für die Interessen anderer interessieren (s. Rawls 1979, S. 30). Damit muss der Mensch nicht notwendig als egoistisch bezeichnet werden. Vielmehr soll ausgeschlossen werden, dass er parteiisch ist. Viertens soll der Mensch im Urzustand keinen Neid kennen (s. Rawls 1979, S. 167). Damit wird ausgeschlossen, dass sich ein Mensch bewusst schlechter stellt, um zu verhindern, dass es einem anderen Menschen besser geht als ihm selbst.

Die Herausforderung des Urzustandes ist also: Stell dir vor, du würdest dich hinter dem Schleier des Nichtwissens befinden, welche Grundsätze der Gerechtigkeit würdest du wählen, die die Grundstruktur der Gesellschaft, in der du lebst, regeln? Die Wahl für die Grundsätze ist fair, weil wir durch den Schleier des Nichtwissens von all den Aspekten unseres Lebens abstrahieren können, die uns zu einer egoistischen oder parteiischen Wahl eines Grundsatzes bewegen könnten.

12.1.7 Urzustand und die Gerechtigkeitsgrundsätze

Im Urzustand soll über Gerechtigkeitsgrundsätze entschieden werden (◘ Abb. 12.3). Diesen Entscheidungsprozess sollte man sich so vorstellen, dass man aus einer Liste von potenziellen Grundsätzen sich für einen (oder mehrere) Grundsätze entscheiden soll (s. Rawls 1979, S. 145 ff.).

Entscheidung für Gerechtigkeitsgrundsätze

Warum sollte ich mich im Urzustand für den ersten Gerechtigkeitsgrundsatz entscheiden? Im Urzustand weiß man, dass es gewisse Grundfreiheiten gibt, die aufgeteilt werden können. Jeder Mensch möchte so viele Grundfreiheiten wie nur irgendwie möglich für sich selbst beanspruchen, da man weiß, dass man einen bestimmten Lebensplan verfolgt. Zwar ist Dank des Schleiers des Unwissens unbekannt, was man genau für Ziele verfolgt, doch dass man solche verfolgt, ist sicher. Um diese zu erreichen, sind die Grundfreiheiten eine Bedingung für die Verwirklichung unterschiedlicher Pläne. Zwar kann sich herausstellen, dass Einzelne Lebenspläne verfolgen, bei denen sie auf die Grundfreiheiten verzichten, doch kann man solch eine Annahme im Urzustand nicht treffen. Es ist also vernünftig, so viele Grundfreiheiten wie möglich zu haben, und da mein Gegenüber im gleichen Zustand ist wie ich, weiß ich, dass auch er dies beansprucht. Folglich wird keiner von uns beiden weniger Grundfreiheiten akzeptieren als der andere (s. Rawls 1979, S. 175). Daher erscheint die Wahl für den ersten Gerechtigkeitsgrundsatz plausibel.

Entscheidung für den ersten Grundsatz

Wie kann man diese Entscheidung noch systematischer rechtfertigen und auch eine Rechtfertigung für den zweiten Grundsatz finden? Hierzu ist es hilfreich, sich nochmals deutlich zu machen, um was für eine Entscheidungssituation es sich handelt. Es ist eine Entscheidung unter Unsicherheit, d.h. eine Entscheidungssituation, in der man zukünftige Umweltsituationen nicht vorhersagen kann. Man weiß nicht, ob man reich oder arm, mehr oder weniger intelligent ist, usw. Dennoch muss man sich für Grundsätze entscheiden, die die späteren Erfolgschancen entschieden beeinflussen.

Entscheidung unter Unsicherheit und Maximin-Regel

Es gibt unterschiedliche Entscheidungsregeln für Entscheidungen unter Unsicherheit. Eine davon ist die sog. Maximin-Regel (s. Rawls 1979, S. 178 ff.). Sie besagt, dass man bei einer Entscheidung unter Unsicherheit die Handlungsalternative wählen sollte, deren schlimmster Ausgang besser ist als der einer jeden anderen Alternative.

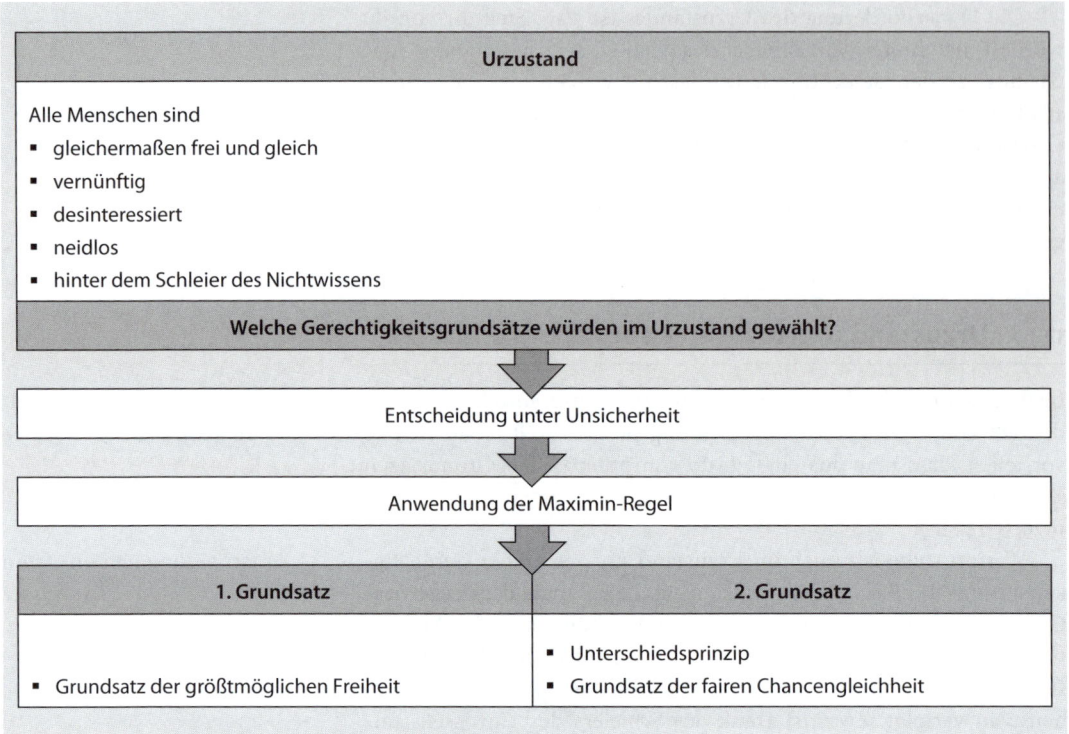

☐ Abb. 12.3 Entscheidung für die Gerechtigkeitsgrundsätze aus dem Urzustand

Folgt man der Maximin-Regel wird der erste Grundsatz der Gerechtigkeit im Urzustand gewählt. Jeder andere Grundsatz würde die Grundfreiheiten unterschiedlich verteilen. Solch eine ungleiche Verteilung können wir aber man nicht vernünftigerweise wollen, da wir im Urzustand nicht wissen, ob wir am Ende zu denjenigen gehören, die weniger Grundfreiheiten haben.

Für den zweiten Grundsatz würden wir uns entscheiden, da der schlimmste Fall der sein würde, in dem wir die schwächste gesellschaftliche Position einnehmen. Das Unterschiedsprinzip sichert uns zu, dass Ungleichverteilungen nur dann gerechtfertigt sind, wenn es uns dadurch besser gehen würde. Da die Menschen als neidlos und desinteressiert beschrieben wurden, beeinflusst die Frage, wie andere Mitglieder gestellt sind, ihren Entscheidungsprozess nicht. Bei der fairen Chancengleichheit steht wieder die Gleichheit im Vordergrund. Unabhängig davon, welche Position wir einnehmen, und sei es auch die schlechteste, haben wir dennoch die Chance auf jedes Amt und jede Position.

Die Maximin-Regel bei einer Entscheidung unter Unsicherheit zu befolgen, ist nur dann vernünftig, wenn die Entscheidungssituation gewisse weitere Eigenschaften aufweist. Rawls nennt drei Zusatzbedingungen (s. Rawls 1979, S. 179): Erstens sollte es sich um eine Situation handeln, bei der Wahrscheinlichkeitsüberlegungen über das

Eintreffen künftiger Zustände keine Rolle spielen. Wenn es möglich ist, Wahrscheinlichkeitsaussagen zu treffen, kann es sinnvoll sein, sich für eine Handlungsoption zu entscheiden, deren schlimmstmöglicher Ausgang schlechter ist als der einer alternativen Handlungsoption, wenn man durch sie viel gewinnen kann. Die Voraussetzung hierfür ist, dass die Wahrscheinlichkeit, dass der schlimmstmögliche Fall eintrifft, sehr gering und daher vernachlässigbar ist. Zweitens sollte der Mensch nicht notwendigerweise ein Bedürfnis haben, mehr zu erreichen als das, was ihm durch die Maximin-Regel zugesichert wird. Das bedeutet, dass der schlimmstmögliche Ausgang der Handlung, zu der die Maximin-Regel rät, für den Einzelnen akzeptabel ist. Drittens sollte es sich um eine Entscheidungssituation handeln, bei der viel auf dem Spiel steht, d.h. bei der man viel verlieren kann, wenn man sich falsch entscheidet.

Diese drei Kriterien treffen nach Rawls auf die Entscheidung im Urzustand zu (s. Rawls 1979, S. 180). Da die Menschen sich hinter dem Schleier des Nichtwissens befinden, ist es ihnen unmöglich, Wahrscheinlichkeiten über das Eintreffen künftiger Zustände einzuschätzen. Auch das zweite Kriterium ist erfüllt. Mir werden nämlich die gleichen Grundfreiheiten wie allen anderen zugesprochen, ich habe Chancengleichheit unabhängig von meiner gesellschaftlichen Position, und Ungleichheiten sind nur gerechtfertigt, wenn sie meinem Vorteil dienen. Mehr zu wollen, ist nicht zwingend. Drittens steht tatsächlich viel auf dem Spiel, nämlich ein Mangel an Grundfreiheiten, unfaire Behandlungen und das Fehlen von Chancengleichheit.

So, wie die Maximin-Regel formuliert ist, sollten immer auch alternative Handlungsoptionen in Betracht gezogen werden, um dann diejenige zu wählen, deren schlimmstmöglicher Ausgang noch am besten ist. Um also über die Gerechtigkeitsgrundsätze zu urteilen, sollten neben den Rawlsschen weitere berücksichtigt werden, womit man beim dritten Begründungsschritt angelangt ist. Als eigentlichen Rivalen für seine Theorie sieht Rawls utilitaristische Grundsätze (s. Rawls 1979, S. 72). Das Nützlichkeitsprinzip angewandt auf gesellschaftliche Strukturen besagt: Eine gesellschaftliche Struktur ist gerechtfertigt, wenn sie das allgemeine Glück erhöht bzw. unterstützt.

Im Urzustand mag es unter der Annahme, dass das Glück mehr oder weniger gleich verteilt ist, vernünftig sein, sich für das Nützlichkeitsprinzip zu entscheiden. Diese Annahme kann man aber nicht treffen. Eine Partei kann sich ungewöhnlich stark bereichern, und alle oder besonders eine andere Partei leiden darunter. Da der Gesamtnutzen steigt, wäre eine solche Vorgehensweise laut des Nützlichkeitsprinzips gerechtfertigt, interpretiert man den Utilitarismus als Handlungsutilitarismus (▶ Kap. 6.1.6 »Handlungsutilitarismus versus Regelutilitarismus«). Da man im Urzustand nicht wissen kann, ob man der stärkeren oder schwächeren Partei angehört, wäre es nicht vernünftig, sich für das Nützlichkeitsprinzip zu entscheiden, so Rawls. Man kann nicht vernünftigerweise riskieren, zu den Benachteiligten zu gehören. Es ist sogar denkbar, dass eine Gruppe so stark benachteiligt wird,

Entscheidung gegen das Nützlichkeitsprinzip

dass man ihr ihre Grundfreiheiten abspricht. Wenn es das allgemeine Glück erhöht, Sklaven zu halten, könnte die Grundfreiheit der körperlichen Unversehrtheit beispielsweise aufgehoben werden. Dieses Risiko würde kein Mensch vernünftigerweise in Kauf nehmen, daher würde man Rawls' Gerechtigkeitsgrundsätzen den Vorrang geben (s. Rawls 1979, S. 211 ff.).

12.1.8 Überlegungsgleichgewicht und Gerechtigkeitssinn

Gerechtigkeitssinn

Rawls' Gerechtigkeitsgrundsätze sind auf Basis von vertragstheoretischen Überlegungen zu rechtfertigen, wie die obigen Ausführungen gezeigt haben. Für Rawls ist darüber hinaus wichtig, dass diese unseren vortheoretischen, intuitiven Gerechtigkeitssinn widerspiegeln. Der Gerechtigkeitssinn bezeichnet u.a. die Fähigkeit eines Menschen – in einem gewissen Alter und mit den nötigen geistigen Fähigkeiten –, etwas als gerecht bzw. ungerecht zu beurteilen und hierfür Gründe anzugeben (s. Rawls 1979, S. 66).

Überlegungsgleichgewicht

Das Überlegungsgleichgewicht beschreibt nun den Zustand, in dem die theoretischen Urteile mit den intuitiven Urteilen harmonieren, entweder indem die Grundsätze den Intuitionen angepasst wurden oder indem die intuitiven Urteile gemäß den Grundsätzen revidiert wurden (s. Rawls 1979, S. 68). Dieser Zustand ist ein Idealzustand, der vielleicht niemals vollständig erreicht, jedoch angestrebt werden sollte.

Um sich dem Überlegungsgleichgewicht an zu nähern, sollten intuitive und theoretisch ausgearbeitete Beurteilungen miteinander abgeglichen werden. Dabei gilt: Primäres Ziel einer Gerechtigkeitstheorie sollte sein, den Gerechtigkeitssinn der Menschen zu erfassen, d.h. Grundsätze herauszuarbeiten, die zu den gleichen Ergebnissen führen wie die intuitiven Beurteilungen. Dies wird nur teilweise gelingen. Manchmal mag man auf Basis einer Gerechtigkeitstheorie Situationen anders bewerten als man es rein intuitiv tun würde. Hier hat man entweder die Wahl, die intuitiven Urteile zu überdenken oder aber die Theorie anzupassen. Rawls' Gerechtigkeitsgrundsätze können also des Weiteren dadurch gestützt werden, wenn sie zu den gleichen Einschätzungen führen, wie wir sie intuitiv treffen würden, oder aber, wenn wir die Theorie so überzeugend finden, dass wir unsere intuitiven Einschätzungen überdenken. Für Rawls trifft dies zu.

Zusammenfassung

– Grundsätze der Gerechtigkeit beziehen sich auf gesellschaftliche Strukturen und die Verteilung von Rechten und Pflichten und sozialen und gesellschaftlichen Gütern.

– Die Gerechtigkeit als Fairness wird als solche bezeichnet, da man sich in einer fairen Ausgangssituation, dem Urzustand, für ihre Gerechtigkeitsgrundsätze entscheiden würde.

- Der Urzustand ist fair, da sich die Menschen hinter dem Schleier des Nichtwissens befinden und frei, gleich, desinteressiert, neidlos und vernünftig entscheiden.
- Der erste Grundsatz der Gerechtigkeit sichert jedem Menschen das gleiche und größtmögliche Maß an Grundfreiheiten (d.h. politische Freiheit; Rede- und Versammlungsfreiheit, Gewissens- und Gedankenfreiheit; persönliche Freiheit; Recht auf persönliches Eigentum; Schutz vor willkürlicher Festnahme und Haft) zu.
- Das Unterschiedsprinzip fordert, die Interessen der am schwächsten gestellten Gesellschaftsgruppe zu berücksichtigen, d.h. dass man sie nicht schlechter stellen darf.
- Das Prinzip der fairen Chancen erkennt soziale und wirtschaftliche Ungleichheiten nur dann als gerecht an, wenn die Ämter und Positionen der Gesellschaft jedem offen stehen.
- Gerechtigkeit ist nicht nur eine Frage der jetzigen Generation, sondern auch der von künftigen Generationen.

12.2 Was können wir von Rawls' Theorie der Gerechtigkeit lernen?

In seiner Theorie der Gerechtigkeit stellt Rawls, wie eben ausgeführt, zwei Grundsätze der Gerechtigkeit dar, den Grundsatz der größtmöglichen Freiheit und den zweiten Grundsatz, der das Unterschiedsprinzip und den Grundsatz der Chancengleichheit umfasst. Was können wir aus dieser Theorie lernen?

12.2.1 Gerechtigkeit als Grundwert

Eine Motivation, warum wir einen Blick in die Philosophie werfen, bestand in der Frage, welche Werte bei welchem Philosophen begründet liegen. Rawls ist ein Philosoph, der sich für den Wert der Gerechtigkeit bzw. Fairness stark macht. Nun ist er nicht der einzige Denker, der sich mit Fragen der Gerechtigkeit auseinandersetzt. Bereits Aristoteles widmet sich in seiner *Nikomachischen Ethik* der Gerechtigkeit (s. Aristoteles 1985). Das Besondere an Rawls ist nun zum einen, wie er seine Grundsätze begründet, nämlich über ein vertragstheoretisches Konstrukt, und zum anderen, wie die Grundsätze inhaltlich gestaltet sind.

Gerechtigkeit als Grundwert

Gerade den zweiten Grundsatz der Gerechtigkeit kann man als Inspiration ansehen, wenn man persönlich weitreichende Entscheidungen treffen muss. Kommt es beispielsweise zu Umstrukturierungen in einer Firma, sollte man sich gemäß dem Unterschiedsprinzip immer fragen, welche Auswirkungen dies für das schwächste Glied hat. Entscheidungen, die beispielsweise lediglich die Dividende der Aktionäre erhöhen, dabei aber den kleinen Angestellten belasten, sind nach Rawls keine gerechten Entscheidungen.

Relevanz des zweiten Gerechtigkeitsprinzips

Auch das Prinzip der Chancengleichheit kann direkte Implikationen für den Firmenalltag haben, beispielsweise dann, wenn es um eine Neubesetzung einer Stelle geht. Eine Stelle sollte öffentlich ausgeschrieben werden, und der Entscheidungsprozess sollte transparent und gerecht gestaltet sein. In vielen Institutionen werden Stellen nicht auf diese Art und Weise vergeben. So hat mancher Außenstehende keine Chance, in eine bestehende Arbeitsgruppe aufgenommen zu werden, entweder weil er erst gar nicht von einer offenen Stelle erfährt oder aber diese bereits intern versprochen ist. Damit ist nicht gemeint, dass es nicht positiv ins Gewicht fallen kann, wenn ein langjähriger Mitarbeiter sich intern um eine neue Stelle bewirbt. Seine lange Firmenzugehörigkeit mag bei der Besetzung der Stelle positiv gewertet werden. Entscheidend ist jedoch, dass man nicht von vorneherein externe Bewerber ausschließt. Dies ist weder diesen gegenüber fair noch muss es im Interesse der Firma oder Universität sein, da dadurch vielleicht besser geeignete Bewerber gar nicht erst gefunden werden.

Die Gerechtigkeitsforschung der Psychologie

Gerechtigkeitsforschung in der Psychologie

Nun ist es in der Tat umstritten, ob man Rawls' Gerechtigkeitsgrundsätze akzeptieren sollte oder wie Gerechtigkeit anders zu erfassen ist. Die Literatur zu diesem Thema ist sehr umfangreich. Interessanterweise wird diese Debatte nicht nur in der Philosophie, sondern auch in anderen Bereichen geführt, beispielsweise in der Psychologie. Rawls geht es darum, zu beschreiben, wie Gerechtigkeit auszusehen hat. Die Fairness-Forschung in der Psychologie beschäftigt sich teilweise auch mit dieser Frage, doch darüber hinaus konzentriert sie sich darauf, was von Beteiligten als gerecht *wahrgenommen* wird und welche Auswirkungen die Fairness hat (s. Klendauer et al. 2006). So unterscheidet man in der Psychologie vier Arten von Gerechtigkeit (◘ Abb. 12.4).

verteilende Gerechtigkeit

Die distributive bzw. verteilende Gerechtigkeit ist die Gerechtigkeit von Verteilungsergebnissen, weshalb sie auch Ergebnisgerechtigkeit genannt wird. Dabei geht es sowohl um die Verteilung von Belohnungen als Ressourcen, also beispielsweise Gehalt, als auch um die Verteilung von Belastungen, also beispielsweise Arbeitsbelastung. Wie bereits im obigen Text angesprochen (► Kap. 12.1.4 »Das Unterschiedsprinzip«), kann man dabei drei Prinzipien unterscheiden, wann eine Verteilung als gerecht wahrgenommen wird. Zum einen gibt es das Equality-Prinzip, wonach alle dasselbe bekommen, getreu dem Grundsatz »Allen das Gleiche«. Zum zweiten sei das Equity-Prinzip erwähnt, wonach der, der mehr geleistet hat, mehr Belohnungen bzw. weniger Belastungen bekommt, getreu dem Motto »Wer mehr leistet, bekommt mehr«. Drittens gibt es das Need-Prinzip, wonach der Bedürftigere mehr bekommt als der weniger Bedürftigere, dem Grundsatz folgend »Jedem nach seinen Bedürfnissen«.

Distributive Gerechtigkeit	Wahrgenommene Fairness von (Verteilungs-) Ergebnissen
Prozedurale Gerechtigkeit	Wahrgenommene Fairness von Prozessen, die zu gewissen Ergebnissen führen
Interpersonale Gerechtigkeit	Respektvolles, höfliches und korrektes Verhalten gegenüber Betroffenen
Informative Gerechtigkeit	Adäquate Erklärungen, die eine bestimmte Entscheidung begründen (Quantität und Qualität der Informationen)

◘ **Abb. 12.4** Arten der Gerechtigkeit

Adams (1965) betont beispielsweise das Equity-Prinzip. Er verweist darauf, dass man hierzu das Verhältnis von geleistetem Input und dem erhaltenen Output zu betrachten hat. Wichtig hierbei muss nicht das tatsächliche Ergebnis sein, sondern das relative Ergebnis im Vergleich zu relevanten Bezugspersonen. Etwas wird als gerecht wahrgenommen, wenn das persönliche Verhältnis von Input/Output proportional zu dem der Vergleichsperson ist (s. Klendauer et al. 2006). Problematisch hierbei ist jedoch, dass die Bewertung des geleisteten Inputs und Outputs durchaus subjektiv geprägt ist. Hinzu kommt das Problem, dass Personen dazu neigen, ihren eigenen Input als höher einzuschätzen als er tatsächlich ist (»self serving bias«).

Neben der distributiven Gerechtigkeit wird seit den 70er-Jahren auch die prozedurale Gerechtigkeit diskutiert, worunter die wahrgenommene Fairness von Prozessen zu verstehen ist (s. z.B. Thibaut u. Walker 1975). Es geht darum, *wie* ein Ergebnis zustande kommt. Das Augenmerk wird hierbei auf Entscheidungsprozesse gelegt (s. Lind u. Tyler 1988; wie ein fairer Entscheidungsprozess auszusehen hat, s. Klendauer et al. 2006). Bemerkenswert hierbei ist Folgendes: Beurteilen Personen einen Entscheidungsprozess als gerecht, akzeptieren sie ein für sie nachteiligeres Ergebnis eher, als wenn sie den Entscheidungsprozess als unfair betrachten. Hierbei spielt es beispielsweise eine entscheidende Rolle, dass die betroffenen Menschen eine Stimme haben, d.h. dass sie ihre eigene Position artikulieren und somit am Entscheidungsprozess teilhaben können.

prozedurale Gerechtigkeit

In den 90er-Jahren wurde der Fokus der Fairness-Forschung um die interaktionale Gerechtigkeit erweitert. Die interaktionale Gerechtigkeit betrachtet, wie Entscheidungsträger auf sozialer Ebene mit den von ihren Entscheidungen Betroffenen umgehen (s. Bies u. Moag 1986). Eine Entscheidung kann prozedural gerecht sein und auch im Ergebnis den Standards der distributiven Gerechtigkeit genügen,

interaktionale Gerechtigkeit: interpersonale und informative Gerechtigkeit

doch wenn das Verhalten der Entscheidungsträger gewissen Standards nicht entspricht, wird sie dennoch nicht als gerecht empfunden werden. Die interaktionale Gerechtigkeit kann man wiederum in die interpersonale und die informative Gerechtigkeit untergliedern (s. Klendauer et al. 2006). Die interaktionale Gerechtigkeit bezeichnet ein respektvolles, höfliches und korrektes Verhalten, wohingegen die informative Gerechtigkeit darauf abzielt, dass den Betroffenen Erklärungen der Entscheidungen gegeben werden, d.h. dass Transparenz hergestellt wird. Es geht darum, dass sie rechtzeitig, umfassend und ehrlich informiert werden, sowohl hinsichtlich guter als auch schlechter Nachrichten.

Gerechtigkeit als moralischer Wert

Soweit zur Darstellung der verschiedenen Arten der Gerechtigkeit. Weshalb wird Gerechtigkeit als so wichtig angesehen? Zum einen wird Gerechtigkeit als moralisch wichtiger Wert angesehen (s. Klendauer et al. 2006). Wird dieser verletzt, macht man seinem Gegenüber einen (moralischen) Vorwurf. Dieser Gedanke schwingt auch bei Rawls mit. Er formuliert Grundsätze der Gerechtigkeit, ohne separat zu begründen, weshalb es wichtig ist, sich über Gerechtigkeit Gedanken zu machen.

instrumentelles Modell

Ein zweiter Aspekt wird in dem sog. instrumentellen Modell erfasst (s. Klendauer et al. 2006; Thibaut u. Walker 1975). Dieser Gedanke wird in einigen sozialpsychologischen Theorien erwähnt, man kann ihn aber auch als typisch Hobbesschen Gedanken deuten: Durch faire Entscheidungsprozesse werden langfristig betrachtet Ergebnisse erzielt, die dem eigenen Interesse am zuträglichsten sind.

relationales Modell

Als dritten Aspekt kann man das relationale Modell ansprechen (s. Klendauer et al. 2006; Lind u. Tyler 1988): Wird jemand fair behandelt, kann dies Rückschlüsse auf seine Stellung in einer Gruppe zu lassen. Zeigt man sich jemanden gegenüber als fair, dann respektiert man ihn. Außerdem kann man auf eine Gruppe eher stolz sein, die Gerechtigkeit hochhält, als auf eine, in der es keine Rolle spielt.

12.2.2 Der Schleier des Nichtwissens als Entscheidungshilfe

Schleier des Nichtwissens

Neben dem Gedanken, dass Gerechtigkeit bzw. Fairness zentrale Werte sind, kann man von Rawls einen weiteren Impuls mitnehmen: den Schleier des Nichtwissens. Zweifelsohne ist es eine sehr anspruchsvolle Aufgabe, sich vorzustellen, man befände sich hinter dem Schleier des Nichtwissens, um dann Entscheidungen zu treffen. Der bloße Versuch mag jedoch dabei helfen, möglichst unparteiische und unvoreingenommene Entscheidungen zu treffen. Gerade in schwierigen Entscheidungssituationen, die viele Menschen betreffen, kann dies als Entscheidungshilfe angesehen werden.

Stellen wir uns zur Veranschaulichung folgende Situation vor:

Beispiel: Gehaltsstrukturen

Eine Führungskraft muss über die Gehaltsstrukturen in ihrer Firma entscheiden. Es liegt in ihrem persönlichen Interesse, dass sie selbst ein möglichst gutes Gehalt bekommt. Auch mag sie aus persönlicher Zuneigung auch ihren engsten Vertrauten ein angemessenes Salär zusprechen wollen. Im Extremfall mag es sie aber nicht sonderlich interessieren, wie der Wachmann oder die Reinigungskraft bezahlt werden. Diese Führungskraft versucht sich nun hinter den Schleier des Nichtwissens zu begeben. Hinter diesem Schleier kann sie nicht mehr davon ausgehen, dass sie eine Führungskraft ist oder nicht eher eine Reinigungskraft. Sobald sie diese Möglichkeit in Betracht ziehen, ist es ihr nicht mehr egal, ob diese ein angemessenes Gehalt bekommt.

Wichtig ist herauszustellen, dass hinter dem Schleier des Nichtwissens wir nicht zwangsläufig ein gleiches Gehalt für alle beschließen müssen. Wie wir gesehen haben, können Ungleichverteilungen durchaus im Interesse aller sein. Es wird schwierig sein, fähige Leute anzuwerben, wenn der finanzielle Anreiz nicht gegeben ist. Entscheidend ist aber, dass krasse Ungerechtigkeiten durch eine Entscheidung hinter dem Schleier des Nichtwissens minimiert werden.

12.2.3 Der Nachhaltigkeitsgedanke

Durch den Verweis auf den Spargrundsatz kommt der Nachhaltigkeitsgedanke ins Spiel. Rawls fordert uns dazu auf, bei unseren Entscheidungen immer auch an künftige Generationen zu denken. Einem ähnlichen Gedanken sind wir bereits bei Jonas begegnet, wobei dieser Nachhaltigkeit in Bezug auf natürliche Ressourcen gefordert hat (▸ Kap. 8.1.2 »Das veränderte Wesen menschlichen Handelns«). Rawls im Gegensatz dazu behält die anthropozentrische Sichtweise bei, betont die nachfolgenden Generationen. Folgt man diesem Gedanken, sollte man als Führungskraft sich immer auch überlegen, welche Folgen eine Entscheidung für nachkommende Generationen haben kann. Auch wenn die Folgen nicht (immer) genau zu bestimmen sind, sollte sie sich doch fragen, wie sie ausfallen könnten, und sie dann – so gut wie möglich – in die Entscheidungsfindung mit einfließen lassen.

Zweifelsohne ist dies eine starke Forderung an den Einzelnen. Die jetzige Generation ist die, mit der wir unmittelbar konfrontiert sind, vor der wir uns direkt rechtfertigen müssen und von deren Wohlwollen wir abhängig sind. Im Einzelfall mag es schwierig sein, zu transportieren, weshalb man heute auf etwas verzichten soll, damit es einer künftigen Generation gut geht, wenn diese noch so abstrakt und weit entfernt erscheint. Erinnert man sich jedoch daran, dass die kommende Generation die der eigenen Nachfahren ist, mag dies helfen, diese gefühlte Distanz zu überwinden. Außerdem sollte man sich immer vergegenwärtigen, dass es uns heute nicht so gut (oder in manchen Bereichen so schlecht) ginge, wenn die früheren Generationen

Nachhaltigkeit im Hinblick auf künftige Generationen

weniger verantwortungsvoll (oder vielleicht weniger verantwortungslos) gehandelt hätten.

Ein Beispiel, in welchem der gerechte Spargrundsatz verletzt wird, wurde bereits mit der hohen Staatsverschuldung erwähnt. Ein anderes Beispiel betrifft den Umweltschutz. Abgesehen davon, dass man die Natur an sich als etwas Schützenswertes betrachten kann, hat Umweltverschmutzung direkte Auswirkungen für die Lebensqualität nachfolgender Generationen. Teilweise werden erst künftige Generationen begreifen, wie gravierend diese Auswirkungen sind. Stellen wir uns vor, wir befänden uns als Führungskraft in der Situation, über eine Produktionsmethode zu entscheiden, die unmittelbar positive Folgen für alle Mitarbeiter hätte, die jedoch die Umwelt nachhaltig schädigen würde. Ohne das Sparprinzip könnte es richtig sein, sich für sie zu entscheiden, doch sobald das Prinzip ins Spiel kommt, kann man sich nicht mehr dafür entscheiden. Rawls fordert uns also nicht nur dazu auf, die schwächeren Glieder der Gesellschaft zu beachten, sondern auch die nachfolgenden Generationen im Blick zu haben.

12.3   Ein kleines Lexikon der Theorie der Gerechtigkeit Rawls'

- **Egalitärer Liberalismus**
Der egalitäre Liberalismus ist eine politische Theorie, die auf Rawls zurückgeht. Gerechtigkeit in einer Gesellschaft wird über den Grundwert der Freiheit gesichert.

- **Entscheidung unter Unsicherheit**
Eine Entscheidung unter Unsicherheit beschreibt eine Entscheidungssituation, in der man nicht mit Sicherheit die zukünftigen Umweltsituationen vorhersagen kann.

- **Gerechter Spargrundsatz**
Gemäß dem gerechten Spargrundsatz soll jede Generation einen gewissen Anteil ihrer Erträge für künftige Generationen ansparen. Der gerechte Spargrundsatz schränkt das Unterschiedsprinzip ein.

- **Gerechtigkeit als Fairness**
Rawls bezeichnet seine Gerechtigkeitstheorie als »Gerechtigkeit der Fairness«. Sie umfasst zwei Gerechtigkeitsgrundsätze, den Grundsatz der größtmöglichen gleichen Freiheit und den Grundsatz, der das Unterschiedsprinzip und die (faire) Chancengleichheit beinhaltet. Die Theorie heißt Gerechtigkeit als Fairness, da die Grundsätze in einer fairen Ausgangssituation, nämlich dem Urzustand, festgelegt werden.

- **Gerechtigkeitssinn**
Der Gerechtigkeitssinn bezeichnet die Fähigkeit eines Menschen – in einem gewissen Alter und mit den nötigen geistigen Fähigkeiten –,

etwas als gerecht bzw. ungerecht zu beurteilen und hierfür Gründe anzugeben. Des Weiteren fällt darunter das Bedürfnis, meistens gerecht zu handeln, und der Wunsch, gerecht behandelt zu werden.

- **Grundgüter**

Grundgüter sind Dinge, von denen man annehmen kann, jeder vernünftige Mensch wünsche sich diese, unabhängig davon, welchen Lebensplan er verfolgt. Man unterscheidet zwischen natürlichen und gesellschaftlichen Grundgütern. Natürliche Grundgüter sind beispielsweise Gesundheit, Lebenskraft, Intelligenz und Phantasie. Gesellschaftliche Grundgüter umfassen beispielsweise Rechte, Freiheiten, Chancen sowie Einkommen und Vermögen.

- **Grundsatz der größtmöglichen gleichen Freiheit**

Der Grundsatz der größtmöglichen gleichen Freiheit ist der erste der beiden Gerechtigkeitsgrundsätze der Theorie der Gerechtigkeit als Fairness. Er regelt die Verteilung der Grundfreiheiten unter den Menschen und lautet:

» Jedermann hat gleiches Recht auf das umfangreichste Gesamtsystem gleicher Grundfreiheiten, das für alle möglich ist (Rawls 1979, S. 336). «

- **Grundsatz der (fairen) Chancengleichheit**

Der Grundsatz der (fairen) Chancengleichheit ist der zweite Teil des zweiten Gerechtigkeitsgrundsatzes, die Rawls in seiner Theorie der Gerechtigkeit als Fairness formuliert. Er regelt die Verteilung der sozialen und wirtschaftlichen Ungleichheiten und lautet:

» Soziale und wirtschaftliche Ungleichheiten müssen folgendermaßen beschaffen sein: [...] 2. sie müssen mit Ämtern und Positionen verbunden sein, die allen gemäß fairer Chancengleichheit offenstehen (Rawls 1979, S. 336). «

- **Lebensplan**

Rawls geht davon aus, dass jeder Mensch einen Lebensplan hat, d.h. einen langfristigen Plan, was er in seinem Lebensumfeld vernünftigerweise erreichen kann. Das Wohl und die Zufriedenheit der Menschen hängen von der Erfüllung dieses Planes ab. Verschiedene Personen haben ganz unterschiedliche Lebenspläne.

- **Lexikalische Ordnung**

Eine lexikalische Ordnung ist eine hierarchische Ordnung von Grundsätzen, bei welchem ein Grundsatz der Vorrang vor einem anderen zugewiesen wird, so dass der vorrangige Grundsatz nicht zugunsten des zweiten verletzt werden darf oder bei Konfliktsituationen beider Grundsätze der erste Grundsatz immer den Vorrang bekommt.

- **Maximin-Regel**

Die Maximin-Regel ist eine Entscheidungsregel für Entscheidungen unter Unsicherheit. Sie besagt, dass man bei einer Entscheidung unter Unsicherheit die Alternative wählen sollte, deren schlimmster Ausgang besser ist als der einer jeden anderen Alternative.

- **Pareto-Optimalität**

(benannt nach dem Ökonom und Soziologen Vilfredo Pareto (1848–1923)) Der Zustand der Pareto-Optimalität beschreibt einen Zustand einer Güterverteilung, indem es nicht möglich ist, eine Partei besser zu stellen, ohne eine andere Partei schlechter zu stellen. Bei einer festen Güteranzahl kann mehr als ein Verteilungszustand als paretooptimal bezeichnet werden.

- **Schleier des Nichtwissens**

Der Schleier des Nichtwissens beschreibt den Zustand des Menschen im Urzustand. Der Mensch weiß darin nicht, welche gesellschaftliche Stellung er einnimmt, welcher gesellschaftlichen Klasse er angehört, welche natürlichen Gaben (Intelligenz, Körperkraft etc.) er besitzt, was sein Lebensplan ist und zu welcher Zeit er lebt. All dies liegt hinter dem Schleier des Nichtwissens.

- **Überlegungsgleichgewicht (»reflective equilibrium«)**

Das Überlegungsgleichgewicht beschreibt einen Zustand, in dem die Grundsätze einer Person mit ihren intuitiven Urteilen miteinander harmonieren, entweder indem die Grundsätze den Intuitionen angepasst wurden oder indem die intuitiven Urteile gemäß den Grundsätzen revidiert wurden. Das Überlegungsgleichgewicht ist ein idealer Zustand.

- **Unterschiedsprinzip**

Das Unterschiedsprinzip ist der erste Teil des zweiten Gerechtigkeitsgrundsatzes der Theorie der Gerechtigkeit als Fairness. Es regelt die Verteilung der sozialen und wirtschaftlichen Ungleichheiten und lautet:

>> Soziale und wirtschaftliche Ungleichheiten müssen folgendermaßen beschaffen sein: 1. sie müssen unter Einschränkung des gerechten Spargrundsatzes den am wenigsten Begünstigten den größtmöglichen Vorteil bringen […] (Rawls 1979, S. 336). **«**

- **Urzustand**

Der Urzustand ist ein hypothetischer Zustand, in welchem sich die Menschen hinter dem Schleier des Nichtwissens befinden und alle gleichermaßen frei und gleich sind. In diesem Zustand müssen sie sich zwischen unterschiedlichen Gerechtigkeitsgrundsätzen entscheiden.

Offene Kultur

Die offene Kultur

Einführung

Im vierten und letzten Teil dieses Buches wenden wir uns zwei Denkern zu, bei denen es manchen verwundern mag, weshalb sie gemeinsam unter der Überschrift »Die offene Kultur« behandelt werden. Die Rede ist von dem Wissenschaftstheoretiker Karl Popper und dem Literaten Gotthold Lessing. Wir sehen ein verbindendes Element bei beiden Autoren, denn sie versuchen, eine grundlegende Fragestellung zu beantworten: Können wir die Wahrheit von wissenschaftlichen, ethischen oder religiösen Theorien zeigen? Und wenn wir dies nicht zeigen können, was folgt dann daraus für unser Verhalten in der Wissenschaft, Gesellschaft oder auch im zwischenmenschlichen Bereich? Die Lehren, die beide ableiten, kann man unseres Erachtens unter dem Schlagwort »offene Kultur« zusammenfassen.

13.1   Allgemeines zur Wissenschaftstheorie

Wissenschaftstheorie

Karl Popper ist Wissenschaftstheoretiker. Wissenschaftstheorie ist die Theorie über Wissenschaft, d.h. das Nachdenken über die Entstehung, die Überprüfung und die Strukturierung von wissenschaftlichen Theorien (s. Seifert 1972). Wissenschaftstheoretische Leitvorstellungen (also Vorstellungen über die Weise, wie Wissenschaft betrieben werden sollte) bestimmen das wissenschaftliche Handeln dadurch, dass sie einen Rahmen abstecken, innerhalb dessen Forschung und Lehre stattfinden (Krapp u. Heiland 1986, S. 44). So ist beispielsweise das Kriterium »intersubjektive und empirische Überprüfbarkeit« Bestandteil dieses Rahmens, oder um es anders zu verdeutlichen: Es ist eine »Spielregel« für das Geschehen in der Wissenschaft (s. Popper 1984). Intersubjektive Überprüfbarkeit bedeutet dabei, dass innerhalb einer Wissenschaftlergemeinschaft zwischen einzelnen Forschern Einigkeit über den Sinn wissenschaftlicher Sätze sowie über die Methoden des Beweises und der Überprüfbarkeit der Aussagen hergestellt werden kann.

typische Fragen der Wissenschaftstheorie

Typische Fragen der Wissenschaftstheorie sind beispielsweise: Wie kann die »Wahrheit« von wissenschaftlichen Aussagen festgestellt werden? Welche Methoden sollen als »wissenschaftlich« anerkannt werden? Wie erkennt man eine »gute« Theorie bzw. welche Kriterien gibt es für den Vergleich von Theorien? Soll eine Wissenschaft, zum Beispiel die Psychologie, für bestimmte Werte in der Gesellschaft Partei ergreifen? Was ist das entscheidende (Abgrenzungs-)Kriterium, das wissenschaftliche Theorien von alltagspsychologischen oder religiösen abgrenzt?

unterschiedliche Lehren der Wissenschaftstheorie

Antworten auf diese Fragen bieten die unterschiedlichen Lehren der Wissenschaftstheorie an (s. Frey et al. 2011; Rook et al. 2001). Es gibt unterschiedliche wissenschaftstheoretische Regelwerke, welche um die Anerkennung in der Wissenschaftlergemeinschaft ringen.

In diesem Kapitel basieren Teile auf folgender Veröffentlichung: Frey et al. 2011. Der Abdruck erfolgt mit freundlicher Genehmigung des Hogrefe Verlags.

»Die« Wissenschaftstheorie gibt es nicht, eher findet man mehrere Positionen (Schulen) mit unterschiedlichen Auffassungen über Wissenschaften (s. Ströker 1973): Entsprechend dieser unterschiedlichen Perspektiven in der Sicht auf Wissenschaft fallen auch die Aussagen über die Aufgaben und Ziele von Wissenschaften sehr vielfältig aus. Es geht – vereinfacht ausgedrückt – um die Frage, ob Wissenschaften beschreiben (Positivismus), erklären (Kritischer Rationalismus), verstehen (hermeneutische Richtungen) oder verändern (Kritische Theorie) sollen. Je nachdem, wie die Antworten ausfallen, ergeben sich weitreichende Konsequenzen für den wissenschaftlichen Arbeitsbetrieb.

13.2 Der Wahrheitsanspruch in der Wissenschaft und der Ethik

Poppers Theorie des Kritischen Rationalismus stellt eine Wende in der Wissenschaftstheorie dar (▶ Kap. 14 »Der Kritische Rationalismus«). Bis dahin wurde es als Aufgabe von empirischen Wissenschaften angesehen, ihre Theorien zu beweisen, d.h. zu zeigen, diese seien wahr. Popper bricht mit dieser Vorstellung. Er ersetzt das Prinzip der Verifikation durch das der Falsifikation. Demnach sollten Wissenschaftler nicht versuchen, ihre Theorien zu bestätigen, sondern beständig versuchen sie zu widerlegen, d.h. zu zeigen, dass sie falsch sind. Dieser Gedanke baut auf der logischen Asymmetrie zwischen der Verifikation und der Falsifikation einer Theorie auf, d.h. es ist zwar unmöglich, eine empirische Theorie als wahr zu beweisen, da es immer denkbar ist, dass es sie widerlegende Evidenzen geben könnte, jedoch können gerade solche Evidenzen eine Theorie widerlegen, d.h. sie falsifizieren. Folgt man diesen Gedanken, dann kann eine empirische Theorie bestenfalls beanspruchen, nach den bisherigen Erkenntnissen als wahr zu gelten. So mag eine Theorie beispielsweise behaupten »Alle Schwäne sind weiß«. Es kann jedoch niemals ausgeschlossen werden, dass man einen schwarzen Schwan entdeckt, auch wenn dies bisher noch nicht geschehen sein sollte, wodurch die Theorie widerlegt würde. Ein universeller Wahrheitsanspruch ist nicht legitimiert, da sich jede empirische Theorie als falsch erweisen könnte.

Da die Philosophie und somit auch die Ethik keine empirischen Wissenschaften sind, stellt sich die Frage, ob ihre Theorien eine universelle Gültigkeit für sich beanspruchen können. Betrachten wir eine spezielle Moraltheorie, scheint genau das der Fall zu sein. In ihrem Selbstverständnis ist mit eingeschrieben, dass sie die einzig richtige Moraltheorie ist. Gleiches gilt auch, wenn wir an Religionen denken. Christentum, Judentum und Islam als drei der fünf großen Weltreligionen beanspruchen jeweils für sich, die einzig wahre Religion zu sein. An dieser Stelle setzt Lessings Ringparabel an, die er in seinem Drama *Nathan der Weise* niedergeschrieben hat (▶ Kap. 13 »Relativismus und Toleranzgebot«). In dieser Parabel geht es darum, die

Wahrheit in empirischen Wissenschaften

Wahrheit in Ethik und Religion

Frage zu beantworten, welche der drei großen Religionen, Judentum, Christentum oder Islam, die richtige Religion sei. Die Antwort hierauf lautet: Wir Menschen können nicht entscheiden, welche die einzig wahre Religion ist. Ein philosophisches Argument zielt in eine ähnliche Richtung in Bezug auf ethische Theorien: Wir haben keine Möglichkeit (mit rationalen Mitteln), zu zeigen, welche die richtige Moral ist. Diese Überlegungen kann man allgemein als relativistisch bezeichnen, d.h. sie versuchen die Behauptung zu stützen, es gäbe weder eine einzig wahre Religion noch keine einzig wahre Moral.

keine absoluten Wahrheiten in Wissenschaft, Moral und Religion

Sowohl Popper als auch Lessing setzen sich also mit der Frage auseinander, ob der Wahrheitsanspruch von Theorien gerechtfertigt ist und ob er darüber hinaus zu beweisen ist. Beide kommen zu einer negativen Einschätzung. Wahrheit kann weder in den empirischen Wissenschaften noch in der Moral oder Religion zweifelsfrei bewiesen werden.

13.3   Grundgedanken der offenen Kultur

Sowohl Popper als auch Lessing leiten normative Forderungen aus ihren Überlegungen ab. Sie wollen wir als die normativen Forderungen einer offenen Kultur verstehen.

Poppers Forderung eines kritisch-rationalen Dialogs und einer offenen Gesellschaft

Popper fordert von Wissenschaftlern, beständig zu versuchen, ihre Theorien zu widerlegen. Damit weist er dem Zweifel einen zentralen Stellenwert in der Wissenschaft zu. Nur indem Wissenschaftler andauernd ihre bisherigen Erkenntnisse und Theorien in Zweifel ziehen, ist – so Popper – Fortschritt in der Wissenschaft möglich. Wissenschaft ist für Popper beständiges Problemlösen. Dies ist eine sehr anspruchsvolle Forderung, da man geneigter ist, seine eigenen Überzeugungen als wahr zu betrachten als zu verstehen, dass sie falsch sind. Das Gelingen dieses Vorhabens wird durch eine enge Zusammenarbeit zwischen unterschiedlichen Wissenschaftlern mit unterschiedlichen Stand- und Sichtpunkten auf das Problem gefördert. Popper spricht sich für einen kritisch-rationalen Dialog aus: Damit es tatsächlich zu Verbesserungen und zu Fortschritt in der Wissenschaft kommen kann, muss man sich offen und hierarchiefrei austauschen können, damit die besten Argumente Gehör finden. Hierzu benötigt man eine Offenheit gegenüber dem Anderen und dessen Gedanken.

Diese Forderung ist auch auf Firmen, andere Institutionen und letztendlich auf die gesamte Gesellschaft übertragbar. Auch hier kann man die Beteiligten dazu auffordern, Bestehendes beständig zu hinterfragen und nach besseren Lösungen zu suchen. Damit dies möglich ist, sollte auch in solch einem Umfeld ein kritisch-rationaler Dialog ermöglicht werden. So skizziert Popper das Bild einer offenen und humanen Gesellschaft.

Lessings Toleranzgebot

Auch Lessing fordert Offenheit. Offenheit, welche sich zunächst in der Toleranz gegenüber anderen Überzeugungssystemen zeigt und auch in der Bereitschaft, mit dem Anderen ins Gespräch zu kommen. Treten gerade im moralischen Bereich Konflikte auf, d.h. sich einander widersprechende Urteile darüber, wie man handeln soll, ist es nicht damit geholfen, nicht zu handeln, da in vielen Situationen eine dringende Handlungsnotwendigkeit besteht. Um aber zu einer Lösung des Konflikts zu gelangen, muss man miteinander ins Gespräch kommen.

Sowohl Popper als auch Lessing vertreten Gedanken, die für Toleranz und Offenheit gegenüber anderen Sichtweisen und gegenüber Kritik eintreten. Dies wollen wir als Grundgedanken einer offenen Kultur bezeichnen, welche auch für eine gute Führungskraft wichtig sein sollten.

offene Kultur

13.4 Ein kleines Lexikon der Wissenschaftstheorie

- **Falsifikationsprinzip**

Das Falsifikationsprinzip bezeichnet die Strategie, wissenschaftliche Theorien einer beständigen Kritik zu unterwerfen, d.h. zu versuchen, sie zu widerlegen.

- **Intersubjektive Überprüfbarkeit**

Intersubjektive Überprüfbarkeit bedeutet, dass innerhalb einer Wissenschaftlergemeinschaft zwischen einzelnen Forschern Einigkeit über den Sinn wissenschaftlicher Sätze sowie über die Methoden des Beweises und der Überprüfbarkeit der Aussagen hergestellt werden kann.

- **Verifikationsprinzip**

Das Verifikationsprinzip besagt, dass Wissenschaften versuchen sollten, ihre Theorien als wahr zu erweisen, d.h. zu zeigen, dass sie mit der Realität (Empirie) übereinstimmen. Implizit wird hierbei davon ausgegangen, dass es möglich ist, Theorien zu verifizieren.

- **Wissenschaftliche Theorie**

Theorien sind Gruppen von allgemeinen Sätzen, die dabei helfen sollen, »die Welt« zu verstehen und zu erklären.

- **Wissenschaftstheorie**

(gr.-lat.: theoria – Anschauen) Wissenschaftstheorie ist die Theorie über Wissenschaft, d.h. das Nachdenken über die Entstehung, die Überprüfung und die Strukturierung von wissenschaftlichen Theorien.

Der Kritische Rationalismus

Sir Karl Popper

» Bewusstes Lernen aus unseren Fehlern, bewusstes Lernen durch dauernde Korrektur ist das Prinzip der Einstellung, die ich den Kritischen Rationalismus nenne (Popper 2003, S. IX). «

14.1 Darstellung des Kritischen Rationalismus Poppers

Der Kritische Rationalismus stellt eine Revolution in der Geschichte der Wissenschaftstheorie dar. Kern des Kritischen Rationalismus bildet die Idee der Kritik. Jede Wissenschaft sollte beständig versuchen, ihre Theorien zu widerlegen (Falsifikationsprinzip), anstelle die Wahrheit ihrer Theorien beweisen zu wollen (Verifikationsprinzip). Nur wenn man das Verifikationsprinzip aufgibt, kann man den Fortschritt und die Weiterentwicklung einer Wissenschaft gewährleisten, so Popper. Die Grundidee des Kritischen Rationalismus ist nicht nur für die Wissenschaftstheorie relevant, sondern hat auch Auswirkungen auf gesellschaftliche, politische oder wirtschaftliche Bereiche. Popper vertritt eine sog. Stückwerktheorie: Um gesellschaftliche Prozesse zu verbessern, muss man Schritt für Schritt Veränderungen herbeiführen, statt einen abstrakten Idealzustand anzustreben.

14.1.1 Biographische Notizen

Karl Poppers Leben

Karl Poppers Leben
Sir Karl Raimund Popper (■ Abb. 14.1) revolutionierte mit seinem Kritischen Rationalismus die Wissenschaftstheorie. Geboren wurde Karl Popper am 28. Juli 1902 als Sohn eines Rechtsanwaltes in Wien. 1928 promovierte er an der Wiener Universität bei Karl Bühler und Moritz Schlick zum Thema »Zur Methodenfrage der Denkpsychologie«. Von 1930 bis 1936 arbeitete er als Hauptschullehrer für Mathematik und Physik, ehe er 1937 gemeinsam mit seiner Ehefrau nach Neuseeland emigrierte. Dort arbeitete er am Canterbury University College von Christchurch. 1946 kehrte er nach Europa zurück und lehrte an der London School of Economics. 1949 wurde er dort Professor für Logik und wissenschaftliche Methodenlehre. Durch ihn und seine Arbeit entwickelte sich die London School zu einem Zentrum für Wissenschaftstheorie. 1965 wurde er von Queen Elisabeth als Dank für seine wissenschaftlichen Erfolge in den Ritterstand erhoben und durfte sich

In diesem Kapitel basieren Teile auf folgenden Veröffentlichungen: Frey et al. 2011, mit freundlicher Genehmigung des Hogrefe Verlags; Rook, M., Irle, M. & Frey, D. 2001, mit freundlicher Genehmigung des Hans Huber Verlags.

fortan Sir Karl Popper nennen. 1969 emeritierte er, arbeitete jedoch weiterhin wissenschaftlich. Nach seiner Emeritierung erhielt er zahlreiche, hochkarätige Auszeichnungen. 1985 kehrte er für kurze Zeit nach Wien zurück, wo seine schwerkranke Frau verstarb und er eine Gastprofessur an der Wiener Universität übernahm. Am 17. September 1994 starb Popper im Alter von 92 Jahren in der Nähe von London (zur Biographie s. Thornton 2009).

Sein philosophisches Schaffen erstreckt sich auf die Gebiete der Erkenntnis- und Wissenschaftstheorie, der Sozial- und Geschichtsphilosophie und der politischen Philosophie, wie diese Auswahl an Werken zeigt:

Die beiden Grundprobleme der Erkenntnistheorie (1930–33) *Die beiden Grundprobleme der Erkenntnistheorie* setzt sich mit dem Induktionsproblem (▶ Kap. 14.1.3 »Asymmetrie zwischen Verifikation und Falsifizierbarkeit«) und dem Abgrenzungsproblem auseinander. Das Induktionsproblem bezeichnet die Schwierigkeit, dass man auf Basis eines Induktionsschlusses, also dem Schluss vom Einzelnen aufs Allgemeine, niemals die Wahrheit einer dadurch gewonnenen Aussage beweisen kann. Das Abgrenzungsproblem kümmert sich um die Frage, was eine wissenschaftliche empirische Theorie von einer nicht-wissenschaftlichen unterscheidet. Popper kritisiert die wissenschaftstheoretische Position des Positivismus, des Wiener Kreises und Ludwig Wittgensteins.

Logik der Forschung (1934) *Logik der Forschung* ist das wissenschaftstheoretische Hauptwerk Poppers. Hierin erarbeitet er seine Theorie des Kritischen Rationalismus.

Die offene Gesellschaft und ihre Feinde (1945) In diesem zweibändigen Werk setzt sich Popper kritisch mit u.a. Platon und Marx auseinander, die er als Feinde einer offenen Gesellschaft und Anhänger des Historizismus, d.h. der Lehre einer historischen Notwendigkeit, bezeichnet (▶ Kap. 14.1.10 »Kritischer Rationalismus und gesellschaftliche Fragestellungen«). In dieser Kritik erarbeitet er seine eigene Auffassung, die sog. Stückwerktheorie der Sozialwissenschaften.

Das Elend des Historizismus (1957) Gegenstand dieses Buchs sind die Sozialwissenschaften und die Frage, ob der Historizismus als sozialwissenschaftliche Methode Bestand haben kann. Diese Position wird beschrieben und kritisiert.

Ausgangspunkte. Meine intellektuelle Entwicklung (1976) In dieser Autobiographie konzentriert sich Popper hauptsächlich auf die Entwicklung seiner wissenschaftlichen Thesen und Gedanken.

Poppers Schriften (Auswahl)

Das Ich und sein Gehirn (mit J. C. Ecceles; 1977) In Zusammenarbeit mit dem Neurophysiologen John Ecceles analysiert Popper das Leib-Seele-Problem (s. zur Erklärung ▶ Kap. 8.1.1 »Biographische Notizen«) und stellt seine Drei-Welten-Lehre dar, d.h. die Unterscheidung in die physische, die psychische und die Welt der geistigen Produkte des Menschen. Er wendet sich gegen den Reduktionismus, d.h. den Versuch, alles auf rein materieller Ebene zu erklären, ebenso wie gegen die Verneinung der Willensfreiheit.

14.1.2 Die wissenschaftstheoretischen Vorgänger Poppers

wissenschaftstheoretische Vorgänger

Um die Bedeutung und auch die Besonderheit von Poppers Theorie würdigen zu können, ist es hilfreich, sich die wissenschaftstheoretischen Vorgängertheorien zu vergegenwärtigen: den klassischen Positivismus, den klassischen Empirismus und den logischen Positivismus des Wiener Kreises.

klassischer Positivismus und Empirismus

Der klassische Positivismus und klassische Empirismus zeichnen sich dadurch aus, dass sie erstmals die Forderung aufstellen, es müsse das wesentliche Kennzeichen der Wissenschaft sein, ihre Erkenntnisse über das Natur- und Geistesleben an der Erfahrungswelt zu überprüfen. Damit sollte die Wissenschaft auf den sicheren Boden der Erfahrung gestellt werden.

Der klassische Positivismus geht vor allem auf die Arbeiten des französischen Philosophen Auguste Comte zurück. Dieser fordert die Wissenschaftler auf, von dem Tatsächlichen, dem Gegebenen, eben von dem »Positiven« in ihrer wissenschaftlichen Arbeit auszugehen. Laut einem weiteren klassischen Positivisten, Ernst Mach, solle der Auffassung Comtes entsprechend die Wissenschaft möglichst exakt und ökonomisch das unmittelbar (sinnliche) Gegebene beschreiben. Alle darüber hinaus gehenden Aussagen – etwa über das Wesen oder den Sinn der Welt – müssten als sinnlose Fragen angesehen werden. Damit nahmen die Positivisten wesentliche Thesen auf, die schon die englischen klassischen Empiristen des 17. und 18. Jahrhunderts aufgestellt hatten.

Die Position des englischen klassischen Empirismus wird vor allem durch Francis Bacon, John Locke, George Berkeley und David Hume vertreten. Nach ihren Vorstellungen gelangt man mithilfe der Wissenschaft zu »wahren« Erkenntnissen über die Natur. Die Welt bilde sich in der sinnlichen Wahrnehmung direkt ab (Sensualismus). Der Wahrnehmende, der sich passiv und rezeptiv verhält, hat durch seine Sinne einen unmittelbaren Zugang zu der »wirklichen« Welt und kann völlige Gewissheit über die Objekte und Vorgänge erlangen. Die Sinneserfahrung wurde zur bevorzugten wissenschaftlichen Kenntnisquelle. Die Gefahr bei dieser Auffassung liegt in einem verführerischen Zuverlässigkeitsgefühl (s. Chalmers 1986, S. 13). Diese klassischen wissenschaftstheoretischen Positionen betonen die besondere Rolle der Erfahrung: Allgemeine Theorien lassen sich nach diesen

Wissenschaftsmodellen vollständig aus empirischen Beobachtungs-
daten ableiten. Demnach müssen wir in der Wissenschaft die Welt
nur einfach sehr genau »beobachten« (bzw. mit Messinstrumenten
»erfahren«), um zu Theorien zu kommen, die ein Abbild der Wirklichkeit darstellen (ähnlich wie ein »objektives« Foto).

Diese Wissenschaftsauffassung wurde von 1925 bis ca. 1955 von der
Position des logischen Positivismus weiterentwickelt. Sie wurde zu
der dominierenden Wissenschaftsauffassung. Ihr Ursprung liegt beim
Wiener Kreis. Der Wiener Kreis war ein Diskussionskreis von Philosophen und philosophisch interessierten Wissenschaftlern um Moritz
Schlick. Zu den Mitgliedern des Kreises gehörten Carnap, Kraft, Neurath, Hahn und andere (zur Geschichte des Wiener Kreises s. Kraft
1968). Für die Mitglieder des Wiener Kreises galten besonders die Erfolge der Naturwissenschaften (Entdeckung der Quantentheorie, Re-
lativitätstheorie) als Vorbild des gesicherten Erkenntnisfortschrittes.

Während in der Philosophie eine Anarchie konkurrierender
Schulen, Strömungen und Systeme herrschte und keine Einigung
über die Grundlagenprobleme hergestellt werden konnte, bestand in
den Naturwissenschaften weitestgehend Einigkeit über die intersubjektiv gültigen Theorien. Angesichts dieser Diskrepanz befasste sich
der Wiener Kreis mit der Frage, wodurch die naturwissenschaftlichen
Theorien diesen Status der intersubjektiven Gültigkeit erhalten. Sie
kamen zu dem Schluss, dass der wesentliche Unterschied zwischen
Naturwissenschaft und Philosophie in den metaphysischen Aussagen
(in den über die Erfahrung hinausgehenden Aussagen) liegt.

Um sinnvolle Aussagen von sinnlosen Sätzen abzugrenzen, haben die logischen Positivisten ein Sinnkriterium (»empiristisches
Sinnkriterium«, »Verifikationsprinzip«) aufgestellt, wonach nur jene
(nichtanalytischen) Aussagen als sinnvoll gelten sollen, von denen
angegeben werden kann, durch welche möglichen Erfahrungen sie
prinzipiell bestätigt (verifiziert) werden können. Eine Aussage verifizieren zu können, bedeutet, genau zu wissen, was der Fall sein muss,
wenn die Aussage wahr ist.

Metaphysische Sätze, wie Sätze über das Seinsprinzip, über Gott,
über das Ding an sich, über das Ich oder über die Seele (s. Carnap
1931), sind nach dieser Wissenschaftsauffassung sinnlos, da sich ihr
Wahrheitswert weder aufgrund ihrer logischen Form ergibt, noch
aufgrund einer empirischen Basis. Die logischen Untersuchungen
sollen zur Klärung der wissenschaftlichen Grundbegriffe und der
Struktur von Theorien führen und so vermeiden, dass:

» […] durch die Aufstellung von Scheinfragen und Scheinproblemen
die geistige Tätigkeit von Forschern nutzlos in eine falsche Richtung
gelenkt wird (Stegmüller 1952, S. 327). **«**

So lässt sich zwar in der Umgangssprache beispielsweise scheinbar
sinnvoll über die »Seele« der Menschen reden. In der Wissenschaft
aber soll gefragt werden: »Was ist die Seele?« und nur wenn der Be-

logischer Positivismus

griff »Seele« exakt und eindeutig erklärt werden kann sowie empirisch wahrnehmbare Kennzeichen für die Seele angegeben werden, kann über das Vorliegen oder Nichtvorliegen einer Seele im Menschen entschieden werden. Erst dann sind die Sätze über die »Seele« sinnvolle Sätze.

Wenn auch für die logischen Positivisten die Grundforderung des Empirismus erhalten bleibt, dass sich alle Aussagen in der Wissenschaft auf die Erfahrung zurückführen lassen müssen, stellt sich die Frage: Von welcher Art ist diese Erfahrung, auf die alle Erkenntnisse in der Wissenschaft sich zurückführen lassen?

Die größte Nähe zur Empirie haben die sog. Protokollsätze (s. z.B. Neurath 1932/33). Protokollsätze sind die einfachsten Sätze, die nur über das unmittelbar Gegebene (also über die nicht mehr weiter hinterfragbaren Erfahrungen) Aussagen machen sollen. Ein Protokollsatz kann beispielsweise folgende Form haben: »Die Person x hat zum Zeitpunkt t am Ort a die Erfahrung y gemacht.«. Die Funktion solcher Beobachtungssätze besteht darin, die zum Teil hoch abstrakten Theorien mit der empirischen Erfahrungsebene zu verbinden. Sie sind die festen Berührungspunkte der Wissenschaft mit der Wirklichkeit. Es sei betont, dass es keine theorieunabhängigen Protokoll-(Beobachtungs-)Sprachen gibt. Hinter all den benutzten Begriffen stehen weitreichende Theoriesysteme, die die Bedeutung dieser Begriffe festlegen.

14.1.3 Asymmetrie zwischen der Verifizierbarkeit und der Falsifizierbarkeit

Prinzip der Falsifikation ersetzt das der Verifikation

Popper begründete 1934 den Kritischen Rationalismus mit seinem einflussreichen Buch *Logik der Forschung*. Traditioneller Weise wird davon ausgegangen, empirische Wissenschaften sollten nachweisen, dass ihre Theorien wahr sind. Popper bricht mit dieser Vorstellung. Vielmehr soll es darum gehen, zu versuchen, Theorien zu widerlegen, d.h. zu falsifizieren. Das Prinzip der Verifikation wird also durch das der Falsifikation ersetzt, wodurch sich auch das Leitmotiv des Kritischen Rationalismus erklärt, nämlich die Idee der Kritik. So soll in den Wissenschaften die »Methode der rationalen und kritischen Diskussion« vorherrschend sein. Popper stellt sich diese Einstellung wie folgt vor:

>> […] wann immer wir nämlich glauben, die Lösung eines Problems gefunden zu haben, sollten wir unsere Lösung nicht verteidigen, sondern mit allen Mitteln versuchen, sie selbst umzustoßen (Popper 1984, S. XV). <<

Doch weshalb soll das Prinzip der Verifikation aufgegeben werden? Dieses Prinzip ist nach Popper nur »wahrheitskonservierend«, es treibt die Wissenschaft nicht zu immer neuen Lösungsversuchen von Problemen. Und darüber hinaus gilt:

das Induktionsproblem

>> Der Schluss von den durch ‚Erfahrung' (was immer wir auch mit diesem Worte meinen) verifizierten besonderen Aussagen auf die Theorie ist logisch unzulässig, Theorien sind somit niemals empirisch verifizierbar (Popper 1984, S. 14). **<<**

Die Erkenntnis, dass der Schluss von einer einzelnen Erfahrung auf eine allgemeine Theorie logisch unzulässig ist, ist für Poppers Theorie grundlegend. Auch wenn man noch so viele empirische Untersuchungen durchführt, kann man aus diesen Einzelbeobachtungen nie logisch zwingend auf allgemeine Sätze (Theorien) schließen. Auf dieses sog. Induktionsproblem (Induktion: Schließen vom Einzelnen auf das Allgemeine) hat schon der Philosoph David Hume hingewiesen (s. Hume 1906). In Theorien werden generelle Aussagen angestrebt. So möchte man beispielsweise in der Psychologie nicht nur Aussagen über die jeweils untersuchten Versuchspersonen machen, sondern beansprucht auch, Erkenntnisse über nicht untersuchte Menschen gewonnen zu haben. Will man experimentell untersuchen, welche Faktoren die Motivation von Mitarbeitern erhöhen, untersucht man das bei einer begrenzten Anzahl von Versuchspersonen. Ziel ist es aber, eine generelle Aussage über motivationsfördernde Aspekte treffen zu können. Damit dies möglich ist, muss man fragen: Wie können die sehr allgemeinen, uneingeschränkten Behauptungen, aus denen sich unsere Theorien zusammensetzen, auf der Grundlage einer nur begrenzten Anzahl von Beobachtungen gerechtfertigt werden (s. Chalmers 1986, S. 4)?

Für die klassischen Empiristen und logischen Positivisten ist die Verallgemeinerung von einer endlichen Zahl von Beobachtungen auf eine unendliche Zahl gerechtfertigt, wenn bestimmte Bedingungen erfüllt sind: Eine große Anzahl von Beobachtungen sollten durchgeführt werden; die Beobachtungen sollten unter einer Vielfalt von unterschiedlichen Bedingungen erfolgen und dürfen nicht im Widerspruch zu entsprechenden allgemeinen Gesetzen stehen (s. Chalmers 1986, S. 3). Für diese Wissenschaftsphilosophen beruhen wissenschaftliche Erkenntnisse im Wesentlichen auf dem Induktionsverfahren, d.h. wenn in Untersuchungen Hypothesen mehrfach bestätigt werden können, dann ist der Schluss auf allgemeine Aussagen gerechtfertigt.

Popper widerspricht dieser Auffassung: Wenn man die Beobachtung macht, dass in einer Situation auf das Ereignis A das Ereignis B folgt, dann folgt daraus nicht, dass B in jeder anderen Situation auf A folgt. Ein solcher Schluss folgt weder aus hundert noch aus tausend Beobachtungen dieser Art. Da auch wahrscheinlichkeitstheoretische Versionen des Induktionsverfahrens nicht aus dieser logischen Sackgasse herausführen, ist festzuhalten, dass eine Begründung induktiver Schlüsse nicht möglich ist.

Popper glaubt, einen Weg gefunden zu haben, wie er mit dem Induktionsproblem umgehen kann, ohne die daraus erwachsende Erkenntnis zu bestreiten, dass sich durch noch so viele Beobachtungen

Lösung des Induktionsproblem

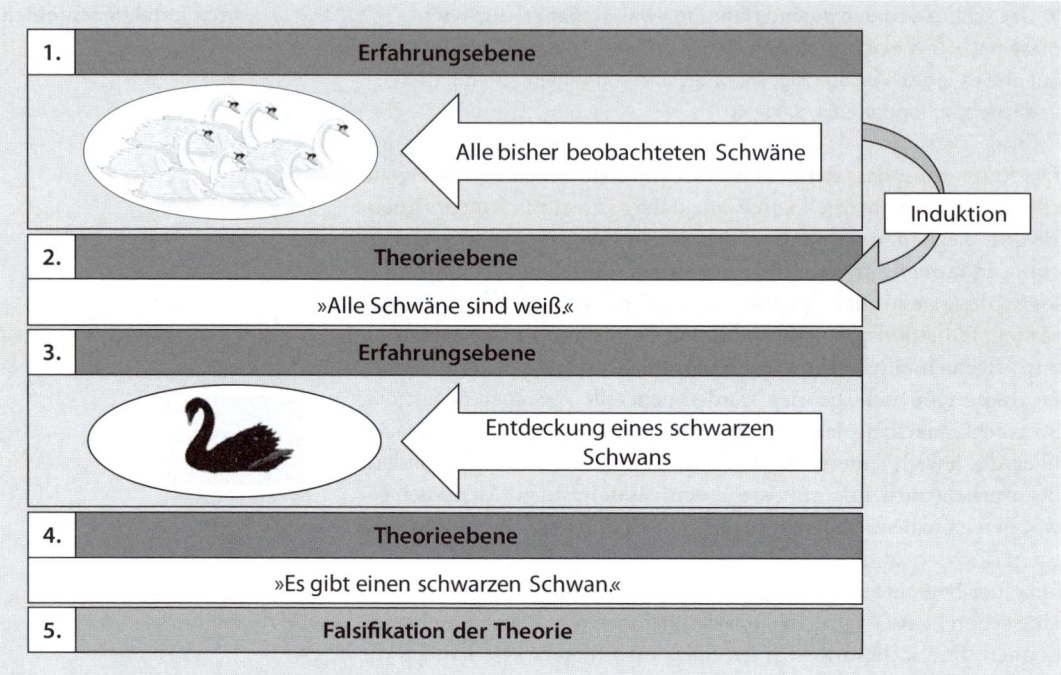

□ **Abb. 14.2** Falsifizierbarkeit einer Theorie

nie die Wahrheit einer allgemeinen Theorie rechtfertigen lässt (s. Popper 1984, S. 13). Die entscheidende Einsicht ist, dass es eine logische Asymmetrie zwischen der Verifizierbarkeit und der Falsifizierbarkeit von Theorien gibt. So können empirische Theorien sich zwar nicht als wahr beweisen, jedoch als falsch, d.h. sie können falsifiziert werden. Solch eine Falsifikation tritt auf, wenn die deduktiv aus der Theorie abgeleiteten Voraussagen (systematisch) an der Erfahrung scheitern.

Diese logische Asymmetrie wird an dem so bekannt gewordenen Beispiel Poppers von den weißen und schwarzen Schwänen deutlich: Angenommen, jemand hätte bisher nur weiße Schwäne gesehen und bildet aufgrund dieser Erfahrungsbasis mittels eines Induktionsschlusses die Hypothese: »Alle Schwäne sind weiß.« Damit trifft er aber nicht nur eine Aussage über die beobachteten, sondern auch auf alle gegenwärtig, in der Vergangenheit und in der Zukunft existierenden Schwänen. Diese Aussage kann aber niemals zweifelsfrei verifiziert werden. Es ist immer möglich, dass irgendwo und irgendwann ein Schwan beobachtet wird, der nicht weiß ist. Die Beobachtung eines einzigen schwarzen Schwanes kann den Satz »Alle Schwäne sind weiß« widerlegen (□ Abb. 14.2). Allgemeine Hypothesen können somit durch Erfahrung nicht verifiziert, jedoch falsifiziert werden.

14.1.4 Bewährung von Theorien und regulative Idee der Wahrheit

Theorien bleiben für Popper auch nach strengen Prüfungen immer fehlbar. Sie können sich aber bewähren. Eine Theorie gilt zu einem bestimmten Zeitpunkt als bewährt, wenn sie bis dahin allen Falsifikationsversuchen widerstanden hat. Bewährung ist ein gradueller Begriff, der abhängig ist von der Strenge und der Anzahl der Prüfungen. Nichtsdestotrotz kann eine Theorie niemals den Status eines endgültig gesicherten Wissens erlangen.

Bewährung einer Theorie

In diesem Zusammenhang plädiert Popper dafür, in der Wissenschaft die Idee der Wahrheit im Sinne einer regulativen Idee aufzufassen (Approximationstheorie der Wahrheit): Theorien bleiben grundsätzlich immer hypothetisch. Das Streben nach Wahrheit sollte den Wissenschaftler aber immer weiter in seinen kritischen Bemühungen vorantreiben. Durch das Lernen aus Fehlern ist nach Popper eine Annäherung an die Wahrheit möglich. So schreibt Popper:

Streben nach Wahrheit

» […] nicht der Besitz von Wissen, von unumstößlichen Wahrheiten macht den Wissenschaftler, sondern das rücksichtslos kritische, das unablässige Suchen nach Wahrheit (Popper 1984, S. 225). «

Diese Aufforderung an den Wissenschaftler, seine eigenen Erwartungen ständig zu korrigieren und mit Widerlegungsversuchen zu konfrontieren, ist eine große Anforderung; denn für jeden Menschen ist es aus seinem alltäglichen Leben heraus naheliegender und auch selbstwertschützender, nach Bestätigungen seiner Person sowie seiner Theorien zu suchen, als sich selbst und seine Forschungen ständig in Frage zu stellen (s. hierzu Dauenheimer et al. 2002; Frey u. Gaska 1993). Eine besondere Funktion erhalten an dieser Stelle der Gedanke der intersubjektiven Nachprüfbarkeit und damit der Aspekt der Möglichkeit intersubjektiver Kritik. Einem einzelnen Forscher mag es nicht gelingen, seine eigene Theorie kritisch zu prüfen. Diese Aufgabe können seine Kollegen übernehmen. Besonders an der Stelle der Überprüfungsproblematik von Theorien wird innerhalb der Konzeption des Kritischen Rationalismus deutlich, dass Wissenschaft immer auch ein sozialer Prozess ist. Es gilt als wesentliches Moment der Popperschen Forschungslogik, die Forderung nach rationaler und kritischer Diskussionsfähigkeit der Wissenschaftler festzuhalten (s. Popper 1984).

Aufforderung zur Zusammenarbeit

14.1.5 Die empirische Basis der Wissenschaften

Die Falsifikation ist ebenso wie die Verifikation abhängig von der Existenz bestimmter »Beobachtungsaussagen«. Popper hält trotz aller Modifikationen an einem empiristischen Grundprinzip fest, wenn er behauptet:

Theorieabhängigkeit der Basissätze

» Ein empirisch-wissenschaftliches System muss an der Erfahrung scheitern können (Popper 1984, S. 15). «

Diese Sätze, an welchen eine Theorie scheitern kann, sind im Kritischen Rationalismus singuläre »Es gibt«-Sätze und heißen Basissätze. Sie entsprechen weitestgehend den Protokollsätzen der logischen Positivisten. Sie machen Aussagen über Ereignisse in Raum und Zeit, die beobachtbar sind und durch Experimente gewonnen werden können. Allerdings geht Popper nicht mehr wie ein »naiver Empirist« davon aus, dass die Wissenschaft mit Basissätzen beginnt. Vielmehr weist Popper darauf hin, dass am Anfang jeglicher Wissenschaft Theorien stehen. Beobachtungen und damit Basissätze ergeben sich nur aufgrund von bestimmten theoretischen Interessen (s. Popper 1984, S. 371). Theorien leiten unsere Informationsaufnahme:

» Es gibt keine reinen Beobachtungen: sie sind von Theorien durchsetzt […] (Popper 1984, S. 76, Zusatz von 1968). «

Diese wichtige wissenschaftstheoretische Erkenntnis, dass es keine »reinen«, von Theorien unabhängigen Beobachtungen als Basis für Wissenschaft gibt, führt Popper konsequenterweise zu der Folgerung, dass auch Beobachtungsaussagen fehlbar sind. Popper beschreibt dies mit einer Metapher:

» […] die empirische Basis der objektiven Wissenschaft [ist] nichts »Absolutes«; die Wissenschaft baut nicht auf Felsengrund. Es ist eher ein Sumpfland, über dem sich die kühne Konstruktion ihrer Theorien erhebt […] (Popper 1984, S. 75 f.). «

Konventionalismus

Wenn auch die Beobachtungsaussagen keine sichere Basis für die Überprüfung von Theorien sind, wie können dann Theorien überhaupt widerlegt (falsifiziert) werden? Aus diesem schwierigen Problem innerhalb der Konzeption des Kritischen Rationalismus führt uns Popper mit dem sog. Konventionalismus.

» Die Basissätze werden durch Beschluss, durch Konvention anerkannt, sie sind Festsetzungen (Popper 1984, S. 71). «

Ein Basissatz gilt dann als (vorläufig) akzeptiert, wenn bei Einhaltung der geltenden methodologischen Regeln einer Wissenschaft innerhalb der Forschergemeinschaft Einigkeit über die Gültigkeit hergestellt werden kann (intersubjektive Einigkeit über die Erfahrbarkeit des Beobachteten).

14.1.6 Informationsgehalt als Kriterium für die Güte von Theorien

Wann werden nach Popper Theorien als wissenschaftlich anerkannt? Theorien sind nach seinem Modell wissenschaftlich, wenn sie empirisch, intersubjektiv nachprüfbar, widerspruchsfrei, falsifizierbar und wertfrei sind. Weiterhin kennzeichnet er wissenschaftliche Theorien als allgemeine Sätze, die Zusammenhänge zwischen verschiedenen, in der Realität beobachtbaren Ereignissen postulieren. Aufgestellt werden »Wenn-dann«-Beziehungen zwischen Ereignissen, d.h. es werden Ursache-Wirkungs-Zusammenhänge analysiert.

Als ein Beurteilungskriterium für die Güte von Theorien und den aus ihnen abgeleiteten Hypothesen führte Popper den Begriff des Informationsgehaltes ein. Informationshaltige, d.h. empirisch gehaltvolle, Hypothesen sollten möglichst allgemein sein (d.h. sie sollten in möglichst vielen Realitätsbereichen Gültigkeit beanspruchen), und sie sollten möglichst präzise sein (d.h. sie sollten in vielen unterschiedlichen Situationen hinsichtlich ihrer Geltung untersucht werden). Der Allgemeinheitsgrad bezieht sich auf die Wenn-Komponenten, der Präzisionsgehalt auf die Dann-Komponenten.

> Informationsgehalt von Theorien

Mit dem Konzept des Informationsgehalts wurde von Popper ein Kriterium des wissenschaftlichen Fortschritts und damit auch für den Vergleich von wissenschaftlichen Theorien aufgestellt. Je präziser und umfassender eine Theorie ist, desto anfälliger ist sie für Falsifikationen und desto größer ist ihr empirischer Informationsgehalt und damit auch der wissenschaftliche Erkenntniszugewinn.

> Kriterium für wissenschaftlichen Fortschritt

14.1.7 Funktion von Theorien

(Gute) wissenschaftliche Theorien erfüllen unterschiedliche Funktionen:

- **Beschreibung und Analyse:** Mithilfe einer Theorie lässt sich ein Sachverhalt zunächst in der Sprache der Theorie beschreiben und analysieren. Veranschaulichen wir dies am Beispiel einer psychologischen Theorie, der Reaktanztheorie (▶ Kap. 1.1.4 »Ausgewählte, interessante Erkenntnisse der Psychologie«). Sie besagt, dass Menschen mit Widerstand reagieren, wenn sie in ihrer Freiheit eingeengt werden und diese Einschränkung als illegitim oder unfair erleben. Beobachtet man also eine Person, die Widerstand zeigt, könnte man diesen Sachverhalt in der Sprache der Reaktanztheorie wie folgt beschreiben: Wahrscheinlich ist die Person illegitim eingeengt worden und zeigt deshalb Reaktanz. Diese Reaktanz zeigt sich im Widerstand.

> Beschreibung und Analyse

- **Erklärung:** Theorien erklären bestimmte Ereignisse, beispielsweise warum ein bestimmter Sachverhalt Widerstand hervorruft.

> Erklärung

- **Vorhersagen:** Die Folgen bestimmter Gegebenheiten werden vorhergesagt (prognostiziert). Was passiert also – um bei

> Vorhersage

unserem Beispiel zu bleiben –, wenn jemand illegitim eingeengt wird?

Ableitung von Technologien

— **Ableitung von Technologien:** Auch werden Wege angeben, wie man bestimmte Ziele praktisch erreichen kann. Was muss man beispielsweise tun, damit Menschen in Veränderungsprozessen nicht mit Widerstand reagieren? Man darf ihre Freiheit nicht einschränken, man muss ihnen Wahlmöglichkeiten lassen oder wenn dies nicht möglich ist, sollte man ihnen zumindest die Möglichkeit geben, ihre Bedenken zu formulieren.

Ideologiekritik

— **Ideologiekritik**: Einige Vertreter des Kritischen Rationalismus plädieren noch für eine weitere Funktion von kritisch-rationaler Wissenschaft (s. Albert 1980; Popper 1984): Bestehende Ideologien bzw. Vorurteile auf sozialem oder politischem Gebiet, die den aktuellen Erkenntnissen der Wissenschaften nicht mehr standhalten können, sollen entsprechend dem wissenschaftlichen Erkenntnisstand korrigiert werden (s. Albert 1980, S. 89). Konkret hat Ideologiekritik mit der Aufklärungsfunktion zu tun, die mit Theorien verbunden ist.

14.1.8 Modifikationen der »strengen« Falsifikationstheorie

Würde man im Sinne einer strengen Falsifikationslogik handeln, müssten die meisten sozialpsychologischen Theorien als widerlegt angesehen werden. Es gibt zu fast allen Theorien Untersuchungsergebnisse, welche konträr zu den theoretischen Vorhersagen sind.

Forderung nach grundsätzlicher Falsifizierbarkeit

Allerdings unterscheidet Popper zwischen einer prinzipiellen Falsifizierbarkeit und einer realen Falsifikation:

» Die Falsifizierbarkeit führen wir lediglich als Kriterium des empirischen Charakters von Satzsystemen ein; wann ein System als falsifiziert anzusehen ist, muss durch eigene Regeln bestimmt werden (Popper 1984, S. 54). «

Theorien müssen also gemäß der Wissenschaftsauffassung des Kritischen Rationalismus empirisch falsifizierbar sein. Was allerdings mit einer Theorie geschieht, wenn bei einer empirischen Überprüfung ein falsifizierendes Untersuchungsergebnis auftaucht, ist nicht so einfach. Durch die wissenschaftstheoretischen Auseinandersetzungen vor allem zwischen dem Wissenschaftshistoriker Kuhn (1976) und Anhängern des Kritischen Rationalismus (Lakatos 1970) wurde die Notwendigkeit von Erweiterungen der ursprünglichen Falsifikationstheorie deutlich.

dogmatischer Falsifikationismus

Laut einem dogmatischen Falsifikationisten wäre jeglicher Rettungsversuch einer Theorie angesichts falsifizierender Untersuchungsergebnisse unwissenschaftlich (s. Lakatos 1970). Wenn die beobachteten Tatsachen nicht mit den Erwartungen übereinstimmen,

14

dann muss die Theorie aufgegeben werden. Diese strenge methodische Vorschrift hätte nicht nur in den Sozialwissenschaften, sondern auch in den Naturwissenschaften dazu geführt, dass bedeutende, klassische Theorien frühzeitig hätten aufgegeben werden müssen, da es zu praktisch allen Theorien besonders in den Entdeckungsphasen widersprüchliche Untersuchungsergebnisse gibt (s. Kuhn 1976; Lakatos 1970).

Gegenüber dem Vorgehen des dogmatischen Falsifikationisten steht das »raffinierte falsifikatorische Vorgehen« (s. Lakatos 1970). Eine Theorie (T1) ist erst dann falsifiziert, wenn es eine andere, zum Teil schon bewährte Theorie (T2) gibt, welche einen größeren empirischen Gehalt als T1 hat und zudem noch neue Tatsachen voraussagt (s. Lakatos 1970). Ein Forscher, der im Sinne einer »raffinierten« Falsifikationslogik handelt, fragt somit nicht nur »Ist diese Theorie falsifiziert worden?«, sondern auch: »Gibt es eine andere Theorie, die die gleichen Phänomene ebenso, wenn nicht besser erklären kann?«.

raffinierter Falsifikationismus

Bei der bisherigen Darstellung wurde wiederholt die Existenz deterministischer Gesetze, d.h. Gesetze mit einem universellen und unbeschränkten Geltungsanspruch, vorausgesetzt. Problematischerweise verfügen die Sozialwissenschaften – und auch manche Naturwissenschaft wie die Medizin – kaum über deterministische Gesetze, sondern meist nur über probabilistische Gesetze, d.h. Aussagen über gewisse Wahrscheinlichkeiten. Dies kann entweder daran liegen, dass wir in unseren Erkenntnissen und methodischen Mitteln noch nicht weit genug sind, entsprechende deterministische Gesetze zu erkennen, oder dass es für diese Bereiche grundsätzlich unmöglich ist, solche aufzustellen (s. Herrmann 1973). Beide Positionen werden in der Psychologie vertreten.

Umgang mit probabilistischen Theorien

Betrachtet man nur das Fehlen deterministischer Gesetzesaussagen, hat dies weitreichende Konsequenzen für die Falsifikationstheorie Poppers. Probabilistische Hypothesen können nicht durch *eine einzige* empirische Falsifikation widerlegt werden. Bei ihnen sind »Abweichungen« immer miteinkalkuliert. Damit lässt sich aus einem Basissatz nicht die Falschheit eines probabilistischen Gesetzes nachweisen. Die logische Asymmetrie zwischen empirischer Verifikation und Falsifikation tritt nur bei deterministischen, nicht jedoch bei statistischen Hypothesen auf (s. Stegmüller 1973). Probabilistische Theorien werden »falsifizierbar« gemacht, indem der Wissenschaftler zusätzlich Entscheidungen darüber trifft, wann der Widerspruch zwischen den gewonnenen Basissätzen und der probabilistischen Theorie so groß ist, dass die Theorie als falsifiziert angesehen werden muss.

14.1.9 Kritische Würdigung des Kritischen Rationalismus

Wichtig für den Erkenntnisanspruch von Wissenschaft war und ist, dass es keine absolut sichere Basis für Erkenntnis gibt (auch nicht

keine absolute sichere Basis für Erkenntnis

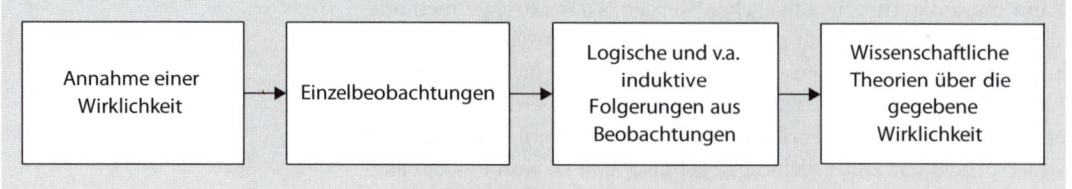

Abb. 14.3 Das »naive« Wissenschaftsschema (aus: Frey et al. 2011, mit freundlicher Genehmigung des Hogrefe Verlags)

durch empirische Basissätze, da diese durch konventionelle Einigungen belastet sind). Die Wahrheit von Sätzen und Theorien kann und darf deshalb nie in einem endgültigen Sinne behauptet und vertreten werden. Aufgrund des logisch unlösbaren Induktionsproblems ist letztlich keine Theorie beweisbar. Dies bedeutet für die empirischen Wissenschaften, dass ihre Theorien und deren Erklärungsansprüche immer in einem vorläufigen Sinne verstanden werden sollten. Die Theorien gelten so lange, bis sie eindeutig widerlegt werden oder bis Theorien entwickelt werden, die in ihrem Informationsgehalt, d.h. in der Reichweite ihrer Erklärungskraft, wesentlich über die alten Theorien hinausgehen.

naives Wissenschaftsschema

Nach der bisher erfolgten Darstellung einiger Aspekte der Entwicklung der empirisch ausgerichteten Wissenschaftstheorien sollte jetzt auch verständlicher geworden sein, wieso die Positionen des klassischen Empirismus/Positivismus bei dem heutigen wissenschaftstheoretischen Erkenntnisstand als »naiv« bezeichnet werden müssen (s. Wuchterl 1987, S. 35; ▣ Abb. 14.3).

Wissenschaftsbild des Kritischen Rationalismus

Der Empirie wird beim Kritischen Rationalismus eine veränderte Rolle zugewiesen: Beobachtungen bilden nicht mehr den Ausgangspunkt wissenschaftlicher Forschung. Am Anfang der Forschung stehen immer Theorien. Die empirische Grundhaltung zeigt sich dennoch, da aus der Theorie abgeleitete Hypothesen durch die Erfahrung bestätigt oder wiederlegt werden (s. Wuchterl 1987, S. 35). Die Empirie hat die Funktion einer kontrollierenden Kraft gegenüber den Theorienentwürfen (▣ Abb. 14.4).

Dieser Forderung nach einer übergeordneten bzw. vorgeordneten Rolle der Theorie wird im realen Forschungsprozess häufig nicht entsprochen. Besonders im Bereich der Sozialpsychologie wird häufig kritisiert, es würden zu viele vereinzelte und zu wenig allgemeine Theorien produziert. Ob diese Selbstkritik einfach für das mangelnde Selbstbewusstsein der Sozialpsychologen spricht oder ob es in diesem Fach an mutigen, kreativen Theorienentwürfen fehlt, wagen wir nicht zu entscheiden.

Popper hat ein Bild von Wissenschaft entworfen, dem jeder gern seine Zustimmung ausspricht, doch die Umsetzung dieses Ideals von Wissenschaft stellt sehr hohe Anforderungen an die Wissenschaftsorganisation und die persönlichen Fähigkeiten der einzelnen Wissenschaftler. Der Soziologe Elias hat Popper aufgrund dieser Beobachtung vorgeworfen, dass er in seiner *Logik der Forschung* ein normativ-

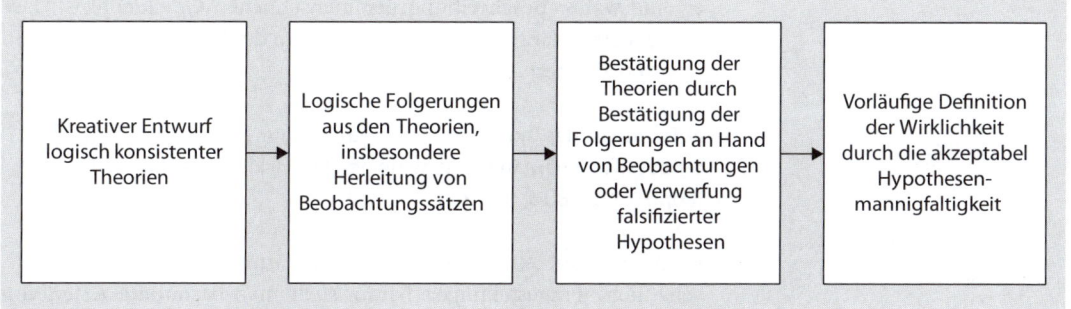

◘ Abb. 14.4 Das Wissenschaftsbild des Kritischen Rationalismus (aus: Frey et al. 2011, mit freundlicher Genehmigung des Hogrefe Verlags)

idealistisches und kein deskriptiv-realistisches Bild von Wissenschaft entworfen hat (s. Elias 1985, S. 95).

14.1.10 Kritischer Rationalismus und gesellschaftliche Fragestellungen

Bis jetzt wurde der Fokus der Betrachtung auf Poppers wissenschafts-theoretische Lehre gelegt. Er beschäftigte sich jedoch nicht nur mit der Wissenschaftstheorie, sondern auch mit gesellschaftlichen Frage-stellungen, welche im Bereich der politischen Philosophie beheimatet sind. Dabei spiegeln sich, wie gleich deutlich werden wird, viele seiner Grundüberzeugungen aus der Wissenschaftstheorie auch in seinen Überlegungen zu politischen und gesellschaftlichen Belangen wider. Zentral für diese Thematik ist vor allem sein zweibändiges Werk *Die offene Gesellschaft und ihre Feinde*. Dieses schrieb er unter den Ein-drücken der Schrecken des Zweiten Weltkrieges, des Nationalsozia-lismus in Deutschland und des darauffolgenden Erstarkens des Kom-munismus.

Die »Feinde der offenen Gesellschaft« sind für Popper alle dogma-tischen Systeme und deren geistige Väter, die eine offene Gesellschaft bedrohen. So kritisiert er beispielhaft Platon und dessen Ideenlehre oder Marx und dessen Kommunismus, ebenso wie die Lehren des Nationalsozialismus und des Vatikans. Er bezeichnet sie als historizis-tische Theorien. Der Historizismus ist nach Popper die Lehre der ge-schichtlichen Notwendigkeit. Grob charakterisiert gehen diese Theo-rien davon aus, dass die Geschichte der Menschheit vorherbestimmt und rational erkennbar ist, es also eine geschichtliche Wahrheit gibt. Historizistische Theorien gehen davon aus, dass sie diese geschicht-liche Wahrheit mit ihren Lehren erkannt haben.

Man denke hier beispielsweise an Marx' Lehre des Klassenkamp-fes und des kontinuierlichen Fortschreitens der geschichtlichen Ent-wicklung bis hin zur klassenlosen Gesellschaft. Dieser Prozess kann zwar beschleunigt, aber nicht umgangen oder verändert werden, da

Kritik an Feinden der offenen Gesellschaft

historizistische Theorien

er eine wahre Beschreibung der menschlichen Geschichte ist. Der Einzelne tritt dann hinter den Gesamtplan der Geschichte zurück. So kritisiert Popper:

> » Für ihn ist das Individuum eine Schachfigur, ein ziemlich unbedeutendes Instrument in der allgemeinen Entwicklung der Menschheit (Popper 1992, Bd. I, S. 1). «

Geht man mit einer historizistischen Grundeinstellung an gesellschaftliche Fragestellungen heran, stellt man besondere Arten von Fragen, die Popper als essentialistisch bezeichnet. So untersucht man beispielsweise »Wer ist das beste Staatsoberhaupt?«. Man versucht das wahre Wesen eines politischen Führers zu ergründen und geht von einem idealisierten Zustand aus, wo es einen solchen perfekten politischen Führer gibt.

Holismus
Darüber hinaus ist der Historizismus eng mit dem Holismus verbunden. Unter Holismus versteht man zunächst »ganzheitliche Betrachtungsweise«. Im Hinblick auf soziologische Betrachtungen bedeutet das: Soziale Gruppen sollten wie lebende Organismen verstanden werden. Sie werden durch ihre Geschichte, ihre Traditionen und Institutionen geprägt, und nur wenn man all dies beachtet, kann man Entwicklungen verstehen und vorhersehen. Hieraus folgt, dass kurzfristige Vorhersagen unmöglich sind, ebenso wie soziale Experimente scheitern müssen. Alle Verallgemeinerungen sind unmöglich, weil sie all die feinen Verflechtungen missachten, die der Holismus postuliert.

Stückwerkansatz
Diesen Gedankengebäuden stellt Popper seinen sog. Stückwerkansatz gegenüber. Was ihn an den historizistischen Theorien stört, ist – wie bereits angeklungen – die Annahme, es gäbe eine geschichtliche Wahrheit. Ebenso wie es in der Wissenschaft ein Fehler ist, anzunehmen, man hätte zweifelsfrei die Wahrheit erkannt, ist dies auch im politischen und gesellschaftlichen Bereich falsch. Popper verneint die Existenz von historischen Entwicklungsgeschichten und damit die Behauptung, die Geschichte der Menschheit sei vorherbestimmt. Der Verlauf der Geschichte ist einzigartig und deren weitere Entwicklung unvorhersehbar. So ist es unmöglich, langfristige (wahre) Prognosen über die Geschichte der Menschheit abzugeben. Dies spiegelt sich auch in seinem bekannten Ausspruch wider »Die Zukunft ist offen«.

Indem die einzelnen historizistischen Theorien davon ausgehen, die geschichtliche Wahrheit erkannt zu haben, zeigen sie sich intolerant gegenüber anderen, widersprechenden Theorien. Eine kritische Auseinandersetzung mit der eigenen Theorie ist meist nicht gegeben, und konkurrierende Weltansichten werden negiert, wenn nicht gar bedroht. Dass solch eine Atmosphäre mit Poppers Ansatz unvereinbar ist, ist offensichtlich.

Für ihn geht es darum, dass auch in gesellschaftlichen und politischen Bereichen die Idee der Kritik angewandt und Bestehendes in Frage gestellt wird. Dieses dauernde In-Frage-Stellen dient der Verbesserung des Status Quo. Die Verbesserungsvorschläge sollten

14

dann im Kleinen ansetzen und Stück für Stück zu einem wünschenswerteren Zustand führen. Hier wird auch deutlich, weshalb Popper von dem Stückwerkansatz spricht. Es geht nicht darum, die Endziele festzusetzen und dann darauf hinzuarbeiten. So sollten wir uns beispielsweise nicht überlegen, wie die perfekte Regierung aussieht, sondern uns überlegen, wie wir Machtmissbrauch (konkret) verhindern können. Popper ist ein Anhänger der Idee, Defizite in der Realität zu erkennen und diese schrittweise zu minimieren. Er sieht in diesem schrittweisen Vorgehen die beste Möglichkeit zur Verbesserung, da die Möglichkeit der Fehlerkorrektur gegeben ist.

Auch im sozialen Umfeld sind Fehler und Irrtümer ein ganz natürlicher Prozess und sollten nicht negativ bewertet werden. Vielmehr sollte es darum gehen, eine Kultur der »Open-Mindedness« (Aufgeschlossenheit) zu schaffen, in der ein kritisch-rationaler Diskurs den Umgang bestimmt. Dazu bedarf es einer hierarchiefreien Kommunikation.

Zusammenfassend kann man festhalten: Popper wendet sich auch im gesellschaftlichen Bereich gegen jegliche Form von dogmatischen Theorien, die behaupten, die Wahrheit erkannt zu haben, und die sich intolerant gegenüber konkurrierenden Gedanken zeigen. Wie in der Wissenschaftstheorie, so ist es auch in diesem Bereich falsch, davon auszugehen, man habe die Wahrheit erkannt. Vielmehr sollte man sich auch hier offen gegenüber Kritik und Verbesserungsvorschlägen zeigen, um den Status Quo zu verbessern. Es geht ihm also um eine Defizitreduktion in der Realität. Dabei betont Popper, dass Veränderungen schrittweise vonstattengehen sollten, weshalb sein Ansatz auch Stückwerksansatz genannt wird.

Zusammenfassung: Kritischer Rationalismus

Zusammenfassung

- Leitmotiv des Kritischen Rationalismus ist die Idee der Kritik. Jede wissenschaftliche Theorie sollte einer permanenten Kritik ausgesetzt werden, d.h. man sollte sie zu widerlegen versuchen (Falsifikationsprinzip).
- Das Verifikationsprinzip in den Wissenschaften, d.h. der Beweis der Wahrheit einer Theorie, scheitert, wie das Induktionsproblem zeigt.
- Es gibt eine logische Asymmetrie zwischen Verifikation und Falsifikation von empirischen Theorien: Sie können nicht endgültig verifiziert, aber endgültig falsifiziert werden.
- Die prinzipielle Falsifizierbarkeit einer Theorie grenzt wissenschaftliche von nicht-wissenschaftlichen Theorien ab.
- Empirische Theorien können sich bewähren, d.h. sie können Falsifikationsversuchen Stand halten.
- Die empirische Basis (Basissätze) beruht auf einer Konvention. Es gibt keine theorieunabhängige, unumstößliche empirische Basis.
- Die Theoriebildung spielt eine der Empirie vorgelagerte Rolle.
- Der Informationsgehalt einer Theorie ist ein Kriterium für die Güte einer Theorie und gibt die Mittel an die Hand, um unterschiedliche Theorien miteinander zu vergleichen.

- Aufgabe von Theorien ist die Erklärung von Sachverhalten, die Prognose künftiger Ereignisse, die Bereitstellung von Technologien und u.U. Ideologiekritik.
- Eine strenge Falsifikationstheorie sollte durch eine raffinierte Falsifikationstheorie, die unterschiedliche Theorien miteinander abgleicht, ersetzt werden.
- Den Historizismus, die Lehre von geschichtlichen Notwendigkeiten, gilt es zu bekämpfen.
- Der Stückwerkansatz spricht sich für eine schrittweise Modifikation des Status Quo in gesellschaftlichen Zusammenhängen aus.

14.2   Was können wir von Poppers Kritischem Rationalismus lernen?

Der Kritische Rationalismus stellt eine wissenschaftstheoretische Position dar. Er fordert die Wissenschaften dazu auf, das Prinzip der Verifikation zugunsten des Prinzips der Falsifikation aufzugeben, d.h. Wissenschaftler sollen versuchen, bestehende Theorien zu widerlegen. Nur dadurch ist Fortschritt möglich, so Popper. Diese Gedanken spiegeln sich auch in Poppers Auseinandersetzung mit gesellschaftlichen, sozialen und politischen Themen wider. So kritisiert er dogmatische Systeme jeglicher Art, da diese fälschlicherweise annehmen, die Wahrheit erkannt zu haben und auf Kritik nicht eingehen.

Kritischer Rationalismus nicht nur für Wissenschaft relevant

Diese Gedanken sind auch für wirtschaftliche Unternehmen, Schulen, Universitäten und Behörden relevant. Hier findet man leider allzu häufig Fälle, die dogmatische Strukturen aufweisen, in welchen Kritik und kritisches Hinterfragen nicht gewürdigt wird und die etablierte Führungsmannschaft sich unantastbar gibt. Mithilfe von Popper kann man solche Strukturen kritisieren und Verbesserungen anstoßen. Die entscheidende Frage ist also, was man von Popper für die Frage nach der richtigen Führung lernen kann.

14

14.2.1   Der kritisch-rationale Dialog

kritisch-rationaler Dialog

Laut dem Kritischen Rationalismus soll man nicht versuchen, Bestehendes zu bewahren, sondern es immer wieder kritisch in Frage zu stellen. Nur dadurch kann man zu Fortschritt und Weiterentwicklung kommen. Es geht darum, bestehende Strukturen immer wieder in Frage zu stellen und zu überprüfen, ob sie sich nicht verbessern lassen können. Nur weil etwas gut etabliert ist, bedeutet dies nicht, dass es dadurch legitimiert oder unantastbar sein sollte. Wenn begründete Kritik vorgebracht werden kann, sollte diese gehört werden. Durch eine solche Kritik können positive Impulse gegeben werden. Um die Idee der Kritik umzusetzen, ist ein Dialog, ein Austausch vonnöten. Wenn man zu sehr in eine Sache involviert ist, besteht die Gefahr, blind gegenüber bestimmten Schwachstellen zu werden. Ein

Außenstehender vermag manches Mal durch einen frischen und unvoreingenommen Blick Fehler besser erkennen. Hierzu muss man in einen Dialog treten. Die Art von Dialog, die solch einen Austausch ermöglicht, sei als kritisch-rationaler Dialog bezeichnet. Man kann es als Aufgabe einer guten Führungskraft begreifen, dass sie die Bedingungen für solch einen Dialog schafft. Dieser zeichnet sich durch folgende Punkte aus:

Hierarchiefreie Kommunikation Um einem kritisch-rationalen Dialog den Weg zu ebnen, sollte eine hierarchiefreie Kommunikation möglich sein. Hierbei geht es nicht darum, Hierarchien an sich abzuschaffen. Sie sind sicherlich in vielerlei Hinsicht wichtig. Entscheidend ist aber, dass bei einer sachorientierten Diskussion die Möglichkeit gegeben sein sollte, dass Mitarbeiter und Vorgesetzter ohne hierarchische Barrieren miteinander diskutieren und sich austauschen. Dabei sollte der Mitarbeiter seinem Chef durchaus auch widersprechen können, ohne Nachteile befürchten zu müssen.

hierarchiefreie Kommunikation

Kultur des guten Arguments Verbunden mit dem vorhergegangenen Aspekt ist die Kultur des guten Arguments. In sachorientierten Diskussionen sollten Argumente ausgetauscht werden. Es sollte darum gehen, Standpunkte darzulegen und gut zu begründen. Dabei sollte das beste Argument, unabhängig davon, wer es vorbringt, gewinnen. Es sollte nicht darum gehen, *wer* etwas sagt, sondern *was* gesagt wird. Damit stellt man Forderungen an die Gesprächsteilnehmer: Sie brauchen gut durchdachte und überzeugende Argumente. Hier kann man auf die Forderung Kants Bezug nehmen »Habe Mut, dich deines eigenen Verstandes zu bedienen!«. Der Dialog wird auch als kritisch-rational bezeichnet.

Macht des guten Arguments

Aufgeschlossenheit (Open-Mindedness) Ein weiteres Charakteristikum des kritisch-rationalen Dialogs ist die Aufgeschlossenheit aller Beteiligten, was so viel heißt, als dass die Diskussionsteilnehmer willig sind, Kritik aufzunehmen und neuen Ideen und Vorschlägen positiv gegenüberzustehen. Die einzelne Person muss also bereit sein, sich selbst in Frage zu stellen, um sich zu entwickeln. Und auch auf nicht-personaler, organisationaler Ebene muss Kritik angenommen werden. Das heißt, dass Organisationen oder die Mitglieder von Organisationen sich selbst in Frage stellen und kritische Reflexion fördern (Was läuft gut? Was läuft nicht gut? Wo können wir uns verbessern?), anstatt das Phänomen »Bei uns nicht erfunden, folglich kann es nicht gut sein« (»Not invented here-Syndrom«) aufrechtzuerhalten

Open-Mindedness

Die Forschung über Innovationen und Spitzenleistungen legt nahe, dass die Rahmenbedingungen, die Popper für die Entwicklung von Wissenschaft, aber auch für die Entwicklung der Gesellschaft fordert, dieselben sind, wie sie sich auch für Innovationen als erfolgreich erwiesen haben. Durch einen kritisch-rationalen Dialog kann man also Kreativität und Innovationsfähigkeit fördern.

Kritisch-rationaler Dialog fördert Kreativität und Innovationsfähigkeit.

Kritisch-rationaler Dialog wird häufig nicht gelebt.

Blickt man auf die Realität vieler Firmen, wird vielerorts deutlich, dass kein solcher Dialog möglich ist. Oftmals gibt es fast totalitäre Strukturen: Die Geschäftsführung fühlt sich im Besitz der Wahrheit, lässt weder kritisches Denken noch Widerspruch zu, ruft die Ideen der Mitarbeiter nicht ab oder lässt sie nicht gelten, führt keinen argumentativen Austausch und ignoriert das Prinzip, dass führen argumentieren und überzeugen bedeutet.

Herausforderung des kritisch-rationalen Dialogs

Wir sind in vielen, wenn nicht gar in den meisten Firmen weit davon entfernt, die Poppersche Kultur zu leben. Das Ernst-Nehmen der Popperschen Kultur würde die Mitarbeiter mehr fordern. Es würde darauf geachtet werden, dass ein kritischer Austausch von Pro- und Contra-Positionen stattfindet, und auch dogmatische Denksysteme und Tabuthemen könnten und würden thematisiert werden. Dies fordert selbstverständlich auch die Führungskraft auf besondere Weise. Es mag einfacher sein, wenn man ohne Gespräch mit den Mitarbeitern selbst entscheidet und sich auf keine Diskussionen einlässt.

Gegen die Idee der dauerhaften Kritik mag man einwenden, dass dadurch eine Kultur der Blockade und des Zweifels geschaffen wird, in welcher nur diskutiert und nichts entschieden wird und in der die Zweifler die Oberhand gewinnen. So sollte man Popper nicht verstehen. Es geht nicht um *destruktive*, sondern um *konstruktive* Kritik. Es liegt im Verantwortungsbereich der Führungskraft, irgendwann einen Schlussstrich zu ziehen, eine Entscheidung zu treffen und dann auch umzusetzen. Die eigentliche und zentrale Forderung ist, dass Kritik und Einwände überhaupt möglich sind und gehört werden.

Einwände gegen die Idee der Kritik

Die Idee der Kritik soll des Weiteren nicht bedeuten, dass alles Bestehende schlecht ist und dass keine Tradition aufrecht erhalten werden darf. Um nochmals die Analogie zur Wissenschaftstheorie zu ziehen: Theorien können sich bewähren, d.h. man kann sie nicht widerlegen. Entsprechendes mag für bestehende Strukturen in Firmen gelten: Wenn keine bessere installiert werden kann, hat die bestehende Struktur durchaus ihre Daseinsberechtigung. Entscheidend für Popper ist Folgendes: Nur weil etwas Bestand hat, stellt dies noch keinen Grund dar, es beizubehalten.

14.2.2 Ein Center of Excellence und die Kulturen des Kritischen Rationalismus

Center of Excellence

Poppers Gedanken kann man noch konkreter auf den Führungsalltag übertragen. Hierbei spielt die Idee eines sog. Center of Excellence eine Schlüsselrolle. Unter Center of Excellence verstehen wir Teams, Abteilungen oder ganze Unternehmen, die höchsten Standards verpflichtet und in diesen führend sind. Diese Spitzenleistung kann sich auf verschiedene Kriterien wie Serviceleistungen, innovative Produkte oder die Adaptation an Marktveränderungen beziehen. Man kann es nun als Aufgabe von Führungspersonen ansehen, ihre Abteilungen bzw. Firmen in solche Center zu verwandeln. Frey hat sog. Center-of-

14.2 · Was können wir von Poppers Kritischem Rationalismus lernen?

277   **14**

Excellence-Kulturen aufgeführt, die zu derartigen Spitzenleistungen führen (s. hierzu im Detail Frey 1998). Unter diesen finden sich auch die Kulturen des Kritischen Rationalismus, die direkt aus der Philosophie Poppers abgeleitet wurden, auch wenn Popper selbst diesen Transfer nicht vornimmt.

Kulturen des Kritischen Rationalismus für ein Center of Excellence
- Problemlösekultur
- Fehlerkultur
- Lern- und Zukunftskultur
- Streit- und Konfliktkultur
- Frage- und Neugierkultur
- Phantasie- und Kreativitätskultur

Problemlösekultur

Eines der letzten Bücher Poppers heißt *Alles Leben ist Problemlösen*. In diesem Titel spiegelt sich eine Grundüberzeugung Poppers wider: Er ist der Auffassung, dass Wissenschaft Problemlösen ist. Es ist die Aufgabe von Wissenschaftlern, Lösungen für Probleme zu finden. Dieser Gedanken ist auf Führung in sozialen und kommerziellen Organisationen übertragbar: Probleme sind dazu da, gelöst zu werden. Man sollte sich als Problem*löser* und nicht nur als Problem*thematisierer* verstehen. Probleme sollte man als Chancen und Herausforderungen zur Weiterentwicklung begreifen.

Probleme als Chancen und Herausforderungen

Eine gute Führungskraft sollte darum bemüht sein, dass solch eine Problemlösekultur gelebt wird. Sie fordert dazu auf, in Möglichkeiten, statt in Schwierigkeiten zu denken. Natürlich muss zunächst einmal eine Schwierigkeit erkannt und benannt werden. Hier darf der Prozess aber nicht abbrechen. Ist ein Problem erkannt, sollte man sich dafür verantwortlich fühlen, auch Lösungsvorschläge zu entwickeln. Eine Führungskraft ermuntert hierzu und zeigt die Offenheit, dass man mit Problemen und Schwierigkeiten an sie herantreten kann. Sie erwartet aber eben nicht nur, dass Schwierigkeiten benannt werden, sondern zugleich auch Lösungsvorschläge. Ziel ist es, eine gemeinsame Überzeugung zu etablieren: »Wir sind Weltmeister im Problemlösen.«. Eine solche Mentalität hat direkte Auswirkungen auf die Wahrscheinlichkeit, dass Probleme gelöst werden. Problemlösekultur richtig umgesetzt bewirkt einen Prozess der kontinuierlichen Problemlösung.

Problemlösekultur fördern

Beispiel: Zusammenarbeit von Abteilungen

Stellen wir uns hierzu vor, dass das Zusammenspiel zwischen verschiedenen Abteilungen nicht reibungslos funktioniert. Es kommt zu einem Stau an Arbeit, so dass der Gesamtprozess ins Stocken gerät. Die Mitarbeiter sind sich dieses Problems bewusst. Nun sollten sie dazu aufgefordert werden, dieses Problem nicht nur zu benennen, sondern sich konstruktiv Lösungen dafür zu überlegen. Dadurch kann der Arbeitsprozess optimiert werden, und wahrscheinlich kann auch die Zufriedenheit der Mitarbeiter durch geringere Reibungsverluste mit der anderen Abteilung erhöht werden.

Die Problemlösekultur kann auch im Bereich der Erziehung gelebt werden.

Beispiel: Lernatmosphäre
Stellen wir uns eine Schulklasse vor, die mit der Lernatmosphäre unzufrieden ist. Als Lehrer ist es ratsam, die Unzufriedenheit nicht schlicht zu ignorieren. Den Schülern sollte die Möglichkeit gegeben werden, zu artikulieren, was sie stört. Das Problem sollte definiert werden, um dann gemeinsam überlegen zu können, was man ändern kann. Der Lehrer sollte die Schüler dabei unterstützen und ihnen zeigen, dass das Grundproblem gelöst werden kann.

Konstruktive Fehlerkultur

positives Potenzial von Fehlern

Eine weitere Kultur des Kritischen Rationalismus ist eine konstruktive Fehlerkultur. Mithilfe Poppers kann der positive Aspekt von Fehlern betont werden. Wird eine Theorie falsifiziert, treten bei ihr Fehler auf, d.h. Probleme, die sie nicht lösen kann. Damit wird eine Lücke in der Theorie sichtbar, weshalb man die Theorie modifizieren oder durch eine bessere Theorie ersetzen muss. Das Auftreten von Fehlern ermöglicht also Innovationen und Verbesserungen. Im Zusammenhang von Poppers Gedankenwelt sind Fehler also durchaus positiv zu sehen.

»normaler« Umgang mit Fehlern

Unser gewöhnlicher Umgang mit Fehlern sieht anders aus. Niemand macht gerne Fehler. Tritt ein Fehler auf, möchte man ihn gerne ungeschehen machen oder hofft zumindest, dass ihn niemand bemerkt oder er zumindest keine schlimmen Folgen hat. Gelobt und belohnt wird man nur, wenn man eine tadellose Leistung erbracht hat. Schon in der Schule wird diese Einstellung vermittelt: Ziel ist die fehlerlose Klassenarbeit.

konstruktive Fehleranalyse

Nach Popper liegt in Fehlern ein positives Potenzial für die Weiterentwicklung bestehender Theorien bzw. Sachverhalte. Gleiches gilt auch in Hinblick auf die individuelle Entwicklung: Durch Fehler kann man Entwicklungspotenziale erkennen. Hierin liegt eine Aufgabe für Führungskräfte. Wenn ein Fehler aufgetreten ist, muss er analysiert werden: Warum ist er aufgetreten? Wäre er vermeidbar gewesen? Wenn ja, warum ist er dennoch aufgetreten? Was können andere daraus lernen? Wenn er nicht vermeidbar war, wo liegt die Schwachstelle im System? Was muss geschehen, damit der Fehler nicht mehr auftritt?

Fragen wie diese müssen gestellt und beantwortet werden. Dabei ist es wichtig, bei der Analyse möglichst sachorientiert zu bleiben. Sonst besteht die Gefahr, die Person, die den Fehler gemacht hat, an den Pranger zu stellen. Dadurch würden Fehler aber wiederum ungern zugegeben.

Beispiel: Universitäre Hausarbeit
Denken wir hierzu an den universitären Alltag. Schreibt ein Student eine Hausarbeit, ist es – leider – häufig der Fall, dass er sie abgibt, nach einiger Zeit benotet zurückbekommt und damit der Gesamtprozess abgeschlossen ist. Der Dozent setzt sich nicht mit dem Studenten zusammen und bespricht mit ihm die Arbeit: Wo liegen die Fehler? Weshalb sind sie entstanden? Wie kann man sie vermeiden? Durch solch eine Nachbesprechung kann verhindert werden, dass der Student den gleichen Fehler immer wieder begeht und stattdessen tatsächlich etwas lernt. Idealerweise sollte auch die Möglichkeit der Überarbeitung gegeben werden, so dass die Angst vor nicht wieder gut zu machenden Fehlern verschwindet.

Vertritt man eine positive Sichtweise auf Fehler und ihr Lernpotenzial, fordert man damit seine Mitarbeiter nicht dazu auf, wahllos Fehler zu machen. Natürlich müssen fatale Fehler vermieden werden, ebenso wie Fahrlässigkeit oder Nachlässigkeit.

    Zusammenfassend kann man festhalten: Ohne konstruktive Fehlerkultur gibt es kein optimales Innovationsmanagement. Fehler sollten als Chance für die Entwicklung gesehen werden. Aus Fehlern kann man lernen, und daher sollte man sie als Herausforderung betrachten. Es gilt also, Fehler nicht zu vertuschen oder über Schuldzuweisungen auf andere Mitarbeiter abzuwälzen. Zu einer konstruktiven Fehlerkultur gehört die ständige Selbstreflexion darüber, wo noch Defizite vorhanden sind. Das setzt die Einstellung voraus, dass niemand perfekt ist. Mit Fehlern sollte man sich aktiv und konstruktiv auseinandersetzen, sonst verspielt man leichtfertig die Nutzenseite des Irrtums, während die Kosten bereits bezahlt sind! Der Fehler ist bereits passiert, der Schaden eventuell entstanden. Analysiert man den Fehler, kann man einen positiven Nutzen aus dem Fehler ziehen.

    Hier kann man eine Verbindung zu der Problemlösekultur herstellen: Treten Fehler auf, sollte man sich überlegen, woran dies liegt und wie man sie vermeiden hätte können.

Lern- und Zukunftskultur
Folgt man Poppers Bild von Wissenschaft, wird deutlich, dass wissenschaftliches Arbeiten ein dauernder Lernprozess ist. Fehler müssen gefunden und analysiert werden, um dadurch bessere und angemessenere Theorien entwickeln zu können. Nicht das Bestehende soll bestätigt werden, sondern Neuerungen sind angestrebt. Hieraus lässt sich eine Lern- und Zukunftskultur ableiten.

    Nur wenn Erfahrungen permanent ausgewertet und in den eigenen Wissensschatz und Kompetenzbereich integriert werden, kann eine lernende Organisation entstehen, die sich stetig weiter entwickelt (s. Senge 1994). Ohne eine basale Lern- und Zukunftskultur sind

Vermeidung fataler Fehler

ohne Fehleranalyse kein optimales Innovationsmanagement

ohne Lern- und Zukunftskultur keine Innovationen

keine Innovationen zu erwarten. Wichtig ist daher, dass man ständig versucht, zu lernen: Lernen kann man von Positivbeispielen bzw. Erfolgen, aber auch von Negativbeispielen und Misserfolgen. Lernen kann man über Analogien (Wie funktionieren Teams im Sport? Wie funktionieren biologische Organismen und Systeme? Wann funktionieren sie schlecht?). Lernen kann man aufgrund der eigenen Defizite und aufgrund der Stärken von anderen. Gelernt wird also nicht in erster Linie in Weiterbildungsseminaren, sondern auch und vor allem durch Reflexion der Mängel in den Abläufen der Tages-, Wochen- und Monatsarbeit. Entscheidend ist, dass man das Konzept des lebenslangen Lernens verinnerlicht und die eigene Entwicklung nicht als abgeschlossen definiert.

Relevanz für Bildungs- und Wirtschaftssektor

In Bildungsinstitutionen sollte solch eine Lern- und Zukunftskultur selbstverständlich sein, da man ihre Daseinsberechtigung aus der Wissensvermittlung bzw. dem Wissenszugewinn ableiten kann. Sie sollte aber eben auch in dem Bereich der Wirtschaft verinnerlicht werden. Die Aufgabe einer Führungskraft in der Wirtschaft ist es also, die Rahmenbedingungen zu schaffen, dass die eben angesprochenen Lernprozesse ermöglicht werden. Dies kann beispielsweise durch institutionalisierte Treffen von Abteilungen verwirklicht werden, in denen die Arbeit der vergangenen Wochen besprochen und analysiert wird, um dann gemeinsam Lehren daraus abzuleiten.

Streit- und Konfliktkultur

positive Sichtweise auf Konflikte

Wir haben oben erwähnt, dass die Falsifikation einer wissenschaftlichen Theorie ein interaktiver Prozess ist. Einem Wissenschaftler allein gelingt es kaum, eine Theorie aufzubauen und sie zugleich selbst wieder zu widerlegen. Diese Aufgabe müssen andere übernehmen. Ganz grundsätzlich ist Wissenschaft kein isolierter Arbeitsprozess einzelner. Wissenschaftler müssen zusammenarbeiten und sich auf die Erkenntnisse anderer beziehen. Hierbei werden entweder vis-à-vis oder durch wissenschaftliche Schriften Argumente ausgetauscht, was durchaus mit Leidenschaft geschehen kann. Man sollte also eine Streit- und Konfliktkultur in der Wissenschaft leben. Eine solche ist auch für Führungs- und Erziehungsfragen relevant.

In einer guten Streit- und Konfliktkultur werden Konflikte positiv gesehen: Sie sind Motor des Wandels und der Optimierung im Ablauf. Die sozial- und organisationspsychologische Forschung zeigt konsistent, dass sachliche Konflikte die Qualität von Entscheidungsprozessen und Entscheidungen erhöhen (s. z.B. Cosier u. Schwenk 1990; Schwenk 1988; Schulz-Hardt 1997; Tjosvold 1985). Auch wenn Personen, die abweichende Positionen vertreten, in der Sache nicht Recht haben sollten, stimuliert alleine ihr Widerspruch abweichendes Denken und bewirkt eine Steigerung der Kreativität und der Entscheidungsqualität (s. z.B. Nemeth 1992). In einer konstruktiven Konfliktkultur müssen daher Querdenken, Zivilcourage und konstruktiver Eigensinn gefordert und gefördert werden.

14

Wichtig hierbei ist aber, *wie* Konflikte ausgetragen werden. Zunächst einmal sollten die Konflikte sich auf sachliche Aspekte beziehen. Auf dieser Ebene kann man mit harten Bandagen kämpfen und seine Argumente vehement vorbringen. Auf der zwischenmenschlichen Ebene sollte man Fingerspitzengefühl haben. Persönliche und verletzende Angriffe sind nicht angebracht. Auch sollte man einschätzen, wie hart man argumentieren darf, ohne das Gegenüber zu verletzen. Man sollte also das Motto leben »Tough on the issue, soft on the person«. Von einer guten Führungskraft kann gefordert werden, dass sie selbst persönliche und verletzende Angriffe vermeidet und somit eine Vorbildfunktion einnimmt. Außerdem sollte sie darauf achten, dass von den anderen Diskussionsteilnehmern solche Angriffe unterlassen werden.

Tough on the issue, soft on the person

Frage- und Neugierkultur

Folgt man Poppers Bild von guter wissenschaftlicher Arbeit, herrscht dort eine Frage- und Neugierkultur, eine Kultur, welche auch im Wirtschafts- und Bildungsbereich gelebt werden kann. Wenn Wissenschaftler aufgefordert werden, Bestehendes zu hinterfragen und neue Lösungen zu finden, sollten sie ein gewisses Maß an Neugier und Entdeckerwillen haben. Ohne sie wird es ihnen schwerfallen, ihr wissenschaftliches Streben voranzutreiben.

Neugier und Entdeckerwillen

Möchte eine Führungskraft eine Frage- und Neugierkultur fördern, sollte sie dazu ermuntern und auffordern, Fragen zu stellen. Dabei sollte das Motto gelten: Keine Frage ist tabu. Derjenige, der gefragt wird, kann selbst entscheiden, ob und wie er eine Frage beantwortet. Dabei ist entscheidend, dass er seine Antwort oder fehlende Antwort begründet. Auch eine Führungskraft sollte selbst Fragen stellen und neugierig sein. Durch eine Frage kann sie Prozesse anstoßen, die zu Innovationen führen.

Neugier wecken

Denken wir an den Bildungsbereich, erkennt man schnell, wie wichtig es auch hier ist, eine Frage- und Neugierkultur zu leben. Kinder sind von sich aus sehr neugierig. Sie stellen viele Fragen, wollen alles wissen und begeistern sich für vieles. Leider ist häufig zu beobachten, dass sie diese Neugier und diese Begeisterung im Laufe ihrer Schulzeit verlieren. Teilweise wird ihnen vermittelt, es ginge allein darum, kommentarlos Inhalte zu lernen, damit sie sie passend wiedergeben könnte. Ein Lehrer sollte aber die natürliche Neugier der Kinder nutzen und sie dazu ermuntern, Fragen zu stellen und Sachverhalte in Frage zu stellen. Er kann kontroverse Fragen in den Raum stellen und sehen, wie die Kinder damit umgehen. Für einen Lehrenden kann es unter Umständen anstrengender sein, wenn die Schüler aktiv nachfragen, weil man nie weiß, welche Frage einen erwartet. Eine interessierte und aufgeweckte Klasse zu unterrichten, kann aber auch die eigene Freude am Unterrichten steigern, was sich wiederum positiv auf die Schüler auswirkt.

Phantasie- und Kreativitätskultur

Kreativität, um Probleme zu entdecken und zu lösen

Auch eine Kultur der Phantasie und Kreativität kann man zu den Kulturen des Kritischen Rationalismus zählen. Wenn man bestehende Theorien falsifiziert, bedeutet dies auch, dass man neue Theorien entwickelt. Hierzu ist ein gewisses Maß an Kreativität notwendig: Kreativität, um zu entdecken, wo die Probleme liegen, und Kreativität, um neue Theorien aufzubauen. Wissenschaftliches Arbeiten kann ein sehr kreatives Arbeiten sein, weshalb man von einer Phantasie- und Kreativitätskultur sprechen kann, welche gelebt werden sollte. Erneut ist eine Übertragung auf andere Bereiche möglich.

Kreativität als Quelle von Qualität und Innovation

Wer an Qualität und Innovation interessiert ist, für den spielt die Kreativitätskultur eine zentrale Rolle. Flexibilität im Denken und Verhalten ist erforderlich. Starres Perfektionsstreben tötet Kreativität und Innovation. Vielmehr sollte zum In-Frage-Stellen des Bestehenden ermuntert werden, Phantasie und Kreativität sollten gefördert werden, ebenso wie schöpferisches Chaos erlaubt sein sollte.

Kreativität fördern

Die Frage ist, wie man Kreativität und Phantasie aktiv fördern kann. Es hilft, Regeln zu minimieren, bei Vorschriften Ausnahmen zuzulassen und vorausschauenden Systemdenkern mehr Anerkennung zu geben. Auch können Führungskräften und Mitarbeitern Kreativitätstechniken, wie Brainstorming (s. z.B. Krause 1996), zur Problemanalyse und Ideenfindung vermittelt werden. Zudem können alle Beteiligten zu Gedankenexperimenten aufgefordert werden, in denen sie sich zum Beispiel überlegen sollen, wie sie denselben Output mit 50 Prozent weniger Ressourcen, Kosten, Zeit und Man-Power erzielen könnten. Eine weitere bewährte Strategie ist die Animierung zum Rollenwechsel: »Stellen Sie sich vor, der Kunde würde Ihre Arbeit und die Arbeit Ihrer Abteilung heute beobachten und müsste jeden Prozess und jede Tätigkeit sofort bar bezahlen. Was davon würde er bezahlen wollen, was nicht?« Oder: »Würden Sie sich genauso verhalten, wenn Ihnen das Unternehmen gehören würde?«. Solche Fragen bewirken, dass Defizite, Störungen und Fehlerquellen bewusst werden.

14.2.3 Schrittweise Veränderungen

Wie wir bereits gesehen haben, spielt die Idee der dauerhaften Veränderung bei Popper eine extrem wichtige Rolle. Im Sinne des Stückwerkansatzes sollten die Veränderungen aber im Kleinen und Schritt für Schritt vonstattengehen, da man nur dann immer wieder korrigierend eingreifen kann und sich nicht in der Idee versteigt, man kenne bereits den Idealzustand.

Schrittweises Vorgehen erleichtert Veränderungen.

Diese Idee hilft auch dabei, Veränderungen tatsächlich in Gang zu bringen. Natürlich kann es hilfreich und wertvoll sein, wenn man eine Vision davon hat, was man erreichen will, und diese Vision auch formuliert. Manches Mal mag es aber einschränkend und lähmend wirken, erkennt man die Diskrepanz zwischen dem Ist-Zustand und dem Soll-Zustand. Im Sinne Poppers kann man die Aufgabe in Teilschritte zergliedern und dann sich zunächst einmal nur das Ziel zu setzen, den nächsten Schritt auszuführen. Dadurch ist immer wieder die Möglichkeit zur Korrektur gegeben. Außerdem erscheinen kleine Teilschritte machbarer als übergroß wirkende Aufgaben. Eine schöne Veranschaulichung dieses Gedankens findet man in dem Kinderbuchklassiker *Momo* von Michael Ende. Beppo Straßenkehrer, Momos alter Freund, offenbart hierin seine Strategie, wie es ihm gelingt, noch so lange Straßen zu kehren, ohne sich von deren schierer Länge entmutigen zu lassen. So blickt er gar nicht ans Ende der Straße, sondern denkt immer nur an den nächsten Schritt, getreu dem Motto »Schritt, Besenstrich, Atemzug«, und ehe er sich versieht ist die gesamte Straße gefegt. Er geht also schrittweise vor.

Eine schrittweise Herangehensweise an Veränderungen ist nicht nur für eine Führungskraft einfacher umsetzbar. Mit solch einer Methode kann die Akzeptanz für die Veränderung bei den betroffenen Mitarbeitern erhöht werden. Denken wir zur Veranschaulichung an eine Firma, die vor großen Umstrukturierungen steht. Eine Möglichkeit besteht darin, von heute auf morgen alles anders zu machen: Man entwirft den Idealzustand am Reißbrett und stülpt ihn einfach den Mitarbeitern über. Sicherlich werden viele sich dadurch überrumpelt fühlen. Ihnen wird die Sicherheit des Vertrauten genommen, und implizit schwingt auch der Vorwurf mit, dass ihre bisherige Arbeit nichts wert war, da ja nun alles anders (und besser) gemacht wird. Eine andere Möglichkeit ist, die Veränderungen Schritt für Schritt umzusetzen, so dass alle Betroffenen die Möglichkeit haben, sich an das Neue zu gewöhnen. Außerdem haben sie nicht das Gefühl, dass sie nicht mitreden können, da im Sinne Poppers immer die Möglichkeit der Kritik und der Korrektur gegeben wird. Somit wird es wahrscheinlicher sein, dass Veränderungen positiv angenommen und verinnerlicht werden.

14.3 Ein kleines Lexikon des Kritischen Rationalismus Poppers

■ **Approximationstheorie der Wahrheit**
Wahrheit sollte in den Wissenschaften als regulative Idee aufgefasst werden, d.h. Wissenschaften sollten nach Wahrheit streben, aber dennoch bleiben ihre Theorien immer hypothetisch und unterliegen einer dauerhaften kritischen Prüfung. Wahrheit sollte angestrebt, kann jedoch niemals mit Sicherheit erreicht werden.

■ **Basissätze**
Basissätze sind »Es gibt«-Sätze, die Aussagen über Ereignisse in Raum und Zeit machen, die beobachtbar sind und durch Experimente gewonnen werden können. Sie sind die Vermittlungssätze zwischen Theorien/Hypothesen und der »Wirklichkeit«. Jedoch sind Basissätze nicht theorieunabhängig.

- **Bewährung einer Theorie**

Theorien können zwar nicht verifiziert werden, sie können sich aber bewähren. Eine Theorie gilt zu einem bestimmten Zeitpunkt als bewährt, wenn sie allen Falsifikationsversuchen bis zu diesem Zeitpunkt widerstanden hat. Bewährung ist ein gradueller Begriff ist, der abhängig ist von der Strenge und der Anzahl der Prüfungen.

- **Center of Excellence**

Unter einem *Center of Excellence* verstehen wir Teams, Abteilungen oder ganze Unternehmen, die höchsten Standards verpflichtet und in diesen führend sind.

- **Empirische Überprüfbarkeit**

Empirische Überprüfbarkeit ist eine Forderung, die an wissenschaftliche empirische Theorien gestellt wird. Sie fordert, dass die Ergebnisse einer Theorie an der Wirklichkeit, d.h. an der Empirie, getestet werden kann.

- **Empirismus**

Die Position des englischen klassischen Empirismus wird vor allen durch Francis Bacon, John Locke, George Berkely und David Hume repräsentiert. Laut des klassischen Empirismus gelangt man mithilfe der Wissenschaft zu »wahren« Erkenntnissen über die Natur. Die Welt, so wird angenommen, bildet sich in sinnlichen Wahrnehmungen direkt ab (Sensualismus), so dass der Wahrnehmende durch seine Sinne einen unmittelbaren Zugang zu der »wirklichen« Welt hat und somit völlige Gewissheit über die Objekte und Vorgänge erlangen kann. Die Sinneserfahrung gilt folglich als bevorzugte wissenschaftliche Kenntnisquelle.

- **Explanandum**

(lat.: explanare – erklären; Gerundium) Das Explanandum bezeichnet einen zu erklärenden Sachverhalt.

- **Explanans**

(lat.: explanare – erklären) Das Explanans bezeichnet das, was einen Sachverhalt erklärt. Es können entweder allgemeine Gesetzmäßigkeiten (Hypothesen, Theorien, Naturgesetze) sein oder Beschreibungen der für einen besonderen Fall gegebenen Anfangsbedingungen und der Randbedingungen (des Kontextes, der in Experimenten randomisiert oder konstant zu halten versucht wird). Das Ereignis (das Explanandum) wird aus dem Explanans logisch abgeleitet.

- **Falsifikationsprinzip**

Das Falsifikationsprinzip bezeichnet die Strategie, wissenschaftliche Theorien einer beständigen Kritik zu unterwerfen, d.h. zu versuchen, sie zu widerlegen.

- **Hintergrundwissen**

Rivalisierende Theorien eines Fachbereiches sowie hypothetische und messtechnische Vorannahmen bezeichnen das Hintergrundwissen zu einer Theorie. Es dient zur Konstituierung von Hilfsannahmen, die notwendig sind, um eine Theorie zu überprüfen.

- **Historizismus**

Als historizistische Theorien bezeichnet Popper eine Gruppe von sozialwissenschaftlichen und philosophischen Theorien, die von einer geschichtlichen Notwendigkeit ausgehen. Diese Theorien nehmen an, dass es eine geschichtliche Wahrheit gibt, d.h. einen Entwicklungsprozess, wie sich die Geschichte der Menschheit entwickelt, und dass diese Wahrheit rational erkannt werden kann.

- **Induktion**

Schluss von dem Einzelnen auf das Allgemeine. Zum Beispiel: Alle bisher beobachteten Schwäne sind weiß, also schließen wir auf den allgemeinen Satz »Alle Schwäne sind weiß«.

- **Induktionsproblem**

Der Schluss von einzelnen Erfahrungen auf allgemeine Theorien ist logisch unzulässig. Aus auch noch so vielen empirischen Untersuchungen kann man niemals die Wahrheit eines allgemeinen Satzes ableiten, da man nicht ausschließen kann, dass in Zukunft eine abweichende Beobachtung auftritt.

- **Informationsgehalt**

Der Informationsgehalt bezeichnet den empirischen Gehalt von Theorien. Eine Theorie ist umso gehaltvoller, je allgemeiner und je präziser sie ist. Allgemeinheit bedeutet dabei, dass die Theorie in möglichst vielen Realitätsbereichen gültig ist. Präzision wiederum, dass die Theorie in vielen unterschiedlichen Situationen hinsichtlich ihrer Geltung untersucht wird. Theorien stellen »Wenn-dann«-Beziehungen zwischen Ereignissen auf. Der Allgemeinheitsgrad bezieht sich auf die Wenn-Komponenten, der Präzisionsgehalt auf die Dann-Komponenten. Der Informationsgehalt ist ein Kriterium für den wissenschaftlichen Fortschritt und ein Kriterium für den Vergleich von wissenschaftlichen Theorien.

- **Konventionalismus**

Der Konventionalismus besagt, dass die Basissätze durch einen Beschluss der Wissenschaftsgemeinschaft anerkannt werden und nicht theorieunabhängige Geltung besitzen. Ein Basissatz gilt dann als (vorläufig) akzeptiert, wenn bei Einhaltung der geltenden methodologischen Regeln einer Wissenschaft innerhalb der Forschergemeinschaft Einigkeit über die Gültigkeit hergestellt werden kann (intersubjektive Einigkeit über die Erfahrbarkeit des Beobachteten).

- **Kritischer Rationalismus**

Der Kritische Rationalismus ist eine wissenschaftstheoretische Lehre, die von Karl Popper in seinem Buch *Logik der Forschung* begründet wurde. Die Grundidee des Kritischen Rationalismus ist die Idee der Kritik: Wissenschaftliche Theorien sollen einer dauerhaften kritischen Prüfung unterzogen werden. Anstelle zu versuchen, eine Theorie zu beweisen, solle man versuchen, sie zu widerlegen, also zu falsifizieren. Das Prinzip der Falsifikation spielt demnach die zentrale Rolle. Die prinzipielle Falsifizierbarkeit einer Theorie bildet im Kritischen Rationalismus auch das Abgrenzungskriterium zwischen wissenschaftlichen und nicht-wissenschaftlichen Theorien.

- **Positivismus**

Der klassische Positivismus forderte die Wissenschaftler auf, von dem Tatsächlichen, dem Gegebenen, eben von dem »Positiven« in ihrer wissenschaftlichen Arbeit auszugehen. Die Wissenschaft soll möglichst exakt und ökonomisch das unmittelbar Gegebene beschreiben. Alle darüber hinaus gehenden Aussagen – etwa über das Wesen oder den Sinn der Welt – müssen als sinnlose Fragen angesehen werden.

- **Stückwerkansatz**

Der Stückwerkansatz bildet Poppers Gegenvorschlag zu den historizistischen Theorien. Verbesserungsvorschläge für den Status Quo sollen schrittweise umgesetzt werden, anstatt einem idealtypischen Endziel nachzueifern, über welches der Einzelne keine Kontrolle hat. Der Verbesserungsprozess sollte, wie in der Wissenschaftstheorie, immer wieder kritisch hinterfragt werden, es sollte also eine offene Diskussionskultur gelebt werden.

- **Verifikationsprinzip**

Das Verifikationsprinzip oder Prinzip der Verifikation besagt, dass Wissenschaften versuchen sollten, ihre Theorien als wahr zu erweisen, d.h. zu zeigen, dass sie mit der Realität (Empirie) übereinstimmen. Implizit wird hierbei davon ausgegangen, dass es möglich ist, Theorien zu verifizieren.

14

Relativismus und Toleranzgebot

Gotthold Lessing

» Es eifre jeder seiner ungestochnen von Vorurteilen freien Liebe nach! Es strebe von euch jeder um die Wette, die Kraft des Steins in seinem Ring' an Tag zu legen! Komme dieser Kraft mit Sanftmut, mit herzlicher Verträglichkeit, mit Wohltun, mit innigster Ergebenheit in Gott zu Hilf'! (Lessing 2000, III, S. 7). «

15.1   Darstellung der Ringparabel und des relativistischen Gedankens

Lessings *Nathan der Weise* gilt nicht zuletzt wegen der darin niedergeschriebenen Ringparabel als das wichtigste Stück des Autors und als eines der Schlüsselwerke der deutschen Aufklärung. Die Parabel antwortet auf die Frage, ob das Christentum, das Judentum oder der Islam die einzig wahre Religion sei, indem sie auf die Unentscheidbarkeit dieser Frage hinweist: Wir können nicht wissen, welche die richtige Religion ist, und daher besitzen alle drei gleichermaßen Gültigkeit. Damit klingt ein relativistischer Gedanke an, den man auch auf die Frage, ob es eine einzig richtige Moraltheorie gibt, übertragen kann. Wenn mehrere Religionen und mehrere Moraltheorien gleichermaßen gültig sind, kann man daraus das sog. Toleranzgebot ableiten: Ein jeder solle sich tolerant gegenüber anderen Kulturen und Religionen zeigen.

15.1.1   Biographische Notizen

Gotthold Ephraim Lessings Leben

Gotthold Ephraim Lessings Leben
Gotthold Ephraim Lessing (■ Abb. 15.1) gilt bis heute als einer der wichtigsten deutschen Schriftsteller und Dichter. Seine Werke stehen auf dem Kanon der klassischen Bildung, und seine Dramen werden regelmäßig an großen wie kleinen Theatern aufgeführt. Hierbei spielt der Umstand, dass er in seinen Werken versucht, die Ideale der deutschen Aufklärung zu transportieren, sicher keine geringe Rolle.

Geboren wurde Lessing als Sohn eines Pastors am 22. Januar 1729 in Kamenz in der Oberlausitz. Nach dem Besuch der Stadtschule in Kamenz wechselte er auf die Fürstenschule in Meißen, die er von 1741 bis 1746 besuchte. Daran schloss sich ein Studium der Theologie und der Medizin in Leipzig an. Danach versuchte er sich als freier Schriftsteller und Journalist in Berlin, ehe er von 1760 bis 1765 als Sekretär bei General Tauentzien arbeitete. Von 1767 an war er Dramaturg und Kritiker am hamburgischen Deutschen Nationaltheater. 1770 wurde er Bibliothekar in Wolfenbüttel. Ein Jahr später trat Lessing in eine Freimaurerloge ein. Im selben Jahr verlobte er sich mit Eva König, die er 1776 heiratete. Ihre Ehe blieb kinderlos, und Eva starb 1778 an Kindbettfieber. Am 15. Februar 1781 verstarb Lessing in Braunschweig (zur Biographie s. Daum et al. 1998–2000).

Lessings Schaffen erstreckt sich sowohl auf theoretische als auch auf literarische bzw. poetische Werke. Er veröffentlichte theologiekritische, philosophische sowie ästhetische Schriften. Sein literarisches Werk besteht neben Gedichten und Fabeln aus Dramen, wie beispielsweise den folgenden:

Der junge Gelehrte (1747) Das Lustspiel *Der junge Gelehrte* ist das bekannteste Frühwerk Lessings. Es erzählt die Geschichte rund um die tugendhafte und verarmte Juliane, die bei Chrysander, einem alten Kaufmann, lebt. Dieser hofft, das Vermögen Julianes zurückzuerhalten und möchte sie deshalb mit seinem Sohn Damis, einem weltfremden Gelehrten, verheiraten. Jedoch bemüht sich auch Valer um Juliane und versucht mithilfe zweier Freunde, die Heirat zwischen Damis und Juliane zu verhindern. Zu guter Letzt gelingt ihm dies.

Miß Sara Sampson (1755) *Miß Sara Sampson* ist das erste deutschsprachige bürgerliche Trauerspiel. Die junge, tugendhafte Sara Sampson befindet sich mit ihrem Geliebten Mellefont auf der Flucht und möchte ihn heiraten. Die beiden werden von Saras Vater und Marwood, der ehemaligen Geliebten von Mellefont und Mutter von dessen Tochter, verfolgt. Marwood möchte sich an Mellefont rächen und ihn zurückgewinnen. Nachdem Sara von der ehemaligen Geliebten und deren Tochter erfährt, kommt es fast zur Trennung der Liebenden. Sara vergibt ihrem Geliebten. Am Ende wird sie aber von Marwood vergiftet und stirbt.

Philotas (1759) Das Trauerspiel *Philotas* wurde zur Zeit des Siebenjährigen Krieges geschrieben. Prinz Philotas ist durch eigenes Verschulden in feindliche Hände geraten, was seinen Vater erpressbar macht. Nachdem Aridäus, Sohn des gegnerischen Königs, ebenfalls gefangen genommen wird, besteht Hoffnung auf eine einvernehmliche Lösung des Konflikts. Dennoch entschließt sich Philatos, besessen von der Idee, selbst etwas zum Krieg beizusteuern, sich umzubringen.

Minna von Barnhelm (1763) Das zeitkritische Lustspiel *Minna von Barnhelm* handelt von dem Major von Tellheim, der unehrenhaft und unter Bestechungsvorwürfen aus der preußischen Armee entlassen wurde. Da Tellheim mittellos dasteht, will er die Verlobung mit Minna von Barnhelm lösen. Diese versucht mit allen Mitteln, ihn zurückzugewinnen, was ihr letztendlich auch gelingt. *Minna von Barnhelm* ist bahnbrechend in der Literaturgeschichte, da hier erstmals echte Charaktere anstelle von standardisierten Charakteren beschrieben werden.

Emilia Galotti (1772) *Emilia Galotti* erzählt die Geschichte der bürgerlichen Emilia, deren Heirat mit dem Grafen Appiani von dem regierenden Prinzen Hettore Gonzaga sabotiert wird. Dieser lässt ihren Verlobten ermorden, um Emilia zu seiner Geliebten zu machen.

Lessings Schriften (Auswahl)

Emilia sieht den einzigen Ausweg, ihre Ehre zu retten, darin, ihren Vater dazu zu reizen, sie zu ermorden. *Emilia Galotti* gehört zur Gattung des bürgerlichen Trauerspiels und gilt als eines der wichtigsten Werke der Aufklärung und der Empfindsamkeit. Lessing übt deutliche Kritik an der absolutistischen Herrschaft des Adels und kontrastiert hiermit die moralische Standhaftigkeit des Bürgertums.

Nathan der Weise (1779) *Nathan der Weise* ist Lessings letztes Stück. Es wird auch als Ideendrama bezeichnet, da er sich hierin mit den Grundideen des Humanismus, der Religionsoffenheit und der Toleranz auseinandersetzt. Kernstück bildet die sog. Ringparabel.

Im Folgenden werden wir uns mit diesem letzten Stück und der darin enthaltenen Ringparabel befassen.

15.1.2 Nathan der Weise – die historischen Hintergründe

Dritter Kreuzzug (1189-1192)

Die Geschichte *Nathan der Weise* spielt 1192 in Jerusalem während des Dritten Kreuzzuges (1189–1192), einer Zeit geprägt von unglaublicher Grausamkeit (zu den geschichtlichen Hintergründen s. Ratzke 2001–2006). Drei der fünf Weltreligionen – Christentum, Judentum und Islam – prallten mit besonderer Vehemenz aufeinander und kämpften um ihr Existenzrecht im gelobten Land.

1187 hatte Sultan Saladin, der mit vollen Namen El-Malik Nasir Salehed-Din Jussuf hieß, Jerusalem aus den Händen der Kreuzritter zurückerobert. Seine Schwester war 1187 Opfer eines Überfalls des christlichen Raubritters Rainald von Chattilon geworden, woraufhin Saladin Vergeltung schwor und sich gegen die christliche Übermacht zur Wehr setzte. Nach der Eroberung Jerusalems erlaubte Saladin den unterlegenen Christen, sich selbst und mittellose Glaubensbrüder freizukaufen. Da jedoch nur wenige betuchte Christen die Möglichkeit wahrnahmen, andere Christen vor der Sklaverei zu retten, und obwohl Saladin zehntausend Mittellose begnadigte, wurden dennoch viele in die Sklaverei verkauft. Nichtsdestotrotz erwies sich Saladin im Hinblick auf die sonst gängigen Praktiken der damaligen Zeit als äußerst moralischer und edler Herrscher.

Der Dritte Kreuzzug war eine Reaktion auf die Rückeroberung Jerusalems durch Saladin. Philipp II von Frankreich, Richard I von England – genannt König Löwenherz – und Kaiser Friedrich I schickten sich an, Jerusalem wieder in christliche Hände zu bringen. Jedoch war dieses Vorhaben nicht von Erfolg gekrönt: Friedrich ertrank beim Baden 1190 im Saleph, woraufhin sein Heer unverrichteter Dinge umkehrte. Richard und Philipp waren erfolgreicher. 1191 schafften sie es, die Stadt Akkon zurückzuerobern, wo es zu einem Massenmord an über 3000 Menschen kam. Philipp kehrte kurz nach dem Fall der Stadt nach Frankreich zurück und fiel in die damals von den Engländern besetzte Normandie ein. Als Richard von diesem Überfall

erfuhr, suchte er Frieden mit Saladin und gab das Ziel der Zurück-
eroberung Jerusalems auf. Es kam zu einem Waffenstillstand mit Saladin, der den Christen einen freien Zugang zur heiligen Stadt Jerusalem sicherte. Zu eben dieser Zeit des Waffenstillstandes spielt die
Geschichte *Nathan der Weise*.

15.1.3 Nathan der Weise – die Geschichte

Nathan der Weise kann auf der einen Seite als Erzählung einer Ent-
wirrung von verwickelten Verwandtschaftsverhältnissen verstanden
werden. Auf der anderen Seite ist es eine Schrift, die sich für huma-
nistische Ideale, für Toleranz und für Religionsfreiheit stark macht.
Im Mittelpunkt der Geschehnisse steht Nathan, ein reicher, jüdischer
Kaufmann aus Jerusalem, der nach einer Geschäftsreise nach Hause
zurückkehrt. Daheim erwarten ihn Recha, seine Adoptivtochter, und
Daja, deren christliche Gesellschaftsdame. Er erfährt, dass Recha während seiner Abwesenheit beinahe ums Leben gekommen wäre, hätte
ein Tempelherr sie nicht gerettet. Nathan möchte sich bei diesem bedanken, doch dieser verwehrt den Dank, da er Juden verabscheut und
Nathans Haus nicht betreten will. Nathan und der Tempelherr begegnen sich aber doch noch, und nach einem Gespräch über Gott und
Glauben schließen die beiden schließlich Freundschaft. Nach und
nach wird deutlich, dass sich Recha und der Tempelherr ineinander
verliebt haben, und der Tempelherr bittet Nathan um die Hand dessen
Tochter. Dieser erbittet sich Bedenkzeit aus. Während dieser erfährt
der Tempelherr von Daja, dass Recha adoptiert ist und im Grunde
keine Jüdin, sondern eine Christin ist. Nach weiteren Verwicklun-
gen kommt schlussendlich ans Licht, dass Recha und der Tempelherr
Geschwister sind und eigentlich Leu und Blanda von Filnek heißen.
Des Weiteren erfährt man, dass Sultan Saladin und dessen Schwester
Onkel und Tante der beiden sind.

Parallel zu diesen Ereignissen flicht sich das Geschick Sultan Saladins und dessen Schwester Sittah in die Geschichte ein. Saladin ist
durch seine Großzügigkeit in schwere Geldnot geraten und lebt von
dem Geld seiner Schwester. Er hat den ehemaligen mohammedani-
schen Bettelmönch Al Hafi, einen guten Freund Nathans, als Schatz-
meister eingestellt. Sittah kommt nun auf den Gedanken, von Nathan
das notwendige Geld zu bekommen. So wird eine List erdacht, wie
man Nathan dazu bringen kann, ihnen das Geld zu geben. Diese List
besteht in der Frage Saladins:

》 So sage mir doch einmal – Was für ein Glaube, was für ein Gesetz
hat dir am meisten eingeleuchtet? (Lessing 2000, III, S. 5). **《**

Saladin erwartet, Nathan würde antworten, die jüdische Religion sei
die einzig wahre, was ein Affront gegenüber ihm, dem muslimischen
Herrscher, gewesen wäre, weshalb man Nathan dazu hätte auffordern

Familiengeschichte und
Ideendrama

können, ihm das Geld zu geben. Anders als geplant antwortet Nathan aber mit der berühmten Ringparabel, welche das Kernstück des Dramas bildet. Saladin ist so beeindruckt von der Antwort und der Lehre aus der Ringparabel, dass er Nathan die Freundschaft anträgt. Dieser nimmt das Angebot an und bietet Saladin, ohne dass dieser hat nachfragen müssen, finanzielle Hilfe an.

15.1.4 Ursprünge der Ringparabel

die Ringparabel bei Boccaccio

Auch wenn die Ringparabel durch ihre Verwendung in Lessings *Nathan der Weise* bekannt wurde, ist Lessing nicht ihr Erfinder. Schon in mittelalterlichen Texten, wie der *Gesta Romanarum* (dt.: *Altrömische Kalendergeschichten*), eine 1300 entstandene Sammlung von 300 Kurzgeschichten, oder der *Cento Novelle Antiche*, eine zwischen 1281 und 1300 entstandene Sammlung von 100 altitalienischen Novellen, wird die Parabel erzählt. Auch Giovanni Boccaccio erzählt die Ringparabel in seinem *Decameron* (dt.: *Das Zehn-Tage-Werk*), einer Sammlung von 100 Novellen. In einer der Novellen wird die Geschichte von Saladin, dem in Geldnot steckenden muslimischen Sultan von Babylon, und dem reichen, aber geizigen Juden Melchisedech erzählt. Saladin benötigt dringend Geld, weiß aber um die Geizigkeit des Juden und vermutet, dass dieser ihm kein Geld leihen wird. So ersinnt er sich eine List, wie Melchisedech unter dem Deckmantel der Rechtmäßigkeit dazu gezwungen werden kann, ihm das Geld zu geben. Diese List besteht in folgender Fangfrage:

» Mein Freund, ich habe schon von vielen gehört, du seiest weise und habest besonders in göttlichen Dingen tiefe Einsicht. Darum wüsste ich gern von dir, welches unter den drei Gesetzen du für das wahre hältst, das jüdische, das sarazenische oder das christliche (Boccaccio 1994-2007, III. Novelle). «

Ebenso wie bei Lessings Version antwortet der Jude – anders als erwartet – nicht direkt mit der Aussage, das jüdische Gesetz sei das einzig wahre:

» Mein Gebieter, die Frage, die Ihr mir vorlegt, ist schön und tiefsinnig. Soll ich aber meine Meinung darüber sagen, so muss ich Euch eine kleine Geschichte erzählen, die Ihr sogleich vernehmen sollt (Boccaccio 1994–2007, III. Novelle). «

Die Ringparabel wird im Folgenden – leicht abweichend von der Version Lessings – wiedergegeben. Die Geschichte wird mit folgenden Worten beschlossen:

» So sage ich Euch denn, mein Gebieter, auch von den drei Gesetzen, die Gottvater den drei Völkern gegeben und über die Ihr mich befraget. Jedes der Völker glaubt seine Erbschaft, sein wahres Gesetz und

15

seine Gebote zu haben, damit es sie befolge. Wer es aber wirklich hat, darüber ist, wie über die Ringe, die Frage noch unentschieden (Boccaccio 1994–2007, III. Novelle). **«**

15.1.5 Die Ringparabel bei Lessing

In Lessings *Nathan der Weise* gewährt Sultan Saladin, nachdem er die Frage nach der einzig wahren Religion gestellt hat, Nathan eine kurze Bedenkzeit, während derer Nathan die List aufgeht und überlegt, wie er dieser entgehen kann. Am Ende seiner Überlegungen meint er:

Frage nach der einzig wahren Religion

» Nicht die Kinder bloß, speist man mit Märchen ab
(Lessing 2000, III, S. 6). **«**

Das »Märchen«, was darauf folgt, ist die Ringparabel: Ein Vater besaß einen wunderbaren, kostbaren Ring, der dem Träger die Kraft verlieh, sich Gott und den Menschen angenehm zu machen. Der Vater traf nun die Entscheidung, dass dieser Ring in seiner Familie immer weiter vererbt werden sollte, und zwar an denjenigen Sohn, den der Vater am meisten liebte. So wurde der Ring über Generationen weitergereicht, bis eines Tages ein Vater drei Söhne hatte, die er alle gleich liebte und die alle rechtschaffen und tugendhaft waren. Er konnte sich nicht zwischen ihnen entscheiden, und da er keinen von ihnen kränken wollte, ließ er zwei unverwechselbare Duplikate des Ringes bei einem Künstler anfertigen und händigte einem jeden seiner Söhne einen Ring aus, ohne ihnen zu verraten, welches der wahre Ring sei. Nach dem Tod des Vaters entzündet sich ein erbitterter Streit unter den Söhnen, da jeder den Anspruch erhob, den einzig wahren Ring zu besitzen. So zogen die Brüder vor Gericht und beschuldigten einander, Verräter und Betrüger zu sein.

die Ringparabel

Der Richter hatte nun die Aufgabe, die verzwickte Situation zu lösen. Zuerst versuchte er, den echten Ring über dessen Gabe zu identifizieren, dessen Träger sehr beliebt werden zu lassen. Doch da die Brüder so verbittert waren und einander nicht liebten, vermutete der Richter, dass alle drei Ringe Duplikate seien und der einzig wahre Ring verloren gegangen sei. Dann gab er den Brüdern folgenden Rat:

» Mein Rat ist aber der: ihr nehmt die Sache völlig wie sie liegt. Hat von euch jeder seinen Ring von seinem Vater: So glaube jeder sicher seinen Ring den echten. – Möglich; daß der Vater nun die Tyrannei des einen Rings nicht länger in seinem Hause dulden willen! – Und gewiß; daß er euch alle drei geliebt, und gleich geliebt: indem er zwei nicht drücken mögen, um einen zu begünstigen. – Wohlan! Es eifre jeder seiner ungestochnen von Vorurteilen freien Liebe nach! Es strebe von euch jeder um die Wette, die Kraft des Steins in seinem Ring' an Tag zu legen! komme dieser Kraft mit Sanftmut, mit herzlicher Verträglichkeit, mit Wohltun, mit innigster Ergebenheit in Gott zu

Hilf'! Und wenn sich dann der Steine Kräfte bei euern Kindes-Kindes-Kindern äußern: So lad ich über tausend tausend Jahre sie wiederum vor diesen Stuhl. Da wird ein weiser Mann auf diesem Stuhle sitzen als ich; und sprechen. Geht! (Lessing 2000, III, S. 7). **«**

Interpretation der Ringparabel

Die drei Brüder der Ringparabel stehen für die drei Weltreligionen Judentum, Christentum und Islam und ihr Vater für Gott. Mit wem der Richter gleichzusetzen sei, wird nicht so deutlich, doch ist bei ihm die Bedeutung seiner Worte das Entscheidende.

Seine Antwort auf die Frage, welche Religion die einzig wahre sei, kann man wie folgt zusammenfassen: Es gibt für uns Menschen – zumindest nicht zum jetzigen Zeitpunkt – keine Möglichkeit, auf rationalem Wege zu entscheiden, welche Religionen die richtige ist. Daher sind alle drei Weltreligionen gleichermaßen gerechtfertigt und besitzen die gleiche Gültigkeit. Diesen Gedanken kann man als relativistisch bezeichnen.

15.1.6 Der relativistische Gedanke – Übertragung auf die Ethik

relativistischer Gedanke

Den relativistischen Gedanken kann man in zwei Unterpunkte unterteilen: Erstens können wir (mit rationalen Mitteln) nicht entscheiden, ob das Christentum, das Judentum oder der Islam die einzig wahre Religion ist. Zweitens haben somit alle drei Religionen die gleiche Gültigkeit. Dies ist eine alles andere als leicht zu akzeptierende These. Es ist Teil des Selbstverständnisses dieser Religionen, dass es nur eine einzig wahre Religion gibt, nämlich sie selbst.

Übertragung auf den Bereich der Moral

Man kann diesen Gedanken auch auf den moralischen Bereich übertragen. Für gewöhnlich gehen wir davon aus, dass es auch nur eine einzig richtige Moraltheorie gibt. Meistens nehmen wir außerdem an, die Moraltheorie, die wir selbst für richtig halten, sei – vielleicht mit geringen Einschränkungen – die richtige. Solch eine Überzeugung spiegelt sich beispielsweise darin wider, wenn man eine Aussage wie »Korruption ist moralisch falsch« als wahre Aussage ansieht.

kultureller Relativismus

Die Position des sog. kulturellen Relativismus verweist auf den Punkt, dass es verschiedene ethische Theorien gibt, die bestimmte Sachverhalte unterschiedlich moralisch bewerten. Denken wir beispielsweise an die Beschneidung der Frau. Viele Menschen, die dem westlichen Kulturkreis entstammen, beurteilen die Beschneidung der Frau als moralisch falsch. Dagegen gilt diese Praxis in den Gebieten, wo sie praktiziert wird, größtenteils als moralisch zulässig oder sogar als erwünscht (s. Kopelman 2001). Verallgemeinert gesprochen ist es also möglich, dass eine Person ein Verhalten als unmoralisch beurteilt, wohingegen eine andere es als moralisch zulässig ansieht. Moralische Urteile können sich folglich widersprechen.

Dass moralische Urteile sich manchmal widersprechen, ist zunächst einmal nur eine empirische Beobachtung. Ein weiterer wich-

15

tiger Punkt kommt hinzu: Bei genauerer Betrachtung scheint es sich herauszustellen, dass es in einigen Fällen keine Methode gibt, die Aufschluss darüber gibt, welche das richtige moralische Urteil ist. Hier ist eine Analogie zu der Ringparabel beobachtbar: Wir können auch nicht darüber entscheiden, welche die richtige Religion ist.

Als Folge dieser Überlegungen kann man zu der Position des ethischen Relativismus kommen. Kern des ethischen Relativismus bildet die These, unsere Annahme, es gäbe nur *eine* richtige Moraltheorie, sei falsch. Vielmehr kann es mehrere, gleichermaßen gültige Moraltheorien geben, die einander in einigen Urteilen widersprechen können.

ethischer Relativismus

15.1.7 Der kulturelle Relativismus unter der Lupe

Betrachten wir die Argumentationsstrategie des kulturellen Relativismus nochmals im Genaueren. Der erste Teil der Argumentation baut auf der empirischen Beobachtung auf, dass es unterschiedliche, einander im Einzelfall widersprechende Moraltheorien gibt. Der zweite Teil besagt, es gäbe keine Methode, mit der man entscheiden kann, welches das moralisch richtige Urteil ist. Der zweite Punkt ist der entscheidende.

Kann man moralische Konflikte lösen?

Gibt es tatsächlich keine Möglichkeit, wie man moralisch richtige von moralisch falschen Urteilen unterscheiden kann? Man könnte davon ausgehen, die moralischen Unstimmigkeiten beruhten letztendlich darauf, dass die zu bewertende Situation oder Handlung für die Urteilenden von verschiedener Bedeutung ist (s. z.B. Brandt 1991, S. 45) oder sie nicht über alle relevanten, nicht-moralischen Informationen verfügen (s. z.B. Ayer 1970, S. 146 f.). Wenn eine Situation oder eine Handlung für alle Urteilenden die gleiche Bedeutung hat und alle relevanten Informationen berücksichtigt werden, mag sich auch der moralische Konflikt auflösen.

Prima facie moralische Konflikte

Brandt erwähnt ein Beispiel für eine Handlung, die unterschiedliche Bedeutung für die verschiedenen Parteien hat (s. Brandt 1991, S. 45; für ein ähnliches Beispiel s. Rachels 2001, S. 59 f.). Für einige Naturvölker war es moralisch akzeptabel, den Vater an dessen 60. Geburtstag zu töten, wohingegen solch ein Verhalten im römischen Reich als Kapitalverbrechen galt. Hinterfragt man die Praxis der Naturvölker, erkennt man, dass diese ein Zeichen des Respekts für den Vater ist, da sie jenem ermöglicht, mit einem (relativ) gesunden Körper in die Welt der Ahnen überzutreten. Auch bei den Römern liegt der Respekt vor dem Vater der moralischen Verurteilung des Vatermordes zugrunde. Hier sieht man, dass die Tötung des Vaters in verschiedenen Kulturen unterschiedliche Bedeutungen haben kann.

Man kann sich auch Fälle vorstellen, bei denen ein Zuwachs an relevanter, nicht-moralischer Information das ethische Urteil eines der Urteilenden verändert. Denken wir hierzu nochmal an die Praxis der Beschneidung der Frau. Kopelman gibt einige Gründe an, die

Befürworter der Beschneidung anführen (s. Kopelman 2001, S. 314). So wird sie als religiös gefordert betrachtet, scheint die Identität einer Gruppe zu stärken, gilt als gesundheitsförderlich, soll die Jungfräulichkeit der Frauen bewahren und die Lust des männlichen Sexualpartners steigern. Jede dieser Annahmen erweist sich jedoch als problematisch (s. Kopelman 2001, S. 309 ff.). Vor allen Dingen erhöht die weibliche Beschneidung die Krankheitsanfälligkeit und Sterblichkeit der Frauen. Der Gedanke ist nun, dass sich die positive moralische Beurteilung der weiblichen Beschneidung verändert, wenn der Urteilende erkennt, dass die Gründe, weshalb er sie befürwortet, (größtenteils) nicht haltbar sind.

Lassen sich nun alle prima facie moralischen Konflikte auflösen, indem man sicherstellt, dass die zu bewertende Situation für die Urteilenden die gleiche Bedeutung hat und sie über alles relevante, nicht-moralische Information verfügen, oder gibt es Fälle, in denen der Konflikt bestehen bleibt, selbst wenn die Situation gleich bewertet wird und alle relevanten Informationen zur Verfügung stehen? Gibt es also Fälle, in denen sich moralische Urteile in fundamentaler Weise unterscheiden (s. Brandt 1991, S. 44)?

fundamentale Wertkonflikte

Die Möglichkeit eines solchen fundamentalen Konflikts wird nahegelegt, betrachtet man Unterschiede zwischen zwei philosophisch ausgearbeiteten ethischen Theorien wie der deontologischen Ethik und dem Utilitarismus. Denken wir hierzu an folgende Situation: Wir haben erfahren, dass einer unserer Mitarbeiter während der Arbeitszeit mit seiner Freundin in Amerika telefoniert, die er seit Monaten nicht gesehen hat. Nun ist es in unserer Firma strengstens untersagt, private Telefonate zu führen, geschweige denn teure Auslandstelefonate – eine Anordnung, welche wir persönlich als zu streng ansehen. Als Vorgesetzter nehmen wir dennoch den betreffenden Mitarbeiter zur Seite und sprechen eine Verwarnung aus. Von diesem Vorfall hat nun aber auch unser eigener Vorgesetzter erfahren. Er vertritt die Firmenphilosophie mit harter Hand und würde notfalls auch eine Kündigung aussprechen. Er wendet sich an uns und fragt, ob an den Vorwürfen etwas dran sei. Wir zögern kurz und bestätigen dann die Anschuldigung. Wie ist unser Verhalten zu bewerten? Gemäß der deontologischen Ethik haben wir uns moralisch richtig gehandelt, da man unter keinen Umständen lügen darf (s. Kant 1961b, AA VI 441 f.). Gemäß dem Utilitarismus ist unsere Handlung moralisch falsch. Hätten wir gelogen, hätten wir den Job des Mitarbeiters nicht in Gefahr gebracht und hätten seine Karrierechancen nicht nachhaltig beeinträchtigt. Solch ein Beispiel zeigt, dass ein moralischer Konflikt auch dann auftreten kann, wenn alle relevanten Informationen zur Verfügung stehen. Auf welcher Basis soll man also entscheiden, welche der beiden moralischen Beurteilungen die richtige ist?

Moralische Diskussionen werden abgebrochen.

Es ist möglich, schlicht zu verneinen, dass es eine Methode gibt, wie man entscheiden kann, welches der beiden Urteile das richtige ist. Diese Behauptung kann durch die Beobachtung gestützt werden, wie wir landläufig mit solchen moralischen Konflikten umgehen. Ayer meint, dass wir an einem bestimmten Punkt die Diskussion schlicht abbrechen (s. Ayer 1970, S. 147). Haben wir alle Fakten geklärt, d.h. sind alle relevanten Informationen ausgetauscht, und hat man sichergestellt, dass die beteiligten Parteien über das Gleiche reden, wenn sie bestimmte Ausdrücke verwenden, und hat sich der Konflikt dann immer noch nicht aufgelöst, weiß man nicht mehr, wie man die Diskussion erfolgreich zum Ende führen soll und bricht sie ab.

Dieser Schritt mag zu vorschnell erscheinen. Gelingt es uns, eine naturalistische Definition von »moralisch gut« bzw. »moralisch schlecht« zu geben, sollte es möglich sein, zweifelsfrei festzustellen, ob etwas moralisch gut bzw. moralisch schlecht ist. Eine naturalistische Definition versucht, den normativen, d.h. wertenden Begriff, wie beispielsweise »moralisch gut«, durch nicht wertende Eigenschaften zu definieren.

naturalistische Definitionen

Naturalistische Definitionsvorschläge für »moralisch gut« sehen sich mit Moores Argument der offenen Frage konfrontiert (s. Moore 1903): Bei jeder möglichen Definition von »moralisch gut« ist die Frage sinnvoll, ob das Definiens tatsächlich erfasst, was »moralisch gut« heißt. Wenn wir annähmen, »moralisch gut« wäre das, was dem Glück für die größte Menge von Menschen zuträglich ist, könnte man immer noch fragen »Ist moralisch gut tatsächlich das, was dem Glück für die größte Menge von Menschen zuträglich ist?«. Wir finden diese Frage nicht befremdlich. Dies allein zeigt schon, dass »moralisch gut« etwas anderes oder mehr bedeutet als dies. Moore (1903) warnt vor einem naturalistischen Fehlschluss, d.h. der Annahme, »moralisch gut« sei durch andere Tatsachen zu definieren (s. auch Sidgwick 1981, S. 42 ff.). Vielmehr zieht er die Schlussfolgerung:

Argument der offenen Frage

» […] »Gut« bezeichnet eine einfache und nicht zu definierende Qualität (Moore 1903, S. 62). «

Doch wenn »moralisch gut« eine einfache und nicht zu definierende Eigenschaft ist, stellt sich die Frage, auf welchem Weg wir Zugang zu dieser Eigenschaft haben, d.h. wann wir feststellen können, etwas sei gut (s. Murdoch 1970, S. 97; Sidgwick 1981, S. 32).

Ziehen wir hierzu den Vergleich zu naturwissenschaftlicher Erkenntnis. Die Richtigkeit einer naturwissenschaftlichen Aussage kann man durch Erfahrung bestätigen. Auch sollte eine naturwissenschaftliche Theorie dazu in der Lage sein, uns zu erklären, weshalb wir bestimmte Beobachtungen machen. Vereinfacht kann man also von einem Wechselspiel zwischen Erfahrung und naturwissenschaftlicher Theorie sprechen. Die Erfahrung bestätigt eine Theorie, und diese kann wiederum Erklärungen dafür geben, warum wir die Erfahrung machen (s. Harman 1977, S. 7). Eine Theorie wird als die richtige angesehen, bei der das Wechselspiel zwischen Erfahrung und Erklärung der Erfahrung am einfachsten funktioniert.

moralische Intuitionen und Moraltheorien

Auf den ersten Blick scheint es bei Moraltheorien ein Äquivalent zu naturwissenschaftlicher Erfahrung zu geben, nämlich unsere moralische Intuition. Moralische Beurteilungen, die auf Basis einer Moraltheorie gefällt werden, werden bzw. sollten mit den Bewertungen abgeglichen werden, die wir intuitiv fällen. Weicht eine Moraltheorie systematisch von unseren intuitiven Urteilen ab, liegt es nahe, sie als angemessene Moraltheorie zu verwerfen. Unsere Moraltheorien werden also mit unseren moralischen Intuitionen abgeglichen. Eine Moraltheorie kann jedoch nicht erklären, weshalb wir diese Intuitionen haben (s. Harman 1977, S. 8). Es mag vielleicht ein allgemeiner Grundsatz erarbeitet werden, aus dem sich die meisten intuitiv einsichtigen, moralischen Urteile ergeben, doch weshalb diese vorhanden sind, ist nicht erklärbar. Die Intuitionen müssen also in gewisser Weise als gegeben betrachtet werden, wohingegen eine naturwissenschaftliche Theorie, wie eben ausgeführt, nicht nur an der Erfahrung getestet werden kann, sondern zugleich auch eine Erklärung für diese Erfahrung liefert.

Zwei weitere Punkte sind hier von Bedeutung: Denken wir zum einen an den Konfliktfall zwischen der deontologischen und der utilitaristischen Ethik zurück. Der Fall war so gewählt, dass viele Personen keine klare Intuition darüber haben, welches Verhalten das richtige wäre. Auf der einen Seite empfinden wir es als richtig, nicht zu lügen, auf der anderen Seite halten wir es auch für erstrebenswert, niemandem absichtlich zu schaden. Auf Grundlage welcher Intuition sollen wir also entscheiden, welche Handlung die richtige gewesen wäre?

Des Weiteren können unsere ethischen Intuitionen nur Prüfstein für ausgearbeitete moralische Theorien, wie den Utilitarismus oder aber die deontologische Ethik, sein. Anhand von welchen Intuitionen soll ich aber mein eigenes persönliches Wertesystem abgleichen, welches sich ja gerade durch meine moralischen Intuitionen äußert?

Nicht alle moralischen Konflikte sind (rational) entscheidbar.

Zusammenfassend kann man also sagen: Es ist eine sinnvolle Annahme, dass es keine Methode gibt, wie man bei einem fundamentalen Wertkonflikt die richtige moralische Theorie erkennen soll. Zwar mag man selbst davon überzeugt sein, dass eine ethische Theorie die richtige ist, doch kann man sies nicht zweifelsfrei beweisen.

15.1.8 Metaethischer Umgang mit dem kulturellen Relativismus

Was folgt aus dem kulturellen Relativismus?

Die Frage ist nun, ob sich aus den Überlegungen des kulturellen Relativismus notwendigerweise die Position des ethischen Relativismus ergibt. Lässt sich mit der These, dass es fundamentale Wertkonflikte gibt, die Behauptung rechtfertigen, dass es mehrere gleichermaßen gültige Werttheorien gibt? Der ethische Relativismus folgt unseres Erachtens nicht zwingend aus dem kulturellen Relativismus. Das Auftreten fundamentaler Wertkonflikte kann auch auf andere Weise erkläret werden (für die nachfolgenden Bezeichnungen der Positionen, s. Sellmaier 2008).

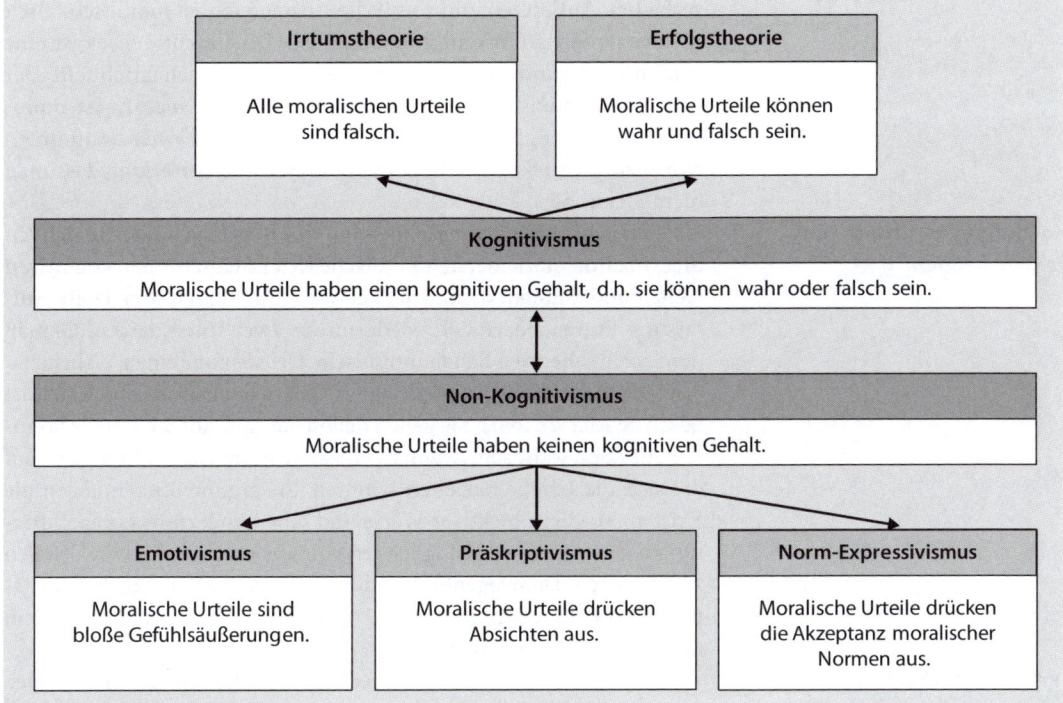

■ **Abb. 15.2** Metaethische Positionen

Wie man mit einem fundamentalen Wertkonflikt umgeht, hängt entscheidend davon ab, welche metaethische Position man vertritt (■ Abb. 15.2). In der Metaethik gibt es eine Debatte darüber, ob moralische Urteile wahr und falsch sein können. Intuitiv betrachtet ist das eine sicher einsichtige Annahme. Auf theoretischer Ebene ist dies umstritten.

Die metaethische Position des Non-Kognitivismus verneint, dass moralische Urteile einen kognitiven Gehalt ausdrücken können, d.h. dass sie wahr oder falsch sein können. Eine typische Aussage, die einen kognitiven Gehalt hat, ist eine Aussage wie »Der Baum ist grün«. Sie bezieht sich auf eine Tatsache und kann entweder wahr oder falsch sein. Bei moralischen Urteilen wie »Es ist falsch zu töten« verhält es sich laut dem Non-Kognitivismus anders.

Es gibt verschiedene Spielarten des Non-Kognitivismus (s. Darwall 1998, S. 72 ff.): Für den Emotivismus sind moralische Urteile bloße Gefühlsäußerungen (s. Ayer 1970). Sage ich beispielsweise »Es ist moralisch falsch zu lügen«, drücke ich damit gemäß dieser Position nichts anderes aus als wenn ich vor einem Teller Spinat säße und »Bäh« sagen würde. »Bäh« ist aber nichts, was wahr oder falsch sein kann, es ist eine bloße Gefühlsäußerung. Der Präskriptivismus geht davon aus, moralische Urteile würden bestimmte Absichten ausdrücken, d.h. dass man jemanden auffordert, sich auf bestimmte Art zu

Non-Kognitivismus:
Emotivismus, Präskriptivismus,
Norm-Expressivismus

verhalten. Äußert jemand somit die Aussage »Es ist moralisch falsch zu lügen«, fordert er damit letztendlich »Lüge nicht!«. Dies ist eine Aufforderung und eine solche kann weder wahr noch falsch sein. Der Norm-Expressivismus interpretiert eine Aussage wie »Es ist moralisch falsch zu lügen« so, dass hierin die Akzeptanz einer bestimmten Norm ausgedrückt wird, in dem konkreten Fall der Norm, dass man nicht lügen soll.

Kognitivismus: Irrtums- und Erfolgstheorien

Demgegenüber steht die Position des Kognitivismus, die sich für die Annahme stark macht, moralische Urteile hätten einen kognitiven Gehalt und könnten demnach auch wahr oder falsch sein. Diese Auffassung untergliedert sich wiederum in zwei Unterklassen. Gemäß den Irrtumstheorien haben moralische Urteile zwar einen Wahrheitswert, doch ist dieser immer negativ, d.h. jedes moralische Urteil ist falsch (s. Mackie 1981). Sie gehen davon aus, moralische Urteile könnten nur dann wahr sein, wenn es objektive moralische Werte gäbe, auf die sich die Urteile beziehen könnten. Sie argumentieren gegen die Existenz solcher objektiver Werte und sehen es darum als gerechtfertigt an, die prinzipielle Möglichkeit von wahren moralischen Urteilen zu bestreiten. Demgegenüber stehen die sog. Erfolgstheorien, die dafür argumentieren, moralische Urteile könnten wahr und falsch sein und sind es tatsächlich auch.

unterschiedlicher Umgang mit fundamentalen Wertkonflikten

Wie helfen diese unterschiedlichen Auffassungen nun dabei, mit den möglichen fundamentalen Wertkonflikten umzugehen (◘ Abb. 15.3)? Die Positionen des Non-Kognitivismus lösen den Konflikt auf, indem sie bestreiten, dass es überhaupt zu einem Widerspruch kommt, denn dazu müssten sich zwei Urteile widersprechen. Da moralische Urteile aber keinen kognitiven Gehalt haben, können sie sich nicht widersprechen. Damit ein Widerspruch entsteht, muss ein Urteil wahr sein, während ein anderes falsch ist. Bei moralischen Urteilen ist das aber laut dem Non-Kognitivismus nicht der Fall. Gemäß den Irrtumstheorien sind alle moralischen Urteile falsch. Im Konfliktfall stehen sich zwei einander widersprechende Urteile gegenüber, die beide beanspruchen, wahr zu sein. Wenn wir erkennen, dass sie beide gleichermaßen falsch sind, dann löst sich auch der Konflikt.

Die Erfolgstheorien gehen nun davon aus, dass moralische Urteile sowohl wahr als auch falsch sein können. Demnach ist auch ein echtes Konfliktpotenzial denkbar. Eine Möglichkeit bestünde darin, darauf zu bestehen, dass nur eines der beiden Urteile wahr sein kann. Dies entspricht dem oftmals vertretenen Universalitätsanspruch von moralischen Theorien. Demnach muss sich einer der Urteilenden geirrt haben. Diese Auffassung ist aber problematisch, da sie die Einsichten des kulturellen Relativismus ignoriert: Bei fundamentalen Wertkonflikten haben wir keine Möglichkeit, rational zu entscheiden, welches das richtige Urteil ist.

Die letzte Alternative besteht nun darin, weiterhin davon auszugehen, moralische Urteile könnten wahr sein, aber zugleich zu behaupten, es gäbe mehrere, gleichermaßen gültige ethische Theorien. Demnach können beide Urteile wahr sein, jedoch ohne dass mit ihnen ein

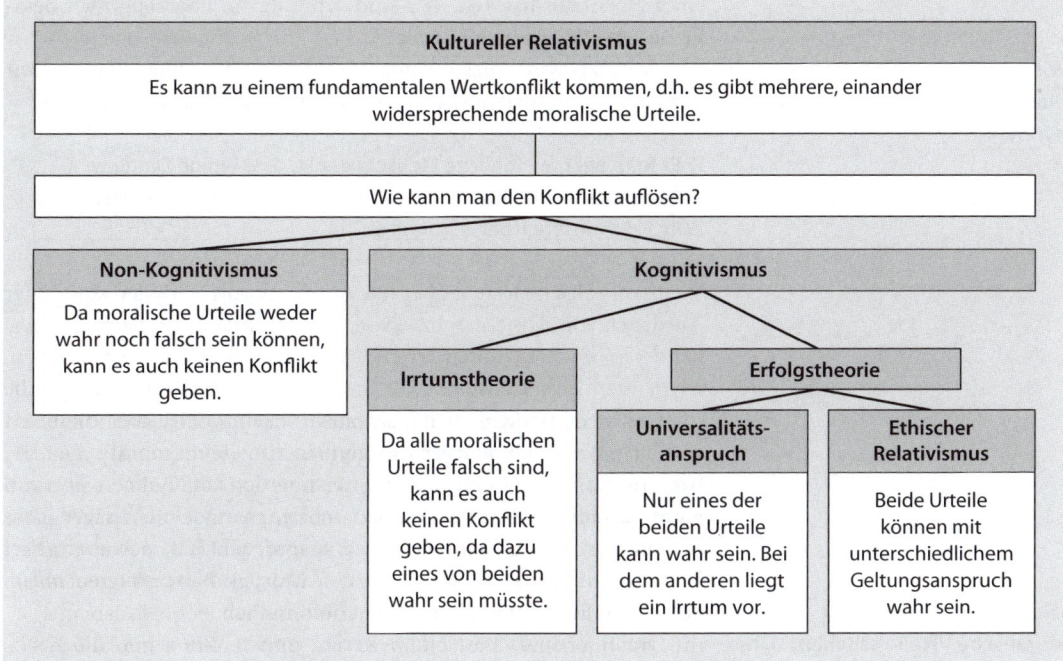

Abb. 15.3 Folgen des kulturellen Relativismus

Anspruch der Allgemeingültigkeit verbunden ist. Dies ist die Position des ethischen Relativismus.

15.1.9 Non-Kognitivismus versus Kognitivismus

Wenden wir uns der Argumentation des Non-Kognitivismus zu. Die Aussage, unsere Werturteile wären *nur* Ausdruck einer Emotion, einer Absicht oder der Akzeptanz einer Norm, erscheint befremdlich. Dabei soll nicht in Zweifel gezogen werden, unsere moralischen Urteile würden häufiger oder vielleicht immer von einer bestimmten Emotion begleitet (s. Sidgwick 1981, S. 27), brächten eine Absicht zum Ausdruck oder die Akzeptanz einer Norm. Sage ich beispielsweise »Töten ist moralisch schlecht«, mag dieses Urteil mit dem Gefühl der Wut oder des Missfallens verbunden sein, ebenso wie ich dadurch auch die Aufforderung zum Ausdruck bringen kann, dass man nicht töten solle, oder dadurch mitteile, dass ich die entsprechende Norm akzeptiere. Problematisch wird es, wenn behauptet wird, dies sei alles, was mit einem Urteil wie »Töten ist moralisch schlecht« ausgedrückt wird. Unser Alltagsverständnis von moralischen Urteilen legt vielmehr nahe, wir träfen ein moralisches Urteil, welches über einen kognitiven Gehalt verfügt. Dieses Urteil kann von Emotionen begleitet sein, wir mögen zugleich eine Absicht oder die Akzeptanz

> Moralische Urteile scheinen einen kognitiven Gehalt zu haben.

Wir scheinen uns in unseren moralischen Urteilen irren zu können.

einer Norm ausdrücken. Wir sind somit davon überzeugt, wir besäßen echte Wertüberzeugungen.

Gestützt wird diese Annahme durch die Überzeugung, wir könnten uns in unseren Werturteilen irren. Iris Murdoch schreibt:

» Er [d.h. der gewöhnliche Mensch] denkt, dass einige Dinge wirklich besser sind als andere und dass er sich darin irren kann (Murdoch 1970, S. 95; unsere Übersetzung). «

Wenn moralische Urteile aber nur Ausdruck von Gefühlen sind (oder Ausdruck von Absichten bzw. von der Akzeptanz von Normen), wie kann ich mich in ihnen irren? Mir kann ein Irrtum unterlaufen, wenn man beispielsweise eine Emotion zum Ausdruck bringt, die man nicht empfindet oder nicht ausdrücken wollte, aber diese Art von Irrtum ist nicht gemeint, wenn man von einem moralischen Irrtum spricht. Um mithilfe des Emotivismus den landläufigen Sinn von »moralischem Irrtum« zu erfassen, müsste man vielmehr sagen, dass man eine Emotion empfunden und ausgedrückt hat, sich aber geirrt hat und eine andere Emotion zum Ausdruck hätte bringen *sollen*. Solch eine Erklärung klingt höchst befremdlich.

Moralische Urteile scheinen sich widersprechen zu können.

Damit verknüpft ist ein weiterer Aspekt: Wie schon die Beobachtungen des kulturellen Relativismus zeigen, gehen wir davon aus, unsere moralischen Urteile könnten einander widersprechen und wir könnten über moralische Urteile diskutieren (s. Sayre-McCord 1988, S. 9; Sidgwick 1981, S. 27). Wenn sie aber nur Ausdruck von Emotionen sind, ist diese Intuition nicht zu erklären. Ein Vertreter des Non-Kognitivismus mag nun die obige Argumentation aufgreifen und darauf verweisen, wie schwierig es ist, über moralische Urteile zu streiten: Sind alle nicht-moralischen Informationen ausgetauscht, scheint es keine Methode zu geben, um zu entscheiden, welches Urteil das richtige ist. Dies spricht für die non-kognitivistische Interpretation von moralischen Urteilen. Hier ist jedoch Vorsicht geboten. Auch wenn es keine solche Methode geben sollte, gehen wir dennoch davon aus, die moralischen Urteile würden sich widersprechen. Dies ist aber nur möglich, wenn sie kognitiven Gehalt haben.

Non-Kognitivismus widerspricht unserer Alltagsintuition.

Zusammenfassend kann man also sagen: Die Annahme, moralische Urteile hätten keinen kognitiven Gehalt, widerspricht unseren Alltagsintuitionen. Wir gehen davon aus, wir hätten echte moralische Überzeugungen, in denen wir uns irren und die einander widersprechen können. So gesehen befindet sich die Auffassung, moralische Urteile könnten kognitiven Gehalt haben, näher an unserer Alltagsintuition und gewinnt so an Plausibilität.

15.1.10 Irrtumstheorie versus Erfolgstheorie

Irrtumstheorie

Unsere Intuitionen sprechen also für einen kognitiven Gehalt von moralischen Urteilen und somit für den Kognitivismus. Auf der anderen Seite haben wir gesehen, wie schwierig es ist, über die Wahrheit eines moralischen Urteils zu entscheiden. Die Irrtumstheorie scheint beide Aspekte miteinander vereinen zu können. Sie bestreitet nicht den kognitiven Gehalt von moralischen Urteilen und somit auch nicht unser Gefühl, sie würden etwas objektiv Erfassbares ausdrücken. Wenn moralische Urteile aber genau dann wahr sind, wenn es einen objektiven Wert gibt, der dieses Urteil wahr werden lässt, und es keinen solchen Wert gibt, folgert der Irrtumstheoretiker, gäbe es prinzipiell keine wahren, moralischen Urteile. Als bekanntester Vertreter dieser Theorie gilt Mackie (1981).

Doch auch diese Interpretation scheint mit unseren Intuitionen in Konflikt zu geraten, da wir davon ausgehen, es gäbe wahre moralische Urteile. Sage ich beispielsweise »Töten ist moralisch falsch«, gehe ich davon aus, dies sei eine wahre Aussage. Der Irrtumstheoretiker muss diese Intuition erklären. Er muss erläutern, weshalb wir glauben, es gäbe wahre moralische Urteile, wenn das doch falsch ist. Mackie gibt unterschiedliche Gründe dafür an, weshalb wir davon überzeugt sein können, moralische Urteile würden sich auf objektive Werte beziehen und könnten demnach wahr sein (s. Mackie 1981, S. 49 ff.). Fünf Erklärungsmöglichkeiten werden angesprochen:

Erstens verweist er auf einen pathetischen Fehlschluss: Menschen neigen dazu, Emotionen, die sie gegenüber bestimmten Objekten empfinden, auf diese zu projizieren. Empfinde ich eine Handlung als moralisch verwerflich, so übertrage ich diese Empfindung auf die Handlung selbst und sage, die Handlung *selbst* sei moralisch verwerflich. Empfinde ich Töten als moralisch verwerflich, projiziere ich dieses Gefühl auf die Handlung des Tötens und sage, Töten selbst sei moralisch verwerflich.

Zweitens haben moralische Normen einen sozialen Ursprung, d.h. sie gelten innerhalb einer Gemeinschaft. Dieser Ursprung wird von dem einzelnen Individuum als etwas außerhalb seiner selbst Liegendes interpretiert, und man neigt dazu, diesen zu objektivieren.

Drittens gehen viele moralische Urteile auf gesetzliche oder religiöse Vorschriften zurück. Mit der Zeit geht aber der Zusatz verloren »Das Gesetz oder die Kirche oder Gott will, dass wir so handeln«, und wir empfinden es als objektiv gegeben, dass wir so handeln sollen. Mackie spricht davon, moralische Urteile seien Gesetze, deren Gesetzgeber in Vergessenheit geraten ist. Auch trägt der Anspruch der Objektivität dazu bei, moralischen Urteilen die Autorität zu verleihen, die wir ihnen gerne zusprechen möchten.

Viertens mögen wir etwas für moralisch gut halten und dies ausdrücken, indem wir sagen, dass es moralisch gut ist. Wir selbst denken aber, wir würden es für moralisch gut halten, eben weil es moralisch gut ist. Wir drehen also die Abhängigkeitsverhältnisse um.

Nicht zuletzt können moralische Urteile als Ergebnisse eines Kategorischen Imperativs gedeutet werden, der bedingungslos gilt.

Es ist aber zweifelhaft, ob es Kategorische Imperative überhaupt gibt oder ob es sich nicht um hypothetische Imperative handelt, deren Bedingung in den Hintergrund gedrängt wurde.

Folgt man dieser Argumentation, ist unsere Intuition erklärbar, dass es wahre, moralische Urteile gibt. Indem man sie so erklären kann und des Weiteren auf die Argumente gegen die Existenz von objektiven Werten verweist, fällt für den Erfolgstheoretiker ein starkes Indiz weg, weshalb man von der Möglichkeit wahrer moralischer Urteile ausgehen sollte.

Erfolgstheorie

Der Erfolgstheoretiker, der davon ausgeht, es gäbe wahre und falsche moralische Urteile, muss sich hier noch nicht geschlagen geben. Das stärkste Argument, das für die Erfolgstheorie spricht, ist die starke Intuition, es gäbe wahre moralische Urteile. Gelingt es, eine Theorie zu finden, die diese Intuition erfasst, würde sie einen methodischen Vorteil gegenüber der Irrtumstheorie haben. Die Irrtumstheorie muss nicht nur eine starke Intuition verneinen, sie muss darüber hinaus noch eine komplexe Erklärung dafür angeben, warum wir so reden, wie wir es tun.

15.1.11 Ethischer Relativismus unter der Lupe

Kann es nur eine wahre Moraltheorie geben?

Doch wie können wir sinnvoll davon sprechen, zwei ethische Theorien seien beide gleichermaßen gültig, wenn ihre Urteile sich widersprechen? Müsste man dann nicht sagen, zwei einander widersprechende Urteile seien beide wahr? Dies scheint ein offener Widerspruch zu sein. Also entweder verneinen wir, dass sie überhaupt wahr sein können, was uns zu der Position des Non-Kognitivismus führt, oder wir verneinen, dass sie wahr sind, was uns zur Irrtumstheorie bringt.

Wenden wir uns hierzu nochmals dem kulturellen Relativismus zu, wonach moralische Urteile auf fundamentale Weise divergieren können. Gestützt wurde diese Position durch ein Beispiel, wie zwei philosophisch ausgearbeitete ethische Theorien unterschiedliche moralische Bewertungen hervorbringen können. Nehmen wir des Weiteren an, uns stünde keine Methode zur Verfügung, wie wir die richtige ethische Theorie identifizieren können. Die Annahme liegt somit nahe, es gäbe keine einzige richtige ethische Theorie.

Dieser Schluss folgt jedoch nicht notwendigerweise (s. Rachels 2001, S. 56). Selbst wenn fundamentale, moralische Differenzen auftreten und wir keine Methode haben, zu entscheiden, welche Sichtweise die richtige ist, bedeutet dies nicht, es gäbe keine absolut richtige Theorie. Einer oder sogar beide der moralisch Urteilenden könnten sich in ihrem Urteil irren, ohne dass wir entscheiden könnten, wer es ist. Dies war die Auffassung, welche wir mit dem Universalitätsanspruch in Verbindung gebracht haben. Dies führt zu einer agnostischen Position: Unsere Intuitionen scheinen dafür zu sprechen, dass es eine einzig richtige ethische Theorie gibt, auch wenn wir weder wissen, ob dies zutrifft, noch wie wir diese erkennen können. Dies scheint ist eine wenig befriedigende Lösung zu sein.

Der ethische Relativismus zieht eine andere Schlussfolgerung. Er geht davon aus, es gäbe nicht nur eine richtige ethische Theorie. Ethische Aussagen können immer nur relativ zu der Theorie, in der sie getroffen werden, wahr sein. Hier erkennt man die Verknüpfung zu der intersubjektiven Deutung der Erfolgstheorie. Der Konflikt zwischen zwei moralischen Urteilen wird aufgehoben, indem sie auf die jeweilige Theorie relativiert werden. Veranschaulichen kann man dies wie folgt:

- Es ist wahr: Verhalten x ist moralisch richtig $_{\text{Theorie A}}$.
- Es ist wahr: Verhalten x ist moralisch falsch $_{\text{Theorie B}}$.

Akzeptiert man diese Lesart, können wir nur innerhalb einer Theorie feststellen, was moralisch richtig bzw. falsch ist. Da die Begriffe »moralisch richtig« bzw. »moralisch falsch« auf die verschiedenen Theorien relativiert wurden, können sich die moralischen Urteile nicht widersprechen. Hieraus scheint aber zu folgen, dass Vertreter unterschiedlicher ethischer Theorien einander nicht mehr kritisieren können. Folgt aus einer Theorie, dass die weibliche Beschneidung moralisch falsch ist, so gilt dies eben nur für diese Theorie. Aus einer anderen Theorie mag folgen, dass sie richtig ist (s. Rachels 2001, S. 57).

Hier ist jedoch Vorsicht geboten. Relativiert man moralische Aussagen auf einzelne Theorien, bedeutet dies nicht notwendigerweise, dass sich zugleich auch der Widerspruch von unterschiedlichen moralischen Urteilen auflöst. Man kann die Relativierung auch wie folgt verstehen:

- Es ist wahr $_{\text{Theorie A}}$: Verhalten x ist moralisch richtig.
- Es ist wahr $_{\text{Theorie B}}$: Verhalten x ist moralisch falsch.

Der entscheidende Unterschied zum ersten Vorschlag besteht darin, dass die Ausdrücke »moralisch richtig« bzw. »moralisch falsch« nicht auf einzelne Theorien relativiert werden, sondern die Aussage, ob sie wahr sind. Die Aussage »Verhalten x ist moralisch richtig« steht immer noch in einem Widerspruch zu der Aussage »Verhalten x ist moralisch falsch«. Da dieser Widerspruch bestehen bleibt, ist auch erklärbar, weshalb wir uns über moralische Urteile streiten können. Hierbei scheint es zutreffend zu sein, dass viele moralische Diskussionen letztendlich Diskussionen über nicht-moralische Informationen sind. So mag ein Befürworter der weiblichen Beschneidung bezweifeln, ob diese tatsächlich gesundheitsschädlich ist und demnach weiterhin an der positiven Beurteilung festhalten. Eine moralische Auseinandersetzung dient auch dazu, individuelle Wertesysteme auf deren grundlegende Annahmen hin zu überprüfen. Ein individuelles Wertesystem mag sich größtenteils auf die deontologische Ethik zurückführen lassen, wohingegen ein anderes utilitaristischer geprägt ist. Auch dies scheint Teil der Debatte zu sein. An einem gewissen Punkt scheint die Diskussion aber tatsächlich abzubrechen. Sind alle nicht-moralischen Tatsachen geklärt und sind die grundlegenden Annahmen des anderen Wertesystems offengelegt, kann man schwerlich eine abschließende Beurteilung treffen.

Die obige Diskussion sollte zeigen, dass die Position des ethischen Relativismus eine relativ große Plausibilität besitzt, auch wenn sie unserem Gefühl, es gäbe nur eine einzige richtige ethische Theorie, nicht gerecht wird. Dieses Gefühl ist häufig im Falle von Religion noch stärker ausgeprägt. Die Ringparabel scheint aber genau solch eine relativistische Position auszudrücken, auch wenn explizit darauf hingewiesen wird, dass vielleicht in ferner Zukunft eine Entscheidung über die richtige Religion möglich sein könnte. Das Entscheidende der obigen Ausführungen ist darin zu sehen, wie eng diese Erkenntnis mit den Überlegungen zum ethischen Relativismus verknüpft ist.

Zusammenfassung
- *Nathan der Weise* gilt als Schlüsselwerk der Aufklärung. Die Ringparabel bildet das Herzstück des Werkes.
- Die Ringparabel antwortet auf die Frage, welche die wahre Religion sei.
- Der relativistische Gedanke der Ringparabel ist, dass wir nicht entscheiden können, welche die wahre Religion ist und darum alle drei Religionen gleichermaßen gültig sind.
- Der relativistische Gedanke der Ringparabel spiegelt sich im kulturellen und ethischen Relativismus in Bezug auf ethische Theorien wider. Der kulturelle Relativismus geht davon aus, es gäbe fundamentale Wertkonflikte, die wir nicht entscheiden können. Der ethische Relativismus geht davon aus, es gäbe mehrere gleichermaßen gültige ethische Theorien.

15.2 Was können wir von Lessings Ringparabel lernen?

Soweit zur Darstellung von Lessings Ringparabel und der Verknüpfung mit relativistischen Überlegungen. Folgt man den Ausführungen der Ringparabel, können alle drei Religionen, Christentum, Judentum und Islam, Gültigkeit beanspruchen. Zu einer ähnlichen Schlussfolgerung führten die relativistischen Überlegungen: Es scheint plausibel, anzunehmen, mehrere Moraltheorien könnten gültig sein. Was können wir hieraus lernen?

15.2.1 Der Umgang mit moralischen Konflikten

moralische Konflikte

Unabhängig davon, welcher der oben erwähnten metaethischen Positionen wir uns anschließen, ist die spannende Frage, wie wir in einer konkreten Situation reagieren, tritt ein moralischer Konflikt auf. Ein moralischen Konflikt entsteht, wenn mindestens zwei Parteien zu

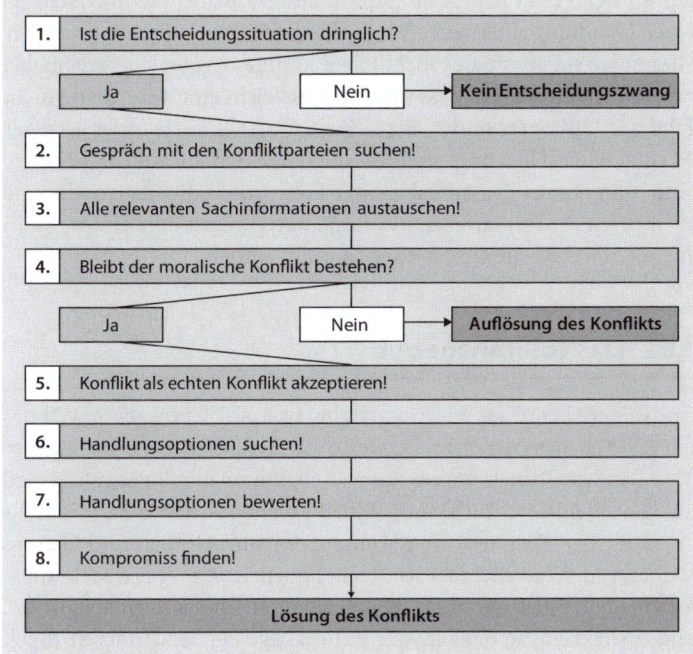

Abb. 15.4 Lösungsstrategien für moralische Konflikte

unterschiedlichen Einschätzungen darüber kommen, wie man moralisch richtig handeln soll (◘ Abb. 15.4). Wie soll man mit solch einem Konflikt umgehen (s. Sellmaier 2008)?

In einem ersten Schritt sollte man klären, ob der Konflikt in einer Situation entsteht, in welcher eine Handlung dringlich ist. Muss man sich tatsächlich mit seinem Gegenüber einigen, weil akuter Handlungsbedarf besteht? Wenn kein Entscheidungszwang gegeben ist, bleibt der Konflikt zwar bestehen, aber er ist nicht verheerend, da man nicht handeln muss. Muss man aber handeln, dann muss man sich auf eine Handlungsoption einigen. Wie kann dies geschehen, ohne dass sich eine der beteiligten Parteien ungerecht behandelt oder übergangen fühlt?

Hierzu müssen die Konfliktparteien ins Gespräch miteinander kommen. Es muss über das Problem und die unterschiedlichen Handlungsmöglichkeiten gesprochen werden. Hier sollte sichergestellt werden, dass alle Beteiligten über alle relevanten Informationen verfügen und diese auch auf ähnliche Art und Weise bewerten. Oftmals wird sich zeigen, dass ein Mehr an Information den Konflikt auflöst. Ist dies nicht der Fall, sollten alle Parteien beginnen, zu akzeptieren, dass es sich um einen tiefgreifenden Wertkonflikt handelt und sich nochmals in Erinnerung rufen, dass es ein dringliches Problem gibt, das Handlungen erfordert. Um die Handlungskompetenz zurückzuerlangen, kann man gemeinsam alle möglichen Handlungsoptionen zusammentragen, ohne dass dabei eine ausgespart wird. Ist

Lösungsstrategien für moralische Konflikte

dies erfolgt, erhält jede Konfliktpartei die Aufgabe, die unterschiedlichen Handlungsalternativen zu ordnen und anzugeben, mit welcher Alternative sie überhaupt nicht leben könnte bzw. welche akzeptabel wäre. Die Hoffnung ist, dass man nun vielleicht eine am Anfang nicht sichtbare Optionen findet, die für alle Partner mehr oder weniger akzeptabel ist. Überträgt man diese Gedanken auf Führungsfragen, kann man daraus die Aufgabe einer Führungskraft ableiten, dass sie solch einen Prozess anstößt und ruhig und geregelt durchführt, wenn sie erkennt, dass ein moralischer Konflikt auftritt.

15.2.2 Das Toleranzgebot

Toleranzgebot: Aufforderung zur Offenheit und Warnung vor Arroganz

Eine weitere Lehre aus der Ringparabel ist das Toleranzgebot. Wir haben gesehen, dass wir normalerweise das Gefühl haben, unser eigenes ethisches System bzw. unsere eigene Religion sei die einzig gültige und einzig wahre. Diese Auffassung schließt nicht aus, dass wir uns durchaus in kleinen Punkten irren können, doch im Großen und Ganzen betrachtet denken wir, dass wir Recht haben. Kommt es zu Meinungsverschiedenheiten mit anderen ethischen Theorien oder Religionen, neigen wir dazu, zu denken, der Irrtum liege bei den Anderen. Solch eine Auffassung führt schnell zur Arroganz gegenüber anderen Weltanschauungen und zur Überhöhung des eigenen Standpunktes.

Die Überlegungen der Ringparabel und des kulturellen Relativismus bringen diese Überzeugung ins Wanken. Es wurde aufgezeigt, dass es Fälle gibt, in denen wir nicht entscheiden können, welche die richtige ethische Theorie bzw. die richtige Religion ist. So können wir weder »beweisen«, dass die andere Position falsch ist, noch – und dies ist ein wichtiger Punkt – dass die eigene Position die richtige ist. Ebenso wie uns dies unmöglich ist, ist es auch für unser Gegenüber unmöglich. Die mögliche Arroganz, mit der wir unsere eigene Position über die der Anderen stellen, erweist sich als unbegründet.

Dies bedeutet aber nicht, dass wir unseren Glauben oder unsere Moraltheorie aufgeben müssen oder sie für falsch erklären sollten. Die Gedanken zum ethischen Relativismus sollten aufzeigen, wie wir sinnvoller Weise davon sprechen können, es gäbe mehrere gleichermaßen gültige ethische Theorien. So gesehen ist es durchaus plausibel, unsere eigene Position als die richtige anzusehen, wenn wir jedoch eingestehen, dass auch die andere Position gerechtfertigt und gültig sein kann.

Wir haben aber auch gesehen, dass sich viele Konflikte auflösen, wenn sichergestellt wurde, dass eine Situation für alle Parteien die gleiche Bedeutung hat und alle relevanten Informationen geteilt wurden. Wir haben zwar für die Existenz von fundamentalen Wertkonflikten argumentiert, jedoch folgt daraus nicht, dass jeder scheinbare fundamentale Wertkonflikt sich tatsächlich als solcher erweist. Gerade dies weist auf die Wichtigkeit des Dialoges unterschiedlicher Kulturen und Religionen untereinander hin: Wenn diese miteinander nicht reden, können sie überhaupt nicht feststellen, ob ein Konflikt tatsächlich ein fundamentaler Konflikt ist.

Hierdurch wird deutlich, was die Forderungen des Toleranzgebotes sind: zum einen eine Offenheit gegenüber anderen Kulturen und Religionen; zum anderen eine Warnung vor Arroganz und Überhöhung der eigenen Position; des Weiteren das Ernstnehmen der anderen Position in dem Bewusstsein, dass sie gleichermaßen gerechtfertigt sein kann wie die eigene Position.

Wichtig ist nochmals hervorzuheben, dass das Toleranzgebot nicht bedeutet, seine eigene Position weniger ernst zu nehmen. Ich kann tolerant sein, auch wenn ich von meinen Werten überzeugt bin und für sie eintrete. Auch sollte man Toleranz nicht mit Gleichgültigkeit verwechseln, und damit verbunden bedeutet tolerant zu sein auch nicht, dass man keine Kritik an anderen Religionen oder Kulturen üben darf. Oftmals wird diese Forderung genau so verstanden: Korruption ist in manchen Kulturen gang und gäbe und scheint dort moralisch akzeptiert zu sein, während es in unserer Kultur moralisch verurteilt wird. Bin ich ein toleranter Mensch, darf ich keine Kritik an der anderen Kultur üben. Unseres Erachtens ist dies die falsche Schlussfolgerung: Ich darf weiterhin Kritik an anderen Kulturen üben. Dabei ist aber erstens wichtig, dass ich nicht mit der felsenfesten Überzeugung in die Diskussion eintrete, meine Position sei die einzig wahre, denn dann bin ich nicht offen gegenüber anderen Überlegungen. Zum anderen kann man nur im Dialog mit anderen Kulturen, der meistens erst durch Kritik angestoßen wird, herausfinden, ob ein bestimmter Konflikt tatsächlich ein fundamentaler Konflikt ist, oder ob nicht eine Seite einfach über zu wenige Informationen verfügt. Oftmals können sich Konflikte auflösen. Es kann natürlich immer der Fall sein, dass ein Konflikt sich nicht auflösen lässt und wir aus unserer Position heraus die Gegenposition nicht akzeptieren können. Unseres Erachtens widerspricht es nicht dem Toleranzgebot, wenn man in solchen Fällen interveniert. Toleranz bedeutet also nicht, alles ungefragt zu akzeptieren und unkommentiert stehen zu lassen. Toleranz ist durchaus damit vereinbar, sich zu positionieren und auch Kritik zu üben, gemäß dem Motto »Wer nach allen Seiten offen ist, ist nicht ganz dicht«.

Toleranz sollte eher eine Offenheit gegenüber anderen Kulturen bedeuten, ein Hinterfragen der eignen Position und eine Abkehr von Arroganz. Oder um mit den Worten der Ringparabel zu sprechen:

> **»** Es eifre jeder seiner unbestochnen von Vorurteilen freien Liebe nach! Es strebe von euch jeder um die Wette, die Kraft des Steins in seinem Ring' an Tag zu legen! (Lessing 2000, III, S. 7). **«**

Unseres Erachtens ist es nun von zentraler Bedeutung für eine gute Führungskraft, dass sie selbst für sich persönlich das Toleranzgebot achtet und darüber hinaus darauf achtet, dass andere dieses beachten. Leider wird hierauf in der Realität häufig nicht geachtet. Denken wir

Toleranz bedeutet nicht Indifferenz.

gelebte und eingeforderte Toleranz

beispielsweise an das in vielen Schulen vorherrschende homophobe Klima, welches es für homosexuelle Jugendliche so schwierig macht, offen mit ihrer Sexualität umzugehen. So wird »Schwuchtel« schon im Grundschulalter als Schimpfwort verwandt. Hier ist es die Aufgabe der Lehrer, dieses Verhalten zu erkennen und in den Klassen mit den Schülern darüber zu sprechen. Es muss eine Aufforderung zur Toleranz geben.

15.2.3 Der Wert der Vielfalt

Vielfalt

Unterschwellig schwingt bei dem Toleranzgebot noch ein weiterer Aspekt mit, welcher explizit betont werden soll: Der Wert der Vielfalt. Eine gute Führungskraft sollte unseres Erachtens nach diesen erkennen und fördern.

heterogene Teams

Gerade für Führungspersonen in der Wirtschaft bedeutet dies, dass sie darauf achten sollten, dass ihre Teams heterogen aufgestellt sind. Diese Heterogenität kann sich auf verschiedene Art und Weise äußern: Arbeitsgruppen sollten aus Mitgliedern unterschiedlichen Alters und Geschlechts bestehen, falls möglich sollten unterschiedliche fachliche Hintergründe vorhanden sein. Auch eine Vielfalt hinsichtlich der ethischen Herkunft ist gemeint. Noch grundlegender geht es darum, dass verschiedene Persönlichkeitstypen zusammenkommen sollten. Ein ideales Team, welches gute Ergebnisse erzielt, besteht beispielsweise aus einem Kreativen, der herumspinnt, querdenkt und neue Ideen entwickelt; aus einem Perfektionisten, der darauf achtet, dass Details stimmen; aus einem Macher, der auf die Umsetzbarkeit achtet und Projekte durchzieht; aus einem Skeptiker, welcher Bedenken formuliert und vorbringt; aus einem partnerschaftlichen Typ, der die unterschiedlichen Teammitglieder verbindet, usw.

Vielfalt begünstigt Kreativität und Innovativität.

Im Geiste Lessings kann man also fordern: Es sollte mehr Vielfalt, mehr Diversität in Firmen geben. Forschungsergebnisse unterstützen diese Forderung. Man kann zeigen, dass heterogene Arbeitsgruppen kreativer sind, meist qualitativ bessere Entscheidungen treffen und weniger Fehlentscheidungen verantworten müssen (s. z.B. Armstrong et al. 2010; Cunningham 2009; Kunze et al. 2011; Li et al. 2011). Die Erklärung hierfür ist einfach: In heterogenen Gruppen fließen unterschiedliche Weltanschauungen, unterschiedliche Erfahrungsschätze und Wissensquellen ein, die ein Problem aus ganz verschiedenen Perspektiven betrachten können. Der »Exot« mag einen Aspekt erkennen, der dem »Insider« verschlossen bleibt. Durch die vielfältigen Meinungen und Hintergründe kommt es wahrscheinlich zu tiefgründiger und kontroverser geführten Diskussionen, die zu neuen und kreativeren Lösungen führen. Diversität wird die Innovationsfähigkeit von Gruppen erhöhen. All dies ist etwas, was die meisten Unternehmen wollen.

15

Außerdem wird weniger Humankapitel vergeudet, wird der Wert von Vielfalt erkannt. Ist beispielsweise der ideale Arbeitnehmer von Unternehmen zwischen 25 und 40, männlich, flexibel und gut ausgebildet, dann fallen all diejenigen durchs Raster, welche diesen Anforderungen nicht genügen. Denken wir beispielsweise an all die älteren Arbeitsnehmer. Ihre Erfahrung und ihr Wissen würden weggeschmissen, würde man sie nicht mehr aktiv im Arbeitsleben integrieren.

Vergeudung von Humankapital

Leider zeigt es sich in der Realität, dass Heterogenität in der Wirtschaft nicht allzu großgeschrieben wird. Viele Unternehmen neigen beispielsweise dazu, ihre Gremien fast inzuchtartig nach dem Homogenitätsprinzip zu besetzen. Dann gibt es Vorstände, die vollkommen männlich sind und fast nur aus Ökonomen oder Juristen bestehen. Frauen oder andere Fächergruppen sucht man vergeblich. Auch bei Arbeitsgruppen in Unternehmen fällt dies auf. Personalverantwortliche neigen dazu, frei werdende Positionen mit Personen zu besetzen, welche der Mehrheit der Gruppe ähneln.

In der Realität wird Vielfalt zu wenig geschätzt.

Auch wird das Humankapital von Frauen zu wenig geschätzt. Deutschland gehört zu den Ländern mit dem geringsten Prozentsatz von Frauen in Führungspositionen. Auch sind deutsche Vorstandsgremien zu wenig international bzw. interkulturell besetzt, sogar bei global agierenden Unternehmen. Nach wie vor haben wir in den Führungspositionen eine Dominanz von Juristen und Ökonomen sowie eine Dominanz von Personen, die aus der oberen Mittelschicht kommen. Personen aus anderen Schichten haben daher kaum eine Chance, in Führungspositionen aufzusteigen.

Diesen »Luxus« kann sich Deutschland jedoch nicht mehr lange erlauben, d.h. ganze Gruppen von Menschen im Arbeitsleben zu benachteiligen. Dies kann jedoch nur geändert werden, wenn der Wert von Vielfalt tatsächlich erkannt wird. Dann wird es nämlich auch nicht als lästiges Muss, sondern als Bereicherung für das Unternehmen verstanden, wenn man beispielsweise eine Frau in eine Führungsposition bringt. Bei den aktuellen Führungskräften liegt nun also die Verantwortung, diese Vielfalt zu ermöglichen.

15.3 Ein kleines Lexikon zu Lessing und dem Relativismus

▪ Argument der offenen Frage

Das Argument der offenen Frage geht auf Moore zurück und wendet sich gegen den Versuch einer naturalistischen Definition von »gut«. Bei jedem solchen Definitionsvorschlag ist die Frage sinnvoll, ob das Definiens tatsächlich erfasst, was »moralisch gut« heißt. Da wir diese Frage immer sinnvoll stellen können, zeigt sich – so Moore –, dass »moralisch gut« etwas anderes oder mehr bedeutet als die naturalistische Definition angibt.

■ **Emotivismus**

Der Emotivismus ist eine Spielart des Non-Kognitivismus. Moralische Urteile werden als bloße Gefühlsäußerungen verstanden.

■ **Erfolgstheorie**

Erfolgstheorie bezeichnet eine metaethische Position, die davon ausgeht, es könne wahre moralische Urteile geben.

■ **Ethische Theorie**

Unter einer ethischen Theorie soll zunächst eine Menge von moralischen Urteilen verstanden werden, die festlegen, was moralisch gut
bzw. falsch ist. Dabei kann diese Menge durch eine ausgearbeitete
Theorie bestimmt werden, wie durch den Utilitarismus oder die Kantsche Ethik, kann sich aber auch aus persönlichen, vorwissenschaft-
lichen Überzeugungen zusammensetzen.

■ **Ethischer Relativismus**

Der ethische Relativismus ist eine metaethische Position, die davon
ausgeht, mehrere, einander auch widersprechende Theorien können
gleichermaßen gültig sein.

■ **Fundamentaler Wertkonflikt**

Ein fundamentaler Wertkonflikt ist ein Konflikt zwischen zwei moralischen Beurteilungen, wobei sichergestellt ist, dass die zu bewertende Situation/Handlung bei beiden Urteilenden die gleiche Bedeutung
hat und alle relevante, nicht-moralische Information beiden Urteilenden zur Verfügung steht.

■ **Irrtumstheorie**

Irrtumstheorie bezeichnet eine metaethische Position, die davon ausgeht, moralische Urteile hätten zwar einen kognitiven Gehalt, wären
aber allesamt falsch.

■ **Kognitiver Gehalt**

Eine Aussage hat einen kognitiven Gehalt, wenn man sinnvoller Weise davon sprechen kann, dass sie wahr oder falsch ist. So hat beispielsweise die Aussage »Dieser Baum ist grün« einen kognitiven Gehalt.

■ **Kognitivismus**

Der Kognitivismus ist eine metaethische Position, die davon ausgeht,
moralische Urteile hätten einen kognitiven Gehalt, d.h. sie könnten
wahr oder falsch sein.

■ **Kultureller Relativismus**

Der kulturelle Relativismus verweist zum einen auf den Umstand,
dass es mehrere einander auch widersprechende ethische Theorien
gibt. Zum anderen verneint er, es gäbe eine Methode, mit der man
in allen Fällen eine Entscheidung über die wahre ethische Theorie
treffen könne.

15

- **Naturalistische Definition**

Eine naturalistische Definition versucht den normativen, d.h. wertenden Begriff, wie beispielsweise »moralisch gut«, durch nicht wertende Eigenschaften zu definieren.

- **Naturalistischer Fehlschluss**

Als naturalistischen Fehlschluss bezeichnet man den Versuch, aus dem Sein, d.h. bestimmten Fakten, auf ein Sollen zu schließen. Dieser Gedankengang geht auf David Hume zurück.

- **Non-Kognitivismus**

Der Non-Kognitivismus ist eine metaethische Position, die verneint, moralische Urteile hätten einen kognitiven Gehalt. Sie können also weder wahr noch falsch sein.

- **Norm-Expressivismus**

Der Norm-Expressivismus ist eine Spielart des Non-Kognitivismus. Er interpretiert moralische Urteile so, dass hierin die Akzeptanz einer bestimmten Norm ausgedrückt wird.

- **Präskriptivismus**

Der Präskriptivismus ist eine Spielart des Non-Kognitivismus. Er geht davon aus, moralische Urteile würden bestimmte Absichten ausdrücken, d.h. dass man jemanden auffordert, sich auf bestimmte Art zu verhalten.

Von Philosophen lernen

Zusammenfassung

Wir sind am Ende unseres Buches angelangt. Erinnern wir uns an die Ausgangsfrage: Was können wir von Philosophen in Bezug auf Menschenführung lernen? Diese Frage wurde vor dem Hintergrund des Modells der ethikorientierten Führung gestellt. Als deutlich normatives Modell beschreibt es, wie Führung im Idealfall aussehen sollte. Ethikorientierte Führung zeichnet sich dadurch aus, dass moralische Werte Leitplanken von Handlungen darstellen. Eine ethikorientierte Führungskraft wendet sich aus moralischen Gründen gegen bestimmte Verhaltensweisen. *Reines* Gewinnstreben beispielsweise, ohne die betroffenen Menschen mit ihrer Menschenwürde wahrzunehmen oder die Auswirkungen auf die Natur zu berücksichtigen, wird eine ethikorientierte Führungskraft ablehnen. Kommt es zu einem Konflikt zwischen – sagen wir – wirtschaftlichen Vorteilen und moralischen Bedenken, wird sich eine ethikorientierte Führungspersönlichkeit der moralischen Bedenken nicht nur bewusst sein, sondern sie wird diesen auch Gehör schenken. Die moralischen Gründe sind also vorrangig vor anderen Gründen. Außerdem nutzt eine ethikorientierte Führungspersönlichkeit ihre Macht und ihren Einfluss dazu, moralische Werte voranzutreiben und zu ermöglichen.

Abschließend stellt sich also die Frage, was wir von den hier behandelten philosophischen Gedanken und Denkern für das Modell der ethikorientierten Führung übernehmen wollen. Drei Aspekte werden explizit (nochmals) betont: Erstens liefern uns die Überlegungen dieses Buches eine grundlegende Begründung für das Modell der ethikorientierten Führung. Zweitens können wir nun das Modell der ethikorientierten Führung mit Inhalt füllen, d.h. wir schlagen eine Möglichkeit vor, an welchen Werten sich eine ethikorientierte Führungskraft orientiert. Drittens thematisieren wir die Frage, ob und inwieweit ethikorientierte Führung gelernt und vermittelt werden kann.

16.1   Eine grundlegende Begründung des Modells der ethikorientierten Führung

Das Modell der ethikorientierten Führung ist ein normatives Modell. Es schreibt uns vor, wie wir handeln sollen. Die Forderung ist, dass man sich im Bereich der Führung moralisch korrekt verhält. Warum sollten wir das Modell und dessen Forderung akzeptieren? Um diese Frage zu beantworten brauchen wir eine grundlegende Begründung für das Modell der ethikorientieren Führung, und hierbei kann der Blick in die Philosophie helfen:

Wann immer wir handeln, sollen wir moralisch richtig handeln.

Durch die Auseinandersetzung mit den unterschiedlichen Moraltheorien wurde deutlich: Moralische Forderungen werden an den Menschen und sein Handeln im Allgemeinen gestellt. Bei moralischen Überlegungen geht es darum, wie wir *handeln* sollen. Die Antworten hierauf fallen unterschiedlich aus: Kant greift auf seinen Kategorischen Imperativ zurück, Mill auf das Nützlichkeitsprinzip, Aristoteles verweist auf unterschiedliche Tugenden, Hobbes und

Rousseau auf die im Gesellschaftsvertrag vereinbarten Regeln, usw. All diese Theorien eint aber ein Gedanke: **Wann immer wir handeln, werden wir mit moralischen Forderungen konfrontiert, denen unsere Handlungen entsprechen sollen.** Fragen wir nun, wie man Menschen führen soll, fragen wir, wie wir im Bereich der Menschenführung *handeln* sollen. Es geht um Fragen nach richtigem bzw. falschem Handeln. Wie mehrfach betont, unterliegen auch Handlungen, die in den Bereich der Menschenführung (und auch Unternehmensführung) fallen, moralischen Forderungen. Somit sollte man das Modell der ethikorientierten Führung akzeptieren.

Diesem Argument kann man auf zweierlei Weise begegnen. Erstens kann man bestreiten, dass menschliches Handeln moralischen Forderungen unterliegt. Das läuft darauf hinaus, die grundsätzliche Notwendigkeit von Moral zu hinterfragen. Auch wenn man über einzelne moralische Forderungen streiten mag, würden die wenigsten Menschen tatsächlich behaupten, man brauche gar keine Moral. Eine andere Möglichkeit bestünde darin, einen Unterschied zwischen Handlungen im Bereich der Führung und anderen Handlungen zu treffen und nur die letzteren moralischen Forderungen zu unterwerfen. Damit würde man sich aber der Inkonsistenz schuldig machen.

Das Modell der ethikorientierten Führung fordert nicht nur, dass moralische Überlegungen in Führungsfragen berücksichtigt werden sollen, sondern auch dass moralische Gründe Vorrang vor anderen Gründen haben, d.h. im Konfliktfall mit anderen Überlegungen schwerer ins Gewicht fallen. Eine Führungsperson ist zunächst einmal Mensch und war schon Mensch, ehe sie eine Führungsaufgabe übernommen hat. Als handelnder Mensch unterliegt sie moralischen Forderungen. Forderungen, wie den Gewinn eines Unternehmens zu maximieren, leiten sich aus ihrer Stellung als Führungskraft ab. Diese Forderungen sind sekundär, da Mensch-Sein vor Führungskraft-Sein kommt.

    Vorrangstellung der moralischen Forderungen

Eine weiterführende Begründung, weshalb ethikorientiert zu führen eine sinnvolle Forderung ist, ergibt sich, wenn wir an Jonas zurückdenken und an seine These/Auffassung, dass das Ausmaß der Verantwortung an das Ausmaß der Macht geknüpft ist. Je mehr Macht eine Person hat, umso mehr Verantwortung trägt sie (▶ Kap. 8 »Die Ethik der Verantwortung«). Menschen in Führungspositionen haben oftmals besonders viel Macht. Ihre Handlungen und Entscheidungen tangieren häufig ganz direkt ihre Mitarbeiter, aber auch die Gesellschaft und die kommenden Generationen können durch ihr Handeln beeinflusst werden. Ruft man sich diesen Wirkungsraum vor Augen, wird es umso deutlicher, dass gerade auch ihr Verhalten moralischen Forderungen unterliegt und dieses in den Schranken hält. Warum sollten wir im ganz alltäglichen zwischenmenschlichen Kontakt moralische Regeln beachten, aber Handlungen mit größerem Spielraum davon losgelöst sein?

    Macht impliziert Verantwortung.

Die Forderung, ethikorientiert zu führen, leitet sich also aus der allgemeinen Forderung, moralisch zu handeln, ab. Gehen wir davon aus, dass Menschen in ihrem Handeln an moralische Normen

    Begründung für das Modell der ethikorientierten Führung

gebunden sind, folgt daraus, dass sie auch bei Führungsaufgaben daran gebunden sind. Als ersten Punkt können wir also aus den philosophischen Überlegungen lernen, weshalb wir von ethikorientierter Führung sprechen können, wenn nicht gar müssen.

16.2   Ethikorientierte Führung auf Basis philosophischer Überlegungen

Ethikorientiert zu führen bedeutet letztendlich nichts anderes, als im Bereich der Menschenführung und der Unternehmensführung moralisch zu handeln. Da sich Führungskräften aber typische Aufgaben und Probleme stellen, ist es sinnvoll, explizit zu machen, was man unter ethikorientierter Führung versteht.

Auf welche moralischen Werte bezieht sich eine ethikorientierte Führungskraft?

Im Einleitungskapitel wurde eine ethikorientierte Führungsperson als eine Person beschrieben, die sich in Bezug auf Entscheidungen und Handlungen, die an ihren Status als Führungskraft gekoppelt sind, moralisch korrekt verhält. Sie beachtet in all ihren Entscheidungen und deren Umsetzung moralische Normen und verstärkt sie positiv (▶ Kap. 1.2 »Das Modell der ethikorientierten Führung«). Dies wurde anhand des Bildes eines Baumes veranschaulicht, dessen Wurzeln moralischen Werten entspringen. Der Blick in die Philosophie sollte dabei helfen, zu klären, von welchen moralischen Werten wir sprechen.

Theorieabhängigkeit moralischer Werte

Allgemein zu beantworten, was ein moralischer Wert ist und was nicht, ist auch am Ende dieser Arbeit nicht einfach. Wünschenswert wäre es, könnte man ein allgemeines Kriterium für diese Unterscheidung angeben. Ein Ansatzpunkt hierfür ist, dass ein moralischer Wert sich auf menschliches und im Besonderen zwischenmenschliches Handeln richtet und auf seiner Basis Aussagen darüber möglich sind, wie dieses Handeln sein sollte. Das ist jedoch eine äußerst allgemeine und vage Charakterisierung. Der Leser mag mit Recht nach einer inhaltlichen Konkretisierung verlangen. Die unterschiedlichen Moraltheorien, die wir in den vorangegangen Kapiteln betrachtet haben, liefern Antworten auf diese Frage. Legt man sich auf einen dieser Ansätze fest, kann man eine inhaltliche Konkretisierung von »moralischem Wert« vornehmen. So mag man beispielsweise die Achtung der Menschenwürde in Bezug auf die Kantsche Ethik als moralischen Wert bezeichnen. In der Auseinandersetzung um den Relativismus haben wir gesehen, wie schwierig oder vielleicht sogar unmöglich es ist, zu entscheiden, welche Moraltheorie die richtige ist (▶ Kap. 15.1 »Darstellung der Ringparabel und des relativistischen Gedankens«). Dies hat Auswirkungen auf die Beantwortung der Frage, was denn allgemein ein moralischer Wert ist. Die inhaltliche Konkretisierung findet immer nur im Bezug auf eine bestimmte Moraltheorie statt. Akzeptiert man diese als die richtige, hat man eine Erklärung, was ein moralischer Wert ist. Kann man nicht entscheiden, welche die richtige ist, kann man die Frage, was ein moralischer Wert ist, inhaltlich nicht beantworten. Vielmehr kann man dies nur in Bezug auf die unterschiedlichen Moraltheorien und deren Vorschläge illustrieren.

Was folgt hieraus für unser Buch? Wir wollen uns auf keine Moraltheorie festlegen und dennoch eine Antwort auf die Frage geben, was eine ethikorientierte Führungskraft ist. Hierzu gehen wir eklektisch vor. Wir lassen uns von den in diesem Buch erarbeiteten Theorien inspirieren und verflechten ihre Vorschläge in unserem Modell einer ethikorientierten Führungsperson. Dabei erheben wir nicht den Anspruch, *die* ethikorientierte Führungsperson zu beschreiben, denn hierzu müssten wir uns auf ein richtiges Moralverständnis festlegen. Vielmehr skizzieren wir einen *Vorschlag*, wie sich solch eine Führungsperson verhalten und an welchen Werten sie sich orientieren könnte. Die moralischen Werte, auf die wir uns im Folgenden beziehen, sind auch keine umfassende Liste aller möglichen moralischen Werte. Diese Werte zeichnen wir im Bezug auf konkrete Moraltheorien als moralische Werte aus. Der Leser mag andere Schwerpunkte setzen. Wichtig ist, für sich persönlich ein Wertgerüst zu akzeptieren, an dem man sich orientieren kann und welches unsere Handlungen lenkt.

ein Vorschlag der Konkretisierung des Modells der ethikorientierten Führung

---

Die ethikorientierte Führungskraft

Eine ethikorientierte Führungskraft richtet ihr Handeln an moralischen Werten aus. Sie ist bemüht, moralisch richtig zu handeln und moralisch richtiges Handeln bei anderen zu fördern, d.h.:

- Im Sinne von Jonas ist sie sich ihrer Macht und ihres Einflusses und vor allem der damit verbundenen Verantwortung bewusst. Sie empfindet **Verantwortung** dafür, was sie durch ihr Handeln beeinflussen kann (und versucht sowohl deren Neben- wie auch Fernwirkungen zu beachten).
- Im Sinne von Aristoteles erkennt sie die Wichtigkeit der **Vorbildfunktion**. Sie versucht, vorbildhaft zu sein und das Verhalten, welches sie von anderen fordert, selbst zu leben.
- Im Sinne von Rousseau begreift sie sich nicht als über dem Gesetz stehenden Machthaber, sondern als »Vollstrecker« dessen, was dem **Gemeinwohl** am zuträglichsten ist.
- Im Sinne von Aristoteles hält sie nicht blind an starren Regeln fest, sondern betrachtet die Besonderheiten der speziellen Situationen und urteilt entsprechend. Sie führt **situativ**.
- Im Sinne von Hobbes weiß sie um die Wichtigkeit von **Regeln**. Sie achtet auf die Einhaltung der Regeln, die moralisches Handeln sichern.
- Im Sinne von Mills ist sie sich bewusst, dass ihr persönliches Glück nicht über dem der Anderen steht und ist bereit, auch persönliche Einschnitte hinzunehmen, wenn es dem **allgemeinen Wohlergehen** zuträglich ist.
- Im Sinne von Popper versucht sie, eine **Kultur des Kritischen Rationalismus** zu etablieren, in dem Fehler als Potenzial zum Fortschritt angesehen werden, in dem es zu kritischer

Reflexion kommt, in dem die Macht des guten Arguments gilt und in dem in Lösungen und nicht in Problemen gedacht wird.

— Sie steht für die nachfolgenden genuin moralischen Werte und versucht durch diese, ihr Handeln leiten zu lassen und diese in ihrer Institution lebendig werden zu lassen:
  – **Achtung der Menschenwürde** (Kant), d.h. beispielsweise
    - Keine Instrumentalisierung des Gegenübers
    - Wertschätzung des Anderen
    - Zivilcourage zeigen, wenn die Menschenwürde anderer verletzt wird
    - Autonomie des Gegenübers wahrnehmen und stärken
  – **Ermöglichung von Mündigkeit** (Kant, Popper), d.h. beispielsweise
    - Eine hierarchiefreie Kommunikation ermöglichen
    - Verantwortungsspielräume ermöglichen
  – **Schutz der Gleichheit** (Kant, Rousseau), d.h. beispielsweise
    - Unparteilichkeit, keine Vetternwirtschaft
    - Jeder Mensch ist aus moralischer Sicht gleich achtens- und schützenswert
  – **Sorge um Gerechtigkeit/Fairness** (Rawls), d.h. beispielsweise
    - Schutz der Interessen Benachteiligter
    - Chancengleichheit ermöglichen
  – **Streben nach Nachhaltigkeit** (Jonas, Rawls), d.h. beispielsweise
    - Schutz der Umwelt
    - Beachtung der Interessen zukünftiger Generationen
  – **Toleranz** (Lessing), d.h. beispielsweise
    - Vielfalt als Segen begreifen
    - Umgang mit Konfliktsituationen lernen

Relevanz nicht-genuin moralischer Werte

Nun hatten wir aber auch darauf hingewiesen, eine Führungskraft müsse nicht nur moralische Betrachtungen in ihre Entscheidungen und ihr Verhalten einfließen lassen (▶ Kap. 1.2 »Das Modell der ethikorientierten Führung«). So gibt es neben den moralischen Werten weitere Werte, die eine Führungskraft für wichtig erachten mag. Wenn wir an eine Führungskraft aus der Wirtschaft denken, mag diese beispielsweise Kundenorientierung, Leistungs-, Innovations- und Gewinnstreben als weitere zentrale, wenn auch nicht-genuin moralische Werte betrachten (◘ Abb. 16.1).

Wertebaum einer ethikorientierten Führungskraft

Übertragen wir die Unterscheidung zwischen moralischen Werten und nicht-genuin moralischen Werten auf die Baummetapher (◘ Abb. 16.2). In den Wurzeln des Baumes liegen die Werte begründet, die das Handeln unserer Führungsperson leiten. Hier gibt es nicht nur moralische Werte. Im Falle einer Führungsperson aus der Wirtschaft mag sie sich nicht-moralische Werte wie Gewinnstreben, Leistung,

Genuin moralische Werte	Nicht- genuin moralische Werte
Zum Beispiel: • Achtung der Menschenwürde • Mündigkeit • Gleichheit • Gerechtigkeit • Toleranz • Nachhaltigkeit	Zum Beispiel: • Gewinnstreben • Innovationsstreben • Kundenorientierung • Leistung

Abb. 16.1 Beispielhafte Gegenüberstellung genuin moralische vs. nicht-genuin moralische Werte

Kundenorientierung und Innovationsstreben als Maßstab gesetzt haben. Als ethikorientierte Führungskraft verfügt sie aber auch über moralische Werte. Diese sind grundlegender als die nicht-moralischen Werte, in dem Sinne, dass sie im Notfall vor allen anderen gehört werden. Um mit dem Bild des Baumes zu sprechen sind es die dickeren und tiefergehenden Wurzeln, die der Moral entspringen.

Um das Modell der ethikorientierten Führung weiter zu veranschaulichen, kontrastieren wir es mit einem Gegenentwurf. Im wirtschaftlichen Bereich kann man das Modell einer rein gewinnorientierten Führungskraft zeichnen. Einer solchen Führungskraft geht es primär und ausschließlich darum, den Gewinn ihrer Firma bzw. Abteilung zu maximieren. Hieran bemisst sie den Erfolg bzw. Misserfolg ihrer Handlungen und hierüber entscheidet sie, welche Handlungen erlaubt sind und welche nicht. Moralische Werte spielen für sie keine Rolle bzw. sie sind für sie nur insoweit interessant, als dass das Handeln, welches diesen Werten (vordergründig) entspricht, eventuell der Gewinnmaximierung zuträglich ist. Um den Gewinn zu maximieren, schreckt eine solche Führungsperson aber nicht davor zurück, auch moralisch zweifelhafte Methoden anzuwenden. So mag sie mit versteckten Agenden (»hidden agenda«) arbeiten, d.h. sie verfolgt Ziele, die sie nicht offen kommuniziert. Sie mag Mitarbeiter gegeneinander ausspielen, sie unter Druck setzen und klein halten. Kunden werden durch sie unfair behandelt, usw. Dies ist zugegeben ein sehr schwarz-weiß gemaltes Bild, jedoch wird hierdurch deutlich, von was für einer Art Führung wir uns abgrenzen möchten.

ein Negativbeispiel

16.3 Lehrbarkeit ethikorientierter Führung

Abschließend mag die Frage im Raum stehen, ob und wie Führungskräften ethikorientierte Führung lernen können. Damit wird zugleich eine noch fundamentalere Frage thematisiert, nämlich wie man ganz allgemein lernen kann, sich moralisch richtig zu verhalten. Es ist anzunehmen, dass der Großteil der Menschen von sich selbst sagen würde, dass er meistens moralisch richtig handelt. Dies wird auch bei

Ist ethikorientierte Führung lernbar?

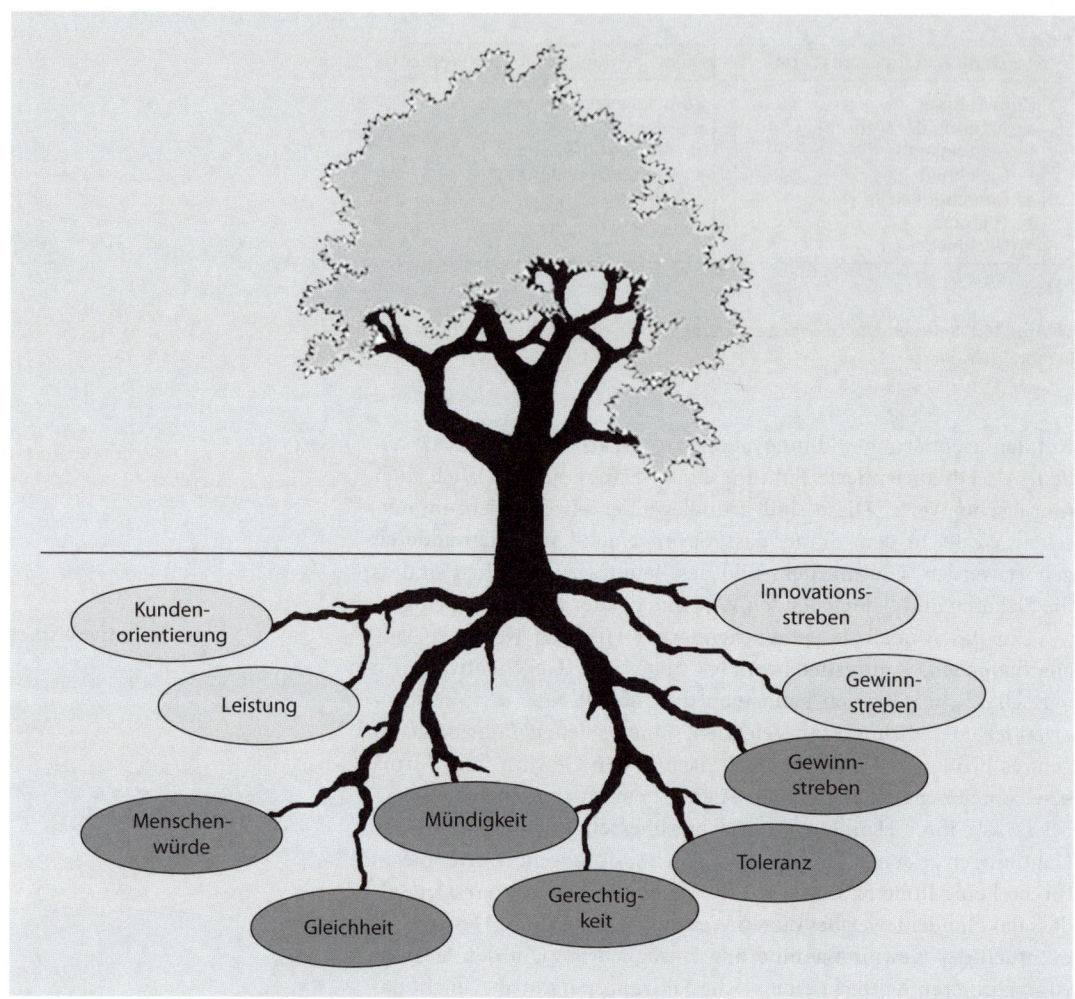

◘ Abb. 16.2 Der Wertebaum der ethikorientierten Führung (erweitert) (adaptiert nach: Frey & Schmalzried 2012, mit freundlicher Genehmigung des Verlags Steinbeis-Edition)

16

Gründe für unmoralisches Handeln

fehlendes moralisches Wissen

Führungskräften der Fall sein. Wir bestreiten nicht, dass solch eine Selbstbeurteilung zutreffend sein kann. Menschen handeln häufig moralisch korrekt. Bereits in ihrer Kindheit wurde ihnen vermittelt, was moralisch richtig und was moralisch falsch ist, und sie haben das verinnerlicht. Es gibt aber kaum eine Person, die *immer* alles moralisch richtig macht, und darüber hinaus gibt es Personen, die sich häufig unmoralisch verhalten.

Fragt man nun, ob und wie man ethikorientierte Führung lernen kann, ist es hilfreich, zu untersuchen, warum sich Menschen moralisch falsch verhalten, um dann nach Wegen zu suchen, diese Gründe zu beheben (◘ Abb. 16.4):

— Verhält sich eine Person in einer Situation moralisch falsch, kann der Grund hierfür sein, dass sie nicht weiß, welche Handlung

		Gegenstrategien
Ursachen für unmoralisches Verhalten	**Fehlendes moralisches Wissen**	• Sensibilisierung und Reflexion über die eigenen moralischen Werte • Auseinandersetzung mit etablierten Moraltheorien
	Ungeschulte moralische Urteilskraft	• Diskussion von Fallbeispielen • Kritische Reflexion von persönlichen Entscheidungen • Exemplarische »Do and Don't«-Liste erarbeiten
	Bewusstes Entscheiden gegen das moralisch Richtige	• Hinterfragen, ob sich das unmoralische Verhalten tatsächlich lohnt? • Risiko des unmoralischen Verhaltens betonen • Appell an Mitgefühl und Verantwortungsbewusstsein
	Unachtsamkeit	• Internalisierung von moralischen Werten • Bewusstes Innehalten vor Entscheidungen

◘ **Abb. 16.3** Ursachen und Gegenstrategien für unmoralisches Verhalten (aus: Frey & Schmalzried 2012, mit freundlicher Genehmigung des Verlags Steinbeis-Edition)

die richtige gewesen wäre bzw. dass sie sich dessen nicht sicher ist. Ihr mangelt es an moralischem Wissen. Wie kann man diese Ursache beseitigen?

Erstens kann es helfen, über die eigenen moralischen Werte zu reflektieren und sich dafür zu sensibilisieren. Eine Person mag sich ihrer moralischen Werte nicht bewusst sein, weil sie schlicht noch nicht darüber nachgedacht hat, welche moralischen Werte sie akzeptiert. Daher sollte man sie dazu anregen, darüber nachzudenken. Gespräche und Diskussionen mit anderen können hierbei helfen. Zweitens sollte man sich mit etablierten Moraltheorien, wie der Ethik der Pflichten oder dem Utilitarismus, auseinandersetzen. Dies hilft dabei, zu verstehen, was moralisch gefordert wird.

— Wenn man in einer konkreten Situation nicht weiß, wie man sich aus moralischer Sicht verhalten sollte, kann dies daran liegen, dass es einem schwer fällt, allgemeine moralische Forderungen auf die konkrete Situation zu übertragen. Kant würde sagen, dass einem eine gut geschulte moralische Urteilskraft fehlt (s. Kant 1793). Durch die moralische Urteilskraft können wir beurteilen, welche Aspekte einer Situation relevant für die moralische Entscheidung sind.

Es stehen einem unterschiedliche Alternativen offen, um die moralische Urteilskraft zu schulen. Einmal hilft eine Auseinandersetzung mit Fallbeispielen: Es werden konkrete Situationen

ungeschulte moralische Urteilskraft

Führungsaufgaben

Unternehmensführung	Mitarbeiterführung
Dos	**Dos**
▪ Nachhaltige Produkte ▪ Ressourcenschonende Produktionsmethoden ▪ Transparente Akquise ▪ usw.	▪ Faire Bezahlung ▪ Sinn- und Visionsvermittlung ▪ Positive Wertschätzung ▪ Individuelle Förderung ▪ usw.
Don'ts	**Don'ts**
▪ Ressourcenverschwendung ▪ Korruption/Bestechung ▪ Produktspionage ▪ usw.	▪ Ausbeutung ▪ Respektlosigkeit ▪ Mobbing ▪ Üble Nachrede ▪ usw.

▫ **Abb. 16.4** Exemplarische Übersicht Dos and Don'ts der Führung (adaptiert nach: Frey & Schmalzried 2012, mit freundlicher Genehmigung des Verlags Steinbeis-Edition)

beschrieben, und es ist zu überlegen, wie man sich entscheiden würde. Zum anderen kann man auf bereits gefällte Entscheidungen zurückblicken und sich fragen, ob die Entscheidung die richtige war und weshalb bzw. weshalb dem nicht so ist. Man könnte hier an eine Art Supervision für Führungskräfte denken. Eine Art »Ethik-Coach« unterstützt Führungskräfte in ihren Entscheidungen und der Frage, was aus moralischer Sicht angemessen ist. Um zu lernen, was moralisch richtig und was falsch ist, kann es auch helfen, sich eine Liste zu schrieben, in der man »Dos and Don'ts« des Moralischen zusammenfasst. Eine solche Liste könnte für eine Führungskraft aus dem Bereich der Wirtschaft wie in ▫ Abbildung 16.3 aussehen. Diese Liste ist sicher sehr plakativ, und sicher ist es keine vollständige Auflistung all dessen, was aus moralischer Sicht geboten oder verboten ist. Es ist eher eine beispielhafte Veranschaulichung. Sie kann verändert bzw. erweitert werden.

bewusstes Entscheiden gegen das moralisch Richtige

— Ein weiterer Grund, weshalb sich jemand nicht moralisch richtig verhält, kann sein, dass er sich bewusst gegen die moralische Handlung entscheidet, um sich einen bestimmten Vorteil zu sichern. Manche Führungskraft mag wirtschaftlichen Gewinn, Wettbewerbsvorteile oder persönliche Karrierechancen für wichtiger halten als moralische Forderungen. Ist es möglich in solchen Fällen, die Personen umzustimmen?
Erstens kann man thematisieren, ob das unmoralische Verhalten sich wirklich lohnt. Wir haben bereits betont, dass faire Behandlung von Mitarbeitern deren Motivation und Zufriedenheit erhöhen kann, was wiederum im Interesse des Unternehmens liegt. Da Kunden und Lieferanten ebenfalls moralisch ange-

messen behandelt werden wollen, sollte man diesem Wunsch entsprechen, außer man will sie verlieren. Wie bereits mehrfach betont, können moralische Werte nicht-genuin moralische Werte maximieren helfen. Dies ist vor allem dann der Fall, wenn man in langfristigeren Perspektiven denkt. Des Weiteren zahlt sich unmoralisches Verhalten (meist) nur aus, wenn es nicht als solches entdeckt wird. Wird bekannt, dass man sich unmoralisch verhalten hat, kann der daraus entstehende Schaden sehr hoch sein, viel höher als der mögliche Vorteil. Dieses Risiko einzugehen ist häufig unklug. Man sollte aber nicht bestreiten, dass es Situationen gibt, in welchen das Risiko, entdeckt zu werden, sehr gering ist, der mögliche Schaden relativ klein oder aber der mögliche Vorteil besonders groß ist. In solchen Fällen mag man sich nicht von der unmoralischen Handlung abbringen lassen. Eine weitere Alternative besteht darin, erneut zu erläutern, warum eine Handlung moralisch richtig und eine andere falsch ist. Versteht dies die betroffene Person wirklich, kann man hoffen, dass sie sich von der Moral überzeugen lässt. Man kann ihr Verantwortungsbewusstsein und ihr Mitgefühl ansprechen und sie dazu auffordern, sich zu überlegen, wie sie selbst behandelt werden möchte. Wir sind Realisten genug, um zuzugestehen, dass all diese Überzeugungsstrategien zu nichts führen können. Manche Personen lassen sich nicht davon überzeugen, sich moralisch korrekt zu verhalten. Die Ursachen hierfür sind ganz verschieden: Es mag an kurzfristigem Gewinnmaximierungsdenken liegen; es mag ihnen tatsächlich ausschließlich um Profit gehen; es mag ihnen an Einfühlungsvermögen fehlen oder an der Fähigkeit, Verantwortung zu empfinden, usw. Hier muss man einräumen, dass ethikorientiert zu führen nur in Grenzen gelehrt werden kann. Manche Person mag es nicht lernen wollen oder können.

— Nun kann es dazu kommen, dass eine Führungskraft durchaus wissen könnte, welche Handlung in einer konkreten Situation richtig wäre, und sie sich auch nicht bewusst gegen diese entscheidet, sich aber dennoch nicht moralisch richtig entscheidet. Grund hierfür kann sein, dass sie einfach unachtsam ist. Sie mag überarbeitet oder gestresst sein, unter Entscheidungszwang stehen oder sich keine Zeit für die Entscheidung nehmen. Solche Fälle von Unachtsamkeit wird es wahrscheinlich immer wieder geben. Um ihre Anzahl zu minimieren, braucht man eine langfristige Strategie: Man sollte sicherstellen, dass eine Führungskraft das Modell der ethikorientierten Führung und die moralischen Werte verinnerlicht. Ist dem so, wird sie wahrscheinlich auch in Stresssituationen moralische Überlegungen einfließen lassen. Es geht hier auch um Selbstdisziplin der Führungskräfte: Egal wie drängend oder stressig eine Entscheidungssituation ist, sollte eine Führungskraft dennoch versuchen, vor der definitiven Entscheidung innezuhalten und nochmals die moralischen Aspekte beachten.

Unachtsamkeit

**Unmoralisches Verhalten darf
sich nicht lohnen.**

Abschließend kann man festhalten: Unseres Erachtens sollten ange-
hende Führungskräfte schon früh mit dem Modell der ethikorientierten Führung in Kontakt kommen, etwa in der Schule oder bei
ihrer Ausbildung, an Hochschulen und Universitäten. Auch im aktiven Arbeitsleben sollte es zu einer Sensibilisierung für das Thema
ethikorientierte Führung kommen. Ganz entscheidend hierbei ist,
dass unmoralisches Verhalten weder (implizit) verlangt, belohnt noch
gefördert wird. Wir haben zugestanden, dass nicht jede Person von
der Richtigkeit und Wichtigkeit ethikorientierter Führung überzeugt
werden kann. Daher sollte man darauf achten, dass solche Personen
nicht in Machtpositionen gelangen. Dies erfordert von denjenigen,
die darüber entscheiden, ein gewisses Maß an Menschenkenntnis, da
es nicht immer einfach ist, zu erkennen, wer sich einer ethikorientierten Führung verschließt: Es gehört zum guten Ton zu behaupten,
Moral wäre einem wichtig. Die Kunst ist, zu erkennen, wer dies wirklich ernst meint.

16.4   Fazit

Abschließend können wir festhalten: Mit unserem Buch wollten wir
aufzeigen, dass das Modell der ethikorientierten Führung eine angemessene, wenn nicht sogar die angemessenste Antwort auf die
Frage ist, wie Führung in unterschiedlichsten Lebensbereichen gelebt werden sollte. Demnach zeichnet sich gute Führung zum einen
dadurch aus, dass sie nicht-genuin moralische Werte achtet und diese
zu maximieren sucht, wie Leistung, Innovationen oder Gewinn. Jedoch ist dies nicht alles, was sie zu einer guten Führungskraft macht.
Neben den nicht-genuin moralischen Werten beachtet sie vor allem
genuin moralische Werte, wie die Menschenwürde, Mündigkeit, Gerechtigkeit, Gleichheit, Toleranz oder Nachhaltigkeit. Sie versucht
zum einen, selbst diese Werte zu leben, und ist zum anderen auch
darauf bedacht, Rahmenbedingungen zu gestalten, die solches Verhalten bei anderen ermöglichen und fördern. Das Modell leitet sich
aus der grundlegenden Forderung an jedes menschliche Handeln ab,
sich moralisch korrekt zu verhalten.

**Das Modell der ethikorientierten
Führung als Antwort auf die
Frage nach guter Führung.**

Es gibt nun Handlungen, die sowohl genuin moralischen Werten
als auch nicht-genuin moralischen Werten entsprechen, d.h. Handlungen, bei denen genuin moralische Werte und nicht-genuin moralische Werte Hand in Hand gehen. Daher kann sich beispielsweise
im Bereich der Wirtschaft ethikorientierte Führung nicht nur aus
moralischer, sondern auch aus ökonomischer Sicht lohnen. Es kann
jedoch auch zu einem Konflikt kommen. In solch einem Falle gibt
eine ethikorientierte Führungskraft den moralischen Forderungen
den Vorrang. Eine ethikorientierte Führungskraft würde idealerweise nichts Unmoralisches tun. Um ein sehr schwarz-weißes Bild zu
zeichnen: Eine ethikorientierte Führungskraft erniedrigt niemanden,

macht niemanden klein, arbeitet nicht mit versteckten Agenden und intrigiert nicht, usw.

Vertritt man das Modell der ethikorientierten Führung, kann man sehr viel von philosophischen Denkern lernen. Die Philosophie erläutert, was Moral ist und begründet diese. Die verschiedenen philosophischen Theorien, die wir in unserem Buch betrachtet haben, betonten verschiedene moralische Werte und erklärten, was moralisch richtiges Verhalten ausmacht. All dies ist von zentraler Bedeutung für eine ethikorientierte Führungskraft und somit für die Frage, wie gute Führung auszusehen hat. Daher möchten wir in Anlehnung an Platons bekannten Philosophen-Königs-Satz (s. Platon 2010, S. 473d) unserer Buch mit folgender Aufforderung bzw. Mahnung beenden:

》 Wenn nicht die Philosophen Führungskräfte werden oder die, welche jetzt Führungskräfte genannt werden, echt und ausreichend zu philosophieren beginnen, und wenn nicht dies in eines zusammenfällt, Macht und Philosophie, […] dann gibt es kein Ende der Übel, weder in den Schulen, Universitäten oder Unternehmen. 《

der Philosophen-Führungskraft-Satz

Anhang

Literaturverzeichnis

Adams, J. S. (1965). Inequity in social exchange. In L. Berkowitz, *Advances in Experimental Social Psychology* (S. 335-343). New York: Academic Press.

Adorno, T. W., Frenkel-Brunswik, E., Levinson, D. J., & Sanford, R. N. (1950). *The Authoritarian Personality.* New York: Harper und Brothers.

Albert, H. (1980). Die Wissenschaft und die Suche nach der Wahrheit. In G. Radnilzky, & G. Andersson, *Fortschritt und Rationalität in der Wissenschaft* (S. 221-247). Tübingen: Mohr.

Antoni, C. (1999). Konzepte der Mitarbeiterbeteiligung: Delegation und Partizipation. In D. Frey, & C. G. Hoyos, *Arbeits- und Organisationspsychologie* (S. 569-583). Weinheim: PVU.

Aristoteles (1985). *Nikomachische Ethik.* Hamburg: Meiner.

Aristoteles (1989). *Metaphysik.* Hamburg: Meiner.

Armstrong, C., Flood, P., Guthrie, J., Liu, W., MacCurtain, S., & Mkamwa, T. (2010). The impact of diversity and equality management on firm performance: Beyond high performance work systems. *Human Resource Management, 49,* 977-998.

Ayer, A. J. (1970). *Sprache, Wahrheit und Logik.* Stuttgart: Reclam.

Bandura, A. (1977). *Social learning theory.* Englewood Cliffs, NJ: Prentice-Hall.

Bass, B. (1998). *Transformational Leadership: Industry, military, and educational impact.* Mahwah NJ: Erlbaum.

Bentham, J. (1996). *Introduction to the Principles of Morals and Legislation.* Oxford: Oxford University Press.

Berth, R. (1998). *Der Große Innovationstest.* Düsseldorf: Econ.

Bies, R. J., & Moag, J. S. (1986). Interactional justice: Communication criteria of fairness. In R. J. Lewicki, & B. H. Sheppard, *Research on negotiation in organizations* (S. 43-55). Greenwich, CT: JAI Press.

biographybase (2004). *biographybase.* www.biographybase.com/biography/Rawls_John.html (14.02.2010).

Boccaccio, G. (1994-2007). *Das Decameron.* http://gutenberg.spiegel.de.

Böhler, D. (2006). *www.hans-jonas-zentrum.de.* www.hans-jonas-zentrum.de/hj/jonas.html#top (03.05.2010).

Brandt, R. (1991). Drei Formen des Relativismus. In D. Birnbacher, & N. Hoerster, *Texte zur Ethik* (S. 42-51). München: dtv.

Brehm, J. W. (1966). *A Theory of Psychological Reactance.* New York: Academic Press.

Brink, D. (2007). Mill's Moral and Political Philosophy. *Stanford Encyclopedia of Philosophy.*

Brodbeck, F. C., Maier, G. W., & Frey, D. (2001). Führungstheorien. In D. Frey, & M. Irle, *Theorien der Sozialpsychologie* (Bd. II, S.327-363). Bern: Huber.

Butler, R. (1987). Task-involving and ego-involving properties of evaluation: Effects of different feedback conditions on motivational perceptions, interest, and performance. *Journal of Educational Psychology, 79,* 474-482.

Butler, R. (1988). Enhancing and undermining intrinsic motivation: The effects of task-involving and ego-involving evaluation on interest and performance. *British Journal of Educational Psychology, 58,* 1-14.

Butler, R., & Nisan, M. (1986). Effects of no feedback, task-related comments, and grades on intrinsic motivation and performance. *Journal of Educational Psychology, 78,* 210-216.

BVerfG (15.02.2006). *Bunde.* www.bverfg.de/entscheidungen/rs20060215-1bvr035705.html (13.02.2010).

Carnap, R. (1931). Überwindung der Metaphysik durch logische Analyse der Sprache. *Erkenntnis,* 219-241.

Chalmers, A. F. (1986). *Wege der Wissenschaft. Einführung in die Wissenschaftstheorie.* Berlin, Heidelberg, New York, Tokyo: Springer.

Colquitt, J. A. (2001). On the dimensionality of organizational justice: A construct validation of a measure. *Journal of Applied Psychology, 86,* 386-400.

Colquitt, J., Conlon, D. E., Wesson, M., Porter, C. O., & Ng, K. Y. (2001). Justice at the Millenium: A meta-analytic review of 25 years of organizational justice research. *Journal of Applied Psychology, 86,* 425-445.

Cosier, R., & Schwenk, C. (1990). The Importance of Playing Devil's Advocate. *Planning for Higher Education, 19*, 17-22.

Cunningham, G. B. (2009). The moderating effect of diversity strategy on the relationship between racial diversity and organizational performance. *Journal of Applied Social Psychology, 39*, 1445-1460.

Darwall, S. (1998). *Philosophical Ethics.* Oxford: Westview Press.

Dauenheimer, D., Stahlberg, D., Frey, D., & Petersen, L. (2002). Die Theorie des Selbstwertschutzes und der Selbstwerterhöhung. In D. Frey, & M. Irle, *Theorien der Sozialpsychologie* (Bd. III). Bern: Huber.

Daum, W., Kaiser, C., & Neubert, A. (1998-2000). *Who's Who.* www.whoswho.de/templ/te_bio.php?PID=694&RID=1 (13.09.2010).

Dickenberger, D., Gniech, G., & Grabitz, H.-J. (1993). Die Theorie der psychologischen Reaktanz. In D. Frey, & M. Irle, *Theorien der Sozialpsychologie* (Bd. I: Kognitive Theorien, S. 243-273). Bern: Huber.

EGS, E. G. (02.02.2010). *The European Graduate School.* www.egs.edu/media/library-of-philosophy/aristotle/biography/ (12.02.2010).

Elias, N. (1985). Das Credo eines Metaphysikers. Kommentare zu Poppers »Logik der Forschung«. *Zeitschrift für Soziologie, 14 (2)*, 93-114.

Erb, H.-P., & Bohner, G. (2008). Sozialer Einfluss durch Mehrheiten und Minderheiten. In D. Frey, & M. Irle, *Theorien der Sozialpsychologie* (Bd. II, S. 47-61). Bern: Huber.

Festinger, L. (1954). A Theory of Social Comparison Processes. *Human Relations, 7*, 117-140.

Festinger, L. (1957). *A Theory of Cognitive Dissonance.* Stanford, CA: Stanford University Press.

Frey, D. (1995). Psychologisches Know-How für eine Gesellschaft im Umbruch - Spitzenunternehmen der Wirtschaft als Vorbild. In C. Honegger, & J. Gabriel, *Gesellschaften im Umbau* (S. 75-98). Zürich: Seismo.

Frey, D. (1998). Center of Excellence - ein Weg zu Spitzenleistungen. In P. Weber, *Leistungsorientiertes Management: Leistungen steigern statt Kosten senken* (S. 199-233). Frankfurt a.M.: Campus.

Frey, D., & Gaska, A. (1993). Die Theorie der kognitiven Dissonanz. In D. Frey, & M. Irle, *Theorien der* Sozialpsychologie (Bd. I: Kognitive Theorien, 2. Aufl., S. 275-325). Bern: Huber.

Frey, D., & Jonas, E. (2002). Die Theorie der kognizierten Kontrolle. In D. Frey, & M. Irle, *Theorien der Sozialpsychologie* (Bd. III, S. 13-50). Bern: Huber.

Frey, D., & Schmalzried, L. K. (2012). Das Modell der ethikorientierten Führung. In S. Meck, & F. E. W. Zschaler, *Finethikon: Jahrbuch für Finanz- und Organisationsethik* (Bd. II). Stuttgart: Steinbeis-Edition.

Frey, D., Schmalzried, L. K., Jonas, E., Fischer, P., & Dirmeier, G. (2011) Wissenschaftstheorie und Psychologie – Einführung in den kritischen Rationalismus von Karl Popper. In H.-W. Bierhoff, & D. Frey, *Bachelorstudium Psychologie* (Bd. 22, Sozialpsychologie - Interaktion und Gruppe). Göttingen: Hogrefe.

Gale, T. (2005-2006). *Encyclopedia of World Biography.* www.bookrags.com/biography/john-rawls/ (14.02.2010).

Gaut, B. (2007). *Art, Emotion and Ethics.* Oxford: Oxford University Press.

Gauthier, D. (1986). *Morals by Agreement.* Oxford: Clarendon Press.

Gesta Romanorum (1991). Stuttgart: Reclam.

Glass, D. C., & Singer, J. E. (1972). *Urban stress: experiments on noise and social stressors.* New York: Academic Press.

Greenberg, J. (1990). Employee Theft as a Reaction to Under Payment Inequity: The Hidden Cost of Pay Cuts. *Journal of Applied Psychology, 75*, 561-568.

Hacker, W. (1999). Regulation und Struktur von Arbeitstätigkeiten. In D. Frey, & C. G. Hoyos, *Arbeits- und Organisationspsychologie* (S. 385-397). Weinheim: PVU.

Hackman, J. R., & Oldham, G. (1980). *Work Redesign.* Reading, MA: Addison-Wesley.

Harman, G. (1977). *The Nature of Morality - An Introduction to Ethics.* Oxford: Oxford University Press.

Harris, J. (1975). The Survival Lottery. *Philosophy, 50 (191)*, 81-87.

Herrmann, T. (1973). Über einige Einwände gegen die nomothetische Psychologie. In H. Albert, & H. Keuth, *Kritik der kritischen Psychologie* (S. 41-83). Hamburg: Hoffmann und Campe.

Hobbes, T. (1970). *Leviathan.* Stuttgart: Reclam.

Hobbes, T. (1994). *Vom Menschen, vom Bürger.* Hamburg: Meiner.

Hume, D. (1906). *A Treatise of Human Nature.* Hamburg: Meiner.

Irving, J. L. (1982). *Groupthink: Psychological Studies of Policy Decisions and Fiascoes.* New York: Houghton Mifflin.

Jonas, H. (2003). *Das Prinzip der Verantwortung.* Frankfurt a.M.: Suhrkamp TB.

Kant, I. (1784). Beantwortung der Frage: Was ist Aufklärung. *Berlinerische Monatsschrift*, 515 ff.

Kant, I. (1793). *Über den Gemeinspruch.* Essen: Korpora.org.

Kant, I. (1961a). *Grundlegung zur Metaphysik der Sitten.* Stuttgart: Reclam.

Kant, I. (1961b). *Kritik der praktischen Vernunft.* Stuttgart: Reclam.

Kant, I. (1966). *Kritik der reinen Vernunft.* Stuttgart: Reclam.

Klendauer, R., Streicher, B., Jonas, E., & Frey, D. (2006). Fairness und Gerechtigkeit. In H.-W. Bierhoff, & D. Frey, *Handbuch der Sozialpsychologie und der Kommunikationspsychologie* (S. 187-195). Göttingen: Hogrefe.

Kopelman, L. (2001). Female Circumcision/Genital Mutilation and Ethical Relativism. In T. Carson, & P. Moser, *Moral Relativism - A Reader* (S. 307-326). Oxford: Oxford University Press.

Kraft, Y. (1968). *Der Wiener Kreis. Der Ursprung des Neopositivismus. Ein Kapitel der jüngsten Philosophiegeschichte.* Wien, New York: Springer.

Krapp, A., & Heiland, A. (1986). Wissenschaftstheoretische Grundfragen der Pädagogischen Psychologie. In B. Weidemann, & A. Krapp, *Pädagogische Psychologie* (S. 41-72). München, Weinheim: Urban und Schwarzenberg.

Krause, R. (1996). *Unternehmensressource Kreativität.* Köln: Wirtschaftsverlag Bachem.

Kuhn, T. S. (1976). *Die Struktur wissenschaftlicher Revolutionen.* Frankfurt a.M.: Suhrkamp.

Kunze, F., Boehm, S. A., & Bruch, H. (2011). Age diversity, age discrimination climate and performance consequences - A cross organizational study. *Journal of Organizational Behavior, 32*, 264-290.

Lakatos, I. (1970). Criticism and the methodology of scientific research programmes. In I. Lakatos, & A. Musgrave, *Criticism and the growth of knowledge.* Cambridge: Cambridge University Press.

Latané, B., & Rodin, J. (1969). A lady in distress. Inhibiting effects of friends and strangers on bystander intervention. *Journal of Experimental Social Psychology, 5*, 189-202.

Lessing, G. E. (2000). *Nathan der Weise.* Stuttgart: Reclam.

Leventhal, G. S. (1980). What should be done with equity theory? New approaches to the study of fairness in social relationships. In K. J. Gergen, M. S. Greenberg, & R. H. Willis, *Social Exchange: Advances in Theory and Research.* New York: Plenum Press.

Li, J., Chu, C. W., Lam, K. C., & Liao, S. (2011). Age diversity and firm performance in an emerging economy: Implications for cross-cultural human resource management. *Human Resource Management, 50*, 247-270.

Lilli, W., & Frey, D. (1993). Die Hypothesentheorie der sozialen Wahrnehmung. In D. Frey, & M. Irle, *Theorien der Sozialpsychologie* (Vol. I, S. 49-78). Bern: Huber.

Lind, E. A., & Tyler, T. R. (1988). *The social psychology of procedural justice.* New York: Plenum Press.

Locke, E. A., & Latham, G. P. (2002). Building a practically useful theory of goal setting and task motivation: A 35-year odyssey. *American Psychologist, 57*, 705-717.

Locke, J. (2008). *Zwei Abhandlungen über die Regierung.* Frankfurt a.M.: Suhrkamp.

Mackie, J. L. (1981). *Ethik: Die Erfindung des moralisch Richtigen und Falschen.* Stuttgart: Reclam.

Mikula, G. (1985). Psychologische Theorien des sozialen Austausches. In D. Frey, & M. Irle, *Theorien der Sozialpsychologie* (Bd. II: Gruppen und Lerntheorien, S. 273-305). Bern: Huber.

Milgram, S. (1963). Behavioral Study of Obedience. *Journal of Abnormal and Social Psychology, 67*, 371-378.

Mill, J. S. (1976). *Der Utilitarismus.* Stuttgart: Reclam.

Mill, J. S. (1986). *Über die Freiheit.* Stuttgart: Reclam.

Mill, J. S. (2002). *A System of Logic.* Honolulu: University Press of the Pacific.

Mill, J. S. (2004). *Principles of Political Economy.* New York: Prometheus Books.

Moore, G. (1903). *Principia Ethica.* Cambridge: Cambridge University Press.

Murdoch, I. (1970). The Sovereignty of Good over other Concepts. In I. Murdoch, *The Sovereignty of Good* (S. 75-102). New York: Routledge.

Nemeth, C. J. (1992). Minority Dissent as a Stimulus to Group Performance. In S. Worchel, & W. L. Wood, *Group process and productivity* (S. 95-111). Newbury Park: Sage.

Neurath, O. (1932/33). Protokollsätze. *Erkenntnis, 3*, 204-214.

Nickel, T. M., & Krems, J. F. (1998). Führungsverhalten und Mitarbeiterkreativität – eine empirische Untersuchung zum betrieblichen Vorschlagswesen. *Zeitschrift für Arbeits- und Organisationspsychologie, 42*, 27-32.

Opaschowski, H. W. (1991). Von der Geldkultur zur Zeitkultur. Neue Formen der Arbeitsmotivation für zukunftorientiertes Management. In G. Schanz, *Handbuch Anreizsysteme* (S. 32-42). Stuttgart: Schaeffer-Poeschel.

Opitz, P. (Juni 2005). *Das Aristoteles Projekt.* www.aristotle-project.net/aristoteles-biographie.html (12.02.2010).

Platon (2010). *Politeia.* www.opera-platonis.de/Politeia5.html.

Popper, K. R. (1984). *Logik der Forschung.* Tübingen: Mohr.

Popper, K. R. (1992). *Die offene Gesellschaft und ihre Feinde* (Bd. I). Tübingen: Mohr.

Popper, K. R. (1992). *Die offene Gesellschaft und ihre Feinde* (Bd. II). Tübingen: Mohr.

Popper, K. R. (2003). *Das Elend des Historizismus.* Tübingen: Mohr.

Prenzel, M. (1992). The Selective Persistence of Interest. In K. A. Renninger, & S. Hidi, *The Role of Interest in Learning and Development* (S. 71-98). Hillsdale, NJ: Erlbaum.

Rachels, J. (2001). The Challenge of Cultural Relativism. In Moser, A. & Carson, B. *Moral Realism* (S. 53-65). Oxford: Oxford University Press.

Ratzke, N. (2001-2006). *www.Libanon-Info.de.* www.libanon-info.de/lib/gesch/ge-krzu03.html (15.02.2010).

Rawls, J. (1979). *Eine Theorie der Gerechtigkeit.* Frankfurt a.M.: Suhrkamp.

Rogers, C. R. (1959). A theory of therapy, personality, and interpersonal relationships, as developed in the client-centered framework. In S. Koch, *Psychology: A Study of a Science.* New York: McGraw-Hill.

Rook, M., Irle, M., & Frey, D. (2001). Wissenschaftstheoretische Grundlagen sozialpsychologischer Theorien. In D. Frey, & M. Irle, *Theorien der Sozialpsychologie* (Bd. I: Kognitive Theorien, S. 13-47). Bern: Huber.

Rousseau, J.-J. (1977). *Gesellschaftsvertrag.* Stuttgart: Reclam.

Rousseau, J.-J. (1998). *Abhandlung über den Ursprung und die Grundlagen der Ungleichheit unter den Menschen.* Stuttgart: Reclam.

Rousseau, J.-J. (1998). *Emile oder über die Erziehung.* Stuttgart: Reclam.

Sayre-McCord, G. (1988). Introduction - The Many Moral Realisms. In G. Sayre-McCord, *Essays on Moral Realism* (S. 1-23). Cornell: Cornell University Press.

Schachter, S., & Singer, J. E. (1962). Cognitive, Social, and Physiological Determinants of Emotional States. *Psychology Review, 69*, 379-399.

Schmidt, C. (Januar 2006). *Aristoteles.* www.aristoteles-von-stageira.de (12.02.2010).

Schneewind, K. A. (2002). Freiheit in Grenzen - Wege zu einer wachstumorientierten Erziehung. In H.-G. Krüsselberg, & H. Reichmann, *Zukunftsperspektive Familie und Wirtschaft* (S. 213-262). Grafschaft: Vektor.

Schulz-Hardt, S. (1997). *Realitätsflucht in Entscheidungsprozessen: Von Groupthink zum Entscheidungsautismus.* Bern: Huber.

Schwenk, C. (1988). *The Essence of Strategic Decision Making.* Lexington, Mass.: Lexington Books.

Seifert, H. (1972). *Einführung in die Wissenschaftstheorie, Bd. 1: Sprachanalyse - Deduktion - Induktion in Natur- und Sozialwissenschaften.* München: Deck.

Sellmaier, S. (2008). *Ethik der Konflikte.* Stuttgart: Kohlhammer.

Senge, P. (1994). *The Fifth Discipline Fieldbook: Strategies and Tools for Building a Learning Organisation.* New York: Crown Business.

Sidgwick, H. (1981). *The Methods of Ethics.* Cambridge: Hackett.

Skinner, B. F. (1938). *The Behavior of Organisms: An Experimental Analysis.* New York: Appleton-Century.

Skinner, B. F. (1971). *Beyond Freedom and Dignity.* New York: Knopf.

Staw, B. M., & Boettger, R. D. (1990). Task revision: A neglected form of work performance. *Academy of Management Journal, 33,* 534-559.

Stegmüller, W. (1952). *Hauptströmungen der Gegenwartsphilosophie. Eine historisch-kritische Einführung.* Wien, Stuttgart: Humboldt.

Stegmüller, W. (1973). *Probleme und Resultate der Wissenschaftstheorie und Analytischen Philosophie, Bd. IV: Personelle und Statistische Wahrscheinlichkeit. Studienausgabe, Teil A.* Berlin, Heidelberg, New York: Springer.

Ströker, E. (1973). *Einführung in die Wissenschaftstheorie.* Darmstadt: Wissenschaftliche Buchgesellschaft.

Thibaut, J., & Walker, L. (1975). *Procedural justice: A psychological analysis.* Hillsdale, NJ: Erlbaum.

Thibaut, J., & Walker, L. (1978). A theory of procedure. *California Law Review, 66,* 541-566.

Thornton, S. (2009). Karl Popper. *Stanford Encyclopedia of Philosophy.*

Tjosvold, D. (1985). Implications of controversy research for management. *Journal of Management, 11,* 19-35.

Tyler, T. R. (1994). Psychological Models of the Justice Motive: Antecedents of Distributive and Procedural Justice. *Journal of Personality and Social Psychology, 67,* 850-863.

Tyler, T. R. (2000). Social Justice: Outcome and Procedure. *International Journal of Psychology, 35,* 117-125.

Wallace, G., & Walker, A. (1970). *The Definition of Morality.* London: Methuen & Co LTD.

Werner, M. (2003). Hans Jonas' Prinzip der Verantwortung. In M. Düwell, & K. Steigleder, *Biotehtik: Eine Einführung* (S. 41-56). Frankfurt a.M.: Suhrkamp TB.

Wetz, F. J. (1994). *Hans Jonas zur Einführung.* Hamburg: Junius.

Williams, B. (1985). *Ethics and the Limits of Philosophy.* London: Fontuna.

Wilson, F. (2007). John Stuart Mill. *Stanford Enyclopedia of Philosophy.*

Wuchterl, K. (1987). *Methoden der Gegenwartsphilosophie.* Bern, Stuttgart: Haupt.

Stichwortverzeichnis

Printing: Ten Brink, Meppel, The Netherlands
Binding: Stürtz, Würzburg, Germany